现代兽医基础研究经典著作

兽医病理剖检技术与疾病诊断彩色图谱

陈怀涛　主编

中国农业出版社
北　京

内 容 提 要

本书是根据国内外的资料结合笔者多年来的专业实践编写而成的。其内容主要包括兽医病理剖检的意义、剖检记录的编写、各种动物的剖检技术、病理材料的采取与寄送、大体标本与病理切片制作技术、动物疾病的诊断要点及主要器官形态大小参考值等。本书附线条图46幅、彩图537幅。

本书所述操作方法翔实、文字精练、图文并茂，不仅可作为兽医及兽医食品卫生专业学生的教材，也可供基层畜牧兽医工作者、兽医与比较医学科技工作者参考。

编审人员

主　编　陈怀涛

副主编　李晓明　贾　宁

编　者　独军政（中国农业科学院兰州兽医研究所）

张芳芳（兰州大学基础医学院）

李双明（中国人民解放军联勤保障部队第九四〇医院病理科）

范希萍（甘肃农业大学动物医学院）

尚佑军（中国农业科学院兰州兽医研究所）

贾　宁（甘肃农业大学动物医学院）

李晓明（甘肃农业大学动物医学院）

陈怀涛（甘肃农业大学动物医学院）

审　稿　冯大刚（甘肃农业大学动物医学院）

胡永浩（甘肃农业大学动物医学院）

前　言

《兽医病理剖检技术与疾病诊断彩色图谱》对兽医学教学、科学研究和疫病防治工作都是非常有用的。如果兽医工作者不掌握这些基本技术和知识，不能做出正确的疾病诊断，那么他们的工作质量和业务水平，便会受到质疑。

本书是在笔者1989年所著《动物尸体剖检技术》基础上编写的。但是由于时间和篇幅有限，原书还存在一些不足和缺点，如内容不够丰富，有的方法不够翔实。

为了适应我国兽医科学的飞速发展和满足兽医技能培养的需要，本书已进行了较大修改，如补充了病理组织切片的特殊染色方法，增加了许多动物疫病的特征病理变化描述，不仅绘制了较精细的各种动物剖检线条图，而且选配了大量国内外典型病理变化彩色照片。因此，本书具有明显的特色：内容丰富、方法具体、文字精练、图文并茂，便于兽医科技工作者掌握最实用的病理剖检和组织检验技术，较快速、准确地诊断和研究各种动物疾病。

在本彩色图谱付梓之际，谨对中国农业出版社的编辑同志，审稿人冯大刚、胡永浩教授，图片提供者以及所有支持和关心本书编写和出版的同仁深表谢意！

这里，我们还要悼念我国兽医病理学界的老前辈朱宣人、顾恩祥、邓普辉和李建堂先生，他们为本书的编写做了大量基础工作。

我们虽为本书的编写尽力做了应做的工作，但其缺点和错误肯定不少，恳切希望广大读者批评指正。

编　者

2018年10月　兰州

目　录

前言

第一篇　兽医病理剖检技术

第二篇 动物疾病诊断要点

第一篇
兽医病理剖检技术

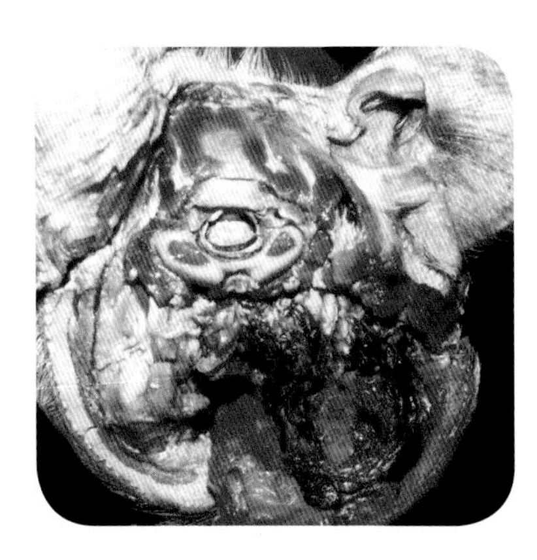

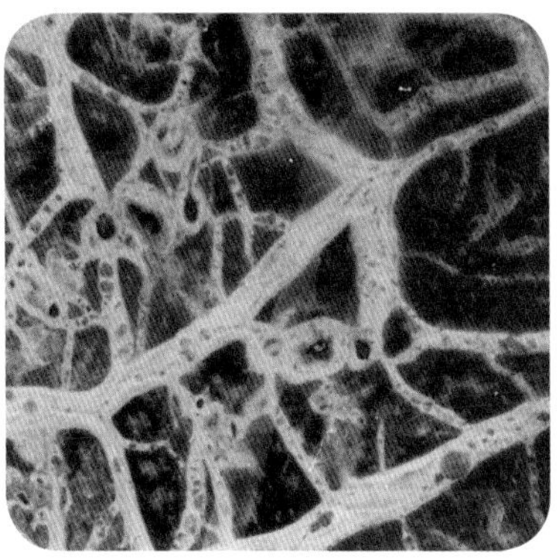

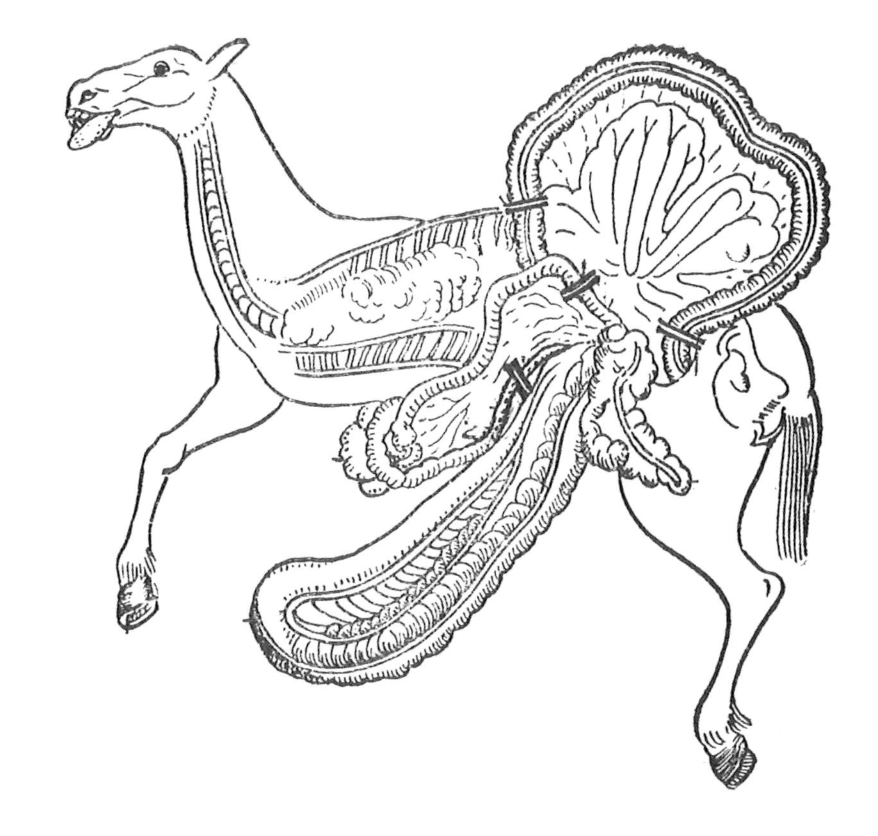

第一章　病理剖检的意义与注意事项

第一节　病理剖检的意义

病理剖检，就是用兽医病理学的知识和技能，对病死或由其他原因致死的动物（如家畜、家禽、实验动物、观赏动物、经济动物、野生动物、水生动物等）尸体进行解剖和眼观检查，必要时还需要进行组织和细胞学检查。

病理剖检的意义是多方面的。

首先，病理剖检是诊断疾病的重要方法之一。有些疾病，在动物生前没有做出诊断，必须在动物死后进行确诊。尤其是传染病和寄生虫病。有的疾病，如中毒病，尽管于动物死后以剖检的方法仍不能确诊，但因每种疾病都有一定的病理变化，总可以提出怀疑疾病的方向。

其次，病理剖检经常应用在兽医学和医学的多种试验研究工作中。因为通过剖检，能发现某些疾病或病变的发生、发展和结局的规律性，为疫病的防控提出可靠的根据。在医学得到蓬勃发展的今天，医学科学工作者已和兽医科学工作者建立了更加密切的联系，在动物身上复制疾病并对其进行解剖检查，已经成了他们共同的、必不可少的科研手段之一。

再次，鉴于剖检能较正确地判断疾病的性质和死亡的原因，为保护各种养殖动物的生命安全和查明动物死亡的责任，剖检在法兽医方面无疑也具有十分重要的意义。

由此看来，动物病理剖检对畜牧兽医科技工作者、肉食品卫生检验工作者、比较医学工作者及法兽医工作者都是有用的。它是改进和提高业务水平的一种极其有效的方法，对动物疾病的预防和治疗，以及保护人类的健康，都起着不可低估的作用。

第二节　病理剖检注意事项

一、剖检的组织工作

为使剖检工作有条不紊地进行和按要求完成，必须做好剖检的组织工作。为此可成立剖检小组，由主检、助检与记录三人组成。主检负责整个剖检工作，应由专业知识较丰富的兽医病理工作者承担；助检协助主检做好各种准备和消毒、尸体处理等项工作，剖检中帮助主检处理相关事宜；记录应由有一定病理学知识和较高文字功底的人员担任，应专心倾听主检对尸体组织器官病变的表述，并实事求是地做好笔录工作等。法兽医剖检的组织工作应更为严密。

二、剖检前要了解病史

剖检前要了解动物的病史，如发病时间、地点、症状、病畜的数量、可能的原因，是否治疗或进行过其他处理，应特别注意与烈性传染病的关系，以及流行病学资料。当发现有天然孔出血、尸僵不全、咽喉部肿大（猪）以及急速发病与死亡时，应怀疑炭疽，立即进行耳根部皮下采血染片镜检。

如发现炭疽杆菌，则停止剖检工作，并对尸体做焚烧或无害化处理；对用具和场地进行彻底消毒，对有关人员注射抗生素预防。只有排除炭疽或其他烈性人畜共患传染病时才可进行尸体剖检。此外，了解病史还可给病理诊断提供重要的参考资料。

三、剖检的时间与地点

（一）剖检时间

剖检应于动物死后尽快进行，因为尸体不断发生腐败分解，同时会出现其他一些死后变化（如尸冷、尸僵、组织自溶），影响对病变的辨认。此外，剖检最好在白天自然光下进行，因为有些病变（如黄疸、变性）的颜色很难在灯光下分辨清楚。特殊情况必须在夜间剖检时，一定要在光线充足的无色灯光下进行。

（二）剖检地点

按环境保护和动物疫病防控的要求，剖检应在特定的剖检室进行。高等农业院校的动物医院、兽医研究所的疾病研究室以及动物疫病防控中心等单位，都应设立这种尸体剖检室。在肉联厂或屠宰场的急宰室进行剖检时，必须严格消毒，防止被环境和器物污染。如无剖检室但必须进行剖检时，应选在野外地势较高，地下水位低，比较干燥，远离水源、道路、住房、动物饲养场所而且环境避静的地方。严禁在市场或人员来往频繁的地方随意剖检。

四、剖检所需器具

剖检器具可根据动物种类和剖检目的而定。对牛、马、猪、羊、犬、骆驼等动物进行剖检时，应准备剥皮刀、外科刀、外科剪、肠剪、骨剪、骨锯、骨钳、斧头、骨凿、镊子、磨刀石或磨刀棒、皮尺或钢尺等。但对鸡、兔、豚鼠、大鼠与小鼠进行剖检时，一般仅需简单几种器具，如外科剪、外科刀、镊子、骨剪。如需检查脑、脊髓、骨、关节等器官，必须准备骨锯、骨钳、骨剪、骨凿、斧头等器具。

五、防护与消毒

为了防止病原扩散和保障人和动物健康，必须在整个剖检过程中保持清洁并注意严格消毒。剖检人员为做好自身防护工作，应穿工作服并护以胶皮或塑料围裙，戴工作帽、口罩、防护眼镜和胶手套，穿胶靴。如无手套，可用凡士林或其他油脂涂手，以保护皮肤，防止感染。剖检时如手部受伤，应立即停止剖检，用碘酒消毒伤口；如遇炭疽等人畜共患传染病，除局部用强消毒剂（5%石炭酸）涂擦外，应立即就诊，并对现场彻底消毒。

剖检中常用的消毒药为：

（1）0.1%新洁尔灭，多用于皮肤和器械的消毒；

（2）煤酚皂溶液（来苏儿），其1%～2%的水溶液用于皮肤和器械的消毒，而3%～5%的水溶液用于地面、墙壁、用具、尸体、粪便等物的消毒；

（3）2%～4%福尔马林，主要用于环境和用具的消毒。福尔马林即40%甲醛液。

剖检结束时，为了除臭，可先用1%～3%高锰酸钾溶液浸泡手臂至棕褐色（3～5min），再用1%草酸溶液褪色。剖检器械、衣物和其他用具等都应清洗和消毒。

六、尸体处理

尸体不得随意处理。严禁食用肉尸和内脏，未经处理的皮毛等物也不得利用。剖检前后，尸体均应消毒。剖检前搬运尸体时，除尸体体表喷洒消毒药外，其天然孔和伤口应以浸有消毒药的棉花或纱布堵塞，以防排出物到处污染。消毒后的尸体用塑料薄膜严密包裹运送，或用密闭的铁皮尸体车运送。根据条件和疾病的性质，对尸体的处理最好采用焚尸炉焚烧，如无条件，也可采用掩埋。在肉联厂或屠宰点，必须按病尸及其产品无害化处理规定处理病尸和内脏。尸体掩埋时，尸体坑最好位于剖检地点近旁，以免搬运尸体而污染环境。尸体坑深度应不浅于1.5m，尸体、内脏连同被污染的土壤、废物投入坑内，撒上生石灰或洒以10%石灰水。对剖检场地也要进行消毒。总之，尸体处理，特别是对死于传染病的尸体处理应特别慎重，严防疾病扩散和危害人和动物健康。

第二章　动物死后的变化及其鉴别

第一节　动物死后的变化

动物死亡后，随着时间的延长，会发生一系列的变化。这些变化的原因有二：一是细菌和自体组织酶的作用，一是尸体所在的外界环境的影响。

尸体变化表现为：

排酸　这是动物死后出现的一种生物化学变化。从尸僵发生及其以后的时间里，组织中均出现酸性物质，故pH在6以下。

尸冷　尸体因产热停止、散热继续进行，故温度逐渐下降，最终和外界环境的温度接近。散热主要是通过皮肤进行的，因此内脏器官在一定时间内仍保持温热状态。尸冷的速度与气候、季节、地区、昼夜等有关。在春秋外界温度条件下，平均每小时下降约2℃。

血液沉积　死后血液因地心引力和本身重量而下沉并积聚在卧侧组织、器官的现象，称血液沉积或坠积性充血，即尸斑。尸斑位于卧侧皮肤，呈暗红色区域。血液沉积现象一般于动物死亡1h后出现。因此，这一现象可以帮助判定死亡时的卧位和死亡时间。根据舌脱出的位置，也可判断动物死亡时的卧位。

血液凝固　动物死后血流停止，血液因抗凝血因子丧失而发生凝固。血凝多于死后30 ~ 60min发生。但因窒息、败血症、脓毒败血症、稀血症、血钙过少、某些中毒所致的死亡，血凝不良或完全不凝。血凝块常呈暗红色，质软，有弹性，表面光滑，易和心血管壁分离。有时血凝块呈黄白色，仅局部呈红色（即所谓鸡脂样血凝块）。这是由于濒死期较长，血凝过程缓慢，红细胞下沉所致。

血溶　动物死亡后，部分红细胞崩解，血红蛋白溶解于血浆中，进一步浸染心血管内膜和血管周围组织，使其呈红色，称尸体浸润。

尸僵　是指死后肌肉收缩变硬和关节不能伸屈而表现的一种尸体僵硬状态。尸僵的发生和发展情况，因动物种类、营养状况、个体大小、生前活动、环境温度和湿度以及疾病情况不同而异，如生前有活动、猝死和营养良好的动物，尸僵发生快而明显。因破伤风与士的宁中毒致死的动物，尸僵也会很快发生，但维持时间较短。死于慢性病和瘦弱的动物，尸僵发生缓慢且不完全。心肌的变性等病变，可使其僵硬不明显，呈现心肌柔软、心室扩张并充满血液。尸僵的过程可分为三个时期：发生期、持续期和解僵期或消失期。尸僵于死后2 ~ 4h发生，12 ~ 24h发展完全，持续24 ~ 48h，随后解僵。尸僵最先发生于活动较强烈的肌肉：心肌和膈肌，而在骨骼肌中，头部肌肉尤其嚼肌发生较早，其次为颈部、前躯、胸部、腹部和后躯肌肉。尸僵缓解或消失也是由前向后依次进行。亲和性大的水分子释出、自溶酶的作用以及pH升高等均可引起肌肉松弛，从而发生尸僵缓解。

组织自溶　尸体组织在自身存在的一些酶的作用下会发生溶解，从而出现眼观和镜下变化。胃液、胰液，肝、肾、心、肾上腺、肌肉等组织细胞中均含有酶。动物死亡后，溶酶体中的酶会被释放出来，对组织细胞发生作用。死后胃黏膜的软化与脱落就是一种明显的自溶表现。这种现象在尸体内长时间保持较高温度的情况下，其发展尤为迅速和显著。自溶的实质器官，光镜下其组织结构模糊，细胞膨胀，胞核与胞质均淡染。

尸体腐败　尸体组织蛋白和胃肠道内容物会在细菌的作用下发生腐败分解，产生大量气体和分解产物（如二氧化碳、硫化氢、氨、腐胺、尸胺），散发出恶臭气味。因此出现死后臌气、泡沫肝、泡沫肾等变化，严重时引起胃肠、膈甚至腹壁肌肉破裂或撕裂。腐败分解产生的硫化氢与红细胞溶解释出的血红蛋白和铁结合，形成硫化血红蛋白和硫化铁，使局部组织呈现污绿色。上述腐败变化会干扰病理诊断或疾病的诊断，因此，尸检应尽快进行。

但是，硬组织或一些软组织（骨、软骨、筋膜、腱、韧带等）对腐败的抵抗力较强。镜检时，胶原纤维和脂肪组织在死后长时间内尚可辨认。有些细胞和结构对腐败的抵抗力也较强，如死后各种组织中的单核细胞能较长时间存在，病毒粒子甚至可以在死后已经发生了变化的细胞中观察到。

第二节　尸体变化与相似病变的鉴别

由于动物死后发生一系列理化变化，故在尸体上可见到许多非病理性改变，应和相似的病变区别开来。

1. 尸僵　死后各部分肌肉出现僵硬的时间：心1 ~ 2h，嚼肌2 ~ 7h，颈部和体躯前部肌肉8 ~ 12h，体躯和体躯后部肌肉12 ~ 20h。恶病质时，尸僵出现的时间延长，或不出现尸僵。生前发热或剧烈活动，可加速尸僵的出现，并且尸僵很明显。

鉴别诊断　慢性固着性关节炎——发生在四肢时，病肢僵硬，伸屈困难。但多不对称，常为一肢患病；关节周围结缔组织增生，故关节肿大、变形。若尸体解僵，病肢仍保持僵硬状态。

2. 解僵　其发生顺序同尸僵。持续1 ~ 2d。恶病质动物解僵期缩短；生前运动可加速四肢下部解僵。

鉴别诊断　炭疽——大动物患炭疽时尸僵不全，和解僵后的状态相似。但炭疽的尸僵不全，死后肌僵期即已出现，同时还可见到此病的其他特征病变。

3. 血液凝固　死后15 ~ 30min，心腔和大血管内的血液发生凝固，在这段时间前，血液呈未凝或半凝状态。血液凝固后呈暗红色块状，有时呈鸡脂样（鸡脂样血凝块）。

鉴别诊断　中毒、窒息、溺水、细菌性败血症——血凝不良或血液不凝。这种情况和正常血液凝固前的质地有些相似。但随时间的延长，血凝不良或血液不凝现象仍然存在。

血栓——虽存在于心、血管中，为固体，和血凝块相似，但其特点是质硬脆，无弹性，颜色不均，表面粗糙，和心、血管壁粘连。

4. 尸斑　死后不久，身体下部（卧侧）皮肤与皮下结缔组织有淡红褐色斑块，界限不明显，不突出皮肤表面，按压会消失，切开时流出暗红色血液。随后斑块逐渐扩大，融合，而且变为淡灰褐色或淡绿色。

鉴别诊断　紫癜、瘀斑、瘀血、出血、炎性充血——皮肤与皮下可能有大小和形态不同的充血、出血斑点，但这些变化会发生在任何部位，而尸斑只出现于尸体卧侧皮肤。

5. 心血管内膜红染　系血溶后，血红蛋白浸染心血管内膜所致，呈弥漫性，按压不褪色。这是尸体浸润的一种表现。

鉴别诊断　陈旧性出血斑——很少呈弥漫性，另外组织学变化也有区别。尸体浸润时的内膜红染，镜下见红细胞溶解，血管壁呈嗜酸性着染，含铁血黄素与无定形褐色素沉着。陈旧性出血则有橙色血质结晶，血管里含有完整的红细胞，有时病变区周围散在出血的红细胞。

6. 角膜混浊、皱缩　这是一种死后变化，角膜弥漫性混浊、皱缩、干燥、无光。

鉴别诊断　变质性角膜炎——除角膜混浊外，尚有明显的炎症反应，如局部充血等。

7. 实质器官自溶斑　动物死亡后，由于局部组织发生自溶，在实质器官（肝、肾、心等）表面

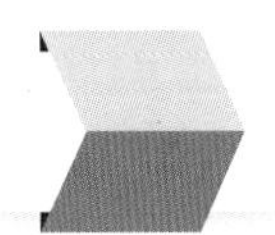

常出现大小不等的颜色变淡的斑块或片状区。

鉴别诊断　变性坏死区——也呈淡色斑块，但通常为局灶性，并多伴有局部血管反应，镜下见典型的变性或坏死变化，也常见到炎性细胞浸润等变化。

8. 尸绿　系尸体腐败分解时，形成的硫化铁和硫化血红蛋白污染腹壁、肠壁、肝、脾、肾表层，使其呈灰绿色。

鉴别诊断　异常性色素沉着——其色素分布与胃肠道无关，也不呈弥漫性。必要时可通过组织学检查确定。

9. 尸体臌气　表现为（1）腹部鼓起，胃肠壁和腹壁扩张，胃肠内充满臭气，严重时胃肠壁或膈、腹壁破裂、撕裂，但破口组织无出血；（2）死后肛门突出，直肠黏膜外翻；（3）胃肠壁及其黏膜表面无炎性反应。

鉴别诊断　生前臌气——胃肠壁有血液循环障碍等变化，生前腹部鼓起伴有腹痛等临诊症状，外翻的直肠黏膜在生前就有水肿、充血和出血。

生前胃肠破裂——破口处有出血、水肿和其他炎性变化。

10. 尸体组织气肿　尸体腐败时，皮下、肌间、实质器官（被膜下和器官内）、心与大血管的血液中出现气泡，同时散发出特殊的腐败臭味。生前如有厌氧菌感染，这种腐败过程更明显。在一些有机毒和马钱子碱中毒时，腐败过程进行缓慢，在低温（0℃以下）条件下，这种过程则会停止。

鉴别诊断　创伤性气肿——多见于皮下和肌肉的深部创伤。病部除有气体外，尚有水肿液和其他炎性变化。局部组织散发出特异的酸败奶油气味。

气性坏疽——子宫、肠道或肺较多发生。病部除有气体外，尚积聚大量液体，有臭味。黏膜和附近其他组织严重坏死。

第三章 剖检记录的编写与剖检结果通知单

第一节 剖检记录的内容

剖检记录是对剖检所见和其他有关情况以及结论所作的客观记载。剖检记录应像照片一样，把病例的全部“景象”不失真地“拍摄”下来，以便积累资料，分析病情，如实反映与汇报疫情，并可作为执行法律的依据。因此，剖检记录实为兽医管理干部和兽医科技人员的重要科技档案。目前，在不少单位，如农业高校的兽医学院（或动物医学院）、农业科研院所、动物疫病防控中心以及动物医院，这方面的工作还是一个薄弱环节，应尽快建立、充实并加以提高。

剖检记录的内容可用剖检记录表格的形式预先印好（表3-1），临时填写；或用空白纸直接记录。不管采取哪种方式，剖检记录均应包括以下三部分内容：

第一部分　一般情况。包括：剖检号，主检、助检与记录，动物主人或所属单位，动物种类、品种、性别、年龄、毛色、体重、其他特征，死亡时间（年、月、日、时），剖检时间（年、月、日、时），剖检地点，临诊摘要（包括病历，微生物、寄生虫、理化等检查以及疾病诊断等）。

第二部分　有关剖检的内容。包括：剖检所见（外部与内部）病变或其他变化，病理解剖学诊断，病理组织学检查和存案材料（大体标本、切片、照片等）。

第三部分　结论。主检可根据临诊与病理各方面检查结果进行综合分析，作出疾病诊断或有根据的推测结论。最后主检签名，并注明年、月、日。

表3-1　　剖检记录

剖检号＿＿＿＿＿　主检＿＿＿＿＿　助检＿＿＿＿＿　记录＿＿＿＿＿

<table>
<tr><td colspan="3">动物主人或所属单位</td><td colspan="9"></td></tr>
<tr><td>动物种类</td><td></td><td>品种</td><td></td><td>性别</td><td></td><td>年龄</td><td></td><td>毛色</td><td></td><td>体重</td><td></td></tr>
<tr><td>其他特征</td><td colspan="11"></td></tr>
<tr><td>死亡时间</td><td colspan="3">年　月　日　时</td><td>剖检时间</td><td colspan="4">年　月　日　时</td><td>剖检地点</td><td colspan="2"></td></tr>
<tr><td colspan="12">临诊摘要（病历，病原检查，诊断）</td></tr>
<tr><td colspan="12">外部检查</td></tr>
</table>

（续）

内部检查
病理解剖学诊断
病理组织学检查（取材组织器官，组织变化）
其他检查
存案材料（大体标本，切片，照片，录像等）
结论： 主检（签名） 年　月　日

第二节　剖检记录的编写原则与病变描述词语

一、剖检记录的编写原则

剖检记录最好在剖检过程中一并进行。如前所述，剖检工作一般应由主检、助检和记录等三人完成。剖检结束时，剖检记录再由主检审查、修改。剖检后凭记忆进行追记或补记的方法应尽量避免，因为这样很难回忆起所有病变的详细情况，又有可能忽略很重要的病理变化。因此只有在人力不足，当时记录确有困难时，才可考虑采用这种方法。但是，即使在这种情况下，也应在剖检完毕后立即补记，不要事隔数日再来追记。

剖检记录的内容次序和写法不必强求完全一致，但在记录的编写上，必须坚持以下三原则。

第一，要客观。剖检记录最重要的原则，就是客观，实事求是。记录中所描述的组织器官的变化，应反映出它本来的面貌，不扩大，不缩小；不增多，不减少；不虚构，不臆造。

第二，既要详细全面，又要突出重点。详细全面，就是要看到尸体的全部病变；突出重点，就是要用全力找出主要病变。完整的剖检记录，一般应包括各系统器官的变化，因为这些变化都是互相联系的。有时肉眼看来，某种似乎不明显、不重要的变化，可能就是诊断疾病的重要线索，如果忽略不记，就会给诊断造成困难，所以只有详细全面，才能概括出某一疾病的全貌。但是，大多数疾病的变化，总是较明显地定位在个别组织器官或某一系统，因此，记录时也应抓住主要变化，突出重点，有主有从。

第三，用词要明确、清楚。记录用词和术语，主要用在描述、记载器官和病变的大小、重量、容积、位置、形状、表面、颜色、湿度、透明度、切面、质地、结构、气味、厚度等方面。描述时要严格避免涉及病变本质的提示，也就是说不要以病理解剖学术语来代替病变的自然状况。记录词语可以通俗易懂，但必须明确、清楚，不能含糊不清。例如，大小可以比喻为“小米粒大”，但不能写成“米粒大”；重量宜用数字表示，一般不用“增加”“减少”等主观判断的词语；形状可比拟为“卵圆形”，但不要比作“树叶形”；颜色可描述为“淡黄色”，但不能写为“有颜色”。必须特别指出，对于没有肉眼变化的器官，一般不下“正常”“无变化”结论，因为无眼观变化，不一定就没有组织细胞变化，通常可用“无肉眼可见变化”或“未见异常”等词语来概括。

二、病变描述词语

病变描述时应尽量使用国际统一的计量单位。

长度　mm（毫米）、cm（厘米）、m（米）

重量　mg（毫克）、g（克）、kg（千克）

面积　mm^2（平方毫米）、cm^2（平方厘米）、m^2（平方米）

容积　mL（毫升）、L（升）

大小的描述　病灶或病变的大小可以测量，也可以比喻形容，如针尖大、帽针头大、粟粒大、豌豆大、绿豆大、黄豆大、蚕豆大、榛子大、核桃大等。

颜色的描述　病灶、病变器官或组织的颜色，可用单色（如色红、鲜红、粉红，色黄、淡黄、深黄，色白、苍白等），也可用复色（如黑红、紫红、灰红、棕红，灰黄、土黄、棕黄，灰白、乳白等）。复色的主色在后、次色在前。

形状的描述　可用乳头状、结节状、圆球形、花椰菜状、钮扣状等。

器官表面的描述　可用紧张或皱缩、光滑或粗糙、突出或凹陷，病灶呈点状、斑状、条纹状、虎斑样，渗出物为絮状、丝网状、绒毛样等形容词来描述。

器官或病变切面的描述　被膜外翻、切面平整或隆突，呈颗粒状、西米样、大理石样、脑髓样、结构模糊，切面多汁或湿润、有透明液体或混浊液体或血样液体流出等。

器官或病变质地的描述　有（无）弹性、坚硬、坚实、实变、肉变、肝变、胰变、柔软、脆弱、煤焦油状等。

渗出液性状的描述　清亮、透明、半透明、不透明、混浊、混有淡黄色絮状物、黏稠等。

气味的描述　常用的异味有酸臭味、蒜臭味、腥臭味、霉味、恶臭味、尸臭味等。

难以描述或难以辨认的病变，以及重要的和典型的病变，都可用现场摄像、录像的技术加以记录。

附：剖检记录举例

剖检号：P.20140125

主检：×××　　助检：×××　　记录：×××

动物所属单位：××实验农场

畜种：猪　　品种：苏大白　　性别：母　　年龄：两个月

毛色：白

死亡时间：2014年10月6日下午2点30分

剖检时间：2014年10月6日下午3点10分至4点10分

剖检地点：××动物医学院病理剖检室

临诊摘要：10月6日中午约12时，猪场饲养员发现断乳不久的×号小母猪精神不好，单独站于墙角，不食，不动，呼吸加快，当即请兽医诊治，体温40.5℃，呼吸、心跳频数，肌内注射青霉素40万IU，链霉素200mg。下午2时许，病猪卧于圈内，眼睑和面部有些肿胀，呼吸困难，有抽搐症状，数分钟后死亡。

诊断：怀疑急性传染病。

外部检查：尸体营养良好，尸僵不全。眼睑微下垂。耳、鼻突、颈与胸下等部皮肤略呈紫红色。眼结膜暗红。鼻腔内有含泡沫的液体。舌尖暴露于右口角。口腔黏膜附以少量黏液。肛门微突，直肠黏膜暗红。

内部检查：

(1) 下颌与咽后淋巴结肿大，紫红，切面湿润、多血，结构模糊。

(2) 眼睑、面部、颈下、腹部皮下结缔组织多汁，局部呈胶冻状。

(3) 骨骼肌无肉眼可见变化。

(4) 胸腔约有20mL淡黄色透亮的液体。

(5) 心包腔积聚13mL淡黄色透亮的液体。心肌暗红，但局部呈不均匀的灰白色。右心室有较多凝固不良的暗红色血液。

(6) 肺呈暗红色，特别是右肺，肺膜光滑、湿润、透亮。肺体积较大，质地较实在，切面多汁、多血，并可挤出红色含泡沫的液体。肺组织块投入水中时，下沉。支气管黏膜呈淡红色，管腔中有较多含泡沫的液体。喉与气管的变化同支气管。

(7) 支气管与纵隔淋巴结肿大，呈淡红色，切面多汁。

(8) 腹腔内有45mL淡黄色清亮的液体，其中混有少量淡灰黄色絮状物，肠浆膜面附有同样的絮状物。浆膜湿润，腹腔各器官的位置未见异常。

(9) 脾色暗红，微肿大，边缘有较多红色小丘状突起。切面上白髓与小梁不够清楚。

(10) 胃浆膜光滑、湿润。胃壁切面明显增厚，大弯厚达1～1.5cm，幽门部厚达2.2cm。可见黏膜层与肌肉层明显分离，其间夹以淡黄白色胶冻状物，并可挤出较清亮的液体。胃黏膜呈淡红色，表面覆以少量黏液。食道无眼观变化。

(11) 小肠黏膜呈不均匀的淡红或暗红色，微肿胀，肠腔中有较多灰白色糊状内容物。

(12) 肠系膜淋巴结肿大，呈淡红灰色或暗红色，切面多汁。有的切面见红色斑点。

(13) 结肠肠系膜呈淡白色透亮的胶冻状。肠黏膜色红，肠腔有较多糊状粪便。盲肠的变化基本同上，但程度较轻。

(14) 肝色暗红，但肝膈面中部呈灰红色，边缘较钝，切面流出较多暗红色血液。

(15) 肾质地较软，表面呈不均匀的暗红色和灰白色，切面多血。

(16) 膀胱内有少量淡黄色清亮的尿液，黏膜无眼观变化。

(17) 卵巢与子宫均无眼观变化。

(18) 脑膜血管怒张，大脑与小脑表面湿润，有光泽；脑质柔软。脑室内含较多透亮的液体。

病理解剖学诊断：

(1) 弥漫性皮下水肿。

(2) 浆液性淋巴结炎。

(3) 急性卡他性胃炎。

(4) 急性卡他性肠炎。

(5) 急性胃壁水肿。

(6) 急性结肠系膜水肿。

(7) 急性浆液性肺炎。

(8) 心、肝、肾变性。

(9) 浆液－纤维素性腹膜炎。

(10) 浆液性心包炎。

(11) 脾瘀血与出血。

病理组织学检查：除许多器官组织查明有变性、充血、出血、水肿和炎症外，尚见到坏死性动脉炎、弥漫性血管内凝血（DIC）和局灶性坏死性脑炎。

其他检查：病猪死后从肠系膜淋巴结、肝与脾取材，培养、分离出溶血性大肠杆菌。

结论：根据临诊资料、细菌学检查、病理变化，可确诊为仔猪水肿病。

主检　×××（签名）

2014年10月11日

第三节　剖检结果通知单

剖检结果通知单（表3-2）是为了对动物主人或所属单位负责而填写并发送的。剖检结果通知单除应填写一般情况（包括剖检号、动物主人或所属单位、动物种类、品种、性别、年龄、毛色、死亡时间和剖检时间）外，必须做出剖检结论，即主要提出疾病诊断。如果结论中难以提出疾病诊断，可指出疑患疾病或动物致死的可能原因。当这些情况都无法提供时，则仅叙述病理解剖学诊断。最后主检签名并注明时间。

表3-2　剖检结果通知单

<table>
<tr><td colspan="3">动物主人或所属单位</td><td colspan="3"></td><td colspan="2">剖检号</td><td colspan="2"></td></tr>
<tr><td>动物种类</td><td></td><td>品种</td><td></td><td>性别</td><td></td><td>年龄</td><td></td><td>毛色</td><td></td></tr>
<tr><td>死亡时间</td><td colspan="4">年　月　日　时</td><td>剖检时间</td><td colspan="4">年　月　日　时</td></tr>
<tr><td colspan="10">剖　检　结　论

主检（签名）

年　月　日</td></tr>
</table>

第四章　各种动物的剖检技术

第一节　反刍动物（牛、羊、骆驼等）的剖检

各种反刍动物的器官（特别是内脏器官）位置大致相同，因此其剖检技术大同小异。不过小反刍动物（如绵羊和山羊）体格小、重量轻，各器官也比较小，所以剖检时比较容易。

反刍动物的剖检程序和方法可根据具体情况有一定变更，但应尽量全面、系统。

剖检程序外部检查→剥皮与皮下有关组织、器官（颈部器官，外生殖器，浅层淋巴结等）的检查→腹腔的剖开与视检→腹腔器官的摘出与检查→骨盆腔器官的检查→胸腔的剖开与视检→胸腔器官的摘出与检查→颅腔的剖开→脑的摘出与检查→脊髓的摘出与检查→鼻腔的剖开与检查→骨、关节与骨髓的检查→肌肉的检查。

一、外部检查

剥皮之前，应首先询问病史和临诊情况，以掌握必要的资料，做到心中有数，切不可立即剖尸，草率从事。在对尸体外表状态检查时，如怀疑炭疽或其他人和动物共患的传染病，要立即取血抹片菌检、停止剖检，并按规定进行处理。

外部检查主要包括动物的一般情况（动物种类、品种、性别、年龄、毛色、特征、营养状况、体态等），死后变化，皮肤，天然孔（口、眼、鼻、耳、肛门和外生殖器）与可视黏膜。

外部视检对有些疾病的诊断可提供重要的线索，如口、鼻流出血液，皮肤有肿胀，就可怀疑炭疽；黏膜发黄就应考虑肝胆系统疾病和血孢子虫病。

二、剥皮与皮下有关组织、器官的检查

1. 剥皮　剥皮的目的在于检查皮下组织或器官，其次也为了皮革的利用。如皮肤有严重病变（疥癣、大面积坏死等）而失去经济价值时，也可不剥皮。剥皮时可由下颌间隙经过颈、胸、腹下（绕开阴茎或乳房、阴户）至肛门做一纵切口，再由四肢系部经其内侧至上述切线分别做四条横切口，然后剥离全部皮肤。

2. 皮下有关组织器官的检查　应注意检查下列组织或器官的病变和异常：皮下脂肪、血管与血液、骨骼肌、外生殖器或乳房、唾液腺、舌、咽、扁桃体、食管、甲状腺、胸腺、浅层淋巴结（下颌、咽后、颈浅、髂下、腹股沟浅或乳房淋巴结等）。

奶牛乳房的检查特别重要，应从乳腺切面和乳头管、乳池两方面仔细检查有无炎症、坏死、结节等各种病理变化。必要时可从病变部取材，进行组织学和细菌学检查。

三、腹腔的剖开与检查

1. 腹腔的剖开与视检　将尸体先仰卧位固定，自剑状软骨沿腹下正中线（白线）由前向后，至耻骨联合切开腹壁。随即自腹壁纵切口前端分别沿左右肋骨弓至腰椎横突切开，并自纵切口后端向左

右至腰椎横突切开。将左右两个三角形的软腹壁拉向背部，腹腔即被剖开。

腹腔剖开时，应立即视检腹腔脏器，注意有无异常变化。正常时，腹腔左侧大部和右侧一部被庞大的四个胃所占据。网胃位于季肋部正中矢面上，皱胃、肝和胆囊位于右季肋部和剑状软骨部，盲肠位于右髂部。脾紧贴于瘤胃背囊前部。结肠和小肠位于右腹胁部，其大部被网膜覆盖。

为了便于胃的取出，切除大网膜后，将尸体倒向左侧。此时胃肠道的关系位置见图4-1。

2. 腹腔器官的摘出与检查

（1）肠的摘出　有两种方法。

第一种方法　大肠、小肠（除十二指肠外）同肠系膜一起摘出。

当肠道无肉眼变化，或为了仔细查明大、小肠之间的病变联系以及与肠有关的肠系膜淋巴结时可采用此法，其优点是简单易行，但缺点是比较粗放。具体做法：先在十二指肠起始部（幽门后）与十二指肠后端（十二指肠空肠曲）两处双结扎剪断。分离十二指肠和胰，使其与肝相连，以便三者一起被摘出。然后在骨盆腔单结扎剪断直肠，握住直肠断端，向前分离脂肪组织和背部所有的联系，摘出大肠和空肠、回肠。

第二种方法　小肠与大肠分别摘出。

小肠（空肠与回肠）：切断回盲韧带，在距回盲口15cm处双结扎剪断回肠。由此开始分离回肠、空肠，至十二指肠空肠曲（左肾下，接近结肠的部位），将肠管双结扎剪断，摘出小肠。

大肠（盲肠与结肠）：单结扎剪断直肠，握住断端，向前从脂肪组织中分离结肠后段，将结肠终袢、旋袢与十二指肠第二段、第三段间的联系分离，最后割断前肠系膜根部的联系，摘出大肠（图4-1）。

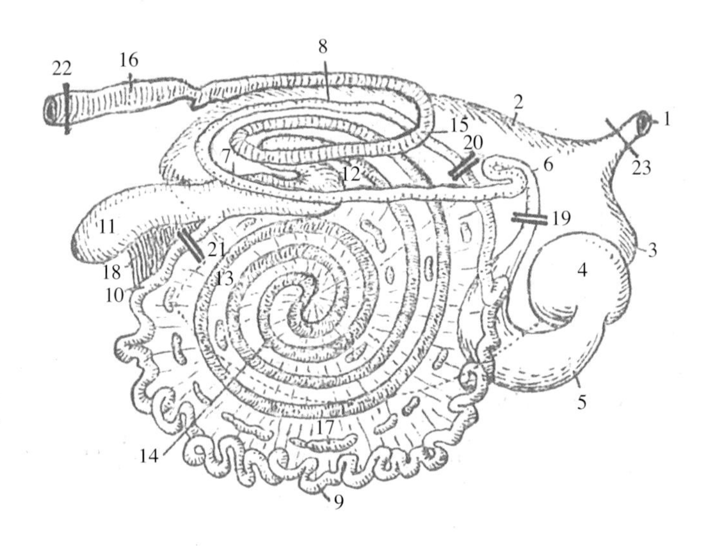

图4-1　牛胃肠道及其结扎点

1.食管　2.瘤胃　3.网胃　4.瓣胃　5.皱胃　6.十二指肠第一段　7.十二指肠第二段　8.十二指肠第三段　9.空肠　10.回肠　11.盲肠　12.结肠初袢　13.结肠旋袢向心回　14.结肠旋袢离心回　15.结肠终袢　16.直肠　17.肠系膜淋巴结　18.回盲韧带　19.幽门后结扎点　20.十二指肠空肠曲结扎点　21.回肠结扎点　22.直肠结扎点　23.食管结扎点

（2）十二指肠、胰与肝的摘出　这三个器官可根据具体情况采用一起摘出法或单独摘出法。

一起摘出法　当胆管、胰管有病变，或肝、胰的病变和十二指肠有关时，可将肝、胰和十二指肠一起摘出，以便详细检查其间的联系。如患肝片形吸虫病时，胆管常有慢性炎症，管壁增厚，管腔变窄，甚至阻塞。胆汁变浓稠。有时在胆管和胆囊中形成胆结石（牛的胆结石称牛黄）。摘出方法为，先检查门静脉和后腔静脉，再割离膈与胸壁的联系（即割离在胸壁附着的膈肌）以及肝、十二指肠、胰和周围的联系，将其摘出。

单独摘出法

肝：肝可连在膈上，分离其周围组织后摘出；或切断肝与膈之间的左三角韧带、镰状韧带、圆韧带（犊牛）、后腔静脉、冠状韧带和右三角韧带等联系，将肝单独摘出。摘出前，应注意肝与附近组织有无粘连或其他病变。

十二指肠与胰：胰和十二指肠联系紧密，故将二者与肝分离后摘出。有时可分离胰周围的联系，割断胰管，将胰单独摘出。

（3）胃的摘出　四个胃一起摘出。在幽门后双结扎剪断十二指肠后，尽力将瘤胃搬向后方，找出食管，圆形割开食管壁的肌层，结扎剪断。然后左手（或助检者）向外下方搬拉瘤胃背囊，右手持刀自后向前割断胃、脾同背部、前部左膈角等处的联系，摘出胃（脾与胃相连）。必须注意，如有创伤性网胃心包炎时，应在胃摘出前仔细检查异物、胃与膈、心包的状况以及腹腔、胸腔的炎症范围和性质。

（4）**胃的检查**　分离瘤胃、网胃、瓣胃之间的联系，将有血管主干和有淋巴结的一面向上，瘤胃在右，皱胃在左（小弯朝上），瓣胃在上，网胃在下。皱胃、瘤胃与瓣胃、网胃摆成十字形。此后，按下列顺序剖开：

皱胃小弯→瓣皱孔→瓣胃大弯→网瓣孔→网胃大弯→瘤胃背囊→瘤胃腹囊→食管→右纵沟（图4-2）。

注意内容物的性质、数量、质地、颜色、气味、组成以及黏膜的变化。特别要注意皱胃的黏膜炎症和寄生虫，瓣胃的阻塞状况，网胃内的异物（铁钉、铁片、玻璃等）刺伤或穿孔，瘤胃的内容物情况。

（5）**肠的检查**　检查肠浆膜后，沿肠系膜附着缘剪开肠管（图4-3），因为淋巴组织（淋巴集结和淋巴孤结）主要位于肠系膜附着缘对面的肠壁即游离缘。游离缘常发生病变，勿使其破坏。要重点检查肠内容物和黏膜，注意内容物的质地、颜色、气味和黏膜的各种炎症变化。如患出血性肠炎时，肠黏膜出血、充血，内容物多稀薄，其中混有血液，故呈红色或污褐色。副结核病时，回肠黏膜增厚，甚至呈脑回样，表面附着黏糊状物。肠系膜和肠系膜淋巴结的检查不可忽视，因为有的疾病（如副结核病）这里也常有明显的变化。

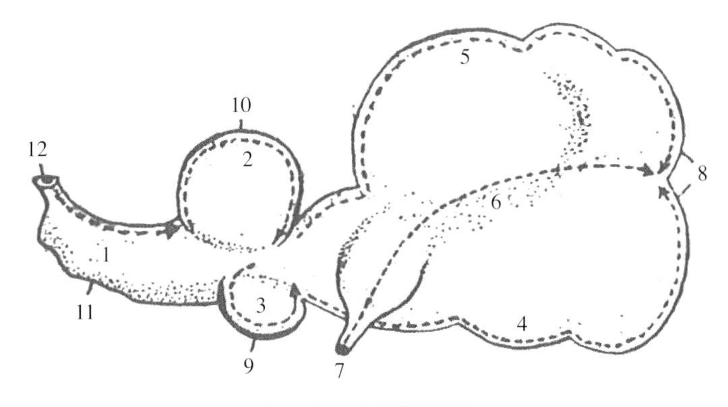

图4-2　牛胃剖开线

1.皱胃小弯剖线　2.瓣胃大弯剖线　3.网胃大弯剖线　4.瘤胃背囊剖线　5.瘤胃腹囊剖线　6.右纵沟剖线　7.食管　8.瘤胃　9.网胃　10.瓣胃　11.皱胃　12.十二指肠（虚线表示剖开线，箭头表示剖开方向）

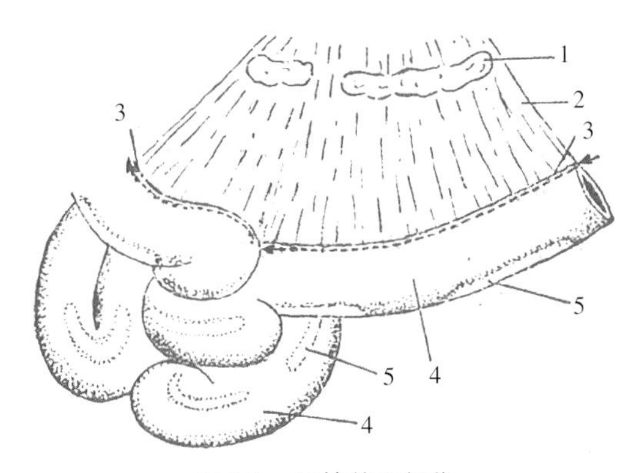

图4-3　肠管剪开部位

1.肠系膜淋巴结　2.肠系膜　3.肠系膜附着缘　4.肠管　5.淋巴集结（虚线表示剪开部位，箭头表示剪开方向）

（6）**骆驼胃肠道的检查**　检查骆驼胃肠道时，应了解其解剖学特点。驼胃分为三胃，即第一胃、第二胃和皱胃。第一胃最大，由横沟分为前下囊和后上囊两部分。前下囊的前面和腹面有一腺囊区（前腺囊区）；在后上囊沿横沟附近也有一腺囊区（后腺囊区）。第二胃小，位于第一胃前下囊的右侧，上面凹（小弯），下面凸（大弯）。小弯内有食道沟经过，第二胃大部分为腺囊区（第三腺囊区）。皱胃略呈曲蚕形，背侧缘凹（小弯），腹侧缘凸（大弯）。皱胃起始部较细，呈管状，称皱胃颈，与第二胃相通；末端为幽门。整个皱胃位于第一胃右下侧。皱胃内黏膜近侧约4/5的部分，按其组织结构与第一胃和第二胃的腺囊区相似，属黏液性腺体；而黏膜的远侧约1/5部分为含有胃底腺和幽门腺的区域。骆驼的肠道也分为小肠和大肠。但小肠特别是空肠肠系膜较长，盲肠不发达。结肠分结肠旋袢、结肠终袢和结肠肠系膜部。前者略呈蜗壳状，故又称结肠蜗壳，从蜗顶看，蜗壳的向心回循反时针方向旋转4～5圈。而离心回由蜗壳顶循相反方向旋转3～5圈。结肠终袢又称结肠纡曲部，在后腹上部来回纡转为5段，并与十二指肠相绕。结肠系膜部的系膜较宽，为15～25cm，故其活动范围较大。直肠的特点是不形成壶腹（图4-4）。此外，骆驼无胆囊。

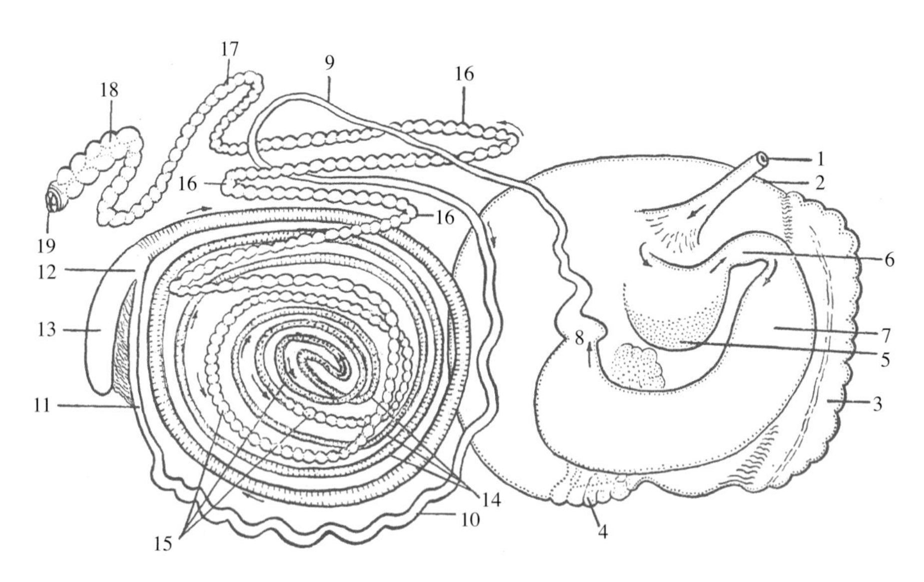

图4-4 骆驼胃肠道模式

1.食管 2.第一胃 3.前腺囊区 4.后腺囊区 5.第三腺囊区（第二胃） 6.皱胃颈 7.皱胃 8.幽门 9.十二指肠 10.空肠 11.回肠 12.回盲结口 13.盲肠 14.结肠旋袢向心回 15.结肠旋袢离心回 16.结肠终袢 17.结肠系膜部 18.直肠 19.肛门（箭头表示胃肠道的走向）

驼胃的剖开可按下列顺序进行：皱胃小弯→第二胃大弯→后腺囊区→后上囊外缘→前下囊→前腺囊区。胃剖开后，注意内容物的量和组成，观察黏膜有无炎症变化，特别要检查腺囊区和皱胃黏膜有无充血、出血、溃疡、坏死、穿孔或其他变化。

（7）肾和肾上腺的摘出　分离肾周围结缔组织，检查肾动脉、肾静脉、输尿管和肾淋巴结后，分别将左、右二肾的血管、输尿管割断，将肾摘出。如输尿管有病变，则应将肾、输尿管和膀胱一起摘出。肾上腺连于肾，二者一起摘出，或单独摘出。

（8）肝、胰、脾、肾与肾上腺的检查

肝：肝的检查十分重要，因为在许多病理情况下，肝会发生这种或那种变化。完整的肝检查包括肝淋巴结、肝动脉和门静脉、胆管、胆囊、肝被膜、肝切面、肝内胆管和血管等。注意肝的颜色、大小、质地、切面的胆管、血管和血液以及局灶性病变（如结节、脓肿、坏死）。肝急性瘀血时，体积变大、色暗红、切面多血，慢性瘀血时，表面与切面呈槟榔切面景象（槟榔肝）。肝硬化时质地变硬，表面不平，甚至呈结节状，色灰白或发黄。脂肪变性时肝肿大，边缘变钝，色灰黄或褐黄，质脆，切面突出等。

胰：观察表面和切面有无异常变化。

脾：分离脾与胃的联系，检查脾。注意其大小、形状、颜色和被膜状况，触摸其质地。切开时检查红髓、白髓和小梁，用刀轻刮切面，注意刮出物的多少、质地和颜色。败血脾时，脾肿大、质软、色紫红、被膜紧张，切面景象模糊，并可流出大量黑红色糊状血液。白髓增生时，切面呈灰白色颗粒状结构。

肾：肾的被膜、皮质和髓质都应仔细检查，肾的大小、形状、颜色和质地有无变化，被膜是否容易剥离。为了检查肾实质、肾乳头、肾盏、集收管等（牛）或肾盂（驼或羊），必须从肾外侧面向肾门部将肾纵切为相等的两半（图4-5）。如肾盏、集收管或肾盂扩张，积有尿液或脓液，则应继续检查输尿管和膀胱。同时要注意在

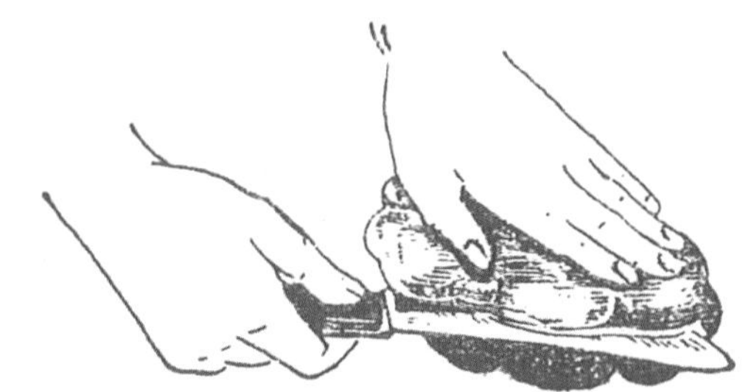

图4-5 肾脏的剖开

这些部位有无结石形成。

肾上腺：主要检查其大小、形状、颜色和质地。横切后，注意皮质的厚度、颜色和髓质的范围有无变化。动物死后肾上腺如发生自溶，则其变得柔软，色污黄或土黄，皮质与髓质界限不清。

四、骨盆腔器官的检查

如需彻底暴露与详细检查骨盆腔器官，可锯开耻骨联合和髂骨体，摘出这些器官，或分离骨盆腔后部和周围组织，将其摘出。但在一般情况下，多采用原位检查的方法。除输尿管、膀胱与尿道外，检查的重点主要是：公畜为精索、输精管、腹股沟、精囊腺、前列腺与尿道球腺（图4-6）；母畜为卵巢、输卵管、子宫角、子宫体、子宫颈与阴道。在检查上述器官和部位时，应和外部的泌尿生殖器官的检查相结合。对种公牛，应特别注意睾丸的各种病变和阴茎、精索的异常。对母牛，应检查与泌尿生殖器官病变的联系。如子宫内有胎儿，子宫黏膜、胎膜、羊水、胎盘和胎儿外部与内脏器官的检查不应忽视。对不孕症的母牛，卵巢、子宫、输卵管等生殖器官和周围组织的检查更为重要。注意卵巢的大小、形状、质地、重量和卵泡发育的情况及黄体形成的状态。母牛生殖器官检查的顺序为：阴道→子宫颈→子宫体→两侧子宫角→输卵管→卵巢（图4-7）。

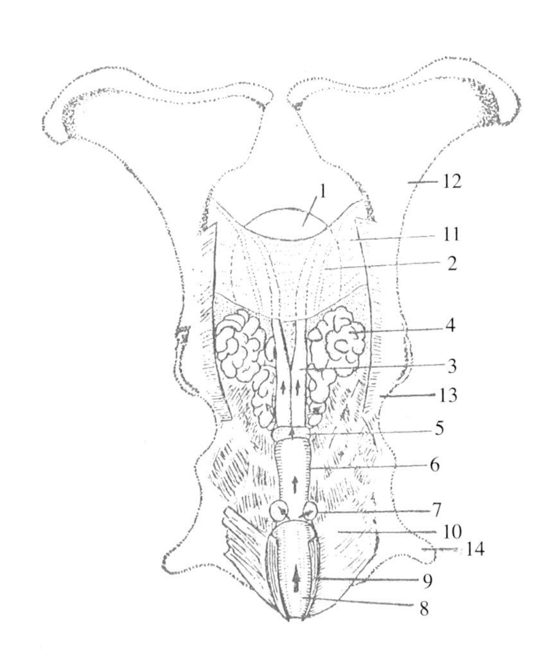

图4-6　公牛骨盆部应检查的泌尿生殖器官（背面观）

1.膀胱　2.输尿管　3.输精管壶腹　4.精囊腺　5.前列腺　6.尿生殖道　7.尿道球腺　8.海绵体肌　9.阴茎缩肌　10.坐骨海绵体肌　11.尿生殖褶　12.髂骨　13.坐骨　14.坐骨结节（箭头表示检查方向）

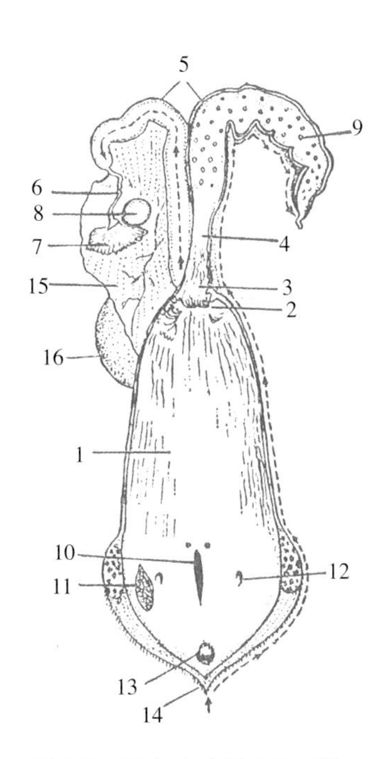

图4-7　母牛生殖器官的剖检

1.阴道　2.子宫颈口　3.子宫颈　4.子宫体　5.子宫角　6.输卵管　7.输卵管腹腔口　8.卵巢　9.子宫肉阜　10.尿道外口　11.前庭大腺　12.前庭大腺腺管开口　13.阴蒂　14.下联合　15.子宫阔韧带　16.膀胱

阴道与右侧子宫体、子宫角已剖开，虚线表示剖线。（箭头表示剖开方向）

五、胸腔的剖开与检查

1.胸腔的剖开与视检　首先除去右前肢，切除胸壁外面的肌肉和其他软组织。然后按下列任一种方法剖开胸腔。

第一种方法在右侧胸壁上、下边锯断肋骨。第一锯线由末肋上端开始锯到第一肋上端；第二锯线沿胸骨与肋软骨连接处，由后向前，直至第一肋下端（图4-8）。然后分离与胸壁相连的软组织，将其揭开。

第二种方法由后向前，依次切开肋间肌和肋软骨，分离肋骨头，将肋骨拉至背部，先向前再向后搬压，直至胸腔全部暴露。

锯断或搬压肋骨时，必须特别小心，以免肋骨断端伤及手臂。

胸腔剖开时，注意胸骨的畸形、胸膜的炎症、胸腔与心包腔液体的多少和性质，肺的颜色、大小与回缩程度，以及纵隔淋巴结、大血管、胸腺（幼畜）等的变化。

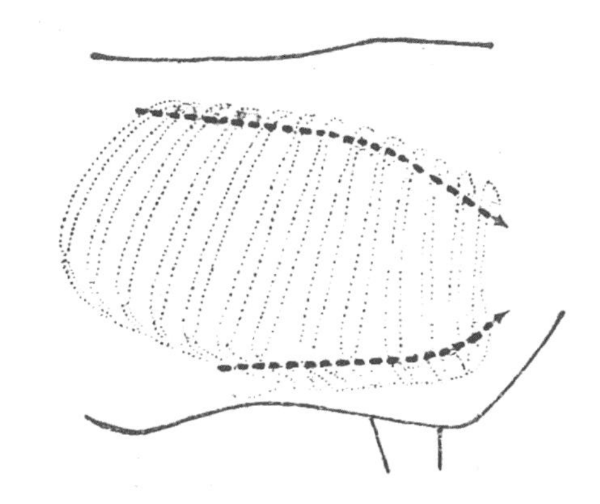

图4-8　牛胸腔剖开线（粗虚线表示）

2. 胸腔器官的摘出与检查　割断前、后腔静脉，主动脉，纵隔和气管等同心、肺的联系后，将心、肺一起摘出，注意心包内面和心外膜的变化（如出血、纤维素附着、粘连等）。确定心脏的大小、形状、肌僵程度和心室、心房充盈度等。

必须知道，心脏的肌僵约在死后1h开始，10 ～ 12h前后发展完全，24h后肌僵慢慢消失。动物死亡时，心脏通常是停止在舒张期的，但因肌僵的发生而使血液排出，左心室处于无血状态，右心室仅有少量血液。如发现心肌柔软，心室空虚，意味着肌僵消失。但若心肌柔软，同时心室充满血液，说明心肌本身存在某种病理变化（心肌变性、心力衰竭导致肌僵不全或根本不发生肌僵）。

在心脏左纵沟两旁1 ～ 2cm处切开心室壁，向上延长切口至心房，并进一步切开肺动脉、主动脉与肺静脉；翻转心脏，在心脏右纵沟两旁1 ～ 2cm处切开心室壁，延长切口至心房，并进一步将腔静脉切开（图4-9）。这样，心房、心室和主要血管即全部切开暴露。注意这些部位的各种变化。某些因窒息、中毒或传染病而致死的动物，心血凝固不良或呈糊状。心内膜应注意其颜色、光泽、厚度以及有无出血和其他病变。检查房室瓣和半月瓣时，应注意其大小、形状、厚度、硬度，尤其要注意有无血栓、

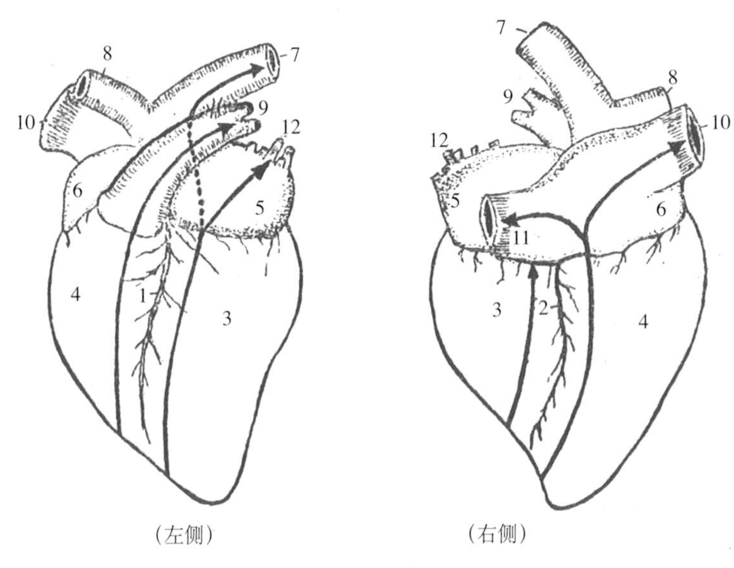

图4-9　牛心脏的剖开线

1.左纵沟和左冠状动脉、心大静脉　2.右纵沟和右冠状动脉、心中静脉　3.左心室　4.右心室　5.左心房　6.右心房　7.主动脉　8.臂头动脉总干　9.肺动脉　10.前腔静脉　11.后腔静脉　12.肺静脉（粗线表示剖线，箭头表示剖开方向）

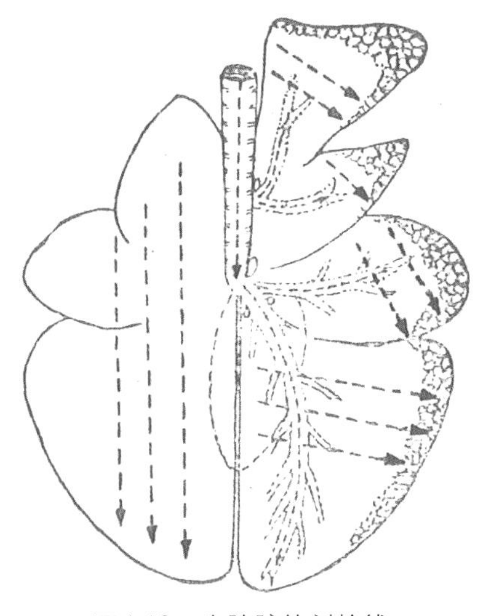
图4-10　牛肺脏的剖检线

溃疡、增生以及瓣孔的改变。腱索、乳头肌等的检查也不能忽视。心肌应重点观察其颜色、质地、心室壁的厚度等变化。对主动脉内膜，要仔细检查有无坏死、钙化和瘢痕。

肺　首先检查支气管淋巴结和肺胸膜，注意淋巴结的颜色、大小、质地、切面，观察肺胸膜的颜色、光泽、厚度，有无出血、水肿、瘢痕、结节等变化，测定肺的重量、体积，观察各叶的外形及有无气肿和萎陷。

然后通过两种途径检查肺组织（图4-10）。

（1）剪开支气管，观察黏膜的变化和管腔内容物的数量和性质。

（2）以锐刀将肺切成若干平行的切面，注意各切面的颜色、血量、湿度、致密度、支气管与血管的情况。挤压切面，观察实质、间质、支气管、血管流出物的性质和来源。挤压时若有大量泡沫，表示肺实质内有较多的空气；若排出物为透明的液体并含有小泡，表示水肿；血样排出物表示有大量血液（肺瘀血）；而排出物浑浊或呈乳样时，可能有化脓。

如发现某种病变，则应对其进行仔细检查。

六、脑与脊髓的摘出与检查

1.颅腔的剖开与脑的摘出检查　除去额、顶、枕与颞部的皮肤、肌肉和其他软组织，露出骨质。

牛的颅腔较特殊，额骨发达，额部宽阔，额窦几乎与所有后部颅骨相通（包括角腔），因而在颅顶上部形成一大空腔，所以颅腔的剖开与脑的摘出较难。

颅腔的剖开与脑的摘出有两种方法：

第一种方法按三条线锯开颅腔周围骨质。

第一锯线（一条）——额部锯线。为二眶上突根部后缘（即颞窝前缘）之连线，横锯额骨（图4-11）。

第二锯线（二条）——颞枕部锯线。从第一锯线两端稍内侧（距两端1 ~ 2cm）开始，沿颞窝上缘向两角根外侧伸延，绕过角根后，止于枕骨中缝。此锯线似U形（图4-12、图4-13），包括颞段和枕段。

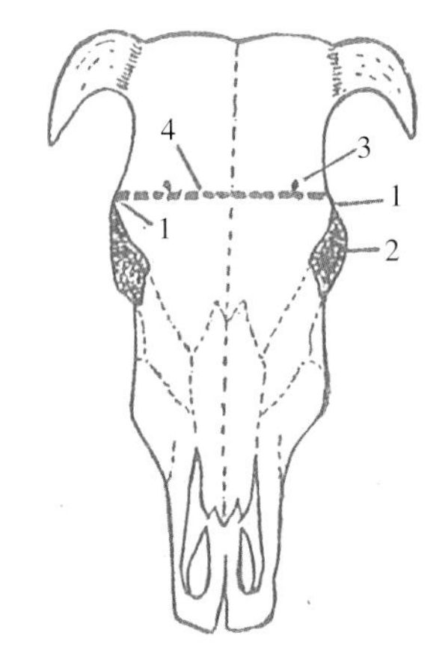

图4-11　第一锯线（额部锯线）

1.眶上突　2.眶窝　3.眶上孔
4.第一锯线（粗虚线表示锯线）

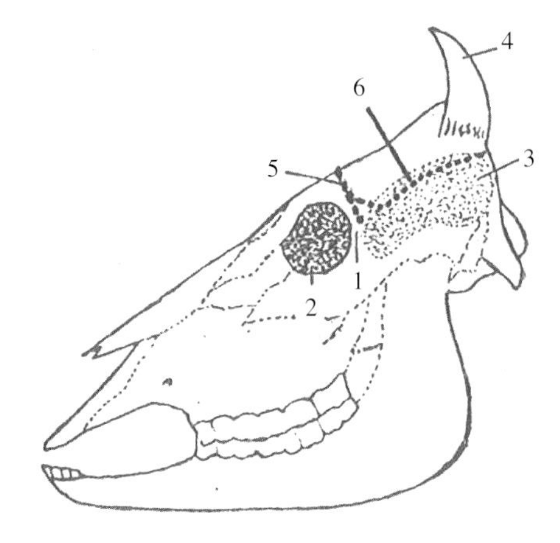

图4-12　第二锯线（颞枕锯线颞段）

1.眶上突　2.眶窝　3.颞窝　4.角　5.第一锯线
6.第二锯线（颞段）（粗虚线表示锯线）

第三锯线（二条）——枕部锯线。从枕骨大孔上外侧缘开始，斜向前外方角根外侧，与第二锯线相交（图4-13）。

翻转头，使下颌朝上，固定，用斧头向下猛击角根，并用骨凿和骨钳将额骨、顶骨和枕骨除去（图4-14）。如角突影响上述锯线的实施，则应事先将其锯除。

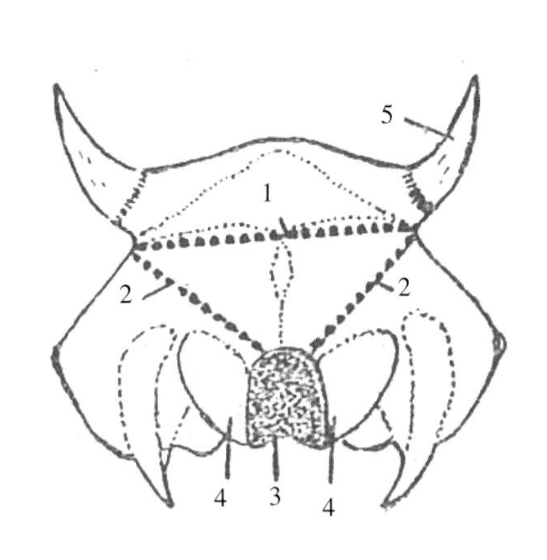

图4-13　第二锯线（枕段）与第三锯线（枕部锯线）

1.第二锯线（枕段）　2.第三锯线（枕部锯线）　3.枕骨大孔
4.枕髁　5.角（粗虚线表示锯线）

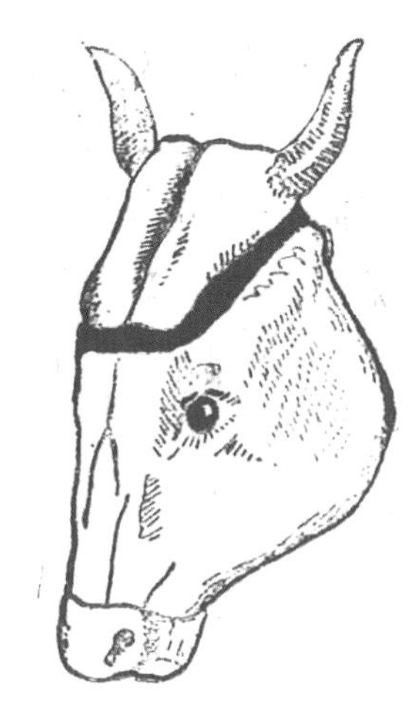

图4-14　牛颅腔剖线（颅骨已被剖离）

第二种方法除按第一种方法的三条线锯开颅腔周围骨质外，从枕骨大孔上缘中点，沿枕骨、顶骨和额骨上面正中至额骨横锯线中点，再作一纵线锯开。然后用力将左右角压向两侧，即可暴露颅腔。

检查硬脑膜、蛛网膜、软脑膜、脑膜血管以及硬膜下腔的浆液和蛛网膜下腔的脑脊液。用外科刀割断脑神经、视交叉、嗅球并分离硬脑膜后，摘出脑。注意脑回与脑沟的变化，小心触压脑质，确定其质地。

先正中纵切、然后平行纵切大脑与小脑（图4-15），注意松果体、四叠体、脉络丛的状况，观察侧脑室有无扩张和积水，同时仔细检查第三脑室、大脑导水管和第四脑室，再横切数刀，注意有无各种病理变化。如有必要，用10%福尔马林固定，以便做组织检查。

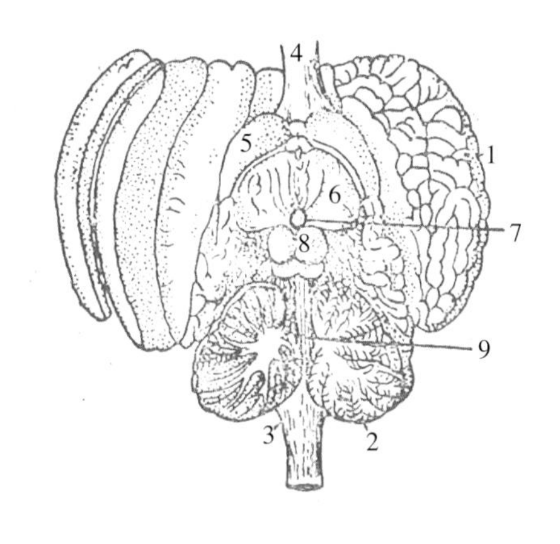

图4-15　脑的剖开

1.大脑　2.小脑　3.延脑　4.胼胝体
5.纹状体　6.视丘　7.松果体　8.四叠体
9.第四脑室
纵形切开脑，左侧大脑半球已被分离。

在视交叉对应部之后的脑底骨小凹处，用外科刀或剪切离脑垂体上面的周围组织，仔细将其挖出。观察脑垂体的大小、形状、切面、色泽等有无变化。

羊颅腔的剖开法和牛的稍有不同。三条锯线的确定如下：

第一锯线（一条）——二眼眶上缘中点之连线（图4-16）。

第二锯线（二条）——从两侧颧弓后缘（或外耳道）开始，经角根与眼眶后缘中点，向内并向前上方延伸与第一锯线相交（图4-17）。

第三锯线（二条）——从枕骨大孔上外侧缘开始，斜向前外方，直达颧弓内侧之颅腔侧壁（颞窝）（图4-17）。

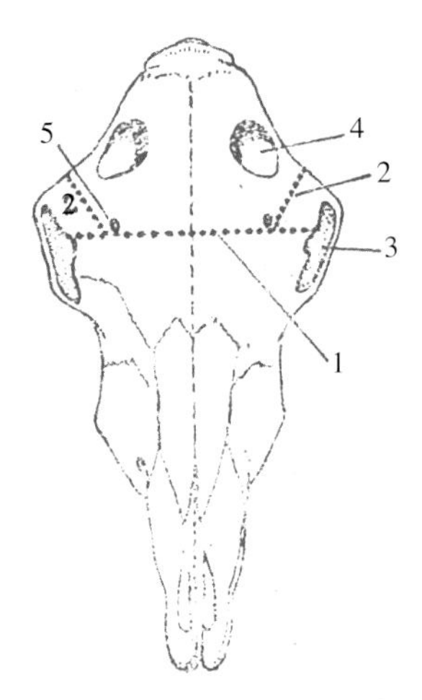

图4-16　羊颅腔剖开线（头背面观）

1.第一锯线　2.第二锯线　3.眶窝　4.角根
5.眶上孔（粗虚线表示锯线）

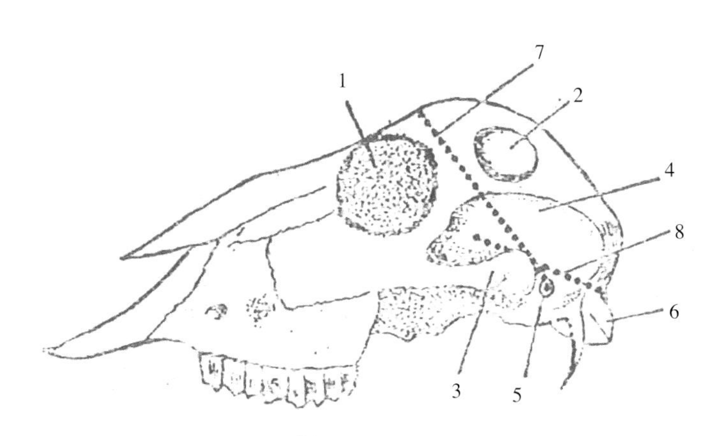

图4-17　羊颅腔剖开线（头侧面观）

1.眶窝　2.角根　3.颧弓　4.颞窝　5.外耳道　6.枕髁　7.第二锯线
8.第三锯线　（粗虚线表示锯线）

2. 脊髓的摘出与检查　通常可在一节椎骨的两端（即椎骨间隙）锯断，或从椎管两侧上外方将其锯开，从椎管中分离硬脊膜，取出脊髓。注意脊髓液的性状和颜色，检查软脊膜、灰质、白质、中央管等有无变化。

七、鼻腔、副鼻窦的剖开与检查

距头骨正中线0.5cm处（向左或向右）纵向锯开，切下鼻中隔。注意鼻黏膜和鼻中隔有无充血、炎症、结节状病变、溃疡、坏死等变化，确定鼻腔渗出物的量和性质。

牛的窦系统很复杂，有额窦、上颌窦、泪窦、蝶窦和鼻甲窦。临诊上重要并经常检查的是额窦和上颌窦，因这二窦很大，易受感染。

犊牛的窦系统很不发达，随年龄增长而变大，经数年后才达既定大小。额窦包括3～4个独立的室，几乎占据额骨下部。额窦后外侧伸进角突中。由于额窦很大，在额骨任何一个部位锯开均可对其进行检查，但在大额窦中部锯开较宜，其锯线的确定为：两侧眼眶后缘与角根前缘中点之连线。上颌窦也较大，位于臼齿上方的大部分上颌骨内，其后部达眼窝下部内侧。因此，锯线较合适的位置为两侧眼眶前缘（或臼齿后缘）之连线。额窦与上颌窦在头表面的投影以及锯线位置见图4-18。

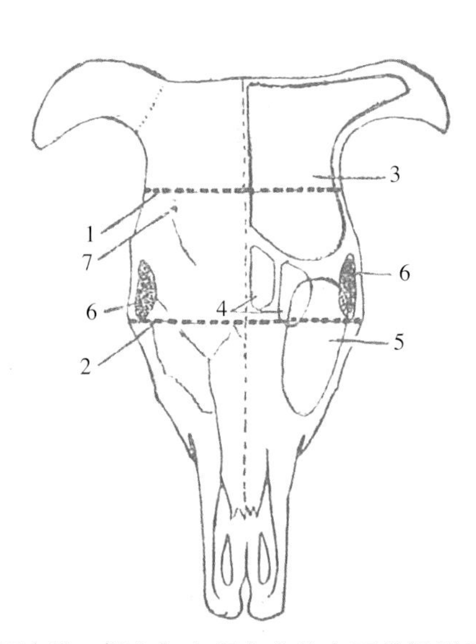

图4-18　额窦与上颌窦在头表面的投影及其剖开线

1.额窦锯线　2.上颌窦锯线　3.大额窦投影
4.小额窦投影　5.上颌窦投影　6.眶窝　7.眶上孔
（仅左半部划出窦投影，粗虚线表示锯线）

副鼻窦的检查同鼻腔。但窦黏膜较薄，血管较少，黏膜与其下的骨组织连接得疏松。因此，在检查时应考虑这些结构上的特点。

八、骨、关节与骨髓的检查

1. 骨　如骨罹患或疑患某种疾病时，除视检外，还可将病部剖开，检查其切面和内部各种变化。必要时取材镜检。

2.关节 尽量将关节弯曲，在弯曲的背面横切关节囊。注意囊壁的变化，确定关节液的量和性质以及关节面的状况。

3.骨髓 骨髓的检查可与骨的检查一并进行。主要确定骨髓的颜色、质地有无异常变化。眼观检查后最好取材进一步作组织学、细胞学和细菌学检查。

在检查骨、关节时，根据情况，决定是否检查腱鞘和腱。如这两个器官有明显外观变化，则应将其纵行切开，检查内部变化的性质和程度。

九、肌肉的检查

肌肉的检查可在剥皮后与皮下组织的检查同时进行，也可在各器官检查后单独进行。肌肉的检查对保障人的肉食品安全特别重要。检查时应纵切与横切，注意肌肉的颜色、质地、水分含量、脂肪多少，有无坏死、化脓、寄生虫、结节状病变。如肌肉丰满部有出血、坏死性气肿或水肿，应怀疑气肿疽或恶性水肿。窒息死亡者，肌肉色暗红，恶病质死亡者，肌肉萎缩，脂肪耗尽，无光泽。必要时可从病变部肌肉取材作组织学检查。

第二节　马类动物（马、驴、骡）的剖检

马类动物的剖检程序和方法基本同牛，但在以下几个方面有其特点。

一、腹腔的剖开与检查

将尸体先仰卧位固定，按反刍动物的方法剥皮并剖开腹腔。腹腔剖开时，应立即检查肠管和其他器官的关系位置、腹腔的异物或病理产物、腹膜的病变和膈的状况。特别要注意有无肠变位、腹膜炎、胃肠或膈破裂等变化。在正常情况下，腹腔剖开时只能看到盲肠、右下与左下大结肠、部分小肠与小结肠(图4-19)。

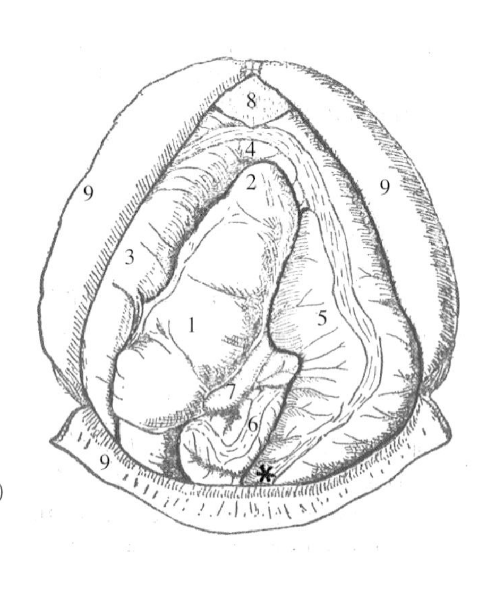

图4-19　马腹腔剖开时肠的正常位置

1.盲肠体　2.盲肠尖　3.右下大结肠　4.大结肠胸骨曲　5.左下大结肠　6.小结肠　7.小肠　8.剑状软骨　9.外翻的软腹壁　*拉出大结肠时的手抓部位（大结肠骨盆曲）

二、腹腔器官的摘出与检查

1.肠的摘出与检查 腹腔剖开与视检后，将尸体倒向右侧（右侧卧位）。双手抓住大结肠之骨盆曲，同盲肠一起拉出，在尸体腹侧摊开：上大结肠在前，下大结肠在后，血管面向上。将小结肠提出，置于尸体背侧（图4-20）。

为了摘出胃肠道，应先在以下五个点上结扎，每个结扎点均为双结扎（第一和第五结扎点上也可单结扎）。

第一结扎点：贲门之前结扎食管（或在颈部结扎食管）。

第二结扎点：十二指肠结肠韧带处结扎十二指肠。

第三结扎点：回盲韧带游离缘处结扎回肠。

第四结扎点：十二指肠结肠韧带处结扎小结肠。

第五结扎点：直肠末端将其结扎（图4-20、图4-21）。

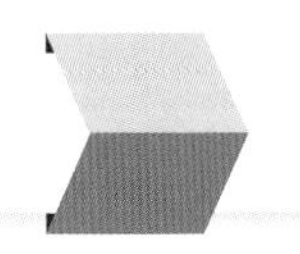

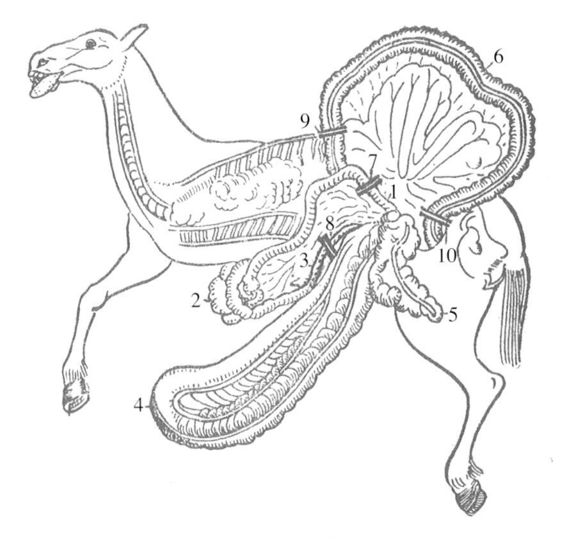

图4-20　马腹腔剖开后肠管在体外的展开

本图显示第二、三、四、五等四个结扎点，第一结扎点被掩盖。
1.十二指肠　2.空肠　3.回肠　4.大结肠　5.盲肠　6.小结肠
7.第二结扎点（十二指肠结扎点）　8.第三结扎点（回肠结扎点）
9.第四结扎点（小结肠结扎点）　10.第五结扎点（直肠结扎点）

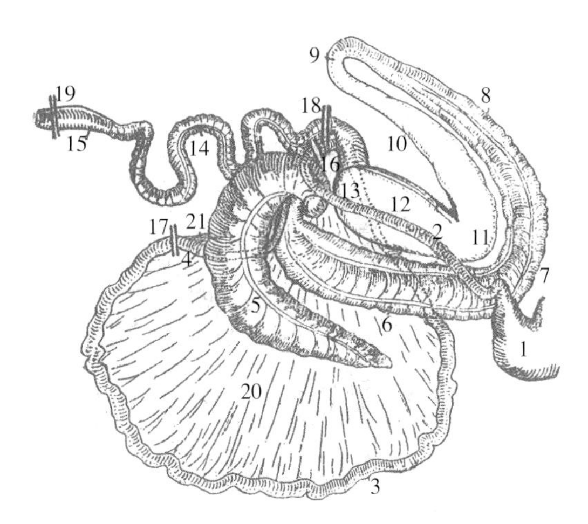

图4-21　马胃肠道的关系位置及结扎点

1.胃　2.十二指肠　3.空肠　4.回肠　5.盲肠　6.右下大结肠
7.胸骨曲　8.左下大结肠　9.骨盆曲　10.左上大结肠　11.膈曲
12.右上大结肠　13.胃状膨大部　14.小结肠　15.直肠
16.第二结扎点　17.第三结扎点　18.第四结扎点
19.第五结扎点　20.小肠肠系膜　21.回盲韧带

各段肠的摘出顺序：

（1）小结肠　切断第五与第四结扎点，并割离后肠系膜，摘出小结肠与直肠。

（2）空肠与回肠　切断第二与第三结扎点，握住小肠（空肠与回肠）肠系膜，将其割断，摘出空肠与回肠。

（3）盲肠与大结肠　检查前肠系膜动脉及其分支后，仔细分离割断盲肠、大结肠与周围器官的联系（盲肠与腰部肌肉、右肾、胰的联系，右上大结肠后部与大网膜、十二指肠、胰等的联系），将其摘出。

沿肠系膜附着缘将肠剪开、检查。肠系膜、肠系膜淋巴结、肠系膜动脉与静脉的检查应十分重视，因为有些疾病使它们常有明显的变化。例如，小肠或小结肠扭转时，除见局部肠系膜紧张外，其中静脉怒张，扭转部的肠段瘀血、紫红、肿胀；又如戴拉风线虫幼虫可寄生于前肠系膜动脉及其分支，使血管壁因结缔组织增生而变厚，有时病部血管变粗呈结节状或梭状（“动脉瘤”）。必须指出，胃肠的一些变化在剖开腹腔时或将其摘出时就应注意，不要把摘出和检查截然分开。要高度重视胃肠的摘出和检查，要充分估计胃肠及其他腹腔器官的检查在腹痛症死后诊断上的意义。

2.胃、胰、十二指肠、肝、脾的摘出与检查　胰管与胆管检查后，切断第一结扎点，拉出食管断端或导出食管，分离、割断胃、胰、十二指肠与周围组织器官（肝、膈等）的联系，将其一起摘出。沿胃大弯剪开，检查。将肝与周围的联系（镰状韧带与肝圆韧带、左右冠状韧带、左右三角韧带、肝肾韧带、后腔静脉等）分离后单独摘出。割断脾与肾、胃、膈之间的联系，将脾与大网膜一起摘出。上述器官的检查基本同牛。

三、颅腔的剖开与脑的摘出

从第一颈椎前（环枕关节）切断头和颈的联系，取下头。切除颅顶和枕部的皮肤、肌肉及其他软组织，使骨质暴露。沿下列三条线锯开颅骨。

第一锯线（一条）——二眶上突后缘（即颞窝前缘）之连线，横锯额骨。

第二锯线（二条）——从枕骨大孔上外侧缘开始，斜向前外方，直达外耳道与颧弓的内侧。

第三锯线（二条）——从外耳道内侧，斜向前内方，经冠状突内侧与颞窝内侧壁，直与第一锯线相交，交点距第一锯线中点3 ~ 3.5cm（图4-22、图4-23）。

然后用骨凿插入锯缝，撬开颅顶骨，或翻转头，使下颌朝上，固定头，用斧向下猛击枕嵴，颅顶骨即被打下。摘出脑。

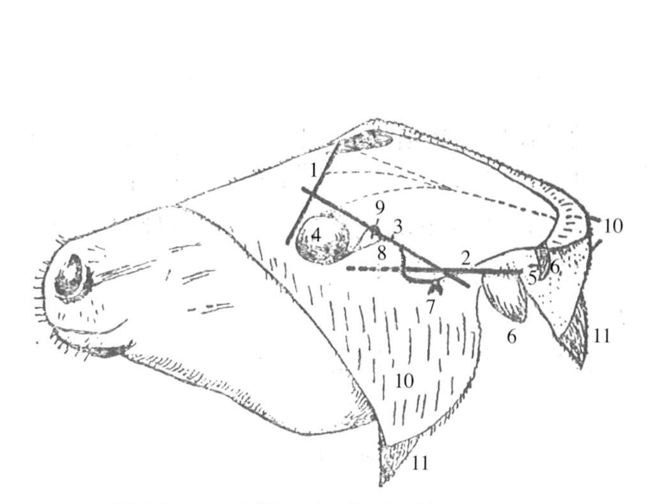

图4-22　马颅腔剖开线（左侧后上方观）

1.第一锯线　2.第二锯线　3.第三锯线　4.颞窝　5.枕骨大孔　6.枕髁　7.外耳道　8.颧弓　9.下颌骨的冠状突　10.剥离的皮肤　11.耳（锯线以粗线表示）

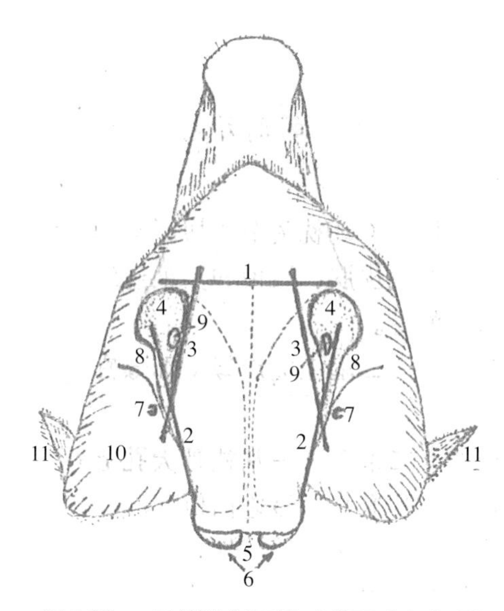

图4-23　马颅腔剖开线（背面后上方观）

1.第一锯线　2.第二锯线　3.第三锯线　4.颞窝　5.枕骨大孔　6.枕髁　7.外耳道　8.颧弓　9.下颌骨的冠状突　10.剥离的皮肤　11.耳（锯线以粗线表示）

第三节　猪的剖检

猪的剖检与牛、马的剖检大致相同，其不同之点为：

（1）外部检查，尤其对皮肤的检查更为重要。因为皮肤往往存在对疾病有确诊意义的病理变化。例如，在检查亚急性猪丹毒时，可见到大小比较一致的方形、菱形或圆形疹块；在急性猪瘟，皮肤多有密集或散在的出血点。

（2）通常不剥皮。

（3）下颌淋巴结、扁桃体及附近组织的检查不可忽视。因为猪炭疽时，在这些组织多半可以发现较特征的病理变化，而下颌淋巴结的出血-坏死性炎症更具有证病性。同时也应检查咽后、腮腺淋巴结和头颈部其他淋巴结（图4-24）。

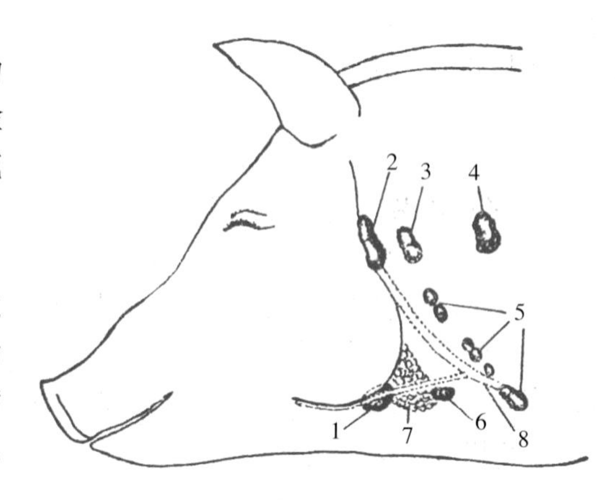

图4-24　头颈浅层常检淋巴结的位置

1.下颌淋巴结　2.腮腺淋巴结　3.咽后外侧淋巴结　4.颈浅背侧淋巴结　5.颈浅腹侧淋巴结　6.下颌副淋巴结　7.下颌腺　8.颈静脉

（4）大猪的腹腔和胸腔剖开法与牛的相似，但小猪和幼龄猪可采取简单易行的胸腹腔一次剖开法。具体做法是：①仰卧位。②切割两前肢内侧与胸壁相连的皮肤、肌肉，将肢体平置于两侧地上（或剖检台上）。③切割两后肢内侧腹股沟部的皮肤、肌肉，使髋关节脱臼，将肢体搬压于后外侧。④在下颌间隙前与两侧切割、分离皮肤和皮下脂肪组织，并将两侧切口向后延伸于颈、胸、腹部（图4-25）。⑤左手抓起已切离的下颌部皮肤和皮下脂肪组织，右手用刀沿上述颈、胸、腹部两侧切口，一直向后作水平切割（切至胸骨时，刀口通过肋软骨），直至两后肢内侧。将切下的体躯下部皮肤肌肉等大片组织，翻置于两后肢间的后面。这样，颈部和胸、腹腔器官即可暴露（图4-25、图4-26）。

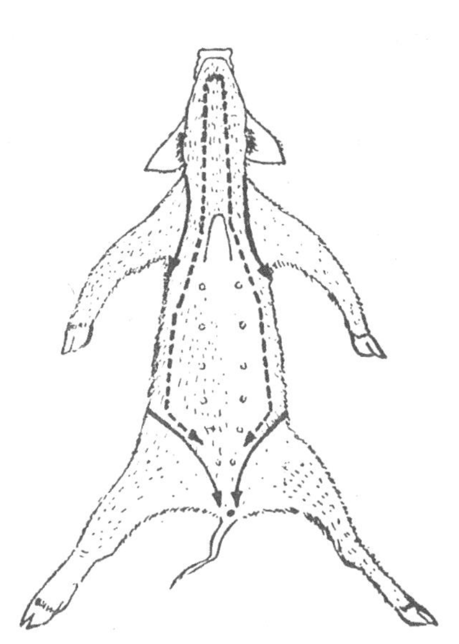

图4-25　小猪胸腹腔一次剖开法切线

粗实线表示四肢内侧切口
粗虚线表示颈与胸腹腔剖开切口
箭头表示切割方向

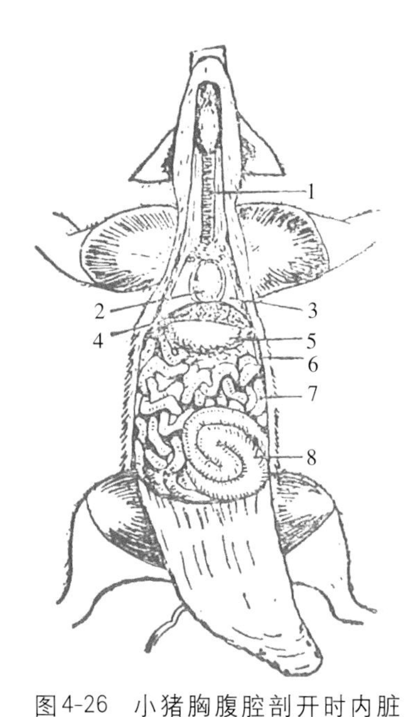

图4-26　小猪胸腹腔剖开时内脏器官的位置

1.气管　2.心　3.肺　4.肝
5.胃　6.脾　7.空肠　8.结肠圆锥

（5）腹腔器官的摘出。腹腔剖开后，先剥离大网膜，并摘出脾。注意脾的大小、重量、颜色、质地、表面和切面的状况。对脾的检查有重要意义，因为有些疾病可使脾呈明显变化，例如，败血型炭疽时，脾常高度肿大，色黑红，柔软；急性猪瘟时脾多发生出血性梗死。

腹腔器官的摘出，有两种方法。

第一种方法　胃肠整体摘出。先将小肠移向左侧，以暴露直肠，在骨盆腔中单结扎直肠，结扎点后部将其剪断。左手握住直肠断端，右手持刀，从后向前沿腰背部分离割断前肠系膜根部等各种联系，至膈时，分离胃膈韧带，在胃前单结扎食管，结扎点前部将其剪断，即可摘出全部胃肠道。此法的优点是容易掌握，能在体外观察器官病变的关系，其缺点是较粗放。

第二种方法　胃与肠道分别摘出。①在回盲韧带（将结肠圆锥向右拉，盲肠向左拉，即可看到回盲韧带，猪的盲肠位于左髂部）游离缘，距盲肠10 ~ 15cm处，双结扎剪断回肠；在十二指肠空肠区（左肾附近，十二指肠—小结肠韧带处），双结扎剪断十二指肠。左手握住回肠断端，右手持刀，割离肠系膜至十二指肠结扎点，摘出空肠和回肠。②先仔细分离十二指肠、胰与结肠的交叉关系，再从前向后分离割断前肠系膜根部和其他联系，最后分离并单结扎剪断直肠，摘出盲肠、结肠和直肠（图4-27）。③摘出十二指肠、胰和胃。

（6）腹腔和骨盆腔淋巴结的检查。除应注意肠系膜淋巴结和腹腔、骨盆腔各内脏局部淋巴结的检查外，不可忽视腰荐部各淋巴结的病理变化，因为这些淋巴结的变化常可反映出腰部、腹壁、后肢、腹腔与骨盆腔器官的情况。在一些急性传染病时，它们常出现一致的较明显的变化。腰荐区应检查的淋巴结见图4-28。

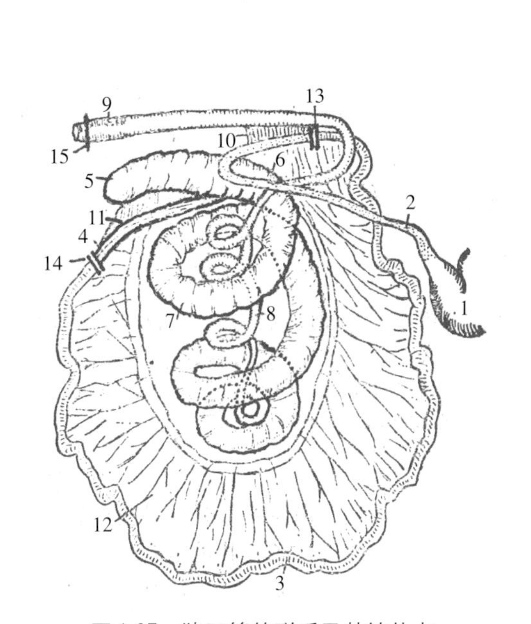

图4-27　猪肠管的联系及其结扎点

1.胃　2.十二指肠　3.空肠　4.回肠　5.盲肠　6.结肠　7.结肠圆锥向心回　8.结肠圆锥离心回　9.直肠　10.十二指肠-小结肠韧带　11.回盲韧带　12.空肠系膜　13.十二指肠结扎点　14.回肠结扎点　15.直肠结扎点

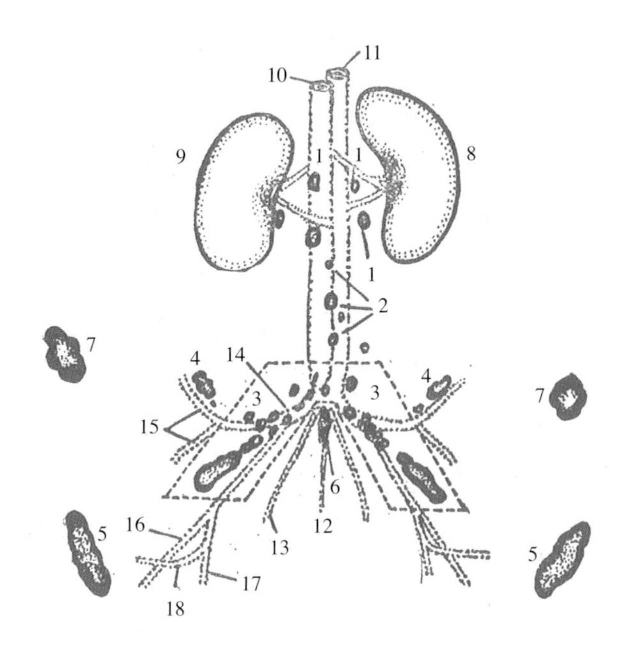

图4-28　猪腰荐区与下腹部淋巴结的位置（腹面观）

1.肾淋巴结　2.腰主动脉淋巴结　3.髂内侧淋巴结（虚线范围之内的淋巴结均属此淋巴结）　4.髂外侧淋巴结　5.腹股沟浅淋巴结　6.荐淋巴结　7.髂下淋巴结　8.左肾　9.右肾　10.后腔静脉　11.腹主动脉　12.荐中动脉　13.髂内动脉　14.髂外动脉　15.旋髂深动脉前支与后支　16.股动脉　17.股深动脉　18.阴部外动脉

（7）颅腔的剖开与牛的基本相同，也比较困难，因脑的位置深，额窦大。因此，额骨横锯线可移至眶上突前1～2cm处。为便于锯骨，最好预先挖除眼球。如无特别需要，一般可采用中线锯开法取脑。

第四节　鸡的剖检

鸡属于鸟类。鸟类的剖检大致相同。与大动物比较，鸡的解剖结构有不少特点，因此剖检技术很不相同。鸡的消化系统，有发达的肌胃和贮藏食物的嗉囊（食管膨大的部分），肠管较短，而十二指肠较大，盲肠有二条。肺小，并固定在肋间隙中，有九个和肺相通的气囊（图4-29）。除锁骨气囊为单个外，其他四个气囊均成双。二肾固定在腰部，各分三叶，无膀胱，输尿管直接通入泄殖腔。左侧卵巢发达。在成年禽类，右侧卵巢退化。输卵管也通入泄殖腔。睾丸位于腰区。在水禽（鸭、鹅等）仅有两对淋巴结，即颈胸淋巴结和腰淋巴结。而鸡和火鸡无淋巴结，淋巴组织是在其他器官和组织中散在的，但在泄殖腔背侧却有一个独特的淋巴器官——腔上囊，即法氏囊（Bursa Fabricius），它在性成熟时（鸡4～5月龄，鸭3～4月龄）最大（图4-30），以后逐渐萎缩，变小。此外，鸡没有明显完整的膈，无胸腹腔之分，二者相通，故称为体腔。必须注意，在气管分叉处（即气管与支气管交界处）有一发声器官——鸣管。

1.外部检查　鸡尸的外部检查主要包括羽毛、营养状况、天然孔、皮肤、骨和关节。羽毛粗乱、脱落，常为慢性病或外寄生虫病的表现之一。在雏白痢或其他有腹泻症状的疾病时，泄殖孔周围的羽毛

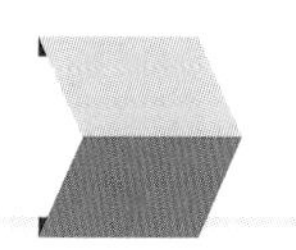

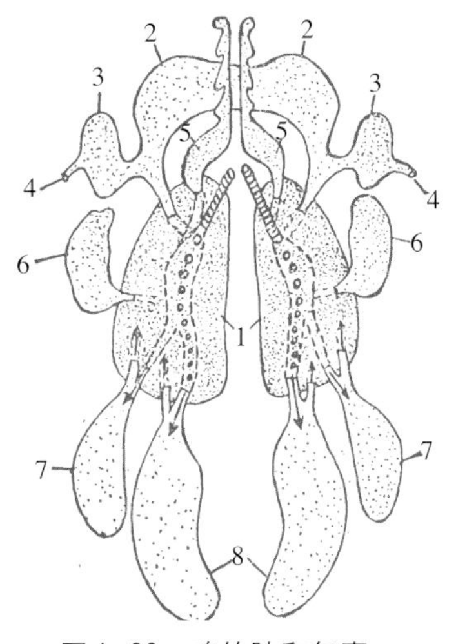

图4—29　鸡的肺和气囊

1.肺　2.锁骨气囊　3.腋气囊　4.通到肱骨的气道
5.颈气囊　6.前胸气囊　7.后胸气囊　8.腹气囊

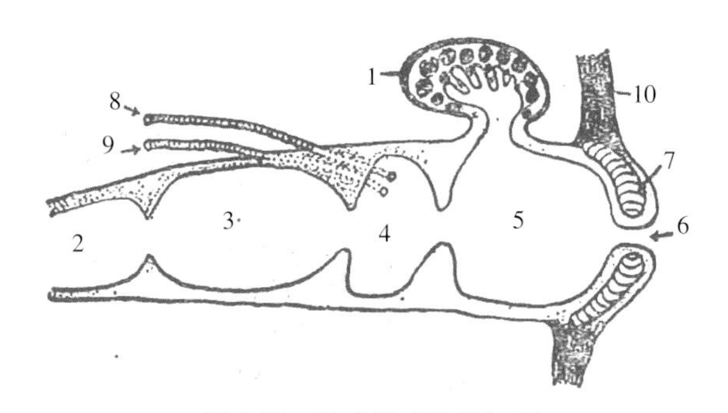

图4-30　幼鸡泄殖腔纵切面

1.腔上囊（法氏囊）2.直肠　3.粪道　4.泄殖道　5.肛道
6.泄殖孔　7.括约肌　8.输卵管或输精管　9.输尿管
10.皮肤与皮下组织　3、4、5合称泄殖腔

会被大量粪便沾污。营养状况可用手指在胸骨两侧触摸肌肉的多少和胸骨嵴（龙骨嵴）的显现情况来确定，例如，鸡结核病时，胸肌萎缩，龙骨嵴明显突出。应注意天然孔分泌物、排泄物的多少和性状。检查皮肤时，特别要注意冠和肉髯的颜色和大小，同时观察头部、体躯、颈部与腿部皮肤有无痘疹、出血、结节等病变。骨和关节的检查，着重于确定趾骨的粗细、骨折的有无、骨和关节的肿大与变形等。

2. 消毒　用消毒药浸渍消毒羽毛和皮肤，拔除颈、胸与腹部的羽毛。

3. 固定鸡尸　切割两翅与两腿内侧基部同躯体的联系（皮肤、结缔组织与肌肉），并将翅、趾压下，使尸体仰卧固定。

4. 切开皮肤　由下颌间隙沿体中线至泄殖孔切开皮肤并向两侧剥离，注意不要切破嗉囊。

5. 体腔的剖开

（1）从泄殖孔至胸骨后端纵形切开体腔。

（2）在胸骨两侧的体壁上向前延长纵形切口，将两侧体壁剪开（图4-31）。

（3）用骨剪剪断乌喙骨和锁骨。手握龙骨嵴，向上前方用力扳拉，揭开胸骨；割离肝、心与胸骨的联系及其周围的软组织，即暴露体腔（图4-32）。

6. 体腔的视检　注意气囊有无霉菌生长或其他变化，特别要检查体腔内的炎性渗出物、积血以及卵黄性浆膜炎。

7. 器官的摘出　依次摘出下列器官：心与心包，肝、脾、腺胃、肌胃、肠、胰、卵巢、输卵管（或睾丸）、肺、肾。如为了保持食管和胃的完整性，可将其连在一起摘出。嗉囊壁薄，摘出时要小心。鸭无明显的嗉囊，食管下部仅呈纺锤形膨大。鸡的消化器官见图4-33。

图4-31　鸡体腔剖开线（箭头表示切割方向）

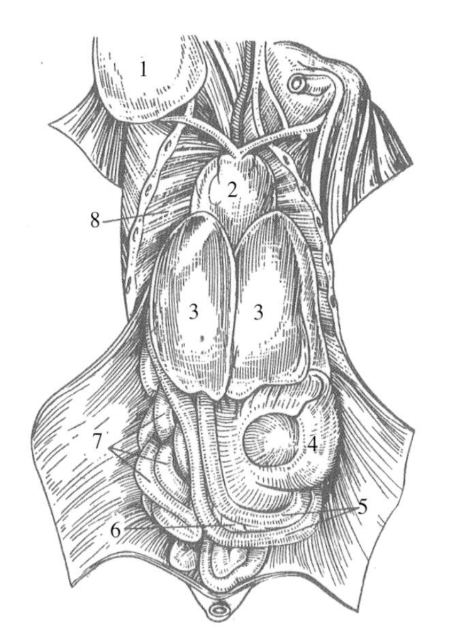

图4-32　鸡体腔剖开时内脏器官的位置

1.嗉囊　2.心　3.肝　4.肌胃　5.十二指肠　6.胰　7.空肠　8.肺

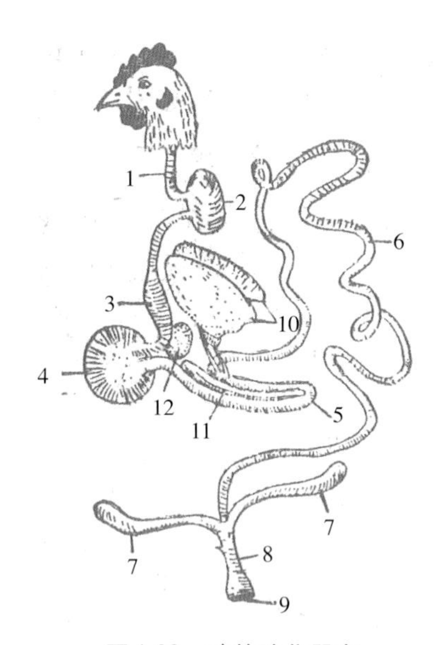

图4-33　鸡的消化器官

1.食管　2.嗉囊　3.腺胃　4.肌胃　5.十二指肠　6.小肠　7.盲肠　8.直肠　9.泄殖孔　10.肝　11.胰　12.脾

8.各器官的检查

(1) 从喙角开始剪开口腔、食管和嗉囊，注意这些部位黏膜的变化和嗉囊内食物的量、性状和组成。如维生素A缺乏时，咽、食管黏膜常可发现黄白色颗粒状病变。当食管、嗉囊和胃一起摘出时，则应按下列顺序剪开检查：食管→嗉囊→食管→腺胃→肌胃（图4-34）。然后剪开喉、气管，注意黏膜的变化和管腔内分泌物的多少和性状。

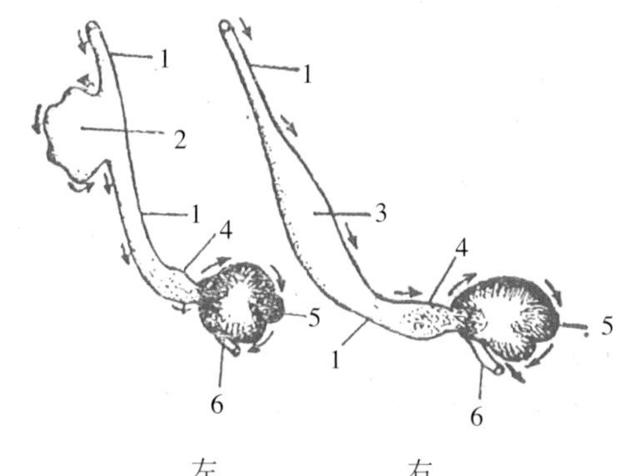

图4-34　鸡、鸭食管与胃的剖开

1.食管　2.嗉囊　3.食管纺锤形膨大部　4.腺胃　5.肌胃　6.十二指肠

左：鸡　右：鸭　箭头表示剖开方向

(2) *鼻腔*　横剪鼻孔前的上颌，挤压鼻部，以检查鼻腔中的内容物。

(3) *心*　检查心包腔、心外膜、心肌、心房、心室、心内膜的变化。

(4) *肺*　注意颜色和质地，检查有无结节或其他炎性变化。

(5) *肝*　注意颜色、大小、质地、表面的变化，检查有无坏死灶、结节、肿瘤等病变。结核病时肝内可见结核结节，急性巴氏杆菌病时有许多小坏死灶。同时应检查胆囊、胆管和胆汁。

(6) *脾*　注意大小、形状、表面、质地、颜色、切面的变化。结核病时，脾常有结核结节；淋巴白血病和急性型马立克氏病时，脾多半肿大或有肿瘤性病变。

(7) *肾*　注意大小、表面、质地、颜色、切面的变化。特别要注意有无肿瘤性病变和尿酸盐沉着。此外，检查肾上腺有无变化。

(8) *腺胃*　检查腺胃黏膜、胃壁和内容物的性状。鸡新城疫时，黏膜上的腺乳头发生出血、坏死。

(9) *肌胃*　检查类角质膜（中药称鸡内金）、胃壁肌肉的变化及内容物的性状。

(10) *肠和胰*　检查肠浆膜、肠系膜、肠壁和黏膜的状况，注意肠内容物的多少和性状。鸡新城疫时，肠壁和黏膜多有出血和坏死；小鸡盲肠球虫病时，盲肠发生明显的出血性炎症。检查十二指肠时，还应注意胰的变化。

（11）卵巢与输卵管　左侧卵巢发达，右侧在成年鸡已退化。注意卵巢的形状和颜色的变化，例如，成年鸡沙门氏菌病时，卵泡常发生变形，颜色也会改变；有时卵泡破裂，卵黄物质沾污整个体腔，或游离于体腔，干涸成坚硬的团块。马立克氏病时，卵巢中可见灰白色小灶；在严重病例中，卵巢变成不规则的团块，或形成灰白色肿瘤性结节。同时，要检查输卵管壁和黏膜，注意其管腔中内容物的多少和性状。在输卵管炎或某些疾病时，进入输卵管中的卵会停滞、干涸，最后变成层状结构的假结石，使输卵管堵塞。

（12）睾丸　睾丸位于体腔肾前叶腹侧，色淡黄白。注意其形状、大小、颜色、表面、切面与质地。

（13）腔上囊　腔上囊是鸡的重要免疫器官。有些疾病时，腔上囊可发生明显的变化。例如，淋巴白血病时，腔上囊肿大，镜检可见淋巴滤泡区扩大，其中有许多成淋巴细胞；马立克病时，腔上囊也肿大，因为淋巴滤泡之间多形性瘤细胞大量增生，而滤泡则受压萎缩。传染性法氏囊病时，腔上囊出血、水肿，囊壁淋巴组织严重坏死。

（14）神经　必要时可检查腰荐神经丛、坐骨神经和臂神经丛。慢性马立克氏病时，上述神经常变粗或呈结节状，失去正常的光泽和纵形纹理。

（15）脑　脑的取出有两种方法。第一种方法即侧线切开法。先剥离头部皮肤和其他软组织，在两眼中点的连线作一头骨横切口，然后在头两侧作弓形骨切口至枕孔。第二种方法即中线切开法。剥离头部软组织后，沿中线作纵切口，将头骨分为相等的两部分。除去顶部骨质。分离脑与周围的联系，将其摘出，注意脑膜和脑质有无病理变化，必要时取材、制片、镜检。

第五节　肉食动物（犬、猫、狼）的剖检

肉食动物（犬、猫、狼等）的剖检，可按下列顺序进行：外部检查→剥皮与皮下组织的检查→腹腔的剖开与检查→胸腔的剖开与检查→内脏器官的摘出与检查→其他组织器官的检查。

一、外部检查

剥皮前应仔细检查尸体外部的变化。对犬的剖检，常可见到皮肤的各种伤害，分析伤害的原因、性质和发生时间（生前或死后）。动物死后存放不当或剖检不及时，易被其他动物啃咬。犬瘟热时，鼻孔周围有淡黄色痂皮或分泌物（卡他性鼻炎）。猫外耳道如有痂皮，常是外耳炎或耳疥癣的标志。乳腺的炎症、肿瘤或其他病损，也会在外部检查时发现。

二、剥皮与皮下组织的检查

仰卧固定，剥皮，切离二前肢。检查皮下结缔组织和肌肉。皮肤的病变常可蔓延到这些部位，因此要查明皮肤与皮下病变的联系及其范围。在有些情况下，皮下组织的病变（出血、水肿等）明显，而皮肤却无眼观异常。

解剖特点：肉食动物的整个消化道比其他动物的要短得多，这从图4-35、图4-36中便可看到。十二指肠位于腹腔右侧并朝骨盆方向延伸，左侧肠壁同胰毗连，此段称十二指肠降部；当到达膀胱右侧时反向前左，此段肠道弯曲，故称后曲，而斜向前左方的一段称十二指肠升部。后者以十二指肠结肠韧带和结肠降部相连。升部前行至胃后方形成十二指肠空肠曲后延续为空肠。空肠系膜较长，肠袢有6～8个旋曲，然后和回肠接连。回肠通入盲肠，回盲韧带很不明显。结肠呈U形，肠管口径并不比小肠大，依次称结肠升部（右侧）、横部（和胃、胰接近）和降部（左侧）。其后为直肠（图4-36）。

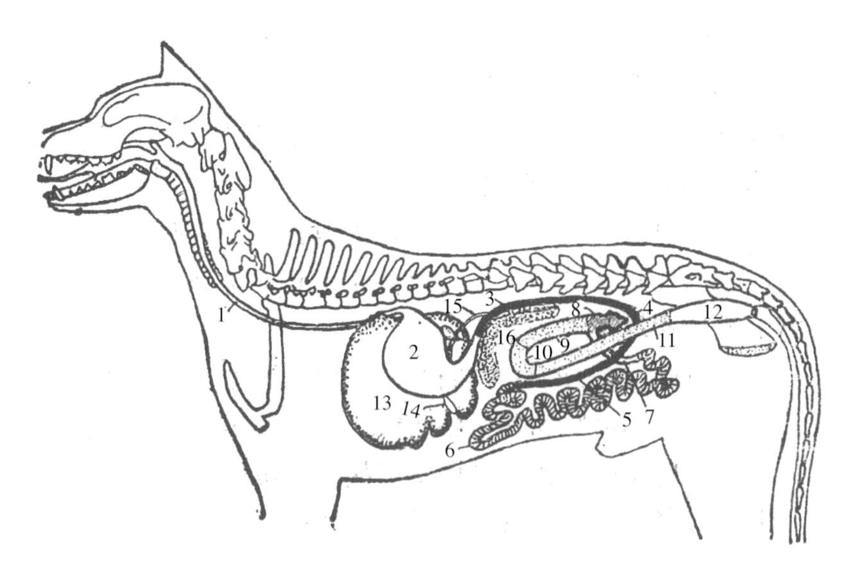

图4-35　犬的消化器官在体内的位置

1.食管　2.胃　3.十二指肠降部　4.十二指肠后曲　5.十二指肠升部　6.空肠　7.回肠　8.盲肠　9.结肠升部　10.结肠横部　11.结肠降部　12.直肠　13.肝　14.胆囊　15.胆管　16.胰

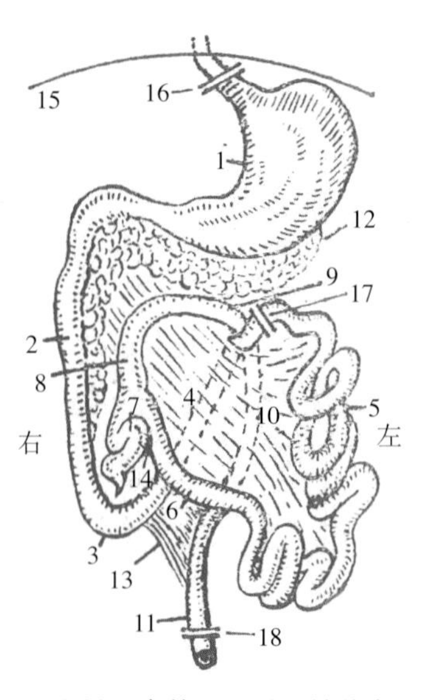

图4-36　犬的胃肠道和结扎点

1.胃　2.十二指肠降部　3.十二指肠后曲　4.十二指肠升部　5.空肠　6.回肠　7.盲肠　8.结肠升部　9.结肠横部　10.结肠降部　11.直肠　12.胰　13.十二指肠结肠韧带　14.回盲韧带　15.膈　16.食管结扎点　17.十二指肠空肠曲结扎点　18.直肠结扎点

三、腹腔的剖开与检查

从剑状软骨沿白线至耻骨前缘作切口，并在最后一肋骨后缘切开两侧腹壁。剖开腹腔时，在前面可见肝和胃（胃大弯）。其他器官被大网膜覆盖，将其除去，则见十二指肠、空肠以及部分结肠和盲肠（图4-37）。

视检腹腔时，常可见到病理变化，如肝和胃的膈疝、肠套叠、胃扭转等。腹腔器官的膈疝可能是先天性的，也可能是由于某些损伤而造成的。病理性肠套叠应和濒死期引起的肠套叠区别。后一种肠套叠的特点是局部肠管不发生梗死，也没有其他病理变化，被套叠的肠段容易整复。胃扭转（多发生于大犬和老犬）时，可见幽门位于左侧，局部呈绳索状，贲门及其上部食道扭闭、紧张，同时胃扩张，胃大弯和脾移至右侧。

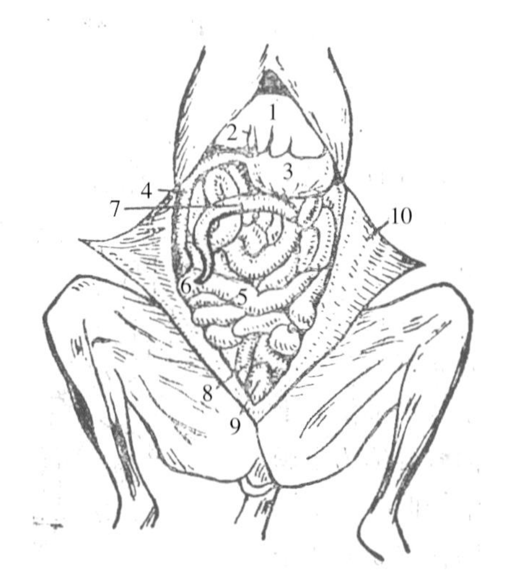

图4-37　犬腹腔剖开时胃肠道的正常位置

1.肝　2.胆囊　3.胃　4.十二指肠降部　5.空肠　6.盲肠　7.结肠横部　8.直肠　9.膀胱　10.外翻的软腹壁

四、胸腔的剖开与检查

胸腔的剖开方法基本同马，对小犬也可采用和小猪一样的胸腹腔同时剖开法。胸腔剖开后，注意胸膜及胸腔中有无病变。分离并割破心包。观察并收集胸腔或心包腔中的液体。如发现心包腔中有巧克力色液体时，可怀疑结核病。

五、内脏器官的摘出与检查

从舌开始，尔后为其他器官和横膈膜。分离舌，剪开食管、喉和气管。剖开检查两侧肺和支气管淋巴结。在老龄或城市犬、猫中，常有尘肺的变化。摘出肺和心并检查。在摘出检查腹腔器官前，应先检查肝胆系统，在有黄疸症状的病例，这一检查更为重要。通过轻压胆囊，观察胆汁能否流入十二指肠，以确定胆管的通过性。

腹腔器官的摘出可分为以下几步进行。

第一步　切断脾胃的联系摘出脾。

第二步　在膈后结扎剪断食管；分离十二指肠系膜和十二指肠结肠韧带，在十二指肠空肠曲双结扎剪断肠管；切断肝周围有关韧带和联系。将胃、十二指肠和肝一起摘出。胰连于十二指肠。

第三步　将直肠后段结扎剪断，摘出小肠和大肠；或按牛的剖检法分别摘出大肠和小肠（图4-36）。

第四步　摘出肾。

腹腔器官的检查技术基本同牛、马。但在肉食动物特别在犬中，胃肠道内常存在多种异物和寄生虫。异物可引起许多疾病或病变（肠炎、肠梗阻、肠穿孔、胃炎、胃溃疡等），甚至导致死亡。在肠道寄生虫中，蛔虫和绦虫比较多见。严重的肠道寄生虫病，可引起贫血和恶病质。在有些病例（如细螺旋体病）中，可见出血性胃肠炎、贫血和肾的损害。肝的病变较多见于犬，如犬传染性肝炎时，肝充血、肿大，胆囊壁水肿，镜下见肝细胞变性、坏死，肝细胞核内有包涵体形成。胰的病变比较少见，但口服士的宁中毒时会发生胰出血。检查肾时，应切开并剥离被膜。在老犬或细螺旋体病病例中，常会遇见间质性肾炎。

六、其他组织器官的摘出与检查

和其他种类动物的剖检相同，但应特别注意子宫的炎症和肿瘤。在判定子宫黏膜的炎症时，不要和分娩后头几天子宫黏膜的生理性变化相混淆。因为在后一种情况下，子宫黏膜呈暗红色，表面附有大量淡灰红色或淡灰黄色黏性物质。必须指出，肉食动物的一些嗜神经性病毒病（如狂犬病）没有特征的眼观病变。为了确诊，可将整个脑或海马角保存在甘油或福尔马林中送到有关单位检查。还要强调，老犬的肿瘤比较多见，在检查各器官时必须注意。颅腔的剖开与脑的摘出和马的相似，但第一锯线为二侧眶窝与颞窝向上外侧突之后2 ～ 3cm处的连线；第二锯线的位置与马的相同；第三锯线为从外耳道内侧，斜向前内方，沿颞窝内侧壁，直达第一锯线中点（左右）0.5cm处。

猫的剖检技术和犬的基本相同，但猫个体较小，胃肠道和其他脏器不大，故除了必须分别摘出胃、肠外，多不采用结扎肠管的方法。胃肠和其他脏器可分别检查、取材。猫的胃肠道较短，盲肠为微弯曲的小突起状。结肠相对粗大，分为升段、横段和降段。必须注意腹腔内有大块状的脂肪垫（图4-38）。病死猫剖检时，外部和内脏检查都应仔细，如猫患泛白细胞减少症时，肠道尤其空肠与回肠有明显的炎症变化；猫患病毒性鼻气管炎时，上呼吸道呈出血-坏死性炎症变化；猫患白血病时，出现多发性淋巴结和内脏的肿瘤性增生。剖检老猫时，较多见萎缩性肝硬化和肿瘤。

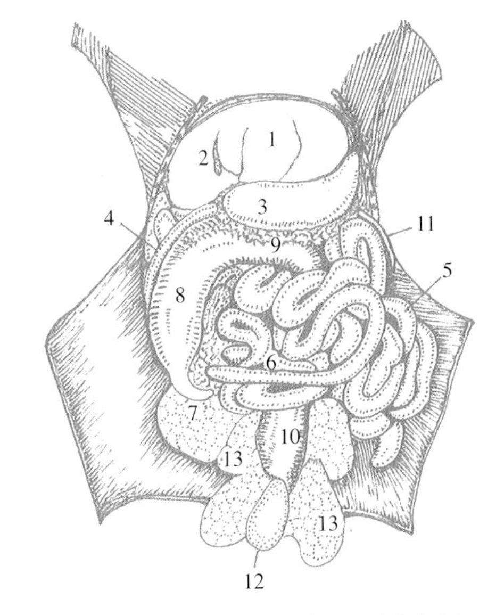

图4-38　猫腹腔剖开时胃肠道的位置

（小肠稍左移，膀胱被拖出）

1.肝　2.胆囊　3.胃　4.十二指肠　5.空肠　6.回肠　7.盲肠　8.升结肠　9.横结肠　10.降结肠　11.脾　12.膀胱　13.脂肪垫

第六节　兔的剖检

除非必要，兔的剖检可不剥皮。对于实验的或要急宰的兔，如需进行剖检，用击打脑部或耳静脉注射少量空气的方法致死。

解剖特点　盲肠占据腹腔大部。在成年兔中，右腹部几乎全被盲肠充满。胃与肝紧贴。呈U形的十二指肠位于腹腔背部。十二指肠后段逐渐延续为空肠，其系膜较长。回肠与盲肠之间以回盲褶连接。回肠壁较薄，色较深，管径细。回肠进入盲肠处膨大，称圆小囊，囊壁有丰富的淋巴组织。

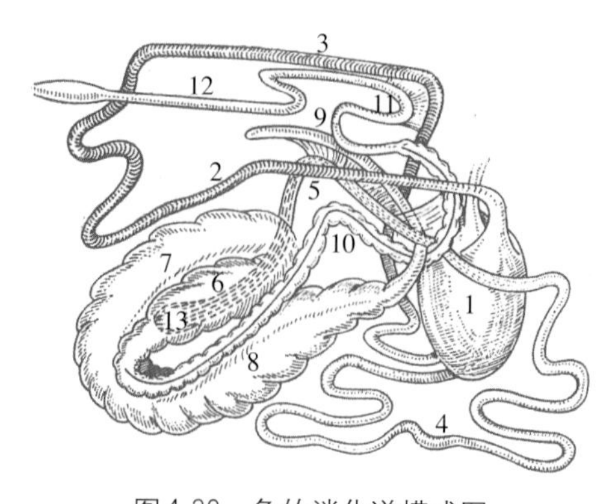

图4-39　兔的消化道模式图

1.胃　2.十二指肠降段　3.十二指肠升段　4.空肠　5.回肠　6.盲肠右下部　7.盲肠右上部　8.盲肠左部　9.盲肠蚓突　10.结肠前段　11.结肠后段　12.直肠　13.圆小囊

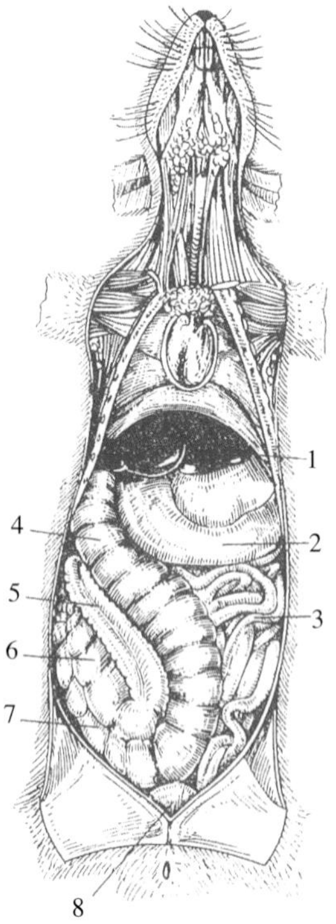

盲肠特别发达，大而长，呈螺旋形柱状体，内壁有狭窄的螺旋瓣，具有消化作用。盲肠前段很粗，向后逐渐变细，最后盲端部尖细而其壁较厚，称蚓突，最后为盲端。盲肠依次分为右下部（由后向前）→前曲→右上部（由前向后）→后曲→左部（由左后向右前斜行）→蚓突（由右季肋部伸向胃的后上方）。结肠前段呈节袋状，在这里形成粪球；后段肠壁光滑平直，和小肠相似。结肠最后进入直肠（图4-39）。腹壁切开后，浅层内脏的位置为：前部为肝、胃，右侧为直肠和结肠之一部分，左侧为小肠和盲肠左部，后部为膀胱和子宫角（母兔）（图4-39、图4-40）。

图4-40　兔腹腔剥开时内脏器官的正常位置

1.肝　2.胃　3.空肠　4.盲肠左部　5.结肠前段　6.盲肠右下部　7.盲肠右上部　8.膀胱

剖检前应先了解一般情况，如动物的性别、年龄、品种、毛色、发病时间、主要症状、疾病诊断、治疗方法、死亡时间和死亡头数等。外部检查时注意可视黏膜、外耳、鼻孔、皮肤与肛门等部位的变化。

将尸体四肢绑于剖检台或木板上，背卧固定，切割并分离腹、胸与颈下部皮肤。也可按小猪的剖检法，切割四肢内侧组织，将其压倒在两侧，以使躯体稳定。沿白线剖开腹腔，视检内脏和腹膜。然后按其他种类动物的剖检技术剖开胸腔，剪破心包膜，视检胸腔和心、肺。

首先摘出并检查舌、食管、喉、气管、肺和心等颈部与胸部器官。然后摘出脾和网膜。胃和小肠一起摘出，而大肠（盲肠和结肠）单独摘出。分离肝和其他组织器官的联系，将其摘出。最后对各内脏器官进行检查。根据情况，也可将胃肠道一块摘出，再分别检查。在检查肠道时，应注意其浆膜、黏膜、肠壁、圆小囊和肠系膜淋巴结的各种变化。泌尿、生殖器官的检查同其他种类动物。但应注意，性成熟雄兔的睾丸于生殖期临时下降入阴囊，其后又回位于腹腔。如需检查脑，可剖开颅腔。在实际工作中，常采取边摘出、边检查、边取材的方法。有的器官，也可不摘出，而直接检查、取材。

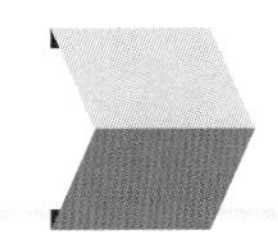

第七节　毛皮动物（水貂、狐狸等）的剖检

毛皮动物（水貂、狐狸等）的剖检技术在许多方面和他种动物相同。但因其毛皮等具有较高经济价值，除少数病例外，可进行剥皮。为了角、外生殖器、眉毛和须毛的利用，可将其单独采取，或连于皮并妥善保存。尽管如此，凡是病死的毛皮动物，其毛皮等物须经规定的兽医卫生措施处理后方可利用。

剖检前，必须了解动物生前有关情况，特别是动物的饲养管理和来源。

剥皮应尽量仔细，同时注意皮下组织的病变，为了防止皮肤受损，可采用钝性或牵拉剥皮法。

对于为了采集毛皮而屠宰的舍饲毛皮动物，建议最好按常规剖检法进行，因为这样能够发现某些慢性、潜伏性疾病，甚至先天性异常。通过剖检资料的积累，以提出有效的防病措施，并为以后的养殖工作指出一些方向。

水貂是一种肉食动物，消化道较短。水貂内脏器官的位置见图4-41。

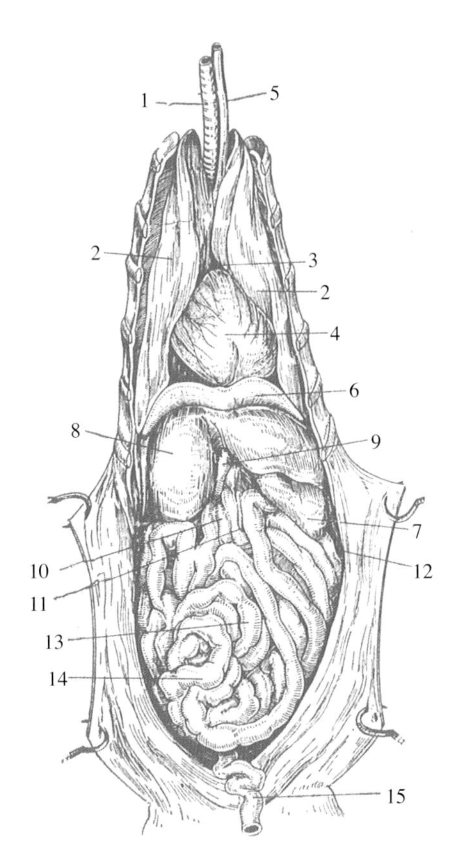

图4-41　水貂胸腹腔剖开时内脏器官的正常位置

1.气管　2.肺　3.纵隔　4.心　5.食管　6.膈　7.胃　8.肝　9.胆囊　10.十二指肠　11.胰　12.脾　13.空肠　14.结肠　15.直肠

（引自Mure、san E.,Lisovschi C.）

第八节　豚鼠的剖检

豚鼠（即天竺鼠、海猪或荷兰猪）是一种重要的实验动物，在微生物学和传染病学教学与科学研究工作中，其剖检技术特别重要。

剖检时将尸体放在瓷盘中或木板上。仰卧，轻压二前肢和二后肢向下，使其比较稳定。从耻骨前缘沿腹部白线经胸骨下至下颌剪开皮肤，并向两侧剥皮，观察皮下组织的变化。沿腹中线纵形剪开腹壁，再从剑状软骨处的切口向腰部横形剪开腹壁，然后将左右两块三角形的腹壁翻到两侧，腹腔脏器即被暴露。

割离膈，在胸腔两侧背缘自后向前剪断肋骨和肋间肌，以暴露胸腔器官。分离并割断胸骨舌骨肌，气管和食管即可显露（图4-42）。

解剖特点　消化道也分为食管、胃、小肠和大肠。在小肠中，十二指肠较短，约12cm，略呈U形，其间为胰。空肠长而弯曲，约100cm，主要位于腹腔中部和右侧。回肠自右向左进入盲肠，其入口附近即为结肠的起始部（盲结口和回盲口接近）。盲肠粗大，约15cm，稍弯曲，其小弯有盲结口和回盲口，而大弯则附着在升结肠前段。盲肠黏膜有灰白色小区（直径约1mm），即淋巴集结。结肠依次分为升结肠（位于后右侧）、横结肠（在前部）和降结肠（在左侧和背中）。升结肠在右侧形成盘旋。降结肠延续为直肠，其末段称肛管。肛管的外口就是肛门。必须指出，豚鼠睾丸的一端（附睾头旁）有一个片状脂肪积聚物——大脂肪体。一对贮精囊，色白半透明，似充满内容物的肠管。阴茎稍弯曲，有阴茎骨。

器官的摘出和检查 胸腹腔剖开后，视检浆膜腔、浆膜的变化和各器官的位置。剪破心包，使心暴露，摘出，检查。气管和肺一起摘出，按常规检查。尔后摘出脾、肝。消化道可一起摘出，也可将胃与肠分别摘出。详细检查各组织器官。要特别注意对肾上腺的检查，并摘出肾和膀胱。然后摘出、检查生殖器官。如有必要，可剖颅取脑，进一步作切片镜检。当疾病难以确诊时，应按要求无菌取材，以便进行微生物检查。

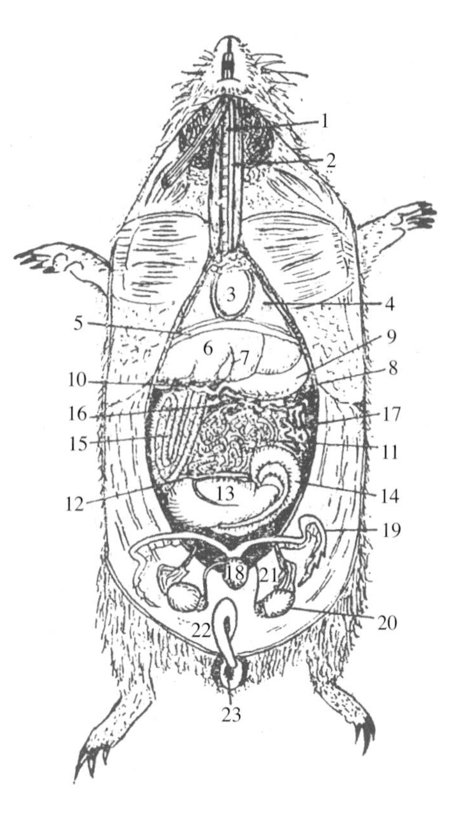

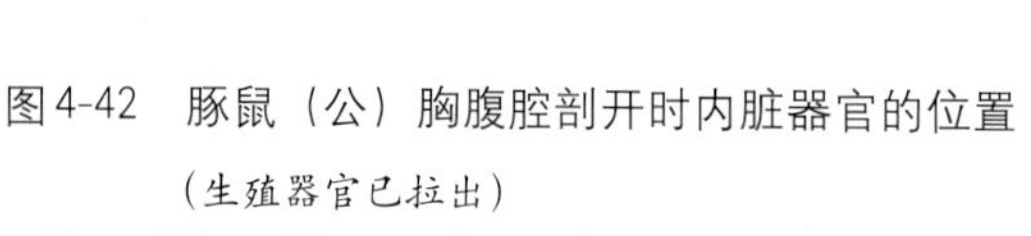

图4-42 豚鼠（公）胸腹腔剖开时内脏器官的位置（生殖器官已拉出）

1.气管 2.食管 3.心 4.肺 5.膈 6.肝 7.胆囊 8.脾 9.胃 10.十二指肠 11.空肠 12.回肠 13.盲肠 14.结肠起始部 15.升结肠盘 16.横结肠 17.降结肠 18.膀胱 19.贮精囊 20.睾丸 21.输精管 22.阴茎 23.肛门

第九节 小鼠和大鼠的剖检

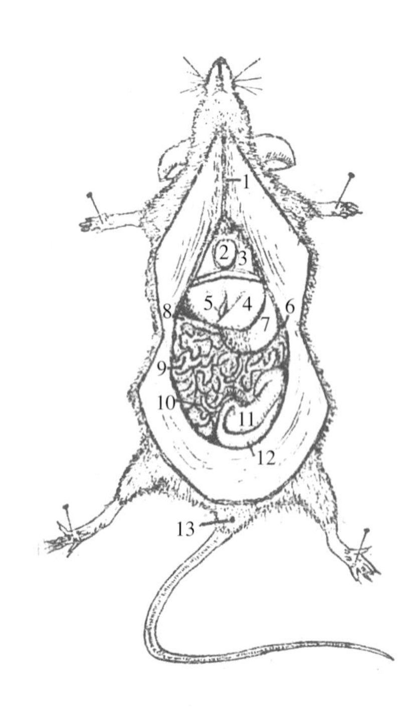

图4-43 小鼠胸腹腔剖开时内脏器官的位置

1.气管 2.心 3.肺 4.肝 5.胆囊 6.脾 7.胃 8.十二指肠 9.空肠 10.回肠 11.盲肠 12.结肠 13.肛门

小鼠和大鼠的剖检技术基本同豚鼠，但有以下几个特点。

（1）由于个体小，固定比较简单，剖检器械通常只需小的剪刀、镊子和外科刀即可。尸体置于小瓷盘中，仰卧，或放在小木板上，四肢以大头针固定。

（2）从耻骨前缘至剑状软骨，并从剑状软骨至二侧腰区剪开皮肤和整个腹壁，将其翻向侧后，腹腔即剖开。从剑状软骨至下颌剪开皮肤，向两侧剥皮；按照豚鼠描述的方法剖开胸腔。

（3）胸腔和腹腔视检。各器官的检查可在连体的情况下逐个进行，不必按大动物的方法摘出后检查。在检查过程中根据需要来取材。但剖检应尽量全面详细。小鼠左肺为一叶，其上有一浅沟。右肺为四叶。

（4）腹腔剖开后各器官的位置为：前部为肝，前左为胃，胃右肝后为十二指肠，盲肠位于腹腔左后部，呈圆锥状，盲端细，在腹内呈弯曲状，盲肠小弯有回肠和结肠起始段；腹腔右侧和中部几乎全为空肠和部分回肠。脾位于胃的左后方、腹壁内侧（图4-43）。

（5）消化道的特点是较短，主要部分为小肠和盲肠。小肠长20～25cm，为体长4倍以上。盲肠较短，呈U形，有蚓状突。结肠前段较粗，附着于盲肠大弯。胃分贲门区和幽门区，前者浆膜面色白，后者色肉红。肝分4叶，左一大叶，右三小叶。胆囊位于右肝一、二叶之间。大鼠肝分六叶，无胆囊。

(6) 雄鼠睾丸发达，能移动。雌鼠卵巢为扁椭圆形。子宫为双子宫，分为二子宫颈和子宫角。因此检查时应特别注意。雌大鼠子宫为双两叉形，左右子宫会合后连接阴道。子宫附近有大量脂肪。雄大鼠睾丸有一对，位于阴囊，或不在阴囊，而在腹腔中。

第十节　鱼的剖检

随着经济的不断发展和人民生活水平的提高，对鱼的需要量日益增加。因此，鱼病的检查和人民的健康有密切的关系。

解剖特点　鱼体分头、躯干和尾三部分。头部有口、眼、鼻和鳃。头和躯干的分界线是鳃盖后缘或最后一对鳃裂（软骨鱼类）。鳃盖坚硬。躯干和尾的分界线是肛门或臀鳍的前缘。在躯干和尾部，附有单个或成对的鳍，根据部位分为成对的胸鳍、腹鳍和单个的背鳍、臀鳍和尾鳍。在多数鱼类的皮肤上覆以鳞片。鳃是绝大多数鱼类的呼吸器官。在每侧鳃盖下的鳃腔中有4片鳃弧，后者是由许多鳃丝排列而成。鳃丝上皮很薄，其中血管丰富，便于气体交换。心脏很小，位于鳃下，仅有一心房一心室。心房和静脉窦相接。心室位于心房下面。心室延伸为动脉干，再分出鳃动脉进入鳃。心所在的空隙称围心腔。此腔以横膈与腹腔分开。心的上面为食管和甲状腺。消化道虽然包括口（有齿）、咽、食管、胃、肠和肛门，但比较简单。有的鱼种（大黄鱼、鳜、鲭等），在胃肠交界处有许多盲囊状突起——幽门盲囊。肝较大，色带黄，位于腹腔前部肠近旁，肝向胃的一面有胆囊。硬骨鱼类的胰多呈弥散腺体，甚至一部或全部埋入肝脏，构成“肝胰”。多数鱼类为雌雄异体。生殖器官由生殖腺（精巢或卵巢）和输出管（输精管或输卵管）组成。输出管的外口即生殖孔。在腹腔顶壁脊柱的近旁，有两条带状暗红色肾，其后以输尿管通入膀胱。膀胱向外开口于肛门和生殖孔之间。鳔是调节身体比重的器官，可使鱼体沉浮。鳔呈薄囊状，其中充满气体，位于消化道的背部，和周围器官互不相通。但有些鱼（如鲤科鱼）的鳔，有一鳔管和食管相通。

一、外部检查

对死鱼进行外部检查时，应使鱼保持死后状态，不可洗刷或挤压受损。如果以塑料袋包装送检，可用蒸馏水将其轻轻洗涤，洗涤后的蒸馏水再作镜检，以便发现有可能从体表脱落的寄生虫。外部检查包括鱼的体表、鱼鳞、鱼鳍、天然孔等部有无损伤、瘢痕、肿瘤、脱鳞及体形变化等。如发现鱼鳞异常，进一步用放大镜或显微镜作检查。

二、浅层组织的检查

为了便于眼观和放大镜检查整个外皮，可按要求仔细剥皮。切取小块肌肉，以制备组织切片。通过这些检查，便可发现鱼鳞、皮肤与表层肌肉存在的寄生虫。取鳃并剪成碎块，用少量蒸馏水浸冲，取一滴内含鳃碎块的混悬液置于载玻片上镜检。对皮肤或鳃的肿瘤，如眼观难以判定其性质时，可取材进行病理组织检查。

三、体腔的剖开

按下列方法切除体壁，暴露内脏器官。

(1) 左手握住鱼体，使其腹面朝上固定；右手持剪刀或外科刀，从肛门沿腹中线向前至二侧鳃间，切开体壁下部（图4-44）。

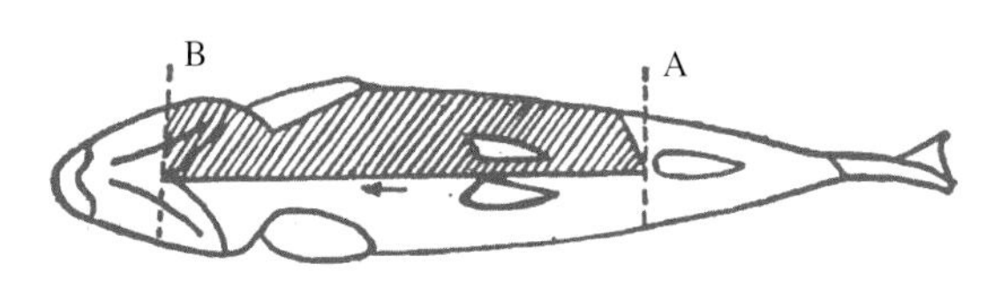

图4-44　鱼体壁下部切线

A、B虚线表示后界和前界，箭头表示切线方向，斜线区为将要切除的体壁

(2) 将鱼体置于木板或瓷盘上，右侧在下。从

腹中纵切线两端，斜向左体壁背前方至脊柱下，切开左体壁前部和后部（图4-45）。

（3）揭起半脱离的左体壁，在脊柱下将背部的肌肉和肋骨切离，体腔即被剖开（图4-46）。

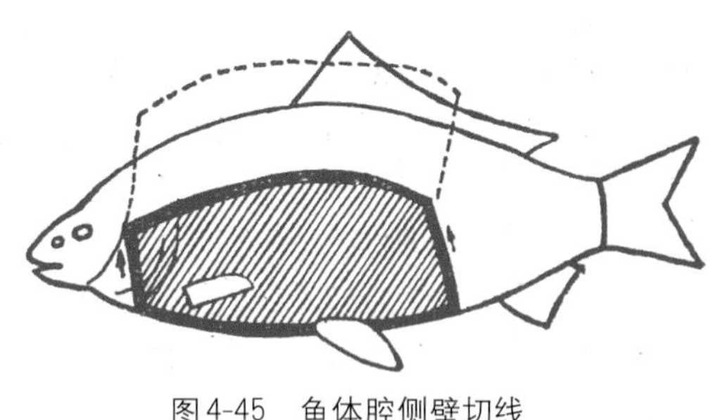

图4-45　鱼体腔侧壁切线

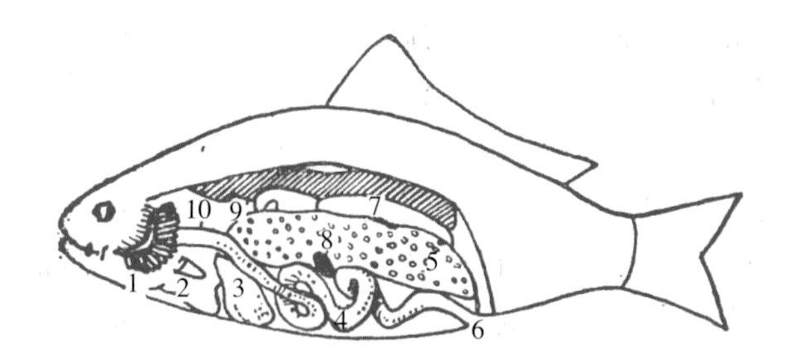

图4-46　鱼体腔剖开时内脏器官的位置

1.鳃　2.心　3.肝-胰　4.肠　5.卵巢　6.生殖孔和肛门　7.鳔　8.脾　9.肾　10.胃

四、内部检查

体腔剖开后，观察体壁内表面，如有寄生虫包囊，可通过放大镜或显微镜对寄生虫作出鉴定。腔内有液体时，可收集并确定其容量、颜色、黏稠度、气味和内含物等。注意各器官的位置、大小、质地、血管状况、色泽和可能发生的肿瘤。检查消化道时，应全部剪开。肠内容物及肠黏膜刮取物，装入盛有70%酒精的小瓶中，充分摇震。取小瓶内容物混入水，静置片刻，镜检沉积物。

为了详细查明肾、脾、肝等器官中的致病生物，可将其剪碎，取少许置于载玻片上镜检，囊腔器官（胆囊、膀胱、鳔）的内容物，可直接镜检。同时也应对囊腔壁进行检查。血液可用小滴管或小注射针头从心腔或静脉窦吸取。通过上述检查仍不能确定疾病或病原时，则取材制作切片。必要时也可从心、肝、肾、胆囊等部位取材，接种培养，做细菌检查。

为了检查中枢神经系统，可翻转鱼体，使背部朝上。用手术刀剖开颅顶骨，以暴露脑区。检查视神经时，延长、扩大上述切口，前至鼻孔侧至眼。鱼的嗅叶发达，位于脑前部，每一嗅叶有一嗅脚和终球。大脑较小，覆盖着斗篷样膜。中脑视叶发达，构成高级中枢。后面为不明显的小脑、延脑和脊髓。如需进行组织检查，取组织块用5% 福尔马林固定。但须注意，鱼的脑组织发育是比较低等的，硬骨鱼的大脑背面还只是上皮组织，并没有神经细胞。

五、其他检查

鱼病的发生和周围环境有密切关系。一旦发病常可造成大批死亡。因此，应尽量多地剖检死鱼。同时要检查有病的活鱼。必要时可到发病的鱼塘、积水、湖泊或河流等处，观察鱼的体征、浮游和静止时的姿态，观察病鱼出现的各种症状。被检的水样，应取自各个不同区域（外观正常区、中间区、感染区）和不同的水层。此外还应检查淤泥。在检查有些寄生虫病病例时，必须考虑对软体动物或其他低等动物的检查，因为这些动物是多种寄生虫的中间宿主。当人工养殖场有大量鱼病发生而怀疑中毒时，不可忽视对水质、鱼食等物的理化指标的检测。

第五章　病理材料的采取与寄送

随着我国经济社会的不断发展，许多省（自治区、直辖市）的畜牧兽医业务单位、动物疾病防控中心和动物防疫单位，已建立了动物疾病诊断的专门病理、微生物或其他实验室，但在不少县市或以下的畜牧兽医单位，还没有这种条件。即使在有些县市，有时兽医人员由于实验条件和技术力量的限制，还不能对某些病例做出诊断。因此这些单位以及基层的兽医人员就必须在尸体剖检时采取病料，经过一定的处理，寄送或派人送往有较好技术条件的兽医检验单位、诊断室、研究所或高等学校有关实验室。

病料应在尸体剖检时采取，并按规定经处理、保存、包装后才能寄送。寄送时附上病例报告、剖检记录和其他有关说明。

第一节　病理组织检验材料的采取与寄送

采取组织时刀剪要锐利，动作要仔细、轻巧，防止组织块被挤压受损。所取组织应尽量全面并有代表性，还要保持器官的正常结构和层次，即组织块中既有病变部，又有病变和周围交界部，还有正常部。病变部较大时，可从其不同区域切取组织块。心应包括心肌和心内、外膜，肾应带有皮质和髓质，胃肠应使各层连在一起。

用作切片的组织块的大小可根据情况而定，通常为：长和宽各1 ~ 1.5cm、厚3 ~ 5mm，但在剖检取材时可适当大一些，经固定后再按上述大小修整。组织块一般用10%福尔马林（40%甲醛1份加水9份）固定，也可用其他固定液（95%酒精，Zenker氏液等）固定。固定液的量应多些，至少要多于组织块体积的5 ~ 10倍。固定容器的底部可垫以脱脂棉，以防组织块粘底而固定不良。如肺组织块浮于固定液面，可在其上覆盖脱脂棉或纱布。囊腔器官（胃、肠、胆囊、膀胱）取材时，最好先将剪取的组织平展于较硬厚的纸片上（黏膜面朝上，浆膜面与纸片紧贴），再慢慢浸入固定液中。对黏膜切勿按压、擦拭、冲洗，以免破坏正常组织结构和病理变化。固定时间为24 ~ 48h，若组织块较大，时间需适当延长。不同的病例，应在不同的容器中固定，或分别用纱布包裹后在较大的同一容器中固定，但须注意，每包要附以用铅笔书写的标号。

固定好的组织块用固定液浸湿的脱脂棉和塑料薄膜包裹，装入广口瓶中，用石蜡和胶布封口；或装入不漏水的双层塑料袋中，结扎袋口，严防固定液流出或甲醛气味散发。然后将广口瓶或塑料袋放入有填料的木盒内寄送。为了防止寄送病料丢失或出现其他意外，送检单位最好再保存1份同样的固定病料。

为了疾病的诊断，病料的采取和邮寄（尤其快递）是一种重要途径，但在交通、物流、通信、科技交流飞速发展的今天，更应重视疾病诊断的快速准确，不要贻误疫情。因此建议在许可的条件下，病料采取后，立即派专车直接送往有关单位的检验诊断室，或电告诊断室的领导和专家，请其火速来现场作指导工作。

第二节　细菌学检验材料的采取与寄送

细菌学检验材料应于尸体剖开时立即采取。采取病料的刀剪等器械物品必须消毒，将无菌采取的组织块（一般$4cm^3$即可）放入预先消毒的并盛有灭菌的肉汤培养基（或30%甘油缓冲盐水，或饱和氯化钠溶液）容器中；不同的疾病可采取不同的组织器官；病料的采取法也因其质地不同而异。对急性败血性疾病可采取心血、脾、淋巴结和肝等，肺炎时常采取肺、支气管淋巴结、心血和肝，神经症状的病例可采取脑、脊髓和有关组织器官。有病变的部位原则上都应取材。一般内脏器官可以剪取或切取，浆膜腔积液、心血、脑脊液、关节腔积液、胆汁和尿液可以用注射器吸取，脓液、分泌物和排出物可以用棉球蘸取。血液、脓液、炎性渗出物的涂片和组织触片，被固定后插入切片盒中，或在玻片间用火柴棒隔开包扎、寄送。

用于血清学试验（凝集试验、沉淀试验、补体结合试验及中和试验）的血液，于采取后置于试管或玻璃瓶中，斜置以使血液形成斜面，当其自然凝固析出血清后再送检，或抽出血清送检。

必须指出，装有病料的容器（如试管）应在冷藏的条件下（如冰筒或保温瓶）寄出或送出。同时应附上剖检记录和有关说明。

第三节　病毒学检验材料的采取与寄送

在许多病毒性疾病时，病原较多地积聚于一定的组织器官。因此，采取的材料要因疾病而异。病料最好在冷藏的条件下或放入装有50%甘油缓冲盐水溶液中寄送。心血、血清和脑脊液等，最好也在冷藏的条件下寄送。如疑患狂犬病，可取下动物头，在冷藏的条件下寄送；或剖颅取脑，分割为二，一半用作组织检查，一半放入50%甘油缓冲盐水或鸡蛋生理盐水溶液中寄送。

第四节　毒物检验材料的采取与寄送

将采取的肝、胃、肾等器官，血液、胃肠内容物、尿液分别装入清洁的容器中，封口，在冷藏的条件下寄送。必须强调，容器一定要清洁。为此可先用洗涤液（重铬酸钾100g，蒸馏水750mL，浓硫酸250mL）浸泡、擦拭，再用清水冲洗，最后用蒸馏水清洗几次。取材时病料不要沾染消毒剂，寄送时也不要在容器中加入防腐剂，被检物不能接触任何化学药剂。

附：细菌和病毒检验材料保存液的配制法

1.30%甘油缓冲盐水溶液

纯中性甘油　30mL　　氯化钠　0.5g

0.02%酚红　1.5mL　　碱性磷酸钠　1.0g

中性蒸馏水加至100mL

混合后高压灭菌30min。

2.饱和氯化钠溶液　在一定量的蒸馏水中不断加入纯氯化钠，并搅拌使其溶解，当氯化钠再不能溶解时即饱和，饱和浓度为38%～39%。用滤纸或数层纱布过滤，高压灭菌后备用。

3.50%甘油缓冲盐水溶液

氯化钠　2.5g　　酸性磷酸钠　0.46g

碱性磷酸钠　10.74g　　　中性蒸馏水　150mL

纯中性甘油　150mL

先将前三种化学药品溶于蒸馏水中，再混入甘油。分装后高压灭菌30min。

4.鸡蛋生理盐水溶液　先将新鲜鸡蛋的表面用碘酒消毒，然后打破蛋壳，将内容物倾入灭菌的三角瓶中，加入灭菌生理盐水（鸡蛋内容物与盐水之比为9∶1）。摇匀后用无菌纱布过滤，然后加热至56～58℃、历时30min，第2天和第3天按上法再加热一次，冷却后即可应用。

第五节　部分疾病应采取的检验材料

一、病毒病

序号	病名	组织检验	病毒检验	血液涂片检验，血清学试验
1	鸡白血病 —原红细胞性白血病 —髓细胞性白血病 —淋巴细胞性白血病	 肝 肝，脾，肾 肝，脾，卵巢，腔上囊，肾	全血，病变组织	 血片 血片 血片
2	鸡马立克病 —内脏型 —神经型 —眼型 —皮肤型	 肝，卵巢，肾，腔上囊 有病变的腰荐神经丛、坐骨神经，脑 眼 有结节病变的皮肤	全血，皮肤，皮屑，羽毛囊，脾，瘤变组织	全血
3	骨质石化病	大跖骨，胫骨，腓骨		
4	牛白血病	淋巴结，脾，心，肝，肾	全血，病变组织	血片
5	猪白血病	肝，淋巴结，脾	同牛	全血
6	羊白血病	肝，心，脾，淋巴结	同牛	血片
7	肉食动物白血病	肝，脾，淋巴结		全血
8	绵羊肺腺瘤病	有病变的肺，支气管淋巴结		
9	兔黏液瘤病	耳，肿胀部皮肤和皮下组织	耳和其他部位瘤组织	黏液瘤组织
10	水貂阿留申病（浆细胞增生病）	淋巴结，脾，肝，肾	全血，脾，淋巴结	血液
11	猪瘟	脑，淋巴结，肾，脾，肠	病猪，脾，肝，肾，肠系膜淋巴结	全血
12	非洲猪瘟	实质器官和淋巴造血器官	病猪，血液	全血
13	高致病性禽流感	脾，肝，肾，脑，肺，心	病鸡，内脏器官	血液
14	鸡新城疫	脑，消化道	病鸡，新鲜器官	血液

（续）

序号	病名	组织检验	病毒检验	血液涂片检验，血清学试验
15	马传染性贫血	肺，肾，脾，长骨，血片	全血，脾	血液
16	犬瘟热	肝，输尿管，膀胱，气管，支气管，有病变的皮肤，脑	实质器官，分泌物，粪便	血液
17	鸡传染性腔上囊病	腔上囊，肾	肾，腔上囊	血液
18	猪传染性胃肠炎	胃肠道，肾	恢复期和急性期的病猪血液，小肠内容物，小肠，粪便	血液
19	犬传染性肝炎	肝，肾	血液，尿液，腹水，肝，脾，咽喉拭子	血液，尿液，血片
20	鸡传染性喉气管炎	喉，气管	病鸡，脏器组织	血液
21	鸡传染性支气管炎	气管，支气管，卵巢	病鸡，脏器组织	血液
22	马胸疫	肺	肺、胸腔淋巴结	
23	马鼻肺炎	流产胎儿肝、脾、肺、胸腺、淋巴结	病马鼻液，流产胎儿肝、肺、脾	血液
24	小反刍兽疫	脾，淋巴结，肺，肝，肾，舌，唇，食管，肠	淋巴结，脾，大肠，肺，鼻、眼分泌物	血液
25	梅迪-维斯纳病	肺，脑，乳腺，滑膜	脑，肺组织，脑脊液，全血	血液
26	蓝舌病	口、唇、舌、鼻黏膜，蹄冠皮肤，心，骨骼肌	肝，脾，全血	血液
27	鸭瘟	食管，腺胃，泄殖腔黏膜，肝，脾	病鸭肝，脾	血液
28	小鹅瘟	小肠，脑，肝，心	病鹅脾，胰，肝	血液
29	恶性卡他热	口、鼻、气管黏膜，脑与脑膜，肾，有病变的皮肤，角膜，肝，心	脑组织，脾，血液	血液
30	牛病毒性腹泻/黏膜病	食管，小肠	血液，尿液，脾，肠系膜淋巴结，骨髓、粪便	血液
31	马病毒性动脉炎	肌肉小动脉血管	鼻液，脾	血液
32	犬细小病毒性肠炎	小肠，心，肝，肾	心，肝，脾，肺，肾，血液	血液
33	猫泛白细胞减少症	回肠，肝，肾	脾，小肠，胸腺	血液
34	口蹄疫	口、鼻、蹄病变部组织，心肌	水疱上皮或未破溃的水疱液、咽喉拭子，扁桃体，全血	血液
35	羊传染性脓疱性皮炎	口、唇、生殖器、乳房病变部上皮组织	脓疱皮，痂皮组织	血液
36	猪水疱病	口、鼻、乳房与蹄部未破溃的水疱上皮组织	无菌采取的水疱液，未破溃的水疱	血液

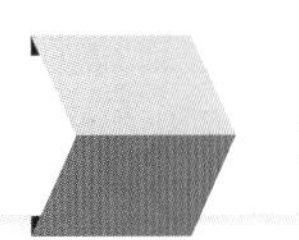

（续）

序号	病名	组织检验	病毒检验	血液涂片检验，血清学试验
37	绵羊痘	有痘疹的皮肤和肺	痘疹部皮肤，未破溃的无菌水疱液，内脏组织	血液
38	猪痘	有痘疹的皮肤	痘疹组织	血液
39	牛痘	有痘疹的乳房和乳头皮肤	水疱液，水疱皮	血液
40	禽痘	尸体，有痘疹的皮肤，有固膜病变的口咽部黏膜	伪膜组织，痘疹组织	血液
41	流行性乙型脑炎（马）	脑，脊髓	脑组织，血液	血液
42	流行性乙型脑炎（猪）	睾丸，流产后的子宫，胎儿脑	流产胎儿	血液
43	狂犬病	大脑（海马），小脑，小动物全尸，未剖开的头颅	唾液腺，新鲜的脑，唾液，脑脊液	血液
44	伪狂犬病	脑及其神经节，脊髓	病畜，脑，脊髓，肺，咽后淋巴结	血液
45	猪血凝性脑脊髓炎	脑，脊髓（腰段）	扁桃体，脑，肺	血液
46	禽脑脊髓炎	脑，胰，心肌，肝，腺胃	患病雏鸡，新鲜器官，脑，胰，十二指肠，死胚	血液

二、细菌病

序号	病名	组织检验	细菌检验
1	炭疽	有病变的淋巴结和组织器官（脾，肾，肝等）	长骨，脾，下颌、咽后淋巴结，扁桃体，水肿组织，血片
2	鼻疽	有病变的器官（鼻黏膜，肺，肝，脾，淋巴结，皮肤）	病变组织，鼻分泌物，气管分泌物
3	猪丹毒	肾，脾，有病变的皮肤，心	长骨，有炎症的关节，脾，肝，肺，淋巴结，心
4	牛巴氏杆菌病	水肿组织，肺，下颌、咽后淋巴结	肺，淋巴结，脾，肾，长骨
5	猪巴氏杆菌病	肺，咽后淋巴结	肺，脾，淋巴结，长骨
6	鸡巴氏杆菌病	肝，肺	肝，脾，心血，血片
7	牛副伤寒	肝，脾，淋巴结，肺	肝和胆囊，脾，肾，肺和支气管淋巴结，肠和肠系膜淋巴结
8	仔猪副伤寒	肝，脾，淋巴结，大肠	肝，脾，淋巴结，长骨
9	鸡白痢沙门氏菌病 —雏鸡 —成年鸡	 肺，心肌，肝 肝，心肌，卵巢	 尸体，肝，脾，活病鸡，心血 肝，脾，长骨，活病鸡
10	布鲁氏菌病	有病变的器官（特别是生殖器官：子宫，睾丸）	病变组织，流产胎儿，胎膜，流产物

（续）

序号	病名	组织检验	细菌检验
11	大肠杆菌病		
	—犊（白痢）	肠	肝，脾，骨，消化道
	—乳猪（黄痢）	十二脂肠，肝，肾	消化道，肝，脾，长骨，肠系膜淋巴结
	—仔猪（白痢）	肠	消化道，肝，脾，肠系膜淋巴结
	—仔猪（水肿病）	胃壁，胃肠	胃，肝，脾，肠系膜淋巴结
	—鸡（大肠杆菌肉芽肿病）	有病变（肉芽肿）的器官	肝，脾，长骨
12	气肿疽	病变部肌肉	病变部肌肉，脾，淋巴结，长骨
13	恶性水肿	病变部肌肉和结缔组织	病变部组织，淋巴结，脾
14	羊梭菌病		
	—快疫	皱胃	肝被膜触片，内脏器官，血液
	—肠毒血症	肾，胸腺，肺	回肠内容物（检验毒素）
	—猝狙	小肠	体腔渗出液，脾；小肠内容物（检验毒素）
	—黑疫	肝	肝坏死灶涂片，腹水；肝坏死组织（检验毒素）
	—羔羊痢疾	回肠	肠，肠系膜淋巴结；肠内容物（检验毒素）
15	绵羊巴氏杆菌病	肺，肝	肺，肝，淋巴结，血片
16	兔巴氏杆菌病	鼻黏膜，肺，子宫或睾丸，中耳黏膜，结膜，有脓肿的其他器官	心血，脾，肝；脓液，渗出物，分泌物，病变部组织
17	牛结核病	肺，支气管，纵隔和肠系膜淋巴结，有病变的浆膜、肝、肾、乳腺等	病变组织、淋巴结
18	猪结核病	下颌、咽后、肠系膜淋巴结；有病变的肺、肝、脾、肾等器官	病变组织，淋巴结
19	禽结核病	肝，脾，肠	病变组织
20	副结核病	小肠后段，盲肠和结肠，肠系膜淋巴结	有病变的肠，肠系膜淋巴结，病变肠黏膜涂片
21	绵羊干酪性淋巴结炎	有化脓性病变的淋巴结和肺、肝、脾、肾	病变组织
22	马溃疡性淋巴管炎	有化脓性病变的皮下淋巴管	病变淋巴管和内脏组织，淋巴结，脓汁
23	牛细菌性肾盂肾炎	肾，输尿管，膀胱，尿道	肾，尿液
24	李氏杆菌病	大脑，小脑脚，脑桥，延桥；肝	脑，脑脊液，肝，脾，血液，长骨
25	坏死杆菌病	病变皮肤和肝、肺	病变组织
26	马腺疫		下颌淋巴结，有转移性脓肿的器官，脓液涂片
27	猪链球菌病	脾，肝，肾，脑，脊髓，淋巴结	脾，有炎症的关节
28	绵羊链球菌病	肺，肝，脾，肾，脑，脊髓	肺，肝，脾，下颌与咽后淋巴结
29	野兔热	肝，脾，肺，淋巴结	有病变的器官

三、真菌病

序号	病名	组织检验	真菌检验
1	曲霉菌病 —禽 —哺乳动物（猪，牛）	有病变的器官 肺，气囊 胃，肠，皮肤，肺，胎盘，子宫	有病变的器官，肺
2	毛霉菌病 —雏鸡 —牛 —猪	 有结节病变的肺 支气管和肠系膜淋巴结，子宫和胎儿，内脏器官，胎盘 胃，肝，支气管、肠系膜和下颌淋巴结	 肺 病变组织 病变组织
3	流行性淋巴管炎	发生溃疡的浅表淋巴管，有病变的淋巴结	病变的淋巴管和淋巴结
4	组织胞浆菌病	有病变的肠、肺、脾、肝、淋巴结	病变部组织
5	念珠菌病 —禽 —哺乳动物	 嗉囊，食管，腺胃，肌胃，小脑，肝 上消化道：口、舌黏膜，食管	溃疡组织，假膜
6	皮肤霉菌病 —牛、马 —犬、猫 —鸡	有病变的皮肤 病变部 头部病变部 鸡冠，肉髯部	病变皮肤组织
7	球孢子菌病	有病变的支气管和纵隔淋巴结，有病变的肺和其他器官	有结节病变的淋巴结和内脏组织

四、其他微生物所致的疾病

序号	病名	组织检验	微生物检验
1	钩端螺旋体病 —牛 —绵羊和山羊 —猪 —马 —肉食动物	 肝，肾 胎盘，肝 肾，流产胎儿 肾，肝，脾 肾	 肝、肾涂片，血液 胎盘、尿涂片 肾、流产胎儿 肾、肝、脾涂片 肾涂片
2	猪密螺旋体病	结肠，盲肠	病变部肠黏膜触片，血性肠内容物涂片
3	兔密螺旋体病	外生殖器和面部皮肤，腹股沟淋巴结	病部皮肤及其渗出物涂片
4	放线菌病	有病变的骨和软组织	有病变的骨，病部组织涂片

（续）

序号	病名	组织检验	微生物检验
5	放线杆菌病	有病变的舌、皮肤、肺、淋巴结等组织器官	有病变的器官，病部组织涂片
6	猪地方流行性肺炎	肺尖叶、心叶、中间叶和膈叶前下缘，支气管淋巴结	肺，肺涂片
7	牛传染性胸膜肺炎	肺	肺，胸腔渗出液
8	山羊和绵羊传染性胸膜肺炎	肺	肺，肺涂片，胸腔渗出物
9	鸡慢性呼吸道病	呼吸道（鼻腔，气管，支气管）组织，气囊，输卵管	呼吸道渗出物，肺，血液

五、寄生虫病

序号	病名	组织检验	寄生虫检查
1	旋毛虫病	膈肌，舌肌，咬肌；肋间肌，腰肌等	膈肌
2	肉孢子虫病	食管，骨骼肌，心肌	带虫的肌肉
3	球虫病		
	—兔	肝，十二指肠	肝内胆管内容物，有病变的肠内容物
	—鸡	盲肠，小肠	肠黏膜刮取物
	—牛	大肠	大肠内容物，肠黏膜刮取物
	—羊	小肠	小肠内容物，肠黏膜刮取物
4	绵羊肺线虫病	肺	肺组织，支气管内的虫体
5	弓形虫病	脑，肝，肺，淋巴结，脾	肝、肺、淋巴结涂片
6	牛贝诺孢子虫病	有病变的皮肤，皮下结缔组织，表层肌肉和肌间结缔组织	皮下结缔组织压片
7	鸡组织滴虫病	盲肠，肝	盲肠内容物，盲肠黏膜与肝组织触片
8	牛泰勒虫病	淋巴结，脾，肝，肾，皱胃	血片，淋巴结、脾涂片
9	马血孢子虫病	脾，肝	血片，脾涂片
10	猪浆膜丝虫病	心	心外膜淋巴管虫体
11	猪肺线虫病	有病变的肺部（膈叶后外侧缘）	肺线虫
12	猪肾虫病	肾及其周围结缔组织，肝	尿液，肾及其周围组织
13	牛羊肝片吸虫病	肝	肝胆管内容物，胆汁
14	犬心丝虫病	右心，肝，肾，肺	心，血液
15	兔豆状囊尾蚴病	肝，肠系膜，大网膜	囊泡压片

六、营养与代谢病

序号	病名	组织检验	临诊检验（血、尿、乳等）
1	奶牛酮病	肝	血液，尿液，乳汁
2	牛妊娠毒血症	肝（活检）	血液
3	脂肪肝综合征	肝，肾，心	血液
4	家禽痛风	关节，肾，肝，脾，浆膜（无水乙醇固定）	血液，尿液
5	青草抽搐	肾，甲状旁腺，胆管与肝	血清，尿液，脑脊液
6	铜缺乏症	脊髓	饲料，血液，毛，组织
7	碘缺乏症	甲状腺	血清，乳，甲状腺，饲料，饮水
8	维生素A缺乏 —鸡 —猪 —牛	 食管，角膜，气管，支气管 皮肤，胃和食管黏膜 结膜，阴道黏膜，腮腺	血液、肝
9	维生素D缺乏 —佝偻病（幼龄动物） —骨软症（成年动物） —骨纤维化（马） —骨质疏松（笼养鸡）	 长骨变成的软骨 股骨，关节软骨 颅骨 长骨	血液
10	维生素D过多	骨，心内膜，大血管	
11	维生素E缺乏 —雏鸡脑软化 —白肌病	 小脑 臀部、肩胛部与背部肌群，膈肌，肋间肌，心肌	血液
12	维生素B_2缺乏	坐骨神经，臂神经	血液

七、中毒病

序号	病名	组织检验	毒物检验
1	黄曲霉毒素中毒	肝，肾	饲料
2	马穗状葡萄霉菌毒素中毒	消化道，肝	饲料
3	镰刀菌毒素中毒	脑和脊髓	霉玉米
4	牛黑斑病甘薯中毒	肺，肝	饲料
5	栎树叶中毒	肾	血液，尿液，饲料

（续）

序号	病名	组织检验	毒物检验
6	萱草根中毒	视神经，脑，视网膜	尿液
7	蕨中毒	膀胱，肾，骨髓	血液，尿液
8	洋葱或大葱中毒（猪、猫）		血液，尿液
9	食盐中毒 —猪 —鸡	 脑 肾，脑	饲料，饮水，消化道内容物
10	铜中毒	肝，肾	血液，饲料，肝

八、肿瘤病

序号	病　名	组织检验
1	鳞状细胞癌	癌组织与局部皮肤，局部淋巴结
2	纤维瘤	肿瘤组织
3	肾胚瘤	肿瘤及累及的肾脏
4	乳腺癌	有癌瘤的乳腺组织
5	肝癌	有癌瘤的肝组织
6	肺癌	有癌瘤的肺组织

第六章　大体标本制作技术

病理标本主要包括大体标本和组织切片（组织标本）。它们是从病死的动物尸体或患病的动物活体取材，经过一系列加工处理制成的。病理剖检时，凡看到组织器官病变很典型，都应尽可能保留下来作为以后教学、科研之用，也可以作为法兽医检验之根据（物证）。剖检时，不管组织器官的眼观变化是否明显，为了进一步观察组织变化，确诊疾病，就必须取材制作组织切片。由此看来，眼观检查和组织检查是病理诊断的两个不可分割的方面，制作病理标本正是为了学习、研究以及病理诊断之用。

第一节　大体标本的一般制作过程

大体标本的制作过程包括取材、固定、加工处理、装瓶与保存等步骤。

一、取材

就是从病变器官组织采取所需要的部分，或将整个器官摘出，作为标本之用。取材时必须仔细，防止挤压。标本应带有明显的病变或变化，并可进行适当的修理，使其便于观察和装瓶。标本切面要平整。大动物的脏器一般比较大，因此可切取一部分选留标本；而体积较小的器官，常将其整个留用。为了便于辨认组织器官的种类，最好保留其主要的结构，如肾应带有皮质和髓质，胃、肠应使黏膜和肌肉层相连，心应保持心肌与内、外膜的完整性，其他实质器官应带有被膜。

二、固定

目的在于使器官组织不腐败变质，其体积、形态和结构不变，颜色也能长期保存。固定标本的容器应比较宽大，固定液应充足，其体积至少为标本的5倍。固定标本时，容器底部垫以脱脂棉；漂浮的标本（如肺），其上面覆盖用固定液浸湿的纱布或脱脂棉；同一容器中不宜同时固定几件标本（如要在同一容器固定几件标本，必须在标本间垫以脱脂棉，并附有标签），否则容易受压变形。胃肠或其他管腔、囊状器官的黏膜病变留作标本时，应剪开平展于硬纸板上（浆膜面与纸板紧贴）固定，或用大头针钉在薄板上固定。如需整体固定、保存胆囊或膀胱，可在其腔中注入固定液或填充浸有固定液的脱脂棉。标本的固定时间因其厚度、组织结构不同而异。胃肠壁需固定1 ~ 3d，子宫3 ~ 5d，1 ~ 2cm厚的实质器官需5 ~ 8d。固定时间不宜过长（一般3 ~ 5d，最长不要超过1周），否则回色不良。最常用的固定液是10%福尔马林（35% ~ 40%的甲醛水溶液称福尔马林），为了更好地回色，其中常加入其他一些化学药品，如硫酸钠、醋酸钠（钾）。

三、加工处理

固定后的标本需经加工处理才能装瓶保存。普通标本制作过程中的加工处理比较简单，主要将标本进行修理，必要时固定在标本支架上即可。原色标本的制作大多还要进行回色。回色是指标本通过酒精，使原来的颜色重现。回色的时间取决于颜色显现的程度，当颜色显现得最鲜艳时即可停止。

一般来说，回色时间为1 ～ 2h（用手指轻压标本，如无血性液体从切面挤出时即可）。标本中甲醛的存在会影响回色的效果，并可使保存液变得混浊。因此，回色前标本应在流水中冲洗24 h左右，但在酒精回色后，标本再不能进入水中。此时沾净标本表面的液体即可装瓶。

四、装瓶与保存

这是标本制作过程的最后一个步骤。标本应放入大小合适的清洁标本瓶（或缸）中。标本装瓶后，注入保存液。保存液中的主要成分，在普通标本保存时为甲醛，而在原色保存时为甘油、醋酸钾（或钠）。也有用其他配方的。最后加盖封口，附贴标签。原色标本要放在暗室或柜中，避免强光照射而褪色。

标本瓶（缸）封口的方法很多，现介绍以下几种供选用。

1. **胶布石蜡封口法**　将医用胶布封贴瓶口后，其上再涂一层石蜡。石蜡事先熔化，用毛笔蘸取并迅速涂布于胶布表面和边缘。此法的优点是方便易行，缺点是时间长久，胶布石蜡干裂后，固定液易挥发。

2. **万能胶（环氧树脂）或白乳胶（聚醋酸乙烯）封口法**　先将封口胶均匀涂于瓶（缸）的磨砂口和盖上，盖紧后其上用较重物品压1 ～ 2d。

3. **蜂蜡松香封口法**　将6 ∶ 4的蜂蜡和松香隔水熔化，如直接烧熔，颜色易变焦黑，影响黏着力。封盖时用毛笔蘸取熔化的黏结剂均匀涂于瓶口，然后将瓶盖在火上烘热在瓶口均匀压紧。冷却后用小刀烤热再将瓶口与瓶盖间的缝隙烫平。

4. **封瓶油灰封口法**　瓶口缝隙较大时可用此法。油灰配法为：先将液体石蜡（8g）、凡士林（8g）、硬石蜡（10g）和松香（10g）加热熔化、混合，再将研细的白陶土（60g）慢慢加入，搅匀，充分混合，冷却后备用。

5. **有机玻璃标本缸封口法**　标本处理同上，但黏结剂可用氯仿或丙酮胶合。因为有机玻璃可被这两种溶剂溶解。有机玻璃标本缸已有成品出售，可根据大小、形状不同购买或订购。但价格较贵，封口操作必须仔细。

第二节　普通标本的制作

普通标本制作的方法比较简单、易行，但缺点是标本失去原来的色泽。

首先采取新鲜标本，固定于10%福尔马林（即将40%甲醛水溶液用水稀释10倍）中，固定时间根据标本大小而定，一般为1 ～ 2周或根据情况延长。流水冲洗12 ～ 24h后，用纱布吸去标本表面的水分，装瓶，注入用蒸馏水或清水配制并过滤的10%福尔马林，最后标本缸封口。

第三节　原色标本的制作

原色标本的制作过程如前所述。但因要显示标本自然的色泽，除了要用酒精进行适当的回色外，固定液和保存液的组成与普通标本有所不同。原色标本的制作方法很多，下面介绍几种供选用。还要再次提醒注意，酒精回色后，可用纱布沾去标本上的酒精，切忌再与水接触。在装瓶保存时，最好戴乳胶手套操作，以免标本污染霉变。

第一种方法（普通保存法）

固定液：10%福尔马林

回色液：95%乙醇

保存液：醋酸钾　　300g

甘　油　　500g

蒸馏水　　1 000mL

麝香草酚　0.5g

固定4 ~ 6d（固定时间过长，则回色不良），流水冲洗25 ~ 30h（如标本残留甲醛，也影响回色，还会使保存液变混浊），回色后用纱布沾去标本表面上的酒精，装入盛有保存液的标本瓶中封存。

第二种方法[凯氏（Kaiserling）法]

固定液：福尔马林　800mL

　　　　自来水　　4 000mL

　　　　醋酸钾　　85g

　　　　硝酸钾　　45g

回色液：90%乙醇

保存液：蒸馏水　　900mL

　　　　甘　油　　300mL

　　　　醋酸钾　　200g

　　　　麝香草酚　0.5g

固定5 ~ 10d，水洗24 ~ 30h，回色1 ~ 2h，沾去酒精，入保存液封存。

第三种方法［霍氏（Hauser）法］

固定液：福尔马林　100mL

　　　　硫酸钠　　20g

　　　　自来水　　900mL

回色液：86%乙醇，96%乙醇

保存液：饱和砒霜水溶液（2%）400mL（注：砒霜溶解度：在15℃时为1.66%，在25℃时为2%）

　　　　甘　油　　600mL

将采取的标本修理后直接放入固定液中，不要用水冲洗。如标本表面沾污，可用湿纱布擦干净。固定3 ~ 8d，用纱布沾去标本表面上的固定液，先在86%乙醇中回色约30min，再用96%乙醇回色30 ~ 60min，一旦原色恢复时即取出，沾去酒精，入保存液封存。

第四种方法（硫酸镁混合液保存法）

固定液：福尔马林　100mL

　　　　醋酸钠　　50g

　　　　蒸馏水　　1 000mL

回色液：85%～ 95%乙醇

保存液：硫酸镁　　100g

　　　　醋酸钠　　30g

　　　　蒸馏水　　1 000mL

　　　　麝香草酚少许

第五种方法［梅－拉氏（Мельничков －Разведенков）法］

固定液：福尔马林　　　100mL

　　　　氯化钠　　　　5g

　　　　醋酸钾（或钠）30g

　　　　自来水　　　　1 000mL

回色液：85%～ 90%乙醇

保存液：蒸馏水　　　　1 000mL

甘　油　　600mL

醋酸钾（钠）　400g

第六种方法［醋酸钾（钠）液保存法］

固定液：蒸馏水　　2 000mL

醋酸钾（钠）　100g

福尔马林　　100mL

回色液：80%～85%乙醇

保存液：蒸馏水　　900mL

甘　油　　540mL

醋酸钾或钠（化学纯）270g

第七种方法（糖浆保存法）

固定液：10%福尔马林

回色液：95%乙醇

保存液：饱和白糖水（约50%）溶液（煮沸，过滤）

固定3～10d，回色后入保存液封存。

第八种方法（简易原色标本制作法）

这种方法简单易行，不经乙醇回色便可保存标本自然色泽，这是由于在固定液中加入了水合氯醛。因此这种方法只需要两种溶液。当标本经第一种溶液处理后，直接进入第二种溶液。但此法也有缺点，即标本颜色不够鲜艳。

溶液Ⅰ（固定与存色液）：

水　　100mL

人工盐　　50g

水合氯醛（饱和水溶液）　50mL

溶液Ⅱ（保存液）：

水　　1 000mL

醋酸钾（或钠）　300g

甘　油　　600mL

第七章　病理切片制作技术

病理切片有多种制作方法，如石蜡切片制作法、火棉胶切片制作法和冷冻切片制作法。其中以第一种最为实用和常用。石蜡切片的制作和组织病变的观察对动物疾病的诊断和研究非常重要，兽医病理工作者和兽医科技工作者应很好掌握这一技术。

第一节　石蜡切片的制作技术与普通染色方法

石蜡切片的制作程序如下：

顺序	主要步骤	基本要求
1	固定	10%福尔马林：24 ～ 48h
2	取材	组织块大小：1.5cm × 1.0cm × 0.3cm
3	流洗	流水冲洗：24h（新鲜组织可免洗）
4	脱水	70%乙醇2h，80%乙醇、90%乙醇、95%乙醇各1 ～ 2h，100%乙醇2 ～ 3h，总时长不超过12h，其中100%乙醇不超过4h
5	透明	二甲苯：30 ～ 60min
6	浸蜡	60 ～ 62℃恒温箱：3 ～ 4h（软蜡1h，硬蜡2 ～ 3h）
7	包埋	动作要迅速，包块周围刚凝固即仔细移入冷水中，以加速冷凝
8	切片	注意切片刀的保护，切片刀倾角以5° ～ 10°为宜，切片厚度4 ～ 6μm
9	附贴	展片水温40 ～ 45℃
10	烤片	在烤片室或温箱内，温度60 ～ 65℃，烤片时间0.5 ～ 1h
11	染色与封固	脱蜡完全，染色适当，分化仔细，洗片充分，脱水、透明充足，封固剂适量，稠度适中，盖片压平，气泡排净

一、固定

固定是指将剖检或活检所取的组织标本放入固定液中，使组织和细胞的结构得以固定，防止自溶和腐败。固定液对组织有硬化作用，经固定的组织易于制作切片。

固定液因作用不同而种类繁多，最常用的为甲醛。组织固定时固定液要足够，一般为组织块体积的5 ~ 15倍。为防止组织块与固定瓶底、壁粘贴，影响固定液渗入，可在瓶中垫以棉花。

固定时间要根据组织的种类、性质、大小、固定液的种类和渗透力以及气温而定，少时1 ~ 2h，多则2 ~ 3d。10%福尔马林（含4%甲醛）固定液一般固定24h左右，也可根据情况适当延长。

下面简介几种常用的固定液。

1.甲醛（Formaldehyde） 甲醛是一种极易挥发并具强烈刺激性的气体。市售甲醛为40%甲醛水溶液（称福尔马林）。固定液常用浓度为10%福尔马林，即1份甲醛液和9份水混合而成，实际上10%福尔马林仅含4%甲醛。甲醛固定液的优点是渗透力强，固定均匀，组织收缩少。甲醛最常用于各组织器官的固定，对脂肪、神经、髓鞘的固定效果好，也可固定高尔基体、线粒体等。10%福尔马林固定小块组织，一般数小时即可，但兽医病理上所切取的组织标本较大，多需固定24 ~ 48h。如需快速固定，可加温至70 ~ 80℃，固定10 ~ 15min即可。此外，丙酮也是一种固定剂，常用作快速诊断，也可固定狂犬病的脑组织。快速制片时，用丙酮对组织块同时进行固定、脱水，0.5 ~ 1h即可完成，然后进行浸蜡、包埋。

中性甲醛液的配制：甲醛久置会产生白色沉淀即三聚甲醛，甲醛易氧化变成蚁酸（甲酸），使溶液变为酸性。用这种甲醛固定的组织，尤其充血、出血、溶血的组织（如脾、肝）中，易产生一种棕黑色或褐色颗粒状福尔马林色素，而且酸性甲醛固定的组织细胞核着色不良。为此可在备用的甲醛液中放入少量碳酸钙（生石灰）作为中和剂，也可用碳酸镁或碳酸钠。根据情况还可用中性甲醛液固定组织。中性甲醛液（福尔马林）的配制法为：（1）在1 000mL 10%福尔马林（40%甲醛100mL，蒸馏水900mL）中，加入磷酸氢二钠6.5g和磷酸二氢钠4g；（2）在100mL福尔马林（pH为6.8 ~ 7.1）中加入醋酸钠2g。

甲醛（福尔马林）色素消除法：

（1）Schridde氏法

浓氨水　　1mL

75%乙醇　　200mL

切片脱蜡后放入上液中30 ~ 35min，用流水冲洗后染色。

（2）Verocay氏法

1%氢氧化钾　　1mL

80%乙醇　　100mL

切片脱蜡后放入上液中10min，然后用流水冲洗5min，再放入80%乙醇5min，蒸馏水洗后染色。

2.乙醇（酒精，Ethyl Alcohol） 乙醇能溶于水，因此可被水稀释。乙醇对组织有固定、硬化、脱水等多种作用，作为一般固定剂，以80% ~ 95%的浓度为好。高浓度乙醇对组织收缩较大，故必须用乙醇固定时，宜先用80%乙醇固定数小时，再换成95%乙醇。70%乙醇可较久地保存组织。

A-F液，即乙醇、甲醛混合固定液，兼有固定、脱水作用。A-F固定液由95%乙醇9份和40%甲醛液（福尔马林）1份组成。固定的组织可直接进入95%乙醇继续脱水。

如欲显示组织中的尿酸盐结晶和糖原，可用100%乙醇固定，但取材要薄，否则固定不良。

乙醇是一种还原剂，易被氧化为乙醛，再变为醋酸，故不能与铬酸、重铬酸钾、锇酸等氧化剂混合。乙醇能沉淀白蛋白、球蛋白和核蛋白。前二者所生成的沉淀不溶于水，但核蛋白被沉淀后仍能溶于水，故经乙醇固定的组织，核着色不良，不利于染色体的固定。乙醇可溶解血红蛋白并损伤其他

多种色素，因此要观察组织中的色素时，不宜以乙醇作固定剂。此外，50%以上浓度的乙醇能溶解脂肪和类脂质，故要证明细胞中所含的脂肪和类脂质，不能用乙醇来固定。

乙醇的上述优点和缺点，在用作制片的组织固定时应予考虑。

3. Zenker氏液

重铬酸钾	2.5g
氯化汞（升汞）	5g
蒸馏水	100mL
冰醋酸	5mL

将重铬酸钾、氯化汞与蒸馏水混合于烧杯中，加温至40～50℃溶解，冷却后过滤，滤液保存于棕色瓶中。临用时取此液95mL，加冰醋酸5mL，即成Zenker氏液。

Zenker氏液常用于一般组织的固定，效果好，细胞核和细胞质染色都清晰。薄组织块（2～4mm厚）一般固定12～24h，保存于80%乙醇中待用。此固定液因含汞固定时间不能过长，否则组织变硬，难以切片，也影响染色。此外，用此液固定时组织中会产生黑色汞盐沉淀。因此，切片于脱蜡后染色前应进行脱汞。其方法是，切片先浸于0.5%碘酒（70%乙醇配制）中10min，使汞溶化。水洗后再用1%硫酸钠（或0.5%硫代硫酸钠）水溶液脱碘2min，最后流水充分水洗。

4. Helly氏液　其配法基本同Zenker氏液，但用甲醛代替冰醋酸。临用时加入甲醛，因其加入24h后即可产生沉淀而失效。一般大小的组织块固定12～24h，流水洗12～24h，再用80%乙醇保存。

5. Bouin氏液

苦味酸饱和水溶液	15份
40%甲醛（福尔马林）	5份
冰醋酸	1份

苦味酸为黄色结晶，容易燃烧和爆炸。为了安全和使用方便，常加水成饱和溶液贮藏。在苦味酸饱和水溶液中，苦味酸的浓度为1.22%。配制Bouin氏液即用苦味酸饱和水溶液。这种固定液可用作一般组织的固定，大多固定良好，尤其皮肤和肌腱等较硬的组织，可以适当软化，便于切片、染色。固定时间为，小块组织一般为12～24h，但通常以固定24～48h为宜。固定后流洗12h，再按正常步骤用乙醇脱水。或不经水洗而直接放入50%或70%乙醇中12～24h，作为清洗和初步脱水。在脱水过程中，酒精因部分苦味酸脱洗而呈黄色，组织内尚余少量苦味酸也呈黄色，但对制片和染色并无影响。若欲加速清除固定后组织块中的黄色，可在洗涤用乙醇中加入少量饱和碳酸锂水溶液。

6. Carnoy氏液

无水乙醇	6份
冰醋酸	1份
氯仿	3份

此固定液渗透力强，小块组织固定1～2h即可，固定后不需水洗，直接进入95%乙醇脱水。适于糖原、脱氧核糖核酸（DNA）和核糖核酸（RNA）的固定，也适于各种染料染色，故常用于一般细胞学研究，对淋巴组织和腺体等都有良好固定效果。

二、取材

组织标本经固定后进行取材。取材的基本原则是，要尽量采取新鲜组织；要用锐利刀片一次切取，切勿挤压；要取得全面并有代表性；所取组织块应包括脏器的主要结构；管囊性器官必须使壁的各层组织相连。所取组织块较多时一定要作好标号和记录，必要时还可绘图说明。

组织块大小要合适，一般为1.5cm × 1.0cm × 0.3cm。如果固定不良，应继续固定适当时间。

三、流洗

流洗即水洗。流洗是将固定后的组织块放入流动的自来水中不断清洗。较长期固定的组织都应通过这一流程，而固定的新鲜组织或经Carnoy氏液固定的组织不必流洗，直接脱水。流洗的目的，在于洗去渗透到组织中的固定液，因为固定时久会影响组织的脱水，甚至在组织中产生沉淀物而影响切片的观察。对于陈旧性或固定时间过长的标本，更应进行流水冲洗。

经10%福尔马林液固定的组织，其流洗时间取决于固定时间，固定时间长流洗时间也长，反之则短。小动物的组织一般固定12 ～ 24h，流洗时间数小时至12h即可；大动物的组织常需固定24 ～ 48h，流洗时间应为12 ～ 24h。

经乙醇或乙醇混合液（如A-F液）固定的组织，如需清洗，可用与固定液中乙醇浓度相近的乙醇清洗，不能用浓度相差很大的乙醇清洗，更不能用自来水流洗或冲洗。

经含苦味酸的固定液（如Bouin氏液）固定的组织，常用50%或70%乙醇浸洗，也可用自来水流洗，然后按常规用乙醇脱水（见前）。

经含氯化汞的固定液（如Zenker氏液）固定的组织，其中常有沉淀物形成，呈棱形结晶（氯化亚汞）或不规则块状（金属汞），故须除去，否则使组织变脆，染色不良。脱汞方法前已述。脱汞后再充分流洗。

四、脱水

脱水是将固定和流洗后组织中的水分去除。含水的组织是不能直接浸蜡制作切片的，因为水和石蜡不相溶。脱水剂不仅要能与水混合相溶，而且还要能和以后的透明剂（如二甲苯或苯）相溶。乙醇正具有这些特性，故是最常用的脱水剂。

脱水时间取决于组织的种类、组织块的大小和厚度，一般来说，组织块的大小为1.5cm × 1.0cm × 0.3cm时，其脱水时间大约为：

70%乙醇（第1瓶1h，第2瓶1h）2h

80%乙醇（第1瓶0.5 ～ 1h，第2瓶0.5 ～ 1h）1 ～ 2h

90%乙醇（第1瓶0.5 ～ 1h，第2瓶0.5 ～ 1h）1 ～ 2h

95%乙醇（第1瓶0.5 ～ 1h，第2瓶0.5 ～ 1h）1 ～ 2h

100%乙醇（第1瓶1 ～ 2h，第2瓶1 ～ 2h）2 ～ 4h

上述各级乙醇中的总时间不要超过12h，其中100%乙醇中的时间不要超过4h，以2 ～ 3h为宜。由于脱水时间较长，加之组织块的包埋必须在正常工作时间内完成，因此可采取将95%乙醇第2瓶放在晚上过夜的办法。

关于脱水的时间以组织中水分是否脱除干净为前提，只有水分完全脱除，才能使组织在随后的二甲苯中透明，石蜡也才能浸透到组织和脂肪细胞中去，否则切片和染色质量都得不到保证。如脱水不净，则切片后组织与空气接触即干燥收缩，蜡块切面组织会出现凹陷。反之，如果组织在高浓度乙醇中时间过长，脱水过度，又会使组织收缩变硬、变脆，切片难以成形。

还要注意，组织不同，脱水时间应作适当调整。结构致密的和体积较大的组织块，脱水时间可延长30 ～ 60min，水分和脂肪含量高的组织，脱水时间也应增加。胃肠黏膜和其他薄片、小块组织，脱水时间可适当缩短。肌肉等坚硬组织，脱水不要超过4h。

脱水，不能直接用高浓度乙醇脱水，必须逐步过渡，即从低浓度到高浓度梯度脱水。含水量过多的组织（如胚胎组织、水肿组织），其脱水剂的开始浓度应当更低，如30%或40%乙醇。

无水乙醇必须保持无水，这是脱水的关键。如果无水乙醇使用时久，浓度下降，可以用新的无水乙醇替换，或将其用作低一级浓度的乙醇（即95%乙醇）。其他浓度的脱水乙醇如果浓度下降，也可按此法处理。无水乙醇如含有水分，还可用加入无水硫酸铜吸收水分的方法。无水硫酸铜遇水变为蓝色。更换后的无水硫酸铜，经高温干燥后仍可使用。

脱水过程的一些具体细节也应引起注意。如转换组织块时要迅速准确，及时加塞乙醇瓶盖，防止乙醇过多挥发和吸收空气中的水分。向高浓度转入组织块时，应先在吸水纸上吸干，以免将水分带入。

骨组织的固定、脱钙和脱水：

含钙质多的硬组织（如骨骼和牙齿）不能像软组织那样进行固定和脱水，必须经过脱钙处理，使之软化，才能进行常规制片工作。

（1）先将欲制片的骨组织锯成1cm×1cm×0.3cm的小薄片，或将钙化的组织切割成上述大小的小片。

（2）用10%福尔马林（或A-F液或其他固定液）固定上述骨组织片24h。固定时间应充分。

（3）在80%乙醇中硬化24h。

（4）在脱钙液（5%硝酸水溶液）中脱钙，2 ～ 7d。每天更换新脱钙液1 ～ 2次。脱钙时间可根据组织硬度而定，为此可用针刺入骨组织中，如组织变软，容易刺入，说明钙质已经脱去，脱钙可以停止；若难以刺入或感觉坚硬，表示时间不够，应继续脱钙处理。

（5）充分水洗，至少流水洗涤6 ～ 12h。

（6）95%、100%乙醇脱水，按常规透明、浸蜡、包埋。

五、透明

组织经乙醇脱水后，不能直接进行浸蜡，因为乙醇不能溶解石蜡。因此，在脱水和浸蜡两个步骤间，尚需一个既能与酒精混合又能溶解石蜡的媒剂，以便使石蜡浸入组织中。媒剂可使组织变得透明，故也称为透明剂。常用的透明剂有二甲苯、苯和甲苯。二甲苯透明能力强，一般需30 ～ 60min，但易使组织收缩、变脆，故组织块在二甲苯中时间不能过长，以基本透明即可。苯和甲苯的性质与二甲苯相同，也可作为透明剂，其优点是对组织收缩较小，但透明作用较慢，一般需60min以上。实际工作中可将二甲苯分为2 ～ 3瓶连续透明，每瓶透明时间20 ～ 30min。

透明剂均易挥发，对呼吸器官还有刺激作用，对身体具有毒性，因此应注意自身的防护，并保持用具（如镊子）干燥，更不得将水滴混入透明剂中。在夹取组织块后，应立即加塞瓶盖，尽量减少透明剂挥发。

六、浸蜡

浸蜡是指将石蜡浸入经透明的组织块中，以便随后凝固成有一定硬度的蜡块，便于切片。但石蜡为固体，欲使其进入组织，必先熔化，并保持熔解状态。因此，浸蜡应在一定的恒温环境下（蜡浴箱或恒温箱）进行，温度保持在60 ～ 62℃。由于石蜡的熔点为：软蜡42 ～ 45℃，45 ～ 50℃，硬蜡多为52 ～ 54℃，56 ～ 60℃，因此，蜡浴箱的温度应稍高于石蜡熔化的温度。在南方夏天或作硬组织浸蜡，也可用62 ～ 64℃的硬蜡，此时蜡浴箱的温度应适当调高，以64 ～ 66℃为宜。但在寒冷的季节，要使用熔点较低的石蜡。

浸蜡时间可根据组织块的大小和蜡浴箱的温度作适当增减，在组织块大小为1.5cm×1.0cm×0.3cm时，以3 ～ 4h为宜。如浸蜡时间过长或温度过高，常使组织硬脆，切片破碎；但时间过短或温度偏低，则浸蜡不足，切片起皱，难以制成良好的切片。

为了使石蜡较好浸入组织，可在蜡浴箱中设置4个蜡瓶（杯）。

第1瓶　为软蜡（或二甲苯）+硬蜡（软蜡与硬蜡之比为1 ∶ 1，或二甲苯与硬蜡之比为

1∶1～1∶3）约1h。

第2瓶　硬蜡　　0.5～1h

第3瓶　硬蜡　　0.5～1h

第4瓶　硬蜡　　0.5～2h

必须注意，转换组织块的小镊子，要预先放在温箱中以保持温热。如用温箱外的冷镊子夹取组织，则石蜡立即在镊子上凝固，带来操作不便。转换组织块时，动作必须迅速，尽快关闭蜡浴箱，以防箱内温度急剧下降，石蜡凝固。

七、包埋

组织经浸蜡后再用熔化的石蜡铸成包块的过程即为包埋。只有将组织铸成包块才能切片。包埋用的石蜡应为硬蜡，其熔点应与最后浸蜡的石蜡熔点相同，以56～58℃熔点的硬蜡为宜。包埋用的石蜡温度应稍高于浸蜡的温度。如包埋石蜡为新用石蜡，须事先煮沸、冷却数次，使其质地均匀、硬实、不含气泡。包埋前可备好酒精灯，点燃。包埋过程中必要时烧热镊子，以熔化包埋框内正在凝固的石蜡和顺利夹取组织块。

包埋的步骤如下：

（1）将包埋框（常用L形、E形金属包埋框）置于包埋玻板上，包埋框间、包埋框与玻板间必须紧密相接，不能留有缝隙，以防熔化的石蜡外流。为此可在上述相接的部位涂上少量凡士林。如用纸质包埋盒或一次用塑料包埋盒，则可免去这一步骤。

（2）将熔化的石蜡迅速、准确地倾入包埋框或包埋盒中。

（3）迅速用温热镊子夹取组织块放入包埋框内的熔蜡中，平面（即要切片的一面）朝下，位置放合适，放平。管腔壁、皮肤或有层次的组织块，应竖立包埋。神经或条索状组织可根据需要竖放或平放包埋。

（4）当包埋框内的表层石蜡刚凝固时，小心将载有包埋框和石蜡的玻板托起并平放在冷台上，使其迅速冷凝，或放入凉水中冷凝，时间至少30min。如果包埋的组织块较多，应在石蜡凝固前将标号小纸条附在包埋框边。

从冷台上取下或从凉水中捞出凝固的蜡块（包块），将包埋框、玻板与包块分开。擦去包块上附着的水分并修理，切下包块组织周围多余的石蜡，使其成为两边平行的长方形或正方形，四周蜡边不必留得太多，2～3mm即可。良好的包块应是半透明状，组织在石蜡中清晰可见，石蜡质地均匀、坚实。如出现白色混浊，说明有石蜡结晶存在，难以切成薄片。其原因可能是组织脱水不够、石蜡或组织中残留透明剂二甲苯、包埋动作慢或石蜡凝固太慢。补救办法是，将包块返回蜡浴箱熔化，重新包埋，但常不能获得满意效果。

八、切片

组织包埋后将修理好的包块用切片机切成所需要的薄片的过程称为切片。切片的成功与否与包块质量、切片机性能、切片刀锋利程度及切片操作技术等均有关。切片刀应磨得十分锋利（一次用刀片更好，不仅刀刃锋利，还可省去磨刀时间），操作规程应严格遵守，技术应熟练掌握。切片机必须爱护，妥善保养。要根据室温的变化，适当处理包块的硬度。如室温过高或包块过软，切片易粘于切片刀上或出现切片皱缩现象，此时可将包块在冷水或冰水中冷冻处理后再切。相反，如室温过低或包块太硬难以切成片时，可在包块切面上哈气加温。切片机有轮转式切片机和平推式滑动切片机，以前者最为常用，其优点是使用方便，可连续切片，切片速度很快。

石蜡切片的操作过程如下：

（1）将修好的包块固定在切片机头上。

（2）将切片刀固定在刀架上，调整好刀倾角。切片刀的倾角以5°～10°为宜，角度过大时切片上卷，过小则切片起皱。

（3）固定刀架后，将其慢慢推近包块。当切片刀接近包块切面时，旋紧有关螺丝，固定刀架。这一步骤必须特别小心，严防碰撞刀刃。

（4）调整切片厚度。开始切片，厚度可调在10～20μm，摇动切片机轮把，使包块前进，薄片切下。当组织即将完整切出时，刻度可调至所需要的厚度（4～6μm）。注意摇动切片机轮把时，要用力均匀，速度适中，不能用力过猛、过快，以防机身震动，造成切片厚薄不均。

（5）采取切片带。左手平握干燥毛笔，右手均匀摇动切片机轮把，当连续的切片带切出时，用毛笔轻轻将其托起，右手用眼科镊子轻夹切片，将切片带放在白纸上，或贮于硬纸盒中备用。注意夹取切片时，严禁用镊子在刀刃上晃动或夹取附着于刀刃上的切片，也不能用金属器具清理附着在刀刃上的蜡渣，严防造成刀刃损坏。

九、附贴

附贴是将切片粘贴在载玻片上的过程。

（1）准备好清洗过的载玻片和40～45℃的温开水。温水可盛于大烧杯或盆中。为了保持温度恒定，盛水容器下面适当加温（如用贴片器更好）。

（2）用小刀将备用切片带中的每个切片分开。

（3）用眼科镊子夹取一完好切片的边缘，正面（光面）朝下将其平摊于温水面上。

（4）当切片展平或用镊尖将切片中的皱褶分开时，用左手指捏住载玻片一端，另一端浸入水中，将载玻片垂直向上捞取切片，使其附着于玻片上。右手用镊子拨正切片的位置。最好切片位于玻片中间偏左，即玻片左1/3和中1/3之间，右面留作贴标签。吸去玻片多余的水分即可烘片。

（5）有人担心切片脱落，于水中捞取切片前，常在载玻片上均匀涂抹一小滴附贴液。实践证明，只要附贴和烘片工作做得好，不涂抹附贴液，切片一般是不会脱落的。

附贴液的配法：新鲜蛋白20mL，麝香草酚（或柳酸钠）少许，用玻棒搅匀，再加入纯甘油20mL，继续搅匀，最后以粗滤纸慢慢过滤。

十、烤片

切片附贴后必须烤干，使其牢固地附着在载玻片上才能染色。如果不进行烤片，或烤片时间不够，在随后的染色处理过程中，切片极易脱落。烤片是在烤片器、温箱或烤片室中进行的。其温度保持在60～65℃，烤片时间0.5～1h。

十一、染色与封固

染色是石蜡切片制作过程中最后一个重要步骤。切片质量的好坏与染色技术的运用有密切关系。只有经过染色精良的组织切片，才能很好观察组织器官的正常结构和病理变化。染色方法很多，这里叙述常规或普通染色法，即苏木精（Hematoxylin）和伊红（Eosin）染色，简称HE染色（H和E为苏木精和伊红英文词的第一个字母）。

（一）HE染色的程序：脱蜡→染色→脱水→透明→封固

1. 脱蜡

（1）二甲苯Ⅰ　5～10min。

（2）二甲苯Ⅱ　5～10min。

（3）二甲苯Ⅲ　5～10min。

（4）无水乙醇Ⅰ　3～5min。

（5）无水乙醇Ⅱ　3～5min。
（6）95%乙醇Ⅰ　3～5min。
（7）85%乙醇Ⅰ　3～5min。
（8）75%乙醇Ⅰ　3～5min。
（9）流水充分洗

2.染色

（1）苏木精液　5～10min。
（2）流水充分洗。
（3）1%盐酸乙醇分化液　数秒钟。
（4）流水充分洗。
（5）1%氨水　1min。
（6）流水充分洗。
（7）0.5%～1%伊红乙醇液　1～5min。
（8）流水洗　1min。

3.脱水

（1）80%乙醇　1min。
（2）90%乙醇　1min。
（3）95%乙醇Ⅰ　1～2min。
（4）95%乙醇Ⅱ　1～2min。
（5）无水乙醇Ⅰ　2～4min。
（6）无水乙醇Ⅱ　2～4min。

4.透明

（1）二甲苯Ⅰ　2～4min。
（2）二甲苯Ⅱ　2～4min。

5.封固　切片经透明后即可封固。封固最常用中性树胶。封固好的切片，在37℃温箱中干烤24h左右，使封固剂与盖玻片基本凝固，贴标签后放入切片盒归档备用。

（二）HE染色说明和注意事项

1.脱蜡　脱蜡必须完全。为此切片从烤片器或温箱取出后应立即放入二甲苯中。如果切片在室温中已经变凉，应重返烤片器或温箱中加温。在一般情况下，3瓶二甲苯最好脱蜡10min以上。在北方寒冷季节，当室温在20℃以下时，脱蜡时间还要再延长。如气温很高，可适当缩短脱蜡时间。

切片脱蜡后应先在无水乙醇中初步洗去二甲苯，然后通过低浓度乙醇逐渐洗净二甲苯，并使切片与水接触，最后进入水中洗去酒精。不能从无水乙醇中将切片直接放入水中，否则会引起乙醇与水混合。因浓度的急剧变化，导致切片松动、脱落。

2.染色

（1）苏木精液的染色时间长短主要取决于染液的质量、使用的时间和组织器官的种类。质量低劣、使用时间过长的染液，染色时间需要很长；而新配制的染液，或淋巴结与脾脏等细胞核密集的组织，染色时间应适当缩短。因此，苏木精液的染色时间（5～10min）范围很大，需根据具体情况灵活掌握。在哈瑞氏（Harris）苏木精液中，通常5～6min即可。

（2）苏木精液易产生氧化膜，因此每次苏木精液染色前应用滤纸将膜刮除。

（3）苏木精液染色后，染片不宜在水中较久停留，以防细胞染色质变蓝后难以进行分化。

（4）分化很重要。分化液可使细胞质的苏木精染料和胞核多余的染料脱去。因此分化合适的染片，核膜和染色质的形态结构清楚，胞质无蓝色染料残留。分化不足时，胞核过深，结构不清，胞质带蓝；如分化过度，则胞核色淡，模糊不清。在分化的具体操作上，以苏木精稍过染，然后再分化为宜。分化时间控制在几秒至10s左右，但必须以染片分化时颜色的变化来确定。当染片进入分化液时，可将其上下移动，以观察组织上的褪色情况，一旦组织颜色变为淡蓝红色，即将染片取出并放入水中，以终止分化。如苏木精液染色过深，分化时间可延长至20 ～ 30s。

（5）分化后，染片在自来水中流洗。流洗时间可适当长。自来水一般呈弱碱性，故能使染色的组织返蓝。流洗良好的组织切片呈鲜蓝色或天蓝色。此外，为了较快使染片返蓝，也可浸入碳酸锂饱和溶液或1%氨水中。

（6）伊红液染色　新配制的伊红液，染色1 ～ 2min即可。在一般情况下，根据伊红液使用的时间和苏木精液染色的深浅，可染色2 ～ 5min。伊红染色，可使细胞质呈红色，与胞核的蓝色形成对比。二者的颜色对比应和谐，不能深浅不均。伊红的染色，应参照苏木精的染色程度。如果伊红液着色过慢，可加入冰醋酸（100mL伊红液加入1 ～ 2滴冰醋酸）助染。

（7）伊红液染色后，染片移入水中，洗去伊红液浮色。

3. 脱水

（1）从水中取出染片，吸去玻片上的水分，移入80%乙醇中，脱水，约1min。低浓度乙醇对伊红具有分化作用，因此可根据褪色的变化，适时移入90%乙醇中。如果伊红褪色过度，则应逆序返回伊红液复染。

（2）脱水必须按顺序逐步经过各级乙醇，脱水时间应足够，脱水要彻底。如脱水不彻底或无水乙醇不纯，染片移入二甲苯透明时，便会产生白色云雾，使染片呈模糊不透明状态。

4. 透明　染片透明可用二甲苯，分二瓶进行，透明也要彻底、充足。透明良好的染片，呈透亮、清晰外观。如二甲苯使用过久或含有水分，也会使染片产生白色云雾现象。故陈旧二甲苯应及时更换。

5. 封固　先做好封固的准备工作，再从二甲苯Ⅱ中取出染片立即封固。不要过早从二甲苯Ⅱ中取出染片放在空气中，再慢慢做封片的准备。因为染片上的二甲苯一旦很快挥发，组织便发生变化而无使用价值。封固前，先擦净盖玻片，调好封固剂（中性树胶）的稠度，准备一把鸭嘴镊子。

封固有两种方法：一种是从二甲苯Ⅱ取出染片，将组织外围的二甲苯迅速擦去放在桌上，在染片的组织上滴加一小滴封固剂。然后取盖玻片从一侧轻轻放置于封固剂上，慢慢压平，并使盖玻片位置适中。如有小气泡，可用镊尖轻压气泡上的盖玻片，以便将其挤出。另一种方法是，将盖玻片放在纸上，在盖玻片上滴加一小滴封固剂，然后将染片从二甲苯中取出，迅速擦去组织外围和染片背面的二甲苯，翻转染片，使有组织的一面朝下，并使其与盖玻片上的封固剂慢慢接触。当盖玻片被封固剂黏附在染片时，翻转染片并置于桌上，压平盖玻片，并使其位置适中。

必须注意，封固剂的稠度要合适，太稀时容易在盖玻片四周溢出，甚至二甲苯挥发后，树胶干燥、浓缩，染片中产生气泡。但如封固剂太稠，封固时不易扩散，盖玻片也难以压平。封固剂的滴加量也应适中。太多会在盖玻片四周外溢，太少则盖玻片封固不严，常有空隙。当染片封固后出现的气泡严重影响质量，而且不能从染片中挤出时，可将染片返回二甲苯中，使盖玻片脱离，然后进行二次封固。

（三）HE染色有关染液和溶液的配制

1. 苏木精液

（1）Harris苏木精液

甲液：苏木精　2.5g
　　　无水乙醇　25mL

乙液：钾明矾　50g
　　　蒸馏水　500mL

氧化汞　1.25g

冰醋酸　20mL

先将苏木精放入无水乙醇中加热溶解（甲液），再将钾明矾放入蒸馏水中加热溶解（乙液）。以小火煮沸乙液，将甲液徐徐加入。当溶液充分溶解混合后，大火使其短暂沸腾，然后减小火力，将氧化汞少量缓慢加入溶液中（注意氧化汞加入时，溶液会立即膨胀，易发生危险）。氧化汞全部加入后，使溶液沸腾片刻，立即将盛有溶液的容器放入冷水中，不断摇荡，促使冷却。待溶液完全冷却后，装入试剂瓶中保存。用前取96mL溶液加入4mL冰醋酸。

此苏木精液的优点是配好后即可应用，染色力也强；缺点是配制较麻烦，容易生成沉淀，故需经常过滤。

（2）Ehrlich苏木精液

苏木精　2g

无水乙醇　100mL

甘油　100mL

钾明矾　20g

蒸馏水　100mL

冰醋酸　10mL

①将苏木精溶于无水乙醇中，溶后加入甘油。

②将钾明矾溶于蒸馏水中，加热溶化。

③将钾明矾液缓慢加入苏木精液中，边加边搅拌。

④在上述混合液中加入冰醋酸，充分混合。

⑤此液置于阳光充足处，经常摇震，使其自然氧化成熟。成熟后溶液呈红褐色，需1.5～3个月。将其过滤后即可使用。贮存越久，染色力越强。染色时间为5～20min。此液优点是溶液较稳定，细胞核染色结果良好。如需急用，可在此液刚配制后加入碘酸钠0.3g即可。

（3）Mayer苏木精液

苏木精　0.5g

蒸馏水　500mL

钾明矾　25g

碘酸钠　0.1g

水合氯醛　25g

柠檬酸　0.5g

蒸馏水煮沸后加入苏木精，搅拌溶解，再依次加入钾明矾和碘酸钠，当其完全溶解后加入水合氯醛和柠檬酸。加热煮沸5min，冷却后即可使用。

2. 伊红液

（1）酒精溶性伊红液

伊红　0.5g

80%乙醇　100mL

先以少量80%乙醇溶解伊红，待其完全溶解后再加入全部80%乙醇。

（2）水溶性伊红液

伊红Y　0.5g

蒸馏水　100mL

先以少量蒸馏水溶解伊红，待其完全溶解后再加入全部蒸馏水。

3. 分化液

(1) 1%盐酸乙醇溶液

75%乙醇　99mL

浓盐酸　　1mL

(2) 1%盐酸水溶液

浓盐酸　　1mL

蒸馏水　　99mL

4. 返蓝液（还原液）

(1) *碳酸锂水溶液*　碳酸锂1.259g溶于蒸馏水100mL中，pH约8.0。

(2) *氢氧化铵液*　将氢氧化铵（氨水）逐滴加入蒸馏水99mL中，不断搅拌，并用pH试纸检测溶液，当pH调至7.5～8.0时即可（氨水用量约1mL）。

5. 乙醇稀释法　高浓度乙醇可借助乙醇比重计加蒸馏水稀释为各种不同低浓度的乙醇。在没有乙醇比重计时，可按下列公式用蒸馏水将高浓度乙醇稀释成所需要的低浓度乙醇。

$$\text{原浓度乙醇用量}=\frac{\text{要配的乙醇容量}\times\text{要配成的浓度}}{\text{原乙醇浓度}}$$

例：需用95%乙醇配成80%乙醇200mL

代入公式即：

$$\frac{200\ (\text{mL})\times 80\ (\%)}{95\ (\%)}=\frac{200\times 80}{95}=\frac{16\ 000}{95}=168.4\text{mL（95\%乙醇的用量）}$$

200mL−168.4mL=31.6mL（稀释时的加水量）

还有一种稀释方法是：先将已知百分比的高浓度乙醇倒入量筒，其分量和将要稀释成的乙醇百分比相等，再将蒸馏水加到高浓度乙醇百分比的量。例如，欲从95%乙醇稀释为35%时，可将35mL的95%乙醇倒入量筒，再用蒸馏水加到95mL，即得35%的乙醇。注意不要用无水乙醇进行稀释。

（四）石蜡切片快速制作法

为了快速诊断疾病或某种特殊要求，可尽快制作病理组织切片。所取组织应尽量小，从固定、浸蜡到染色多个步骤都要经70～80℃加温进行。整个制作过程30min左右完成。

(1) 取薄小组织块经2min加热固定、脱水（固定、脱水剂：40%甲醛液10mL，95%乙醇85mL，冰醋酸5mL）。

(2) 丙酮Ⅰ 2～3min，丙酮Ⅱ 2～3min。

(3) 苯2min。

(4) 浸蜡2～3min。

(5) 包埋。可采取固体蜡块中间熔化包埋法。

(6) 切片、附贴后文火烘干。

(7) 二甲苯、95%乙醇各30s脱蜡，再入水冲洗。

(8) 切片上滴加苏木精染液，文火加温染色1 min。

(9) 速洗、分化数秒钟。

(10) 返蓝液（饱和碳酸锂液）数秒钟，速洗。

(11) 切片上滴加伊红染液，文火加温染色10～15s，水洗。

(12) 95%乙醇数秒钟，无水乙醇Ⅰ数秒钟，无水乙醇Ⅱ数秒钟。

(13) 二甲苯Ⅰ数秒钟，二甲苯Ⅱ数秒钟。

(14) 封固。

第二节　特殊染色方法

为显示正常或病理状态下的某种成分所进行的染色称为特殊染色。特殊染色方法很多，现仅介绍一些较常用的方法。

一、胶原纤维染色

1.Van Gieson苦味酸－酸性品红染色法（V.G染色）

（1）Van Gieson染液　1%酸性品红溶液10mL，苦味酸饱和水溶液（1.22%）90mL。以上两液事先分别配制好备用，临用时按比例（1 ∶ 9）混合。

（2）Weigert氏铁苏木精染液

甲液：苏木精1g，95%（或无水）乙醇100mL。经数周至数月自然氧化成熟后使用。

乙液：29%三氯化铁水溶液4mL，蒸馏水95mL，盐酸1mL。

临用时上两液等量混合，过滤即可。不能混合后久置，因24h后产生沉淀，染色失效。

【染色步骤】

（1）切片脱蜡至水洗。

（2）Weigert氏铁苏木精染液5 ～ 10 min。

（3）流水稍洗。

（4）用Van Gieson染液1 ～ 2min。

（5）倾去染液，直接用95%乙醇分化和脱水。

（6）无水乙醇脱水，二甲苯透明，中性树胶封固。

【染色结果】胶原纤维呈红色，肌肉、神经纤维、胞质、红细胞呈黄色，细胞核呈蓝褐色。胆红素染成鲜绿色。

2.Masson三色染色法　用Bouin氏液、Zenker氏液或10%福尔马林液固定均可。Zenker氏液固定的组织，染色前应脱汞。

【染色液配制】

（1）1%地衣红染液　地衣红1g，80%乙醇99mL，盐酸1mL。

（2）丽春红酸性品红染液　丽春红0.7g，酸性品红0.3g，蒸馏水99mL，冰醋酸1mL。

（3）1%亮绿染液　亮绿1g，蒸馏水99mL，冰醋酸1mL。

（4）1%冰醋酸水溶液　冰醋酸1mL，蒸馏水100mL。

（5）1%磷钼酸水溶液　磷钼酸1g，蒸馏水100mL。

【染色步骤】

（1）切片脱蜡至水洗。

（2）蒸馏水清洗数秒钟。

（3）地衣红染液30 ～ 60 min。

（4）蒸馏水浸洗2 ～ 3 min。

（5）Harris氏苏木精液或Weigert氏铁苏木精液5 ～ 10 min。

（6）自来水充分流洗，至切片变蓝。

（7）蒸馏水浸洗1 min。

（8）丽春红酸性品红染液5 ～ 8 min。

（9）蒸馏水稍冲洗。

（10）磷钼酸水溶液分化5 ～ 10 min。

（11）亮绿染液3 ～ 5 min。

（12）冰醋酸水溶液1 min。

（13）95%乙醇至无水乙醇脱水，二甲苯透明，树胶封固。

【染色结果】胶原纤维呈绿色或蓝色，弹性纤维呈棕色，细胞质、肌纤维、红细胞呈红色，细胞核呈蓝黑色。

二、网状纤维染色

1．Del Rio-Hortega法

【染色液配制】

（1）碳酸铵银溶液　取10%硝酸银水溶液5mL，加入5%碳酸钠水溶液15mL，在以上混合液中逐滴加入氨水，滴加时不断振荡，直至沉淀被溶解。再加蒸馏水55mL，过滤，贮存于棕色瓶中，可较长时间备用。

（2）1%福尔马林。

（3）0.2%氯化金水溶液。

（4）5%硫代硫酸钠水溶液。

【染色步骤】

（1）切片按常规脱蜡后，经蒸馏水洗。

（2）碳酸铵银液，45 ～ 50℃ 1 ～ 2min。

（3）福尔马林液，因铵银还原为金属银而沉淀，直至切片呈黄色。

（4）蒸馏水洗。

（5）氯化金液调色，30s。

（6）硫代硫酸钠液，洗去未还原的银盐，1min。

【染色结果】网状纤维呈黑色。

2.Foot法

【染色液配制】

（1）0.25%高锰酸钾水溶液。

（2）1% 草酸水溶液。

（3）碳酸铵银溶液　将10%硝酸银水溶液10mL与碳酸锂饱和（1.25%）水溶液10mL混合，此时即产生沉淀，倾去清液，用蒸馏水洗涤沉淀3次，之后以蒸馏水加至25mL，再在沉淀中滴加强氨水（随加随摇，约加10滴）直至沉淀物几乎溶解为止，再用蒸馏水或95%乙醇加至100mL，过滤后即可应用。

（4）20%中性福尔马林液。

（5）0.2%氯化金液。

（6）5%硫代硫酸钠液。

【染色步骤】

（1）Zenker氏液固定最好，甲醛固定也可。

（2）切片按常规脱蜡至水洗。

（3）高锰酸钾液，1min。

（4）充分水洗。

（5）草酸液漂白1min。

（6）蒸馏水洗涤数次。

（7）新配碳酸铵银液，56℃温箱60 ～ 70min，至切片呈棕黄色。

（8）蒸馏水速洗。

（9）甲醛（福尔马林）液还原5 ～ 10min（中间换甲醛1 ～ 2次）。

（10）自来水洗。

（11）氯化金液调色5 ～ 10min。

（12）蒸馏水洗数次。

（13）硫代硫酸钠液除去多余银盐，1 ～ 2min。

（14）自来水洗，蒸馏水洗（之后也可作HE染色）。

（15）脱水、透明、封固。

【染色结果】网状纤维呈黑色。

三、肌纤维染色

1.Mallory磷钨酸苏木精（PTAH）法

【染色液配制】

（1）0.5%碘酒（碘片0.5g，碘化钾1g，70%乙醇100mL）。

（2）5%硫代硫酸钠水溶液（硫代硫酸钠5g，蒸馏水100mL）。

（3）酸性高锰酸钾液　0.5%高锰酸钾水溶液50mL，0.5%硫酸水溶液50mL，分瓶贮存，用前混合。

（4）2%草酸水溶液　草酸2g溶于蒸馏水100mL中。

（5）Mallory磷钨酸苏木精液　苏木精0.1g，磷钨酸2.0g，蒸馏水100mL。

将苏木精于20mL蒸馏水中加热溶解，再将磷钨酸溶于80mL蒸馏水中。苏木精液冷却后加入磷钨酸液中，充分混合，贮存于棕色瓶中，置于阳光充足处，数周至数月自然氧化成熟备用。如急需用，可加入0.177g高锰酸钾促其氧化成熟。也可用苏木因液代替苏木精液，以省略苏木精液的氧化过程。苏木因液于2d后即可应用。

（6）苏木因液（苏木因0.1g，磷钨酸1g，蒸馏水100mL）。

【染色步骤】

（1）组织以Zenker氏液固定，如为其他固定液固定，最好以Zenker氏液重复固定。

（2）切片脱蜡后用碘酒溶解汞沉淀，10min。

（3）硫代硫酸钠液脱碘，2 ～ 3min。

（4）自来水充分流洗。

（5）高锰酸钾液氧化，5 ～ 10 min。

（6）水洗。

（7）草酸液漂白。

（5）～（7）也可用4%铁明矾液媒染30min替代。

（8）自来水充分流洗。

（9）Mallory磷钨酸苏木精液（或苏木因液）24 ～ 48h。

（10）直接用95%乙醇迅速分化、脱水（最好镜下观察以控制着色情况）。

（11）无水乙醇快速脱水，以免红色部分脱褪。

（12）透明、封固。

【染色结果】正常心肌、骨骼肌的肌原纤维和横纹呈清晰的天蓝色，而变性肌纤维的颗粒、团块和收缩带则变为深蓝色。纤维素、细胞核、黏液物质、神经胶质等，均呈深蓝色；胶原纤维、网状纤维、软骨及骨基质呈粉红色或玫瑰红色。

2.Mallory苏木精液改良法（Cason法）

【染色液配制】

磷钨酸	1g
橘黄G	2g
水溶性苯胺蓝	1g
酸性复红	3g
蒸馏水	200mL

【染色步骤】

（1）Zenker-formal液固定组织最好，Bouin氏液、甲醛、乙醇也可。

（2）石蜡包埋，切片厚度为6μm。

（3）脱蜡至水洗。

（4）如用Zenker-formal液固定，要用碘酒和硫代硫酸钠液脱汞、脱碘。

（5）自来水流洗。

（6）染液中5min。

（7）自来水流洗3 ~ 5min。

（8）各级乙醇快速脱水。

（9）透明、封固。

【染色结果】肌纤维、核仁、纤维素、神经纤维、轴索均呈红色；红细胞、髓磷脂呈黄色；弹性纤维为淡红色或黄色；胶原纤维呈深蓝色；黏液、淀粉样物质、骨和软骨基质呈淡蓝色。

四、糖原染色

1.PAS法（Periodic acid Schiff法，过碘酸雪夫氏法）

【染色液配制】

（1）*1%过碘酸液*　过碘酸1g，蒸馏水100mL。

（2）*Schiff氏液*　碱性品红1g，1mol/L盐酸20mL（因盐酸比重为1.19，浓度为37%，所以可在1 000mL蒸馏水中加入82.5mL盐酸即可），亚硫酸氢钠1g，活性炭2g，蒸馏水200mL。

先将200mL蒸馏水煮沸，火焰减小，加入1g碱性品红，煮沸1min，使其完全溶解，冷却至50℃时过滤，在滤液中加入1mol/L盐酸20mL，待温度降至25℃左右时加入亚硫酸氢钠1g，室温下24h呈草黄色或淡红色，加活性炭2g，摇动1min，静置1 ~ 2h后过滤，滤液用棕色瓶装，贮存于0 ~ 4℃冰箱，24h后即可取出待用。此溶液完全无色，即为无色品红，又称为Schiff氏液。

（3）*橘黄G液*　橘黄G 2g溶于5%磷钨酸水溶液中，置24h即可应用。

【染色步骤】

（1）切片脱蜡至水洗（脑垂体以Zenker氏液固定为佳，应脱汞；肝糖原需无水乙醇固定）。

（2）蒸馏水洗。

（3）过碘酸液10 ~ 20min。

（4）蒸馏水充分水洗。

（5）Schiff氏液10 ~ 20min（置于暗处）。

（6）流水冲洗10min。

（7）Harris氏苏木精液或Weigert氏铁苏木精液3 ~ 5min。

（8）盐酸酒精分化数秒钟。

（9）流水冲洗10 ~ 30min。

（10）橘黄G液10s（糖原与黏液外的成分染色可加此项）。

（11）水洗至切片呈淡黄色，约30s（糖原与黏液外的成分染色可加此项）。

（12）脱水、透明、封固。

【染色结果】糖原、黏液、真菌呈紫红色；胞核呈蓝色或暗褐色；红细胞、脑垂体嗜酸性细胞呈橘黄色，其嗜碱性细胞呈红色。

2. Best胭脂红法

固定液、染液与分化液配制：

（1）固定液

Gendre氏液：95%乙醇苦味酸饱和液（约8.96）　85mL
　　40%甲醛　10mL
　　冰醋酸　5mL

此固定液应新配，固定1～4h，用80%乙醇洗数次，再脱水包埋。

（2）Best胭脂红染液

Best胭脂红原液（新过滤）　20mL
浓氨水　30mL
甲醇　30mL

Best胭脂红原液（贮存液）配制法：

胭脂红　2g
碳酸钾　1g
氯化钾　5g
蒸馏水　60mL

上列试剂加入蒸馏水中混合，以文火煮开数分钟，使颜色由不透明鲜红色变为透明深红色为止，冷却后加入浓氨水20mL。此液贮于密封试剂瓶中，冰箱内保存，有效期月余。染色时原液过滤，并按上述量由浓氨水和甲醇稀释，即为胭脂红染液。

（3）分化液　无水乙醇　80mL
　　甲醇　40mL
　　蒸馏水　100mL

【染色步骤】

（1）无水乙醇、Carnoy氏液、Gendre氏液固定均可。

（2）切片脱蜡至水洗。

（3）浓染钾明矾苏木精液5～10min。

（4）充分流洗。如染色过深，可用盐酸酒精分化，再充分流洗。

（5）Best胭脂红液30min。

（6）不经水洗，直接用分化液分化1～2min，更换分化液分化数次，镜下控制分化程度。

（7）逐级乙醇脱水。

（8）石炭酸二甲苯。

（9）二甲苯透明、香胶封固。

【染色结果】肝糖原呈红色，细胞核呈蓝色。

五、黏液染色

1. AB-PAS法　AB即奥新蓝（Alcian blue），PAS即过碘酸雪夫氏染色。故AB-PAS染色即奥新蓝-过碘酸雪夫氏染色，也称糖原黏液套色。AB主要显示酸性黏液物质，PAS染色可显示中性黏液物质、糖原及真菌、淀粉样物质、软骨、脂质、基膜、虫卵壳蛋白等。体内细胞所分泌的黏液物质，按组织化学组成可分为黏多糖和黏蛋白两大类。黏多糖又分为中性黏多糖（主要存在于黏膜黏液）和酸性黏多糖（主要存在于结缔组织黏液）。

【染色液配制】

(1) 奥新蓝（AB）染液 奥新蓝8GGX 1g，蒸馏水97mL，冰醋酸3mL（用前配制，过滤后使用，pH2.5）。

(2) 1%过碘酸水溶液 过碘酸1g，蒸馏水100mL。

(3) Sehiff氏染液 见糖原染色PAS法之Sehiff氏染液配制。

(4) 亚硫酸氢钠溶液 亚硫酸氢钠2g，蒸馏水180mL，盐酸20mL酸化 [盐酸配法见（5）]。

(5) 1mL/L盐酸溶液 浓盐酸（比重1.19，浓度37%）8.5mL，蒸馏水91.5mL。

【染色步骤】

(1) 切片脱蜡至水洗。

(2) 蒸馏水洗1 ~ 2min。

(3) 奥新蓝液10 ~ 20min。

(4) 蒸馏水洗3 ~ 4次。

(5) 过碘酸液氧化5 ~ 10min。

(6) 蒸馏水洗3 ~ 4次。

(7) Schiff氏液10 ~ 20min。

(8) 倾去上液，直接用亚硫酸氢钠液洗3次，每次2min。

(9) 自来水流洗5 ~ 10min。

(10) 苏木精液淡染胞核2 ~ 3min。如过染，可用0.5%盐酸乙醇分化。

(11) 自来水充分流洗返蓝。

(12) 逐级脱水、二甲苯透明，中性树胶封固。

【染色结果】酸性黏液物质呈蓝色，中性黏液物质呈红色，混合黏液物质呈紫红色。胞核呈浅蓝色。

2. 硫堇法

(1) 无水乙醇固定最好，甲醛固定也可。

(2) 切片脱蜡至水洗。

(3) 1%硫堇染液（硫堇1g，25%乙醇100mL）1 ~ 1.5h。

(4) 95%乙醇分化。

(5) 待干后二甲苯透明、香胶封固。

【染色结果】黏液呈紫红色，其他为蓝色。

六、淀粉样蛋白染色

刚果红法

【染色液配制】

(1) 1%刚果红水溶液 刚果红1g，蒸馏水100mL。

(2) 碱性乙醇液 氢氧化钾0.2g，80%乙醇100mL。

【染色步骤】

(1) 切片脱蜡至水洗。

(2) 刚果红液染色10 ~ 30min。

(3) 碱性乙醇液快速分化，无红色染液流下即终止。

(4) 水洗1 ~ 2min。

（5）苏木精液染胞核1 ～ 2min。

（6）水洗1 ～ 3 min。

（7）1%盐酸乙醇分化3 ～ 5s。

（8）自来水充分流洗返蓝，3 ～ 5min。

（9）95%乙醇、无水乙醇脱水，二甲苯透明，中性树胶封固。

【染色结果和染色注意】淀粉样蛋白呈红色，其他组织为浅红色，细胞核为蓝色。注意80%乙醇分化要控制好时间，当无多余红色液体流脱时立即终止。如分化过度，呈假阴性；如分化不足，则出现假阳性。

七、纤维素染色

1.MSB法（Lendrum多色性染色法）

【固定液与染色液配制】

（1）甲醛升汞固定液

氯化汞饱和水溶液　　90mL

40%甲醛液　　10mL

组织须固定于此液中1周以上。如先经其他固定液固定，可再经此液二次固定。用其他固定液固定的切片，在3%氯化汞的饱和酒精苦味酸中处理，将有助于染色效果。

（2）天青石蓝液　铁明矾2.5g溶于50mL蒸馏水中，室温过夜后，加入0.25g天青石蓝，煮沸3min，滤过装入瓶中，再加入7mL甘油。可保存数月。

（3）Mayer明矾苏木精液

苏木精　　0.1g

蒸馏水　　100mL

铵明矾　　5g

碘酸钠　　0.02g

枸橼酸　　0.1g

水合氯醛　　5g

（4）马休黄液（也可用橘黄G苦味酸酒精饱和液替代）

马休黄　　0.5g

磷钨酸　　2.0g

95%乙醇　　100mL

（5）亮结晶猩红6R液（也可用酸性品红液替代）

亮结晶猩红6R　　1.0g

蒸馏水　　97.5mL

冰醋酸　　2.5mL

（6）磷钨酸液

磷钨酸　　1.0g

蒸馏水　　100mL

（7）溶性蓝液（也可用苯胺蓝液替代）

溶性蓝（或苯胺蓝）　0.5g

蒸馏水　　99mL

醋酸　　1mL

【染色步骤】

(1) 切片脱蜡至水洗。

(2) 按脱汞常规处理至蒸馏水。

(3) 天青石蓝液染核3 ~ 5min。

(4) 自来水洗。

(5) Mayer明矾苏木精液染核5min。

(6) 自来水洗。

(7) 盐酸乙醇分化3 ~ 5s。

(8) 自来水充分流洗。

(9) 95%乙醇洗1min。

(10) 马休黄液染2min。

(11) 蒸馏水洗。

(12) 亮结晶猩红6R液染10min。

(13) 蒸馏水洗。

(14) 磷钨酸液分化亮结晶猩红3 ~ 5min。

(15) 蒸馏水洗。

(16) 溶性蓝液染5 ~ 10min。

(17) 1%醋酸液洗。

(18) 用滤纸吸干。

(19) 无水乙醇脱水。

(20) 二甲苯透明，树胶封固。

【染色结果】纤维素、肌肉呈鲜红色；陈旧纤维素呈蓝色至紫黑色；核为黑色；红细胞呈橙黄色；其他结缔组织包括基底膜呈蓝色。

2. Gram法（Weigert 改良法）

【染色液配制】

(1) 2.5%伊红水溶液　伊红Y2.5g，蒸馏水100mL。

(2) 1%甲基紫水溶液　甲基紫1g，蒸馏水100mL。

(3) Gram碘液　碘片1g，碘化钾2g，蒸馏水300mL。

先用蒸馏水5 ~ 10mL溶解碘化钾，之后加入碘片，摇振溶解，最后加蒸馏水至300mL。

(4) 苯胺二甲苯等量混合液

【染色步骤】

(1) 切片脱蜡至水洗。

(2) 伊红水液10min 。

(3) 水洗。

(4) 甲基紫液10min。

(5) 水洗。

(6) 碘液3min。

(7) 倾去碘液，用纸吸干。

(8) 苯胺二甲苯混合液分化，在红色基质上出现蓝紫色纤维素为止。

(9) 二甲苯清洗苯胺。

(10) 树胶封固。

【染色结果】纤维素、玻璃样变、细菌均呈蓝紫色，其余着染红色。

八、含铁血黄素染色

1.Perls普鲁士蓝反应（Gomori法）

【染色液配制】

（1）Perls 溶液

2%亚铁氰化钾水溶液

2%盐酸水溶液

分瓶贮存，用前等量混合，过滤后使用。

（2）锂胭脂红染液

1%碳酸锂水溶液	100mL
胭脂红	2.5g

置水浴上煮沸10 ～ 15min，过滤后使用。

【染色步骤】

（1）切片脱蜡至水洗。

（2）锂胭脂红液染核3 ～ 5min。

（3）蒸馏水洗。

（4）盐酸乙醇分化。

（5）蒸馏水洗。

（6）新配Perls液10 ～ 20min。

（7）蒸馏水洗。

（8）各级乙醇脱水，二甲苯透明，树胶封固。

【染色结果与染色注意】含铁血黄素呈蓝色，胞核为红色。染色过程中，器皿必须十分清洁，水不能含铁，要用蒸馏水。试剂应为分析纯。

2.Tirmann和Sehmeltzer法

【染色液配制】

（1）硫化铵乙醇混合液

硫化铵饱和水溶液	1份	混合
95%乙醇	3份	

（2）盐酸铁氰化钾混合液

20%铁氰化钾水溶液（赤血盐）

2%盐酸水溶液

分瓶贮存，用前等量混合，过滤后使用。

（3）1%核固红水溶液

【染色步骤】

（1）切片脱蜡至水洗。

（2）蒸馏水充分洗。

（3）硫化铵乙醇混合液2h。

（4）蒸馏水充分洗。

（5）盐酸铁氰化钾液10 ～ 15min。

（6）蒸馏水充分洗。

（7）核固红液（或1%中性红或0.5%伊红水溶液）对比染色15s。

（8）蒸馏水稍洗。

(9) 脱水、透明、封固。

【染色结果】含铁血黄素呈蓝色，核为红色。

九、胆红素和橙色血质染色

1. 碘染色法（Stein法）

【染色液配制】

(1) 碘溶液

① Lugol碘液（卢戈氏液）

碘 1g

碘化钾 2g

蒸馏水 100mL

②碘酒

碘 2g

碘化钾 2g

蒸馏水 2mL

95%乙醇 74mL

(2) 应用碘溶液

Lugol碘液 3份 ⎤
碘酒 1份 ⎦ 混合

(3) 5%亚硫酸钠溶液

亚硫酸钠 5g

蒸馏水 100mL

(4) 明矾胭脂溶液

胭脂 0.1 ~ 1.0g

1% ~ 5%硫酸铝铵液 100mL

混合后文火煮沸10 ~ 20min，冷却过滤，滤液加入少量麝香草酚。

【染色步骤】

(1) 切片脱蜡至水洗。

(2) 应用碘液6 ~ 12h。

(3) 亚硫酸钠液15 ~ 30s。

(4) 明矾胭脂液染胞核1 ~ 3h（或用1%中性红水溶液染3 ~ 5min）。

(5) 蒸馏水洗。

(6) 待切片干后（或用无水丙酮脱水，勿用乙醇脱水）二甲苯透明、树胶封固。

【染色结果】胆红素和橙色血质呈绿色，胞核呈红色。

2. 苦味酸－酸性品红染色法（Van Gieson法） 此法可将胆色素染成鲜艳的绿色。具体方法见胶原纤维染色。

十、尿酸盐染色

苏木精法（Oestricher法）

(1) 小片组织固定于黄醇冰醋酸液中（黄醇6g溶于冰醋酸100mL中）6h。也可用无水乙醇固定。

(2) 再以无水乙醇固定兼脱水48h（更换乙醇2 ~ 3次）。

(3) 二甲苯透明，浸蜡，包埋。

（4）切片、烤片、脱蜡。

（5）明矾苏木精液（配制法见前）速染2min。

（6）水洗。

（7）脱水、透明、封固。

【染色结果】尿酸盐结晶呈黄绿色或青绿色。如用无水乙醇固定组织，尿酸盐结晶则呈深蓝色。如在苏木精染后再染伊红，结果会更为鲜艳。要注意尿酸盐结晶溶于水，故在组织固定前后均不应接触水，以免结晶被溶解。

明矾苏木精液可按Mayer苏木精液配制，或按下列改良法配制：

苏木精　　1g

硫酸铝铵　　50g

水合氯醛　　50g

碘酸钠　　0.2g

蒸馏水　　1 000mL

先将苏木精溶于蒸馏水中，缓慢加热，加入碘酸钠和硫酸铝铵（铝明矾），搅拌，使其完全溶解。最后加入水合氯醛。

十一、髓鞘染色

1.Holmes 法

【染色液配制】

A液：0.85%氯化钠　　90mL

　　40%甲醛　　10mL

B液：氟化铬　　1g

　　重铬酸钾　　3g

　　蒸馏水　　100mL

C液：Kultschitzky　苏木精液

　　苏木精　　1g

　　95% 乙醇　　5mL

　　2%醋酸水溶液　　100mL

　　用前配制，有效期1个月。

D液：0.25%高锰酸钾液

E液：Pal分色液

　　1%草酸水溶液，1%亚硫酸钾水溶液，两液等量混合。

【固定和染色步骤】

（1）外周神经组织以A液固定3 ~ 4d。

（2）B液媒染2 ~ 3d（37℃）。

（3）70%乙醇12h。

（4）各级乙醇脱水。

（5）氯仿透明。

（6）石蜡包埋切片。

（7）二甲苯脱蜡。

（8）各级乙醇至水洗。

（9）C液染24h（37℃）。

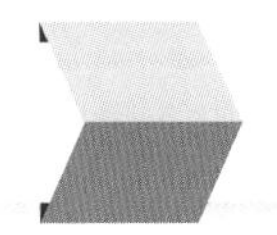

（10）水洗5min。
（11）D液30 ~ 60min。
（12）蒸馏水洗。
（13）E液分色10min（在镜下调控）。
（14）充分流洗。
（15）对比染色。
（16）各级乙醇脱水。
（17）二甲苯透明。
（18）封固。
【染色结果】神经髓鞘呈深蓝色，基质为古铜色。

2. Loyez法

【染色液配制】

Loyez苏木精液

苏木精	1g
无水乙醇	10mL
蒸馏水	90mL
饱和碳酸锂水溶液	2mL

【染色步骤】
（1）石蜡切片（10 ~ 15μm）脱蜡至水洗（蒸馏水洗）。
（2）4%铁明矾24h。
（3）蒸馏水充分洗1min。
（4）新配Loyez苏木精液56℃温箱中1 ~ 2h。
（5）自来水流洗10min。
（6）1%盐酸乙醇分化，至灰质与白质能分清为止，约数秒钟。如染色较淡，灰、白质已能分清时，可不分化。
（7）自来水流洗10min。
（8）95%乙醇和无水乙醇脱水或待干。
（9）透明、封固。
【染色结果】髓鞘呈蓝褐色。此法优点为程序简单，可复用其他染色法。

3. 脑组织髓磷脂染色法（Welsh R.法）

【染色液配制】

A液：铁培因液

培因5g溶于100mL乙二醇后，加入400mL乙醇。再将20g铁铵矾溶于480mL水和10mL浓盐酸中，将此液加入培因液中，即成铁培因液。

B液：0.25%草酸

C液：0.1%碳酸钠

D液：甲基绿溶液

0.1mol/L醋酸溶液*	300mL
0.1mol/L醋酸钠溶液**	200mL
甲基绿（用前要将甲基紫提纯）	2.5g

* 量取冰醋酸（质量百分数98%，比重1.05g/mL）1.75mL，加蒸馏水298.25mL。

** 称取无水醋酸钠1.64g，加蒸馏水200.0mL溶解即可。

【染色步骤】
(1) 切片用二甲苯脱蜡。
(2) 脱水至95%乙醇。
(3) A液染15min。
(4) 95%乙醇2次洗去多余染料。
(5) 蒸馏水洗。
(6) B液1min。
(7) 蒸馏水充分洗5min。
(8) C液3 ~ 5min。
(9) 蒸馏水2min。
(10) D液染30min。
(11) 脱水、透明、封固。
【染色结果】髓磷脂鞘、红细胞与神经元的核仁呈深紫色，Nissl物质为黑绿色，神经元的核为亮绿色，浦金野氏细胞为蓝灰色。

十二、DNA与RNA染色

1. **甲基绿－派洛宁染色法**（Unna-Pappenheim法）
【固定液与染色液配制】
(1) 固定液：10%中性福尔马林；Carnoy氏液或无水乙醇均可。
(2) 甲基绿-派洛宁染色液

甲基绿	0.15g
派洛宁（Pyronin Y）	0.25g
95%乙醇	2.5mL
甘油	20.0mL
0.5%石炭酸水溶液	77.5mL

【染色步骤】
(1) 切片脱蜡至水洗。
(2) 蒸馏水洗。
(3) 甲基绿-派洛宁染液15 ~ 20min。
(4) 丙酮液分化，镜下调控颜色。
(5) 二甲苯透明，树胶封固。
【染色结果】本法可显示浆细胞和免疫母细胞。浆细胞胞质颗粒呈红色，胞核呈蓝绿色。染液为甲基绿和派洛宁两种染料混合而成，因甲基绿未经氯仿提纯，故胞核染色较提纯液偏蓝。染色时间应在10min以上，胞质颗粒才能被派洛宁着染。

2. **甲基绿-派洛宁染色法**（Cook法）
【染色液配制】
(1) 醋酸缓冲液 pH4.8
(2) 甲基绿-派洛宁染色液

2%甲基绿氯仿提纯液*	9mL
2%派洛宁Y氯仿提纯液**	4mL
醋酸缓冲液pH4.8	23mL
甘油	14mL

此液用前临时配制。

* 2%甲基绿氯仿提纯液：甲基绿2g，蒸馏水100mL。

甲基绿液提纯法：由于该染色剂（甲基绿）中混有甲基紫成分，用于组织化学时需将甲基紫洗掉。其方法是将甲基绿溶解后，放入分液漏斗中，加入等量纯氯仿洗：先充分摇荡数分钟，使甲基紫溶解于氯仿中，静置，待该液分为两层，放掉分液漏斗中下层的紫色氯仿。按此法反复洗，直至氯仿洗不下紫色为止。需洗5 ～ 6次。最后在新鲜氯仿液上保存。用时取此原液配制染色液。

** 2%派洛宁Y氯仿提纯液：派洛宁Y 2g，蒸馏水100mL。

此液提纯法同上述，经氯仿洗5 ～ 6次后，在新鲜氯仿上保存。用时取此原液配制染色液。

(3) 分化液　丙酮。

(4) 分化、脱水液　纯丙酮与二甲苯等量混合。

(5) DPX封固剂（Kirkcairick与Lendrum DPX，屈光指数1.52）

Distrena 80	10g
酞酸二丁酯	5mL
二甲苯	35mL

为常规封固剂，优点是溢出盖玻片四周的封固剂可用小刀除去。

【染色步骤】

(1) 切片脱蜡至水洗。

(2) 醋酸缓冲液浸洗。

(3) 甲基绿-派洛宁液染色25min。

(4) 醋酸缓冲液浸洗。

(5) 滤纸吸干。

(6) 丙酮分化20 ～ 30s。

(7) 分化、脱水液30s。

(8) 二甲苯透明，DPX封固。

【染色结果】浆细胞胞质颗粒、核糖核酸（RNA）呈红色，胞核脱氧核糖核酸（DNA）呈绿色。

【注意】勿用酸性固定液固定组织。某些黏液细胞可被派洛宁染色。此法经氯仿提纯，染色剂有损失，或影响染色，故有人主张可不提纯。

十三、肥大细胞染色

1. 奥新蓝-藏红花红法（Czaba法）

【染色液配制】

奥新蓝	0.36g
藏红花红	0.18g
硫酸铁铵	0.48g
Walpole缓冲液　pH1.42	100mL

（1mol/L醋酸钠100mL+1mol/L盐酸120mL）

【染色步骤】

(1) 切片脱蜡至水洗。

(2) 蒸馏水洗。

(3) 奥新蓝-藏红花红染液10 ～ 20min。

(4) 自来水洗。

(5) 特丁醇（Tertiary butyl alcohol）脱水。

(6) 二甲苯透明，树胶封固。

【染色结果】幼稚肥大细胞（生物原性胺占优势）颗粒呈蓝色；成熟肥大细胞（肝素占优势）呈红色。

2. 俾士麦棕法（Shubich-Spatz法）

【染色液配制】

俾士麦棕（Bismarck Brown）	0.5g
无水乙醇	80mL
1%盐酸水溶液	20mL

【染色步骤】

(1) 切片脱蜡，按常规处理至70%乙醇。

(2) 俾士麦棕染液0.5 ~ 1.5h。

(3) 70%乙醇分化1 ~ 2s。

(4) 苏木精液染核3 ~ 5min。

(5) 70%乙醇1s，70%乙醇1s。

(6) 95%乙醇脱水2s。

(7) 无水乙醇脱水30s。

(8) 二甲苯透明1 ~ 2s。

(9) 树胶封固。

【染色结果】肥大细胞颗粒呈橘黄色或黄色，胞核为蓝色。

3. 硫堇法

【染色步骤】

(1) 乙醇或10%福尔马林固定。

(2) 石蜡切片，常规脱蜡至水洗。

(3) 硫堇染液（1%～2%硫堇水溶液）10 ~ 15min。

(4) 水洗。

(5) 70%～95%乙醇分化脱色。

(6) 脱水、透明、封固。

【染色结果】肥大细胞的颗粒呈紫红色。

4. 甲苯胺蓝法

【染色步骤】

(1) 乙醇或10%福尔马林固定。

(2) 石蜡切片，常规脱蜡至水洗。

(3) 60%乙醇。

(4) 甲苯胺蓝染液2 ~ 2.5min。

甲苯胺蓝　0.2g

60%乙醚乙醇（无水乙醇60mL,乙醚40mL）100mL

(5) 自来水速洗。

(6) 丙酮脱水2次，每次30s。

(7) 透明，封固。

【染色结果】肥大细胞的颗粒呈紫红色。

十四、包涵体与潘氏细胞染色

1. 荧光桃红（焰红）- 酒石黄液显示法（Lendum法）

【染色液配制】

(1) Mayer 苏木精明矾液（见前）

(2) Scott返蓝液（代替自来水流洗）

重碳酸钠　　2g

硫酸镁　　20g

蒸馏水　　1 000mL

(3) 荧光桃红B液

荧光桃红B　　0.5g

氯化钙　　0.5g

蒸馏水　　100mL

(4) 酒石黄溶纤剂饱和液

酒石黄　　2g

溶纤剂（Cellosolve，2-乙二氧基乙醇）100mL

水浴加热溶解，制成饱和液，冷却过滤。

(5) 酒石黄溶纤剂稀释液

酒石黄溶纤剂饱和液　　40mL

溶纤剂　　60mL

【染色步骤】

(1) 切片脱蜡至水洗。如为Helley氏液固定的组织，切片应脱汞后水洗。

(2) Mayer苏木精液染色5 ~ 10min。

(3) 自来水洗。

(4) Scott返蓝液1 ~ 2min（也可省略，以自来水充分流洗取代）。

(5) 自来水洗。

(6) 荧光桃红B液染15 ~ 20min。

(7) 蒸馏水速洗。

(8) 酒石黄溶纤剂饱和液分化、复染。镜下控制颜色，肌肉、红细胞先后脱去荧光桃红颜色，然后才脱掉包涵体红色，因此，当背景为黄色、包涵体显示清晰鲜红色时即停止。大约需要5min。

(9) 自来水洗去黄色。

(10) 溶纤剂浸洗。

(11) 酒石黄溶纤剂稀释液复染，使背景呈金黄色。

(12) 甲醇清洗0.5 ~ 1min。

(13) 无水乙醇脱水、二甲苯透明、树胶封固。

(9) ~ (11) 也可省略。即酒石黄溶纤剂饱和液分化、复染后不再用其稀释液，而直接进行脱水透明。

【染色结果】病毒包涵体和潘氏细胞呈亮红色，细胞核呈蓝色，红细胞呈橘黄色，胶原纤维及背景呈黄色。

2. **亚甲蓝**（甲基蓝，美蓝）**伊红法**（Mann法）

【染色液配制】

（1）Mann氏染液

1%美蓝水溶液	35mL
1%伊红水溶液	45mL
蒸馏水	100mL

（2）碱性乙醇

无水乙醇	100mL
40%氢氧化钠	1 ~ 2滴

【染色步骤】

（1）组织经甲醛或乙醇固定，石蜡包埋。

（2）石蜡切片4μm（或用未固定的组织涂片）。

（3）切片脱蜡至水洗。

（4）新配Mann氏液染8 ~ 24h。

（5）蒸馏水洗。

（6）碱性乙醇分化15 ~ 30s，以红蓝颜色适当为宜。

（7）丙酮两次急速脱水（更换丙酮两次），或无水乙醇速洗、脱水。

（8）二甲苯透明，中性树胶封固。

【染色结果】包涵体和红细胞呈红色，胞核和其他组织为蓝色。此法常用作狂犬病包涵体（内基氏体）的染色。

3. Giemsa法

【染色液与缓冲液等的配制】

（1）Giemsa原液与稀释液　纯甘油33mL加入Giemsa粉末0.5g，混合，置于56℃温箱中，每小时摇振一次，共摇7 ~ 8次。再加纯甲醇33mL，混合，放置一夜即为Giemsa原液。临用时，在1mL蒸馏水（缓冲液最好）中加入一滴Giemsa原液即成Giemsa稀释液。

（2）pH缓冲液　Giemsa染液内含天青和伊红，在碱性液体中天青离子附着多，被染物就较蓝，在酸性液体中伊红离子附着多，被染物就较红。而在中性液体中两种离子附着的数量相等，颜色就适中。因此，Giemsa原液最好用pH缓冲液稀释，冲洗染液的液体（冲洗液）pH一般应与染液的pH相同。

磷酸缓冲液配法：

甲液：1/15M磷酸氢二钠（即Na_2HPO_4 11.87g溶于1 000mL蒸馏水中）。

乙液：1/15M磷酸二氢钾（即KH_2PO_4 9.04g溶于1 000mL蒸馏水中）。

按下表配成所需的pH：

甲液（mL）	乙液（mL）	pH	甲液（mL）	乙液（mL）	pH
5	95	5.59	50	50	6.81
10	90	5.91	60	40	6.98
20	80	6.42	70	30	7.17
30	70	6.47	80	20	7.38
40	60	6.64	90	10	7.73

（3）醋酸水溶液　蒸馏水100mL+冰醋酸1～2滴。

【染色步骤】

（1）组织用甲醛或Zenker氏液固定，石蜡包埋。

（2）石蜡切片（4μm）或未固定的组织涂片。

（3）石蜡切片脱蜡。Zenker氏液固定的切片脱汞。涂片以甲醇固定5min。

（4）Giemsa稀释液中，切片18h，涂片2～18h。

（5）蒸馏水（pH缓冲液最好）洗去染液。镜检，如切片染色红蓝适当，可不分化。如染色过蓝，可用醋酸水溶液急洗，分化至红蓝色满意即可。如染色过红，用95%酒精分化，使红蓝色合适为止。每次镜检时，应将切片上的分化液用蒸馏水洗去，以免继续发生作用。

（6）待干，二甲苯透明，中性树胶封固。

【染色结果】包涵体呈红色。

十五、霉菌染色

1. 乌洛托品硝酸银法（Grocott-Gomori法）

【染色液配制】

乌洛托品硝酸银染液：

乌洛托品硝酸银原液*	25mL	两液混合
5%硼砂1～2mL加蒸馏水至	25mL	

*乌洛托品硝酸银原液：

5%硝酸银水溶液	5mL
乌洛托品（环六亚甲基四胺）	100mL

两液混合时发生白色沉淀，摇振后即溶解澄清。此原液于冰箱内保存备用，保存期数月。

【染色步骤】

（1）切片脱蜡至水洗。

（2）5%铬酸水溶液内氧化1h。

（3）自来水流洗10min。

（4）1%亚硫酸氢钠水溶液1min，以洗除残留的铬酸。

（5）自来水流洗5min，蒸馏水清洗3次。

（6）乌洛托品硝酸银染液（加温至40～45℃）0.5～1h。

（7）蒸馏水清洗2～3次。

（8）0.1%氯化金水溶液调色5min，以清除非霉菌性黑色基质。

（9）蒸馏水清洗。

（10）2%硫代硫酸钠水溶液1～2min，以清除未还原之银。

（11）自来水充分流洗。

（12）苏木精-伊红液淡染，以显示组织结构。

（13）水洗。

（14）脱水、透明、封固。

【染色结果】在淡蓝色的组织中，霉菌呈现黑色。黏液、糖原、基底膜也呈黑色。

2. 皂黄-PAS法（Gridley法）

【染色液配制】

（1）Schiff氏液（见糖原染色之PAS法）

（2）偏亚硫酸钠液

10%偏亚硫酸钠　6mL
1M盐酸（盐酸GR1.19，83.5mL+蒸馏水916.5mL）5mL
蒸馏水　100mL

（3）醛复红液

盐基性复红　1g
70%乙醇　200mL
浓盐酸　2mL
三聚乙醛（副醛）　2mL

将复红溶于乙醇中，溶解后加入浓盐酸和三聚乙醛，充分摇匀，置室温下，染液呈现紫色（需24～48h）时即可使用。染液在冰箱中贮存，使用期2～3个月。染色时间随贮存时间而增加。

（4）酸性皂黄水液　0.25%皂黄水溶液加2滴冰醋酸，或用0.25%冰醋酸水溶液溶解0.25g皂黄。

【染色步骤】

（1）甲醛液、Helly氏液、Zenker氏液固定组织均可。
（2）石蜡切片，厚4～6μm为宜。
（3）切片脱蜡至水洗，如为Helly氏液或Zenker氏液固定，则需脱汞处理。
（4）4%铬酸水溶液氧化1h。
（5）自来水流洗5min，蒸馏水清洗。
（6）Schiff化液染色15min。
（7）以偏亚硫酸钠液浸洗3次，每次1min。
（8）自来水流洗15min。
（9）醛复红液染色15～30min。
（10）95%乙醇分化3次，洗脱多余的醛复红染色剂。
（11）自来水清洗。
（12）酸性皂黄水溶液复染1min。
（13）蒸馏水清洗。
（14）脱水、透明、封固。

【染色结果】菌丝体呈深蓝色；酵母菌荚膜及分生孢子呈紫红色；组织背景为黄色。

十六、抗酸菌染色

1.Ziehl-Neelsen法（萋-尼法，石炭酸品红法）

【染色液配制】

（1）Ziehl-Neelsen石炭酸品红液

饱和（约5.95%）碱性品红无水乙醇溶液　10mL
5%石炭酸水溶液（5mL溶解后的石炭酸结晶加95mL蒸馏水）90mL
二液混合后过滤备用。

（2）Loeffler甲烯蓝液

饱和（1.48%）甲烯蓝95%乙醇溶液　30mL
0.01%氢氧化钠水溶液　100mL

【染色步骤】

（1）乙醇、10%福尔马林或Zenker氏液固定均可，石蜡切片。
（2）切片脱蜡至水洗。
（3）切片上滴加石炭酸品红液后加热，出现蒸汽，约5min（加热旨在溶解蜡质菌膜，以便染色）。

（4）1%盐酸乙醇液，20s至1min，眼观红色刚脱去即可。
（5）水洗。
（6）甲烯蓝液对比染色，0.5 ～ 1min。
（7）蒸馏水清洗后吹干。
（8）透明、封固。
【染色结果】结核杆菌呈红色，其他细菌为蓝色。

2. 石炭酸品红速染法（Ziehl-Neelsen法）

【染色步骤】
（1）切片脱蜡至水洗。
（2）切片平放于玻璃架上，切片上覆盖一方块滤纸片，然后将上述石炭酸品红染液滴于滤纸片上，加热产生蒸汽10min。
（3）水洗。
（4）1%盐酸乙醇分化，切片呈淡红色。
（5）0.1%美蓝水溶液复染10 ～ 20s。
（6）蒸馏水清洗后吹干。
（7）透明、封固。
【染色结果】抗酸性杆菌呈亮红色，细胞核及背景为淡蓝色。

3. 抗酸菌与革兰氏菌兼染法

【染色液配制】
（1）Hucker氏结晶紫液
甲液：饱和结晶紫乙醇溶液
乙液：草酸铵　　0.8g
　　　蒸馏水　　80mL
用时将甲液稀释10倍，取20mL与乙液混合即成。此液可较久贮存。
（2）革兰氏碘液
碘　　　　1g
碘化钾　　2g
蒸馏水　　100mL
【染色步骤】
（1）染前步骤略。
（2）上述石炭酸品红液滴加于切片上加热，有蒸汽时再持续约5min。
（3）自来水清洗。
（4）1%盐酸乙醇分化褪色，数秒钟至1min。
（5）水洗。
（6）结晶紫液2 ～ 3min。
（7）水洗。
（8）碘液1min，水洗。
（9）丙酮乙醇（丙酮1份，乙醇2份）褪色10s。水洗。
（10）3%孔雀绿水溶液复染1min，水洗。
（11）待干后透明、封固。
【染色结果】抗酸菌呈鲜红色，革兰氏阳性菌呈深紫色，革兰氏阴性菌呈蓝绿色。

十七、螺旋体染色

1.Giemsa法

【染色液配制】

(1) Giemsa染色液

Giemsa原液*　　3mL

磷酸缓冲液（pH6.8）　　42mL

上二液混合即可应用。

*Giemsa原液：Giemsa染色剂有液体和粉末状固体两种。液体Giemsa染色剂可直接稀释成染色液；但粉末状Giemsa则要按下法制成原液，应用时再稀释成染色液。

Giemsa粉剂　　0.75g

甘油　　50mL

甲醇　　50mL

将Giemsa粉剂溶于甘油，在温箱中加热至55 ~ 60℃，不断摇振，使染色剂溶解，需时5 ~ 6h，然后加入甲醇，过夜即可使用。

(2) 分化液

10%松香95%乙醇溶液　　5mL

95%乙醇　　95mL

【染色步骤】

(1) 切片脱蜡至水洗。如为Helly化液固定的组织切片，应脱汞再水洗。涂片用甲醇固定。

(2) 蒸馏水洗。

(3) Giemsa染色液8 ~ 12h（或过夜）。

(4) 分化液脱色分化，在镜下调控。

(5) 无水乙醇洗去分化液的松香。

(6) 脱水、透明、封固。

【染色结果】螺旋体和细菌呈蓝色或淡紫色；立克次体呈紫色；寄生虫染色质呈红色；细胞质为红色；红细胞为橘黄色。

2.组织块染色法（Livaditi法）

【染色液配制】

还原液：

焦性没食子酸　　4g

40%甲醛　　5mL

蒸馏水　　100mL

【染色步骤】

(1) 1 ~ 2mm厚的组织块固定于10%福尔马林生理盐水中24h。

(2) 自来水流洗24h。

(3) 95%乙醇24h。

(4) 放入蒸馏水中，直至组织块沉于瓶底。其间多次更换蒸馏水。

(5) 放入2%硝酸银水溶液中4d（37℃），置于暗处，最好用黑纸包裹容器，每天更换溶液一次。

(6) 蒸馏水清洗数次，需要20 ~ 30min。

(7) 新配的还原液置室温下暗处48h，组织变为棕色。

(8) 蒸馏水清洗数次。

（9）按常规脱水、石蜡包埋。

（10）切片厚5μm。

（11）按常规脱蜡、透明、封固。

【染色结果】螺旋体呈黑色，组织为黄褐色。

3. 涂片染色法（Hage与Fontana法）

【染色液配制】

（1）Ruge涂片固定液

醋酸	1mL
甲醛（福尔马林）	20mL
蒸馏水	加至100mL

（2）媒染剂

石炭酸	1g
单宁酸	5g
蒸馏水	加至100mL

【染色步骤】

（1）涂片，空气干燥。

（2）固定液中固定1min。

（3）流水清洗10s。

（4）涂片上滴加媒染剂，加热至出现蒸汽，停留约30s。

（5）流水清洗20s。

（6）蒸馏水清洗。

（7）硝酸银染液（0.5%硝酸银水溶液+1滴浓氢氧化铵）滴加于涂片上，加热至出现蒸汽，停留约30s。

（8）蒸馏水清洗。

（9）滤纸吸干，镜下观察。

【染色结果】螺旋体呈黑色，细胞及背景为淡黄色。

十八、脂褐素染色

铁氰化物法（Schmorl法）

此法如显示脂褐素和黑色素，一般固定液均可。如显示嗜银颗粒，可用10%福尔马林生理盐水固定；显示嗜铬颗粒，则用不含醋酸的重铬酸盐固定剂。上述物质均可还原铁氰化物为亚铁氰化物，故可被此法显示。所以对脂褐素并非特异。组织中如有二价铁，可出现假阳性。另外染液中的1%氯化铁也可用1%硝酸铁替代。

【染色液的配制】

（1）铁氰化钾染液

1%三氯化铁水溶液*	37.5mL
1%铁氰化钾水溶液**	5.0mL
蒸馏水	7.5mL

此液必须新配即用，不要超过30min。上述两种铁溶液混合时如呈棕色则较好。

* 1%三氯化铁水溶液：三氯化铁1g+蒸馏水100mL。

** 1%铁氰化钾水溶液：铁氰化钾1g+蒸馏水100mL。

(2) 1%醋酸水溶液

(3) 1%中性红水溶液

【染色步骤】

(1) 切片脱蜡至蒸馏水。

(2) 新配的铁氰化钾染液30s至5min。在镜下观察颜色变化。脂褐素和黑色素约在2min出现着色，其他还原物质如嗜银、嗜铬颗粒，因还原铁氰化物的能力较弱，染色时间较长。

(3) 自来水清洗。

(4) 醋酸水液2min。

(5) 自来水充分流洗。

(6) 中性红液对比染色2min。

(7) 自来水洗。

(8) 逐级乙醇脱水，透明，DPX封固*。

* DPX封固剂（屈光指数1.25）:

Distrene 80	10g
酞酸二丁酯	5mL
二甲苯	35mL

【染色结果】脂褐素呈绿蓝色至暗蓝色；黑色素呈深蓝色；嗜银细胞颗粒呈蓝色；嗜铬细胞颗粒呈绿蓝色；细胞核呈红色。

此外，脂褐素也可用油红（阳性）、PAS（阳性）、Ziehl-Neelsen（红色）、苏丹黑B（蓝黑色）等染色法。

十九、钙盐染色

1. **银浸染法**（Von Kossa法）

【染色步骤】

(1) 切片脱蜡至水洗。蒸馏水充分清洗3 ~ 5min。

(2) 3% ~ 5%硝酸银溶液，良好日光下浸染60min（紫外光下5min）。

(3) 蒸馏水充分清洗3min。

(4) 5%硫代硫酸钠水溶液1 ~ 2min。

(5) 自来水流洗1min，蒸馏水清洗3 ~ 5min。

(6) 1%中性红液复染细胞核1min。

(7) 自来水清洗。

(8) 脱水、透明、封固。

【染色结果】钙盐（磷酸盐、碳酸盐）呈棕黑色，细胞核为红色。

2. **钙红法**（McGee-Russell法）

【染色液配制】

钙红水溶液：将2g钙红（核固红，核坚牢红）用100mL蒸馏水洗两次，将残留物0.25g溶于100mL蒸馏水中备用。

【染色步骤】

(1) 切片脱蜡至水洗。

(2) 钙红液3 ~ 10min。

(3) 蒸馏水洗。

(4) 脱水、透明、封固。

【染色结果】钙盐呈红色，其他组织为深浅不等的粉红色。

二十、骨髓细胞染色

1.Maximow法（切片染色）

【染色液配制】

（1）伊红天青染液

100mL pH6.8缓冲液加入染色原液A液10mL，再加B液10mL。此液易发生沉淀，故宜在Coplin瓶中使用。

（2）染色原液

A液：0.1%伊红水溶液。

B液：0.1%天青Ⅱ水溶液。

上两液分瓶贮存，用时再与缓冲液混合。

【染色步骤】

（1）切片脱蜡至水洗。

（2）Ehrlich苏木精液染核5 ～ 10min。

（3）水洗。

（4）1%盐酸乙醇分化数秒钟。

（5）自来水充分流洗，或1%氨水返蓝。

（6）pH 6.8缓冲液中，56℃温箱孵育切片30min。

（7）伊红天青染液30min至24h。

（8）pH 6.8h缓冲液清洗。

（9）0.1%醋酸水溶液脱色分化，镜下控制。

（10）pH 6.8缓冲液冲洗，终止分化。

（11）滤纸吸干切片上的水分。

（12）二甲苯透明。如切片不完全透明，用滤纸吸去二甲苯，再次用新鲜二甲苯透明。

（13）用DPX封固。

【染色结果】细胞核呈蓝色；嗜酸性颗粒呈红色或淡红色；嗜碱性颗粒呈蓝色；红细胞呈橘红色。

2.Giemsa法（切片、涂片快速染色）

【染色液（Giemsa稀释液）配制】

Giemsa原液1滴+蒸馏水（最好用缓冲液pH 6.8 ～ 7.2）1mL。

【染色步骤】

（1）切片（或涂片）按常规进行至水洗。

（2）切片平置于金属板或架上，将Giemsa染液滴加于切片上，下面加热至染液出现蒸汽，20s后再加新染液，重复5 ～ 10次，染色10 ～ 15min。

（3）用0.1%醋酸水溶液脱色分化，镜下控制颜色。

（4）脱水、透明、封固。

【染色结果】细胞核呈蓝或紫色；红细胞呈粉黄色；其他组织呈粉红色。淋巴细胞质的染色深浅与成熟度有关，最不成熟的细胞和干细胞，其胞质呈深蓝色，而成熟者胞质则呈浅蓝色。

3.Wright染色（涂片染色）

【染色步骤】

（1）取新鲜骨髓一小块与少量血清混合，在干净载玻片上涂片。

（2）自然干燥。

(3) 纯甲醇固定数分钟。
(4) Wright染液（蒸馏水等量稀释Wright染液，用时再配）3 ～ 5min。
(5) 蒸馏水清洗。
(6) 丙酮脱水。
(7) 松节油或二甲苯透明。
(8) 香胶或中性树胶封固。

二十一、血液涂片的染色

1. Wright染色法（瑞氏法）

【染色液配制】

Wright 染色粉	0.1g
甲醇	60mL

将瑞特粉置于研钵中，加少量甲醇研磨，使其溶解。将已溶解的染液倒入清洁的棕色瓶内。研钵中未溶解的染料再加入少量甲醇继续研磨。如此反复进行，直至全部染料溶解为止。已配好的染液在室温下放置7d即可使用。染液瓶盖要塞紧，以防时久甲醇氧化产生甲酸使其变质。

劣质瑞特粉的加工处理：瑞特粉呈灰蓝碎片或干块状，说明质量低劣，配制的染液会偏酸或偏碱，染色后细胞核淡染或过深，或核上出现黑点等问题。这种染料的处理法为：将25g瑞特染料倒入1 000mL烧瓶中，加入600mL蒸馏水，文火加热至80 ～ 90℃，然后冷却至50 ～ 60℃时保温过滤，以除去碳酸及其他杂质。将滤纸上的瑞特染剂烤干备用。

【缓冲液配制】

McJunkin-Haden缓冲液（pH6.4）

磷酸二氢钾（KH_2PO_4）	6.63g
无水磷酸氢二钠（Na_2HPO_4）	2.56g
蒸馏水	1 000mL

【染色步骤】

(1) 在有血膜的载玻片两端用蜡笔各画一横线，以防染液外溢。
(2) 载玻片平置染色架上，在血膜上滴加数滴瑞氏染液，静置2min。
(3) 在染液中滴加等量缓冲液或新鲜蒸馏水。
(4) 轻摇载玻片，并向染液吹气，使其均匀染色血膜。
(5) 继续染色5 ～ 10min，用新鲜蒸馏水冲去染液并轻洗玻片血膜面。
(6) 斜置血片待干。
(7) 镜检。

【染色结果】红细胞呈粉红色；白细胞核呈深浅不一的紫蓝色；中性颗粒呈浅紫红色，嗜酸性颗粒呈鲜红色，嗜碱性颗粒呈暗紫蓝色。淋巴细胞质呈浅蓝色，单核细胞质为浅灰蓝色。

2. Giemsa染色法（姬姆萨法）

【染色步骤】

(1) 血膜用无水乙醇固定2 ～ 3min。
(2) 干后用稀Giemsa液（Giemsa液10滴+缓冲液10mL）染色15min。
(3) 以蒸馏水分色至合适程度。
(4) 干燥后封片，或直接镜检。

3. **网织红细胞染色法**（煌焦油蓝染色法）

【染色液配制】

煌焦油蓝	1g
枸橼酸钠	0.4g
氯化钠	0.85g
蒸馏水加至	100mL

【染色步骤】

（1）在小试管中滴加煌焦油蓝染液5滴，再加新鲜血液2滴，混合均匀。

（2）静置10min，混匀。

（3）取一滴置于干净载玻片上推成薄涂片。

（4）干燥后用Wright液复染2min，其上再加等量缓冲液（pH 6.4）或新鲜蒸馏水，轻摇混匀。

（5）静置5 ~ 8min，新鲜蒸馏水冲洗。

（6）染片斜立干燥，镜检。

【染色结果】网织红细胞是未成熟的红细胞，由晚幼红细胞变来，用瑞氏染色不能和红细胞区分。此种染色后网织红细胞胞质中可见嗜碱性物质，呈蓝色颗粒状、线状或网状结构。

4. **苏木精－伊红染色法**（HE染色）

【染色步骤】

（1）制作组织涂片，干燥，无水乙醇-乙醚或甲醇固定5 ~ 10min。

（2）水洗。

（3）涂片上滴加苏木精染液，文火加温1min。

（4）水洗，分化、复染伊红、脱水、透明各步骤均仅数秒钟完成。

（5）封固。

第二篇
动物疾病诊断要点

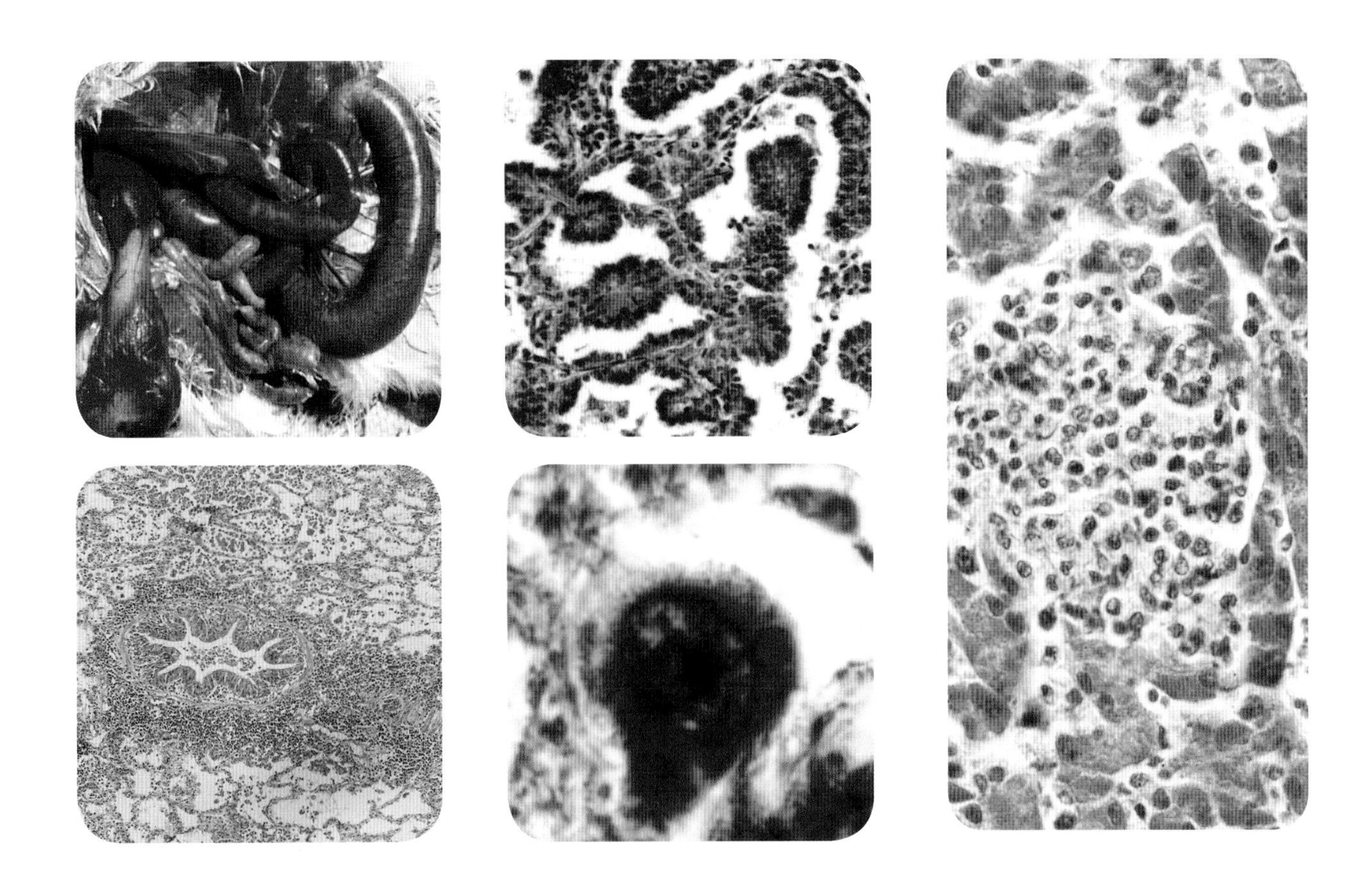

第八章　猪的疾病

一、炭疽

本病禁止剖检，怀疑本病时应先做细菌检查。

特征病变为下颌淋巴结的出血-坏死性炎症变化。

超急性　下颌淋巴结肿大，切面色红，有坏死灶；下颌部皮肤紫红、肿胀，切面呈出血性胶样浸润（图8-1）。镜检，呈出血-坏死性淋巴结炎变化：淋巴组织坏死，淋巴滤泡几乎消失，有的仅遗留小堆淋巴细胞。淋巴组织几乎为红细胞和中性粒细胞取代，血管充血，血管壁坏死。坏死的淋巴组织中常可见炭疽杆菌（图8-2）。淋巴结周围结缔组织呈明显浆液-出血性炎症变化。

急性　下颌部皮肤红肿，切面组织呈明显出血性胶样浸润。下颌淋巴结肿大，切面色红，有坏死灶。较干燥，呈砖红色。脾高度肿大，质软，切面脾髓呈黑糊状，似煤焦油（图8-3）。血凝不良。镜检，呈明显出血-坏死性淋巴结炎变化。

慢性　下颌淋巴结轻度肿大，切面干燥，呈砖红至灰红色，常无坏死灶。镜检，呈出血-坏死性或坏死-增生性淋巴结炎变化。淋巴组织除见出血、坏死变化外，尚见结缔组织增生和淋巴细胞浸润。

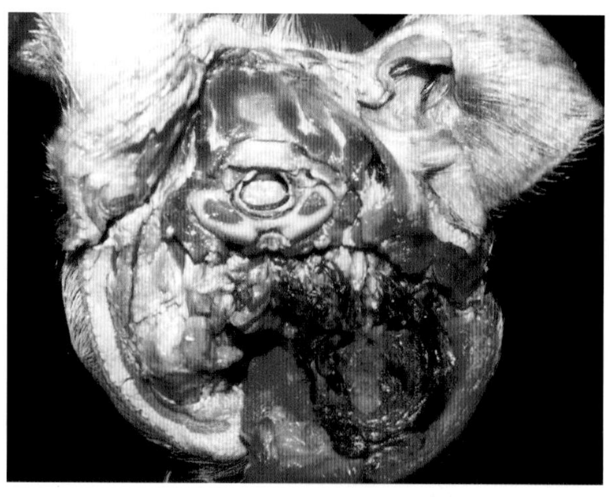

图8-1　出血-坏死性淋巴结炎

咽喉部肿胀，切面见右侧下颌淋巴结呈砖红色，周围有大范围的出血性浸润。（陈怀涛）

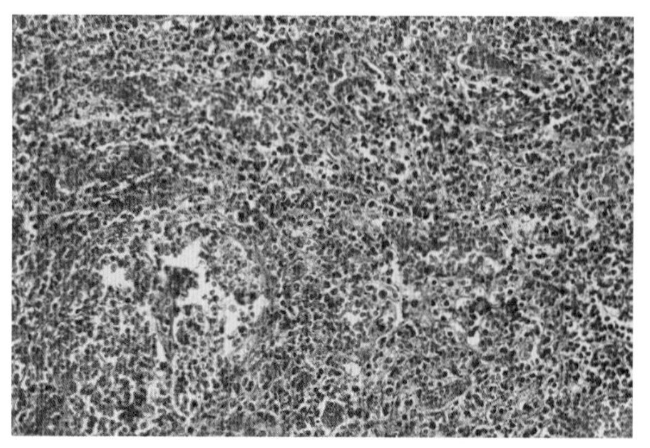

图8-2　出血-坏死性淋巴结炎

下颌淋巴结组织坏死，淋巴细胞明显减少，血管充血、出血，有大量中性粒细胞浸润。HE×400（陈怀涛）

图8-3　败血脾

脾脏高度肿大，边缘钝圆，质地柔软，呈黑红色。（陈怀涛）

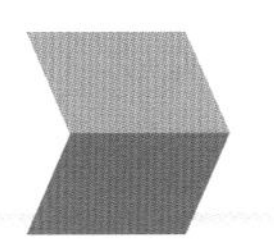

二、猪丹毒

特征病变因病性不同而异（图8-4至图8-6）。

急性　皮肤红斑，淋巴结肿大、呈淡紫红色，切面多血（浆液-出血性淋巴结炎）。肾肿大，柔软，呈紫红色，切面皮质部有细小红色突起（出血性肾小球肾炎）。脾肿大、质软，呈樱桃红色。卡他性胃肠炎。

亚急性　皮肤有方形、菱形或圆形疹块，呈红色或苍白色。

慢性　二尖瓣疣状心内膜炎，关节炎，坏死性皮炎。

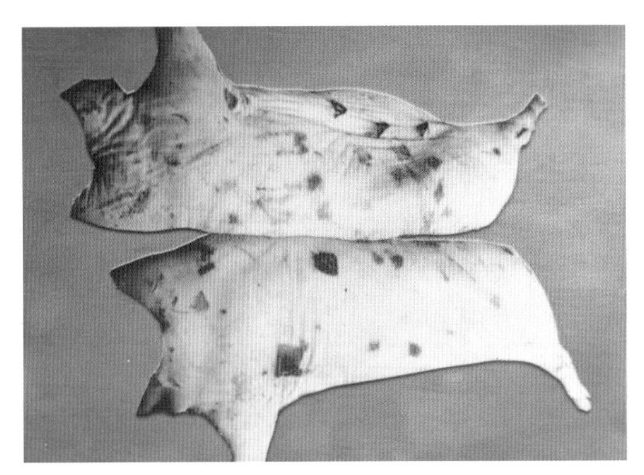

图8-4　亚急性：皮肤疹块

脱毛后的皮肤有大小不一的方形、菱形疹块。(周诗其)

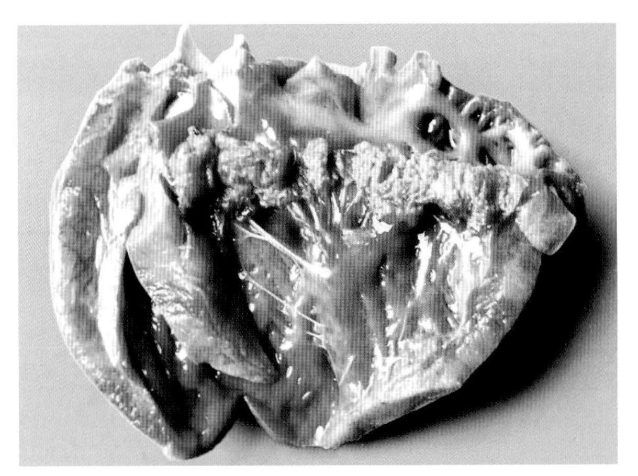

图8-5　慢性：疣状心内膜炎

二尖瓣上有花椰菜状赘生物。(周诗其)

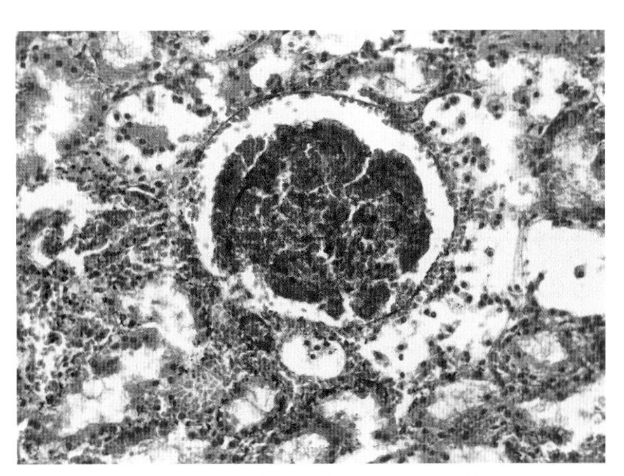

图8-6　急性：出血性肾小球肾炎

肾小球充血，肾小球囊腔有血液，并有炎性细胞浸润，肾小管上皮变性，间质血管充血、出血。HE×100（陈怀涛）

三、巴氏杆菌病

特征病变为咽喉部水肿与肺炎（图8-7、图8-8）。

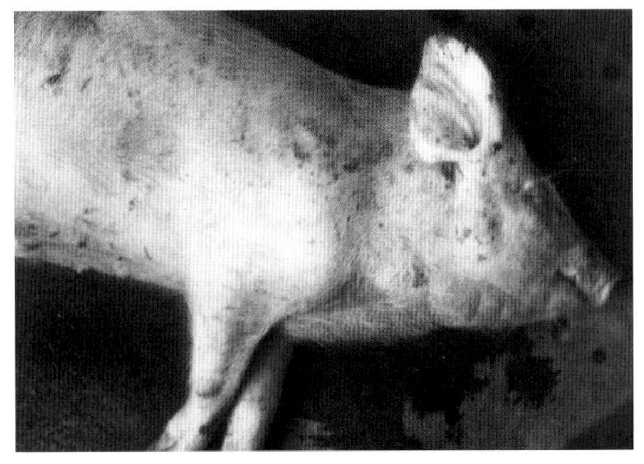

图8-7　咽喉部肿胀

病猪咽喉部肿胀，呼吸困难，因窒息死亡。(胡薛英)

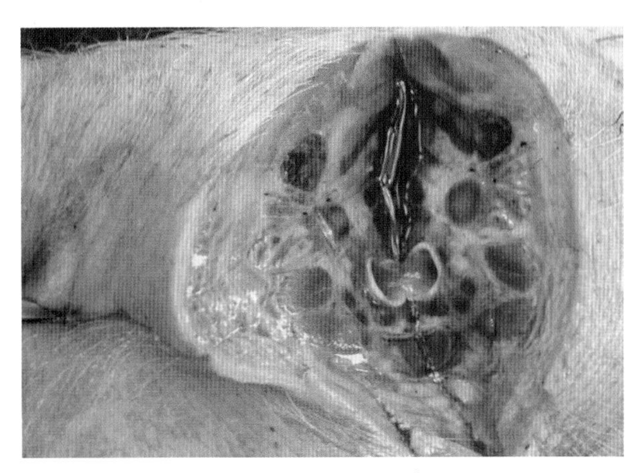

图8-8　咽喉部水肿

切开喉部见皮肤肿厚，皮下软组织中有大量淡红色渗出液浸润，呈胶冻样。(吴斌)

败血型（水肿型） 咽喉部与颈部皮下组织水肿，浆膜、黏膜等多发性出血。

肺炎型 出血-纤维素性肺炎，肺肝变；纤维素-坏死性肺炎，肺肝变与坏死化脓。浆液-纤维素性胸膜炎。

四、沙门氏菌病

特征病变为肝坏死灶与副伤寒结节，淋巴组织增生与坏死，固膜性肠炎（盲肠与结肠）（图8-9至图8-12）。

急性 败血性变化。淋巴结肿大，切面多汁，呈粉红色。脾呈暗紫色，质地实在。卡他性小肠炎，肠壁淋巴组织髓样肿胀。肝偶见黄白色小点状病灶，镜检为肝细胞坏死灶。

亚急性 肠壁淋巴孤结与淋巴集结肿胀；淋巴结切面色灰白，呈髓样肿胀。肝有黄白色小点状病灶（坏死灶与副伤寒结节）。卡他性肺炎。脾增生，质地硬实。

慢性 肝与淋巴结变化同亚急性，但更明显。卡他-化脓性肺炎。局灶性或弥漫性固膜性盲肠炎或结肠炎。

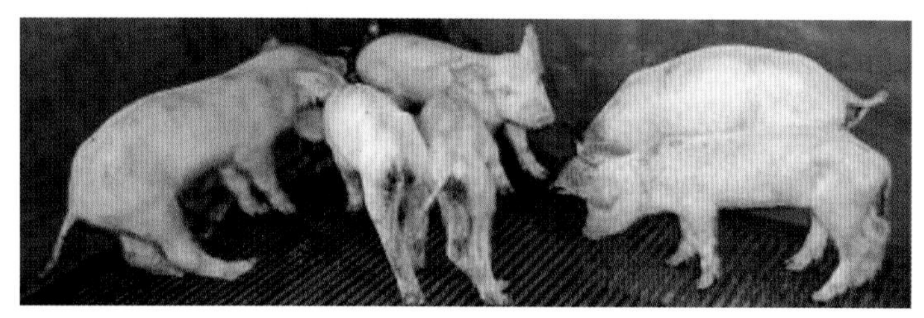

图8-9 仔猪副伤寒

病猪腹泻、消瘦、全身皮肤出现紫红斑。（徐有生）

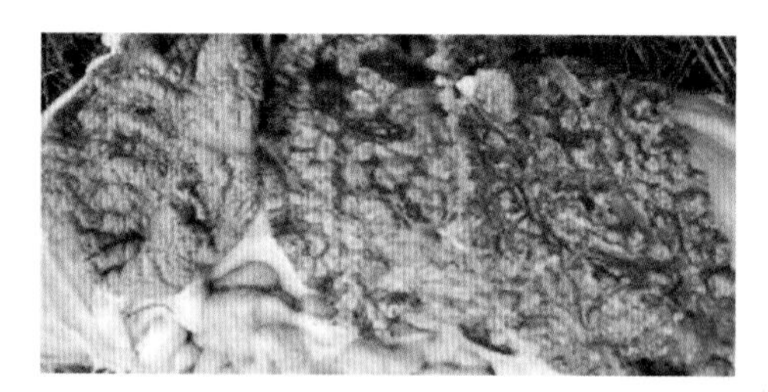

图8-10 固膜性肠炎

病猪结肠黏膜面可见大量成片的坏死灶，坏死灶表面被覆淡绿黄色粪便。（徐有生）

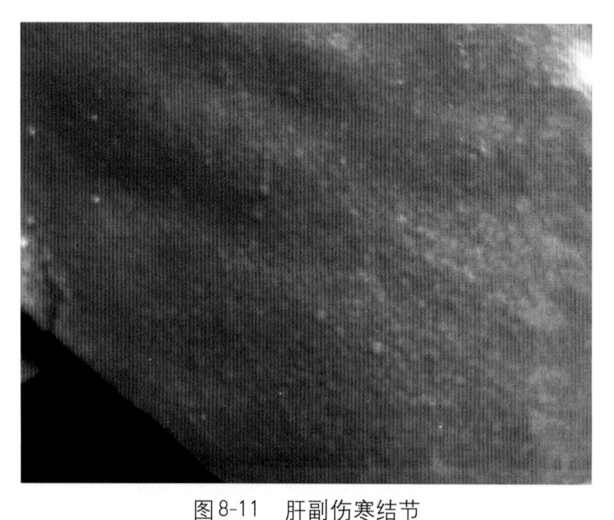

图8-11 肝副伤寒结节

肝脏肿大，表面散在针尖至小米粒大的灰白色或乳白色副伤寒结节。（陈怀涛）

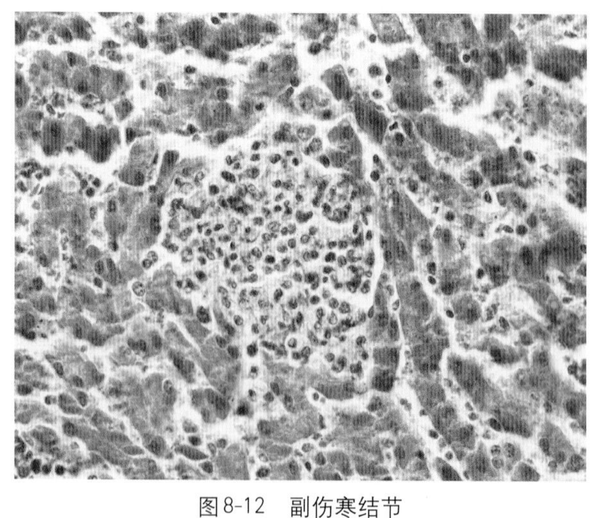

图8-12 副伤寒结节

肝小叶内局部网状内皮细胞增生，形成细胞聚集灶，其周围的肝细胞索受压萎缩。HE×400（陈怀涛）

五、大肠杆菌病

仔猪黄痢 发生于1～3日龄乳猪，发病率、死亡率高，急性卡他性胃炎、十二指肠炎变化明显（图8-13）。

仔猪白痢　发生于10 ~ 20日龄乳猪，发病率高，但死亡率低，胃肠炎变化较轻。

仔猪水肿病　多发生于断奶前后的仔猪，胃壁、结肠系膜及面部皮下水肿（图8-14、图8-15）。

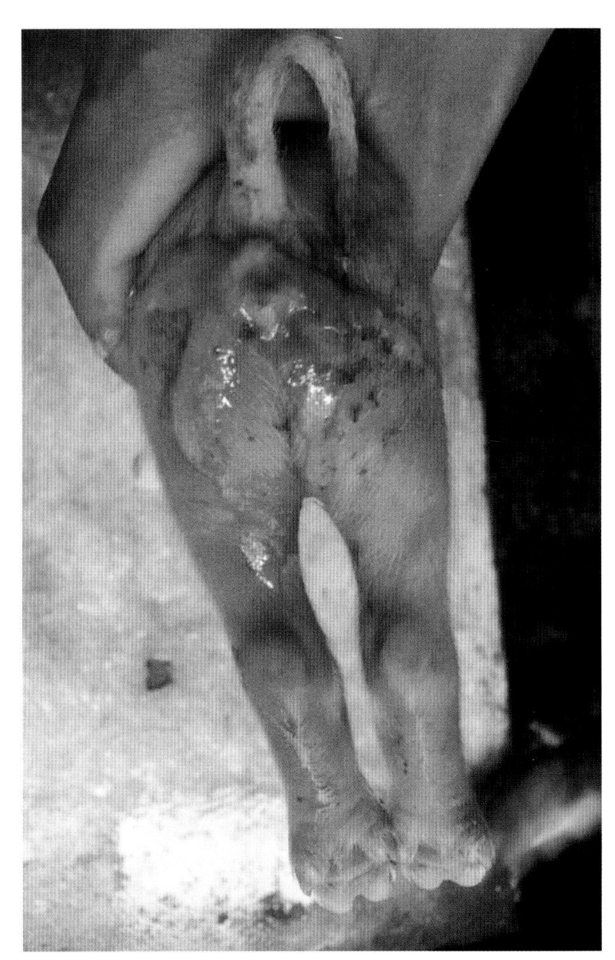

图8-13　仔猪黄痢

病仔猪粪便呈黄色稀糊状。（周诗其）

图8-14　胃壁水肿

胃壁切面明显增厚，黏膜下层有大量水肿液，呈黄色胶冻状。（程国富）

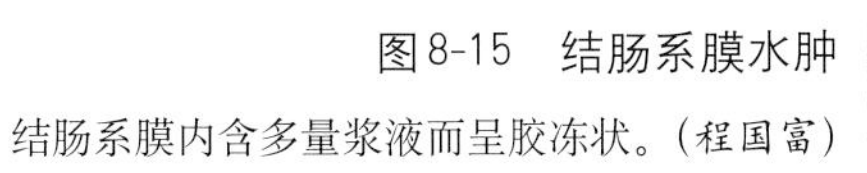

图8-15　结肠系膜水肿

结肠系膜内含多量浆液而呈胶冻状。（程国富）

六、链球菌病

主要病变为败血性变化和淋巴结脓肿（图8-16）。

败血型　败血性变化。浆液-纤维素性浆膜炎（胸膜炎、心包炎与腹膜炎）。出血-坏死性淋巴结炎与脾炎，急性脑脊髓膜脑炎。多器官坏死性血管炎与微血栓

图8-16　脑膜炎脑

软膜充血、瘀血，有瘀斑，脑脊液增多，脑水肿，脑回变平坦。（吴斌）

形成。

脓肿型　下颌等部淋巴结的脓肿形成。

也可见心内膜炎、关节炎与肺炎。

七、坏死杆菌病

成年猪：坏死性皮炎；仔猪：坏死性口膜炎、鼻炎和皮炎。肝、肺、脾、肾、心也可见结节状坏死病变（图8-17）。

八、梭菌性肠炎（仔猪红痢）

一周内的仔猪发生血痢。特征病变为：出血-坏死性小肠炎变化（图8-18）。

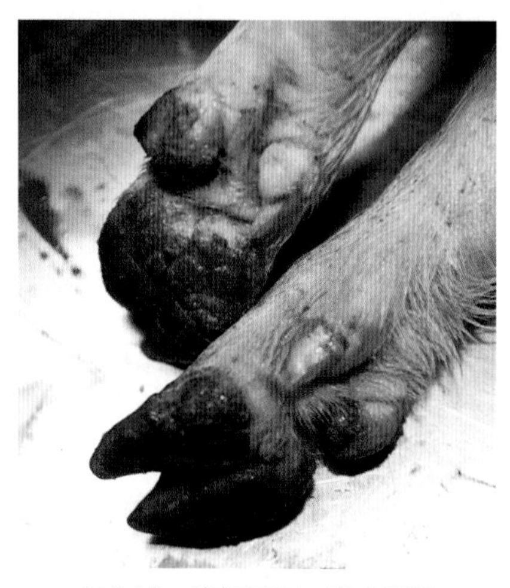

图8-17　蹄部坏死、蹄壳脱落

（周诗其）

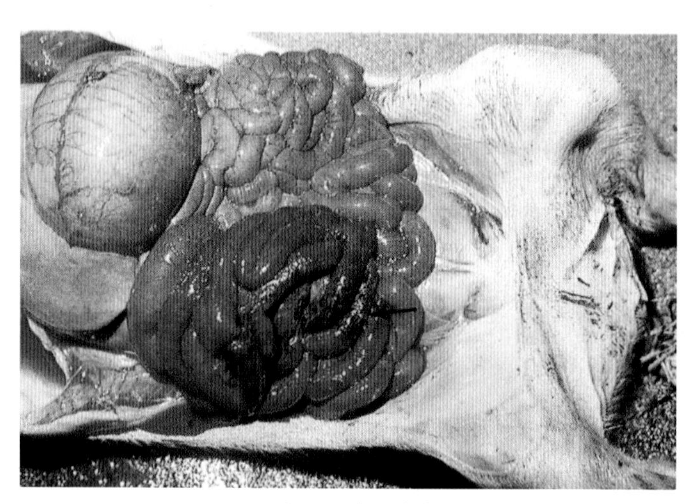

图8-18　小肠出血

胃膨大，小肠瘀血、出血，呈紫红色。（Smith）

九、猪接触传染性胸膜肺炎

特征病变为纤维素性肺炎与浆液-纤维素性胸膜炎（图8-19）。

纤维素性肺炎　肺心叶、尖叶与膈叶前缘发生肝变，以后可形成化脓坏死灶。

纤维素性胸膜炎　胸膜附着纤维素絮状物，胸腔有混浊的内含纤维素絮状物的淡红色液体。

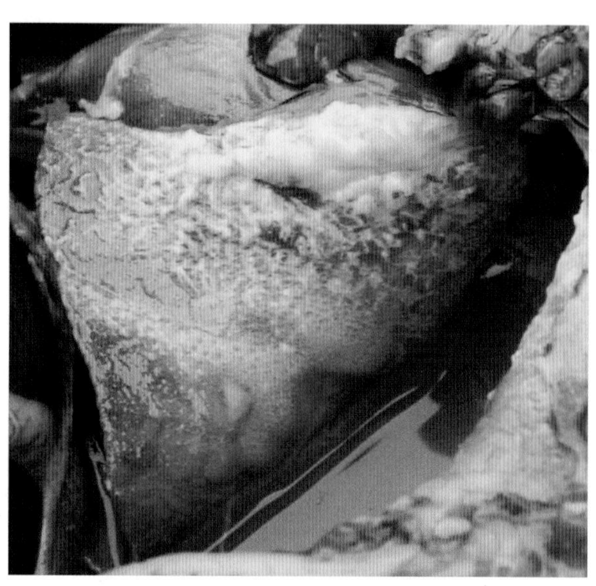

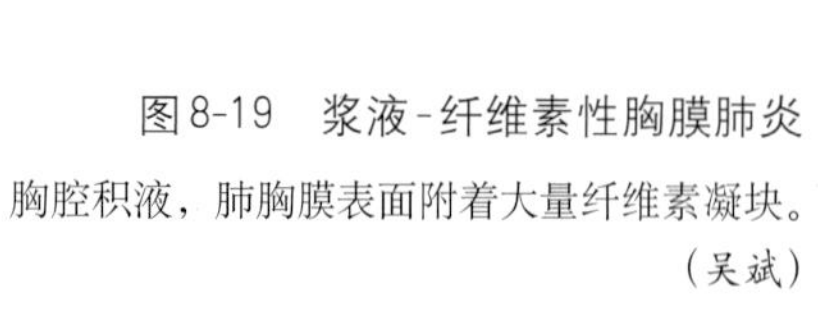

图8-19　浆液-纤维素性胸膜肺炎

胸腔积液，肺胸膜表面附着大量纤维素凝块。

（吴斌）

十、副猪嗜血杆菌病

浆液-纤维素性多发性浆膜炎（胸膜炎、心包炎、腹膜炎、关节炎）与化脓性脑膜炎（图8-20、图8-21）。

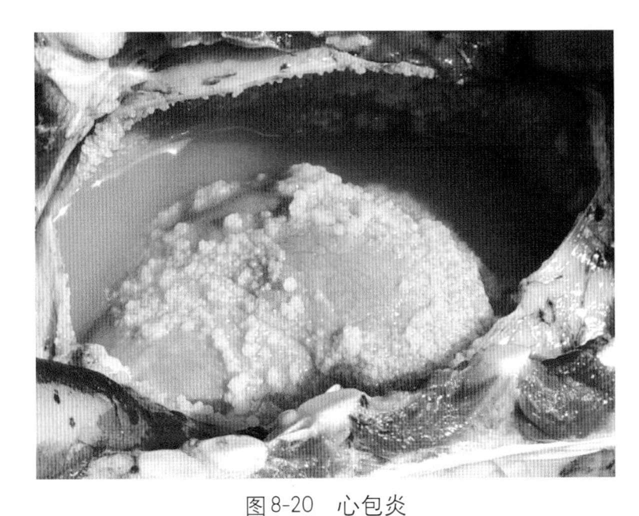

图8-20　心包炎

心包积液，心外膜上有大量纤维素附着（绒毛心）。（吴斌）

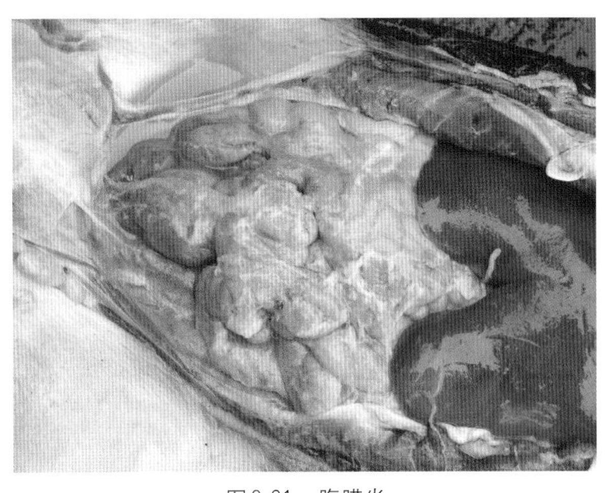

图8-21　腹膜炎

腹腔积液，胃肠浆膜面被覆大量纤维素性渗出物。（吴斌）

十一、猪渗出性表皮炎

病变定位于表皮，表现为渗出性、化脓性表皮炎，伴有浅在性化脓性毛囊炎，镜下见炎症部有细菌集落（图8-22）。

十二、李氏杆菌病

败血型　呈败血性变化，肝、肾、脾等器官有坏死灶形成。

神经型　化脓性脑膜脑炎（延脑最明显，以单核细胞为主，夹杂中性粒细胞），脑质（灰质与白质）微脓肿形成（由单核细胞与中性粒细胞组成）。临诊表现神经症状（图8-23）。

生殖器型　卡他性、纤维素性或坏死性子宫内膜炎，胎盘出血、坏死和滞留。

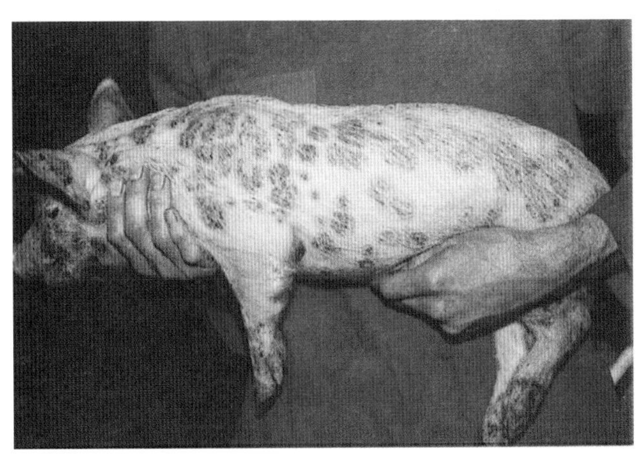

图8-22　表皮炎

全身皮肤有许多渗出性红斑和结痂。（Smith）

图8-23　神经症状

病猪呈犬坐、抬头观天姿势。（孙锡斌）

十三、猪传染性萎缩性鼻炎

鼻面部变形，歪斜。浆液-卡他性或卡他-化脓性鼻炎。鼻甲骨（尤其下鼻甲骨的下卷曲）萎缩，甚至消失，鼻中隔弯曲变形（图8-24、图8-25）。

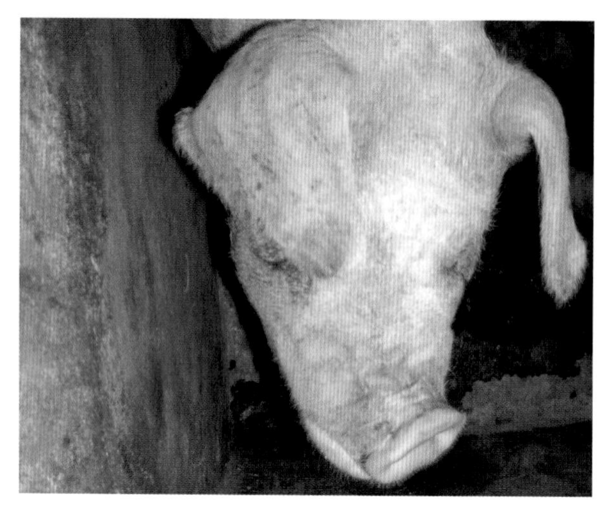

图8-24　萎缩性鼻炎

病猪面部不对称，鼻突歪向左侧。（黄青伟）

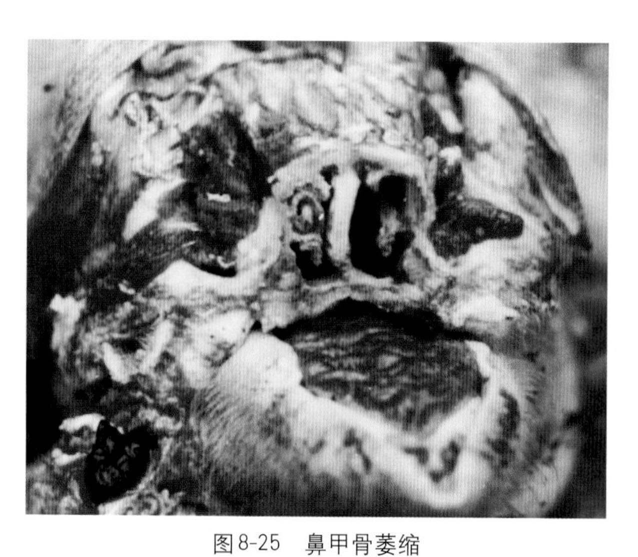

图8-25　鼻甲骨萎缩

在第一、二对前臼齿之间横断鼻部，见鼻甲骨上、下卷曲萎缩，鼻道增大。（周诗其）

十四、结核病

特征病变为结核结节，即结核性肉芽肿（图8-26）。

初发性结核病　下颌、咽后与肠系膜淋巴结有结核结节（肉芽肿）或干酪样坏死。

全身性结核病　消化道的淋巴结（下颌、咽后与肠系膜淋巴结）以及肝、脾、肺等器官有结核结节（肉芽肿）形成和干酪样坏死。镜检，结核结节由上皮样细胞，朗汉斯巨细胞、淋巴细胞组成。有的结节发生坏死或钙化。

十五、布鲁氏菌病

母猪流产与化脓性子宫内膜炎；公猪化脓性睾丸炎；化脓性关节炎；化脓性乳腺炎，皮下、肌肉脓肿，淋巴结、肝、脾等器官肉芽肿结节形成（图8-27）。

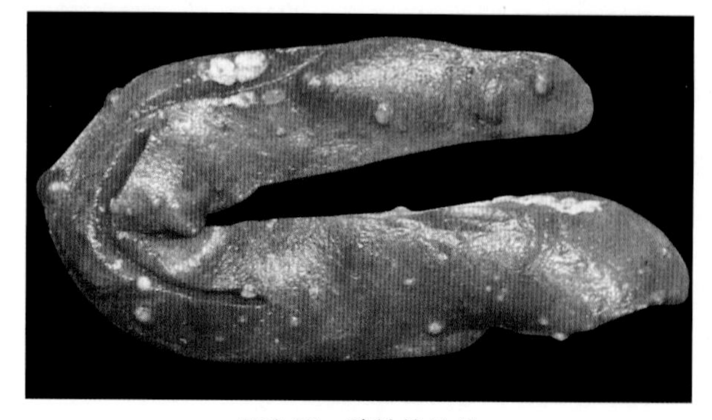

图8-26　脾结核结节

脾脏表面有较多半球状隆突的黄白色结节，其切面见干酪样坏死物。（Smith）

图8-27　睾丸肿大

病猪左侧睾丸肿大呈肿瘤状，右侧睾丸萎缩，依附于左侧睾丸。（Smith）

十六、猪放线菌病

特征病变为放线菌肉芽肿。耳郭增厚、肿大，乳腺增大，其中均见肉芽肿和软化灶，甚至化脓，脓汁中可见硫黄样颗粒。镜检，耳与乳腺增生组织中有放线菌肉芽肿结节与程度不等的化脓（图8-28）。

十七、化脓放线菌病

多组织器官（肺、肝、乳腺、关节、子宫内膜、浆膜、脑组织等）的化脓性炎症和脓肿形成（图8-29）。

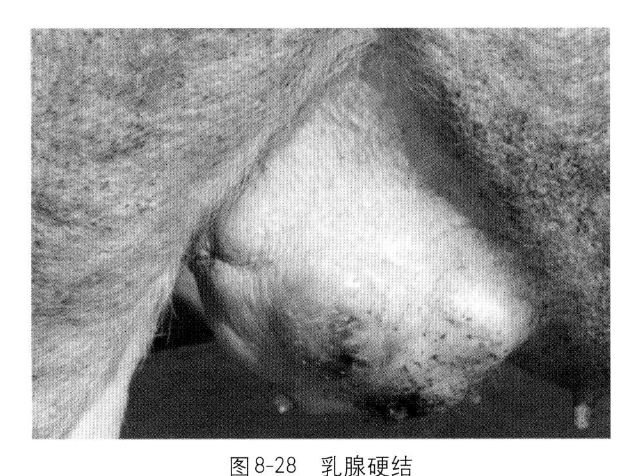

图8-28　乳腺硬结

病猪乳房放线菌肿：乳头短缩，乳腺组织中有数个结节性硬块。（徐有生）

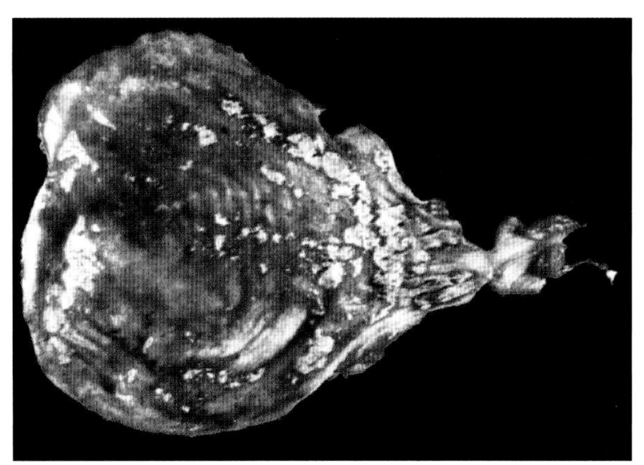

图8-29　化脓性膀胱炎

膀胱充血、出血，黏膜面被覆化脓-坏死性假膜。（Smith）

十八、细菌性肾盂肾炎

呈化脓性肾盂肾炎变化，肾表面见灰黄色化脓灶，切面见肾盂中贮积混浊的脓液，肾乳头坏死，并有向外呈放射状的化脓坏死灶。

十九、猪增生性肠炎

特征病变主要位于回肠，表现为肠上皮呈肿瘤样增生，肠黏膜坏死、肠壁组织增生、明显渗出与出血等。镜检，经镀银或抗酸染色，在肠上皮细胞质（尤其顶部）和肠壁组织中可见圆形、弯曲的病原菌（嗜液弯曲菌）切面（图8-30）。

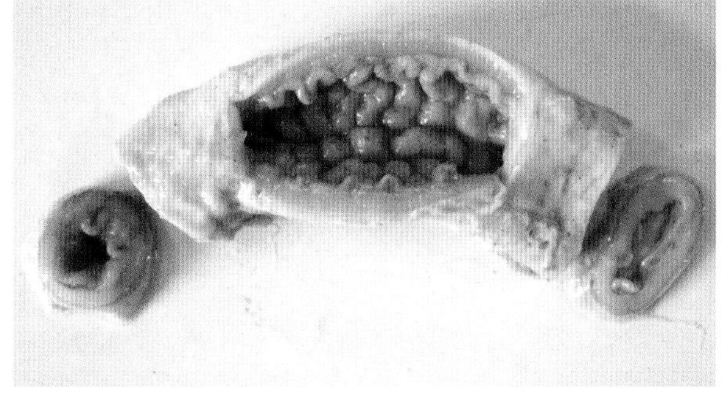

图8-30　增生性肠炎

病猪肠壁增生、变厚，黏膜形成脑回样皱襞。（马增军）

二十、皮肤霉菌病

特征病变为皮肤的圆形癣斑。癣斑局部皮肤粗糙、脱屑、脱毛。镜检，皮肤表层和毛囊有霉菌生长（图8-31）。

二十一、曲霉菌病

肺或肝见曲霉菌性肉芽肿病变。病变呈豌豆至榛子大的结节，色灰白或淡黄，其中为着色的干酪样坏死物。镜检，见特异性肉芽肿，其中有烟曲霉或其他霉菌生长，PAS染色时菌丝壁和孢子壁呈红色。曲霉菌病变也见于其他脏器（图8-32）。

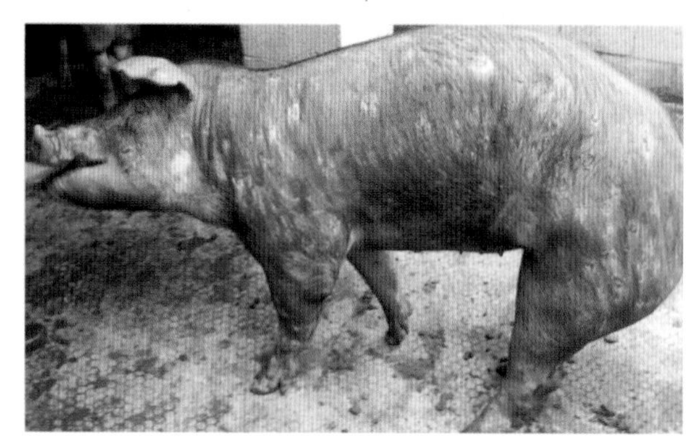

图8-31　霉菌性皮炎

杜洛克病猪皮肤散在圆形灰白色癣斑。（徐有生）

图8-32　曲霉菌性胎盘炎

流产的胎盘上有大量灰白色连成片状的曲霉菌斑块。（Smith）

二十二、毛霉菌病

胃黏膜发生毛霉菌性结节与溃疡，肝、肺等有毛霉菌结节形成。结节色灰白，粟粒至黄豆大或更大。镜检，为特异性肉芽肿并有坏死与钙化，坏死区和吞噬细胞中可见苏木精着染的菌丝，但通常无孢子。

二十三、猪支原体肺炎

肺炎区呈胰样变，主要位于尖叶、心叶，也见于中间叶和膈叶前缘，膈叶气肿。支气管与纵隔淋巴结肿大，切面呈髓样变。镜检，肺的特征病变为淋巴细胞性间质性肺炎变化，小支气管周围形成淋巴细胞“管套”，甚至有淋巴小结形成。支气管黏膜收缩并形成皱褶，支气管管腔缩小。肺泡充满浆液和大量巨噬细胞、淋巴细胞、脱落上皮细胞等，肺泡间隔也有不少淋巴细胞、巨噬细胞浸润。淋巴结组织中淋巴细胞增多。淋巴滤泡增生，副皮质区不成熟的淋巴细胞增多（图8-33、图8-34）。

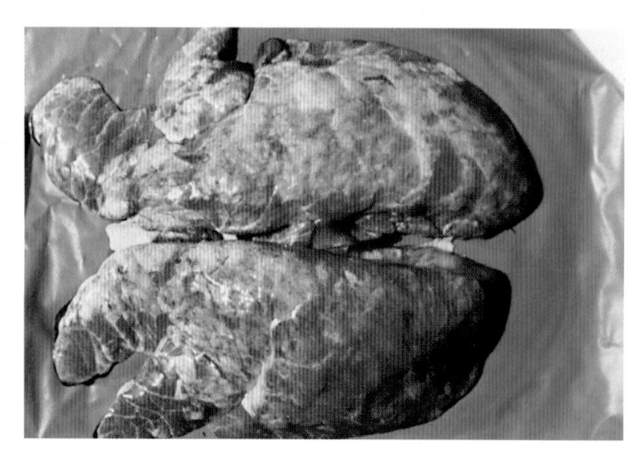

图8-33　肺气肿与肺炎

两肺膈叶高度气肿，尖叶、心叶、膈叶前缘呈明显的胰样变肺炎区。（陈怀涛）

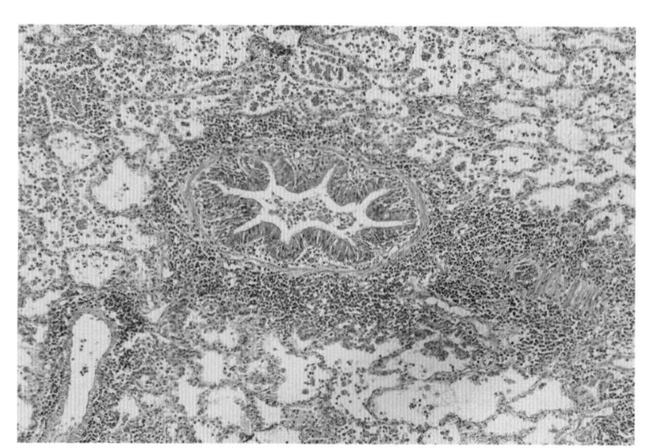

图8-34　淋巴细胞性间质性肺炎

支气管与血管周围有大量淋巴细胞增生，形成管套，肺泡间隔与肺泡腔也见淋巴细胞，支气管黏膜皱襞明显，管腔缩小，管腔内有炎性细胞。HE×100（陈怀涛）

二十四、猪多发性浆膜炎和关节炎

哺乳与断奶仔猪（3 ~ 10周龄）较多发病。病原为多种支原体，如猪鼻支原体、猪滑液支原体与猪关节支原体。特征病变为浆液-纤维素性多发性浆膜炎与关节炎。心包腔、胸腔、腹腔中均有大量内含纤维素絮片的混浊渗出液。以后液体干涸，浆膜发生粘连。

二十五、钩端螺旋体病

新生仔猪皮下与肌间水肿，浆膜腔积液；仔猪肝、肾变性，皮肤坏死，轻度黄疸、血尿；中、大猪消瘦、贫血，皮肤坏死，间质性肝炎、肾炎；流产母猪子宫内膜炎。镜检，肝、肾组织在镀银染色切片中可见病原体（图8-35）。

二十六、猪痢疾

尸体明显脱水、消瘦，呈明显卡他-出血性、出血-坏死性或纤维素-坏死性盲肠结肠炎，以结肠锥体顶部的肠段最为严重。镀银染色时在肠黏膜表层和肠腺内可见大量猪痢疾蛇形螺旋体（图8-36）。

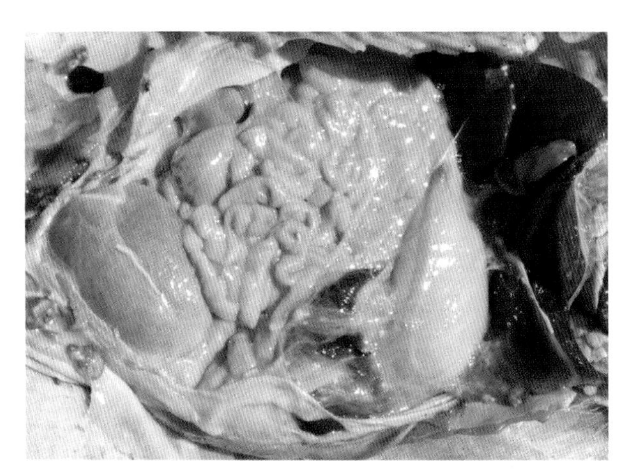

图8-35　黄　疸

病猪腹腔脏器结缔组织和浆膜明显黄染。（徐有生）

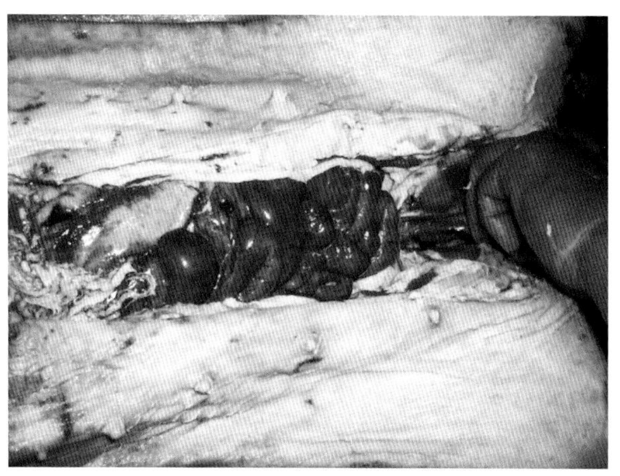

图8-36　出血性肠炎

剖开腹腔见结肠瘀血、出血而呈紫红色。（张弥申）

二十七、附红细胞体病

贫血，黄疸，皮下与肌间结缔组织呈淡黄色胶样浸润并散发出血点。镜检，肝、脾等器官大量含铁血黄素沉着，也可见单核细胞性血管炎。发热期病猪鲜血涂片，红细胞上及血浆中可发现附红体（图8-37）。

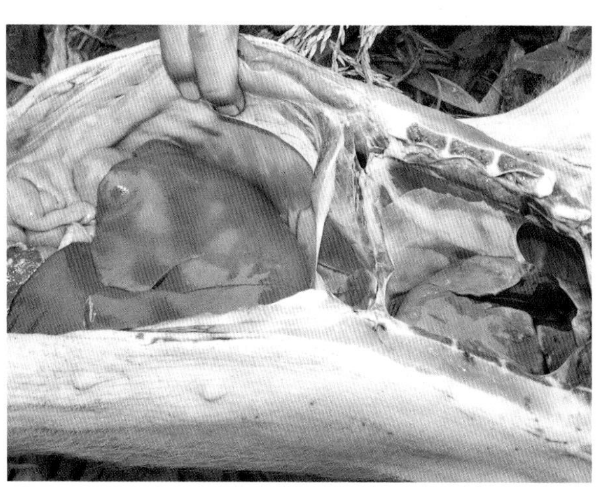

图8-37　黄　疸

皮下组织黄染，肝呈淡黄色，胆囊胀大，心冠脂肪黄染。（刘安典）

二十八、猪瘟

急性 特征病变为皮肤与内脏多发性出血，淋巴结周边出血呈大理石样变，肾皮质小点出血，脾出血性梗死，出血性肺炎。镜检，非化脓性脑炎变化，新生猪肾小球发育不全。电镜检查，膜性肾小球肾炎变化（图8-38至图8-40）。

慢性 病猪消瘦，常发生腹泻，大肠见钮扣状溃疡（图8-41）。

附：非洲猪瘟。由非洲猪瘟病毒所致。最急性、急性的症状和病变与猪瘟相似，病死率可高达100%，但非洲之外流行区多呈亚急性或慢性。前者的病变特征为全身组织器官（尤其皮肤、淋巴结、肾、心、脾、膀胱等）严重出血，心包腔、胸腔和腹腔明显积液；镜检，血管壁玻璃样变或纤维素样坏死，血栓形成，淋巴结与脾淋巴滤泡周围细胞坏死，淋巴细胞性脑膜炎，淋巴细胞-嗜酸性粒细胞性间质性肝炎和灶性肝坏死。后者病变轻微，其特征为浆液-纤维素性心包炎和胸膜炎，胸膜粘连，支气管肺炎，淋巴结和脾的网状组织增生等。

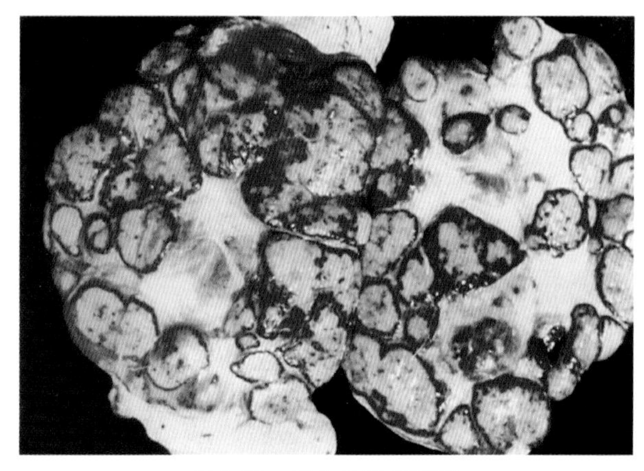

图8-38 出血性淋巴结炎

淋巴结群周边出血，呈红色大理石样变。（陈怀涛）

图8-39 出血性肾炎

肾皮质密布细小出血点，似麻雀蛋外观。（刘思当）

图8-40 出血性梗死

脾脏边缘见数个暗红色出血性梗死灶。（胡薛英）

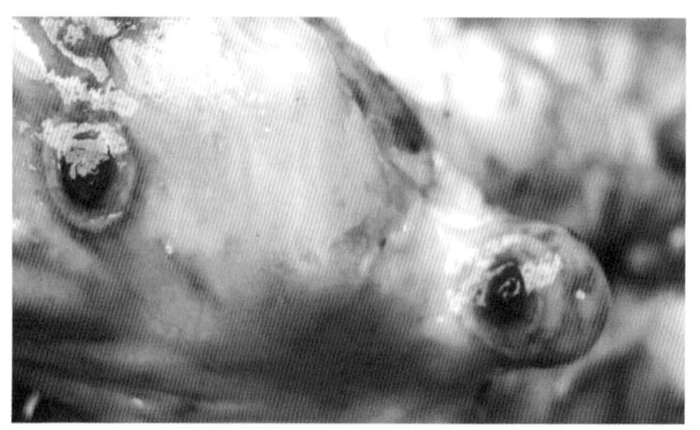

图8-41 局灶性固膜性肠炎

回盲瓣等处肠黏膜见轮层状的溃疡，俗称“扣状肿”。（周诗其）

二十九、猪痘

特征病变为皮肤痘疹：红斑（玫瑰疹）→灰红色结节（丘疹）（图8-42）→水疱→脓疱→结痂。

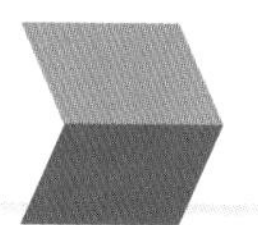

镜检，痘疹初期变性的皮肤棘细胞质中，可发现大小不等的嗜酸性包涵体。真皮炎性细胞浸润，其中巨噬细胞质中也可见包涵体。

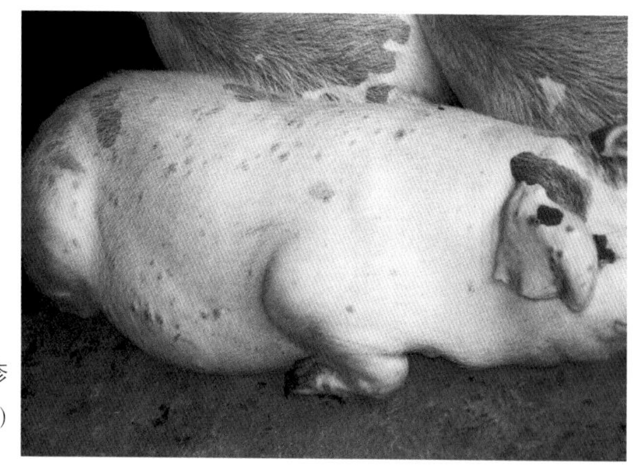

图8-42　皮肤痘疹
体侧部皮肤的初期痘疹。（张弥申）

三十、口蹄疫

蹄部、鼻盘与乳房皮肤的水疱、烂斑病变（图8-43、图8-44）。恶性口蹄疫（仔猪）：变质性心肌炎（虎斑心）（图8-45）。

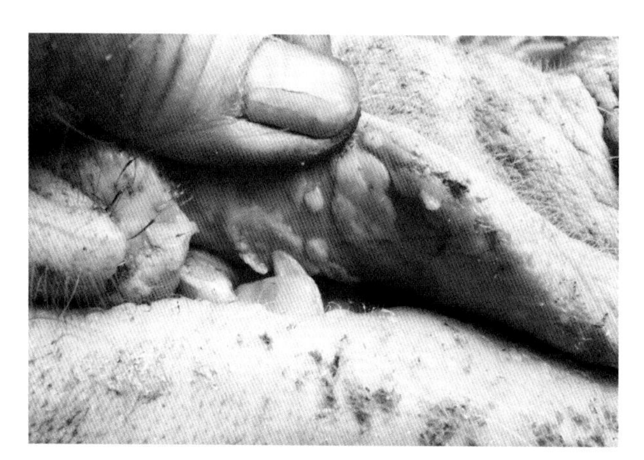

图8-43　口腔黏膜水疱
唇黏膜见大小不一的水疱。（张弥申）

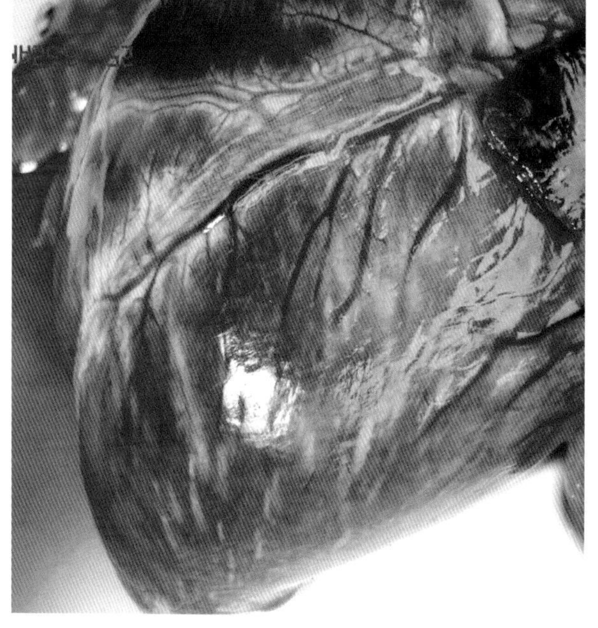

图8-45　虎斑心
心外膜血管扩张充血，左心室壁有大量黄白色条纹状病灶，呈“虎斑心”。（胡薛英）

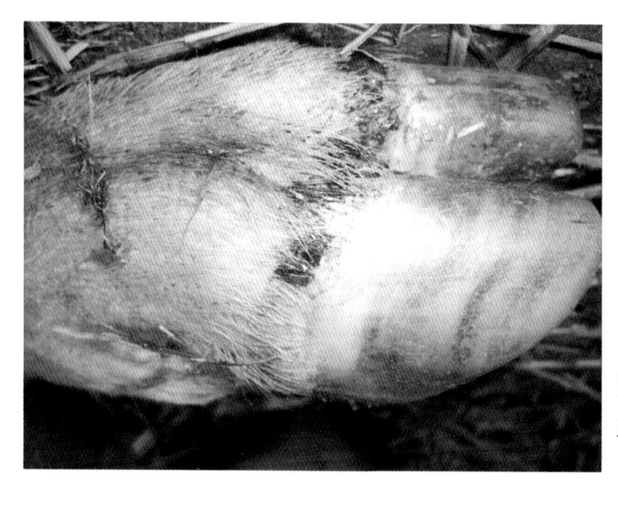

图8-44　蹄冠出血和龟裂
蹄冠部水疱破裂，皮肤龟裂出血。（张弥申）

三十一、水疱性口炎

水疱与烂斑主要发生于口腔黏膜和鼻盘皮肤，偶见于蹄冠、趾间和乳头皮肤。

三十二、猪水疱病

水疱和溃疡主要发生于蹄部皮肤，偶见于口、唇、鼻盘（仔猪）和乳头周围皮肤。少数有神经症状的病猪，间脑、中脑、延脑与小脑有非化脓性脑膜脑炎变化，脑脊髓实质可见软化灶，神经节小胶质细胞增生，神经细胞的套细胞（卫星细胞）肿大、增生，其中可见酸碱两性染色的核内包涵体（图8-46）。

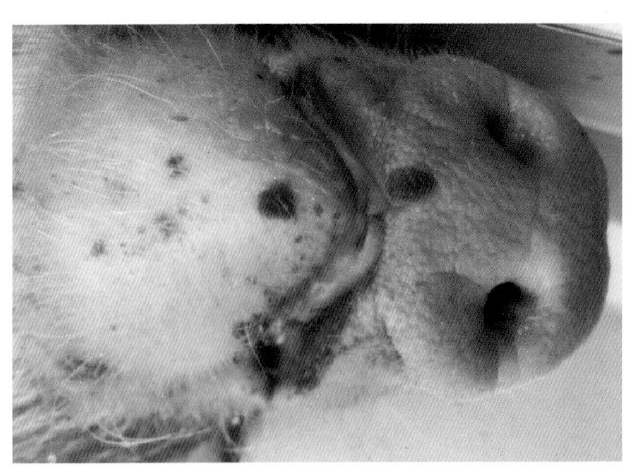

图8-46　水疱及溃疡

病猪的唇部、鼻盘及口角有水疱及溃疡。（刘思当）

三十三、猪传染性胃肠炎

主要为1～2周龄仔猪发病，病死率高达80%～100%。呈卡他-出血性胃炎和小肠炎变化，肠腔扩张、肠壁半透亮，内含气体和液状食物。镜检，特征病变为小肠绒毛上皮空泡变性、坏死、脱落，故绒毛裸露，或被覆扁平或立方状上皮。绒毛缩短、变形（图8-47、图8-48）。

必须注意：如欲进行电镜检查、免疫荧光检查或生物试验，从尸体取材不得迟于死后1.5h，否则尸体中的病毒便迅速溶解。

图8-47　猪传染性胃肠炎

胃黏膜潮红，胃内可见白色凝乳块。（尚书）

图8-48　猪传染性胃肠炎

小肠壁充血，肠腔扩张，内含大量淡黄色稀薄的内容物。（张弥申）

三十四、猪流行性腹泻

病变与猪传染性胃肠炎相似，但小肠炎在哺乳仔猪（25～35日龄）和刚断奶仔猪较严重，少数还可见卡他性或坏死性盲、结肠炎。病毒对小肠上皮细胞感染率高，但对小肠隐窝上皮细胞仅呈区域性感染，故对其再生力的影响较轻。通常小肠上皮病变发展速度较缓慢。

三十五、猪繁殖与呼吸综合征（蓝耳病）

病死仔猪的耳郭、四肢末端与体躯下部皮肤发紫。肺有出血、水肿、气肿和实变区。镜检，为典型的间质性肺炎变化，肺泡隔增厚，浸润大量细胞，肺泡腔充满大小不等的巨噬细胞和脱落的上皮细胞。母猪怀孕后期发生早产、流产、死胎、木乃伊胎及弱仔（图8-49、图8-50）。

图8-49　猪繁殖与呼吸综合征

病猪呼吸困难，鼻端和耳尖呈紫红色。（潘耀谦）

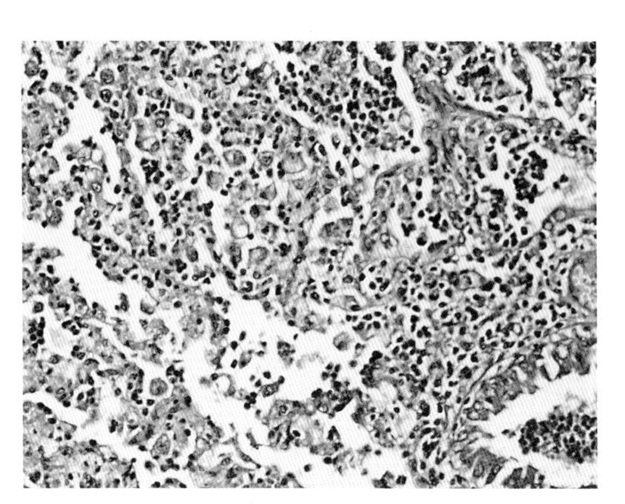

图8-50　猪繁殖与呼吸综合征

间质性肺炎：肺泡腔充满巨噬细胞、淋巴细胞和中性粒细胞，间质炎性细胞浸润。HE×200。（陈怀涛　范希萍）

三十六、细小病毒感染

初产母猪出现无症状流产、死胎、木乃伊胎与胎儿发育异常。镜检，感染胎儿体内多种组织有广泛的细胞坏死、炎性细胞浸润和感染细胞核内包涵体形成。非化脓性脑膜炎很明显，脑膜的“血管套”变化比脑质更明显，“血管套”内含增生的外膜细胞、巨噬细胞、淋巴细胞和浆细胞等。

三十七、断奶仔猪多系统衰竭综合征（猪圆环病毒感染）

主要发生于断奶后1～2个月的仔猪，临诊表现消瘦、贫血、黄疸。淋巴结（尤其胃、肠系膜、支气管淋巴结）高度肿大（4～5倍），呈髓样变。脾肿大。肺有出血斑点，心叶、尖叶有炎灶区。胃贲门区大片溃疡形成。盲、结肠黏膜充血、出血，肠壁甚至水肿增厚。心、肝、肾呈淡黄色（图8-51、图8-52）。

图8-51　猪圆环病毒病

病猪消瘦，呼吸困难。（周诗其）

图8-52　猪圆环病毒病

病猪肾脏表面散在大量大小不一的灰白色斑块。（周诗其）

镜检，肺呈间质性肺炎变化，淋巴细胞、巨噬细胞浸润。淋巴器官和盲肠固有层淋巴滤泡外围T细胞区扩大，其中心B细胞区消失，并为大量组织细胞和巨噬细胞所取代，常见嗜碱性胞质包涵体。肝细胞散在性坏死。

三十八、猪细胞巨化病毒感染（猪包涵体鼻炎）

2～5周龄乳猪最易发病。重要病变为卡他-坏死性鼻炎，也见结膜炎。下颌与腮淋巴结肿大、出血。镜检，特征病变为鼻黏膜与鼻黏液腺上皮、泪腺与肾小管上皮及其巨化的细胞，可见核内包涵体形成。淋巴结和实质器官的血管内皮和窦内皮细胞中，也可发现核内包涵体（图8-53）。

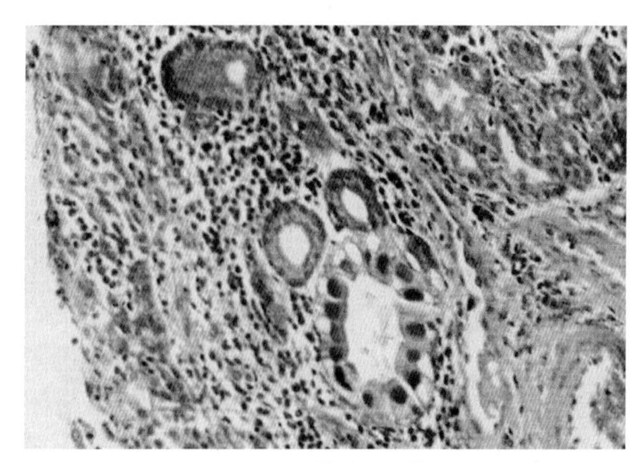

图8-53　核内包涵体

鼻黏液腺的上皮细胞排列整齐，部分上皮细胞内有核内包涵体。HE×100　(Smith)

三十九、狂犬病

大脑海马角、延脑、小脑等部位呈非化脓性脑炎变化，组织切片或新鲜脑组织触片，经包涵体染色时均可发现神经细胞质的嗜酸性包涵体。

四十、伪狂犬病

特征病变为多器官的坏死灶与鼻咽炎、非化脓性脑炎，以及多种细胞核内包涵体形成。

流产胎儿与2周龄之前的仔猪：呈败血性变化，多组织器官出血、发炎。肝、脾、肾、淋巴结、咽喉黏膜有粟粒状坏死灶。镜检，坏死灶为成堆的核碎片，其周围无炎症反应，淋巴结增生的滤泡中心和淋巴窦的大网状细胞中，可发现呈不规则团块状的微嗜酸性核内包涵体。包涵体以亮晕与核膜相隔。

2～4周龄仔猪：呈卡他性或出血-坏死性鼻炎与咽炎变化。也见结膜炎、角膜混浊、眼睑水肿，以及口黏膜与鼻盘水疱与烂斑。镜检，见弥漫性非化脓性脑膜脑炎与神经节炎变化。大脑皮质与皮质下白质的神经元、星形胶质细胞和少突胶质细胞，可见嗜酸性核内包涵体，包涵体呈无定形均质的团块。鼻咽黏膜上皮细胞、淋巴结网状细胞也有明显的核内包涵体（图8-54）。

中等猪和成年猪，也可见坏死性鼻炎、咽炎、喉炎、扁桃体炎等变化。

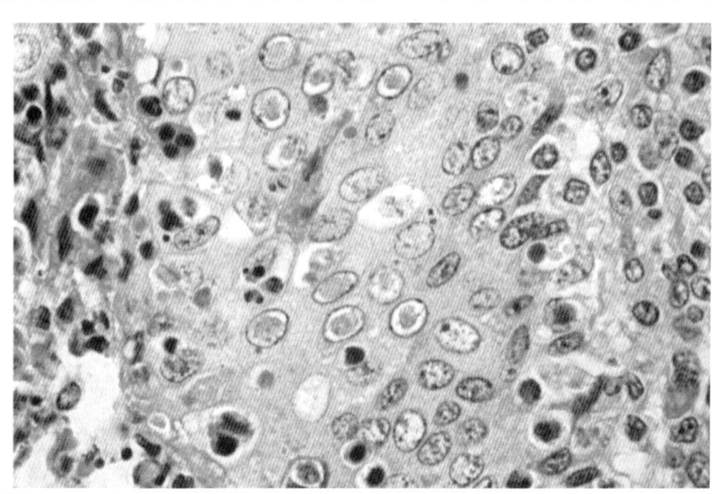

图8-54　核内包涵体

扁桃体隐窝上皮细胞可见淡红色核内包涵体。HE×400

四十一、流行性乙型脑炎

主要病变位于生殖器官，而非化脓性脑炎变化较轻（图8-55、图8-56）。

公猪 坏死性或坏死-增生性睾丸炎（图8-55）。

母猪 流产母猪卡他性或卡他-出血性子宫内膜炎。死胎，木乃伊胎，死胎水肿、体腔积水。常产出有神经症状与脑水肿的活胎（图8-56）。

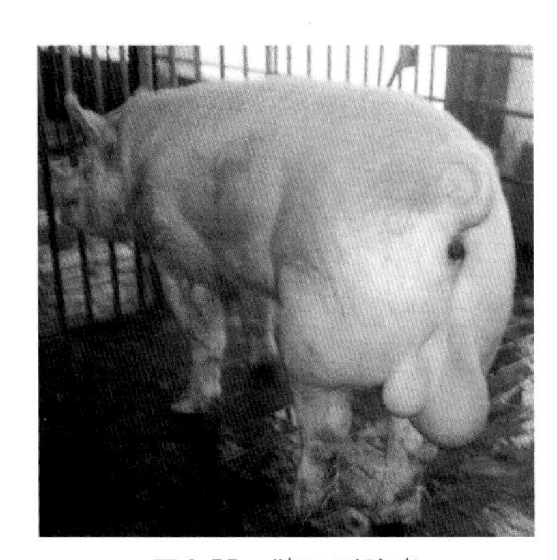

图8-55 猪乙型脑炎

公猪右侧睾丸高度肿大，左侧萎缩。（吴斌）

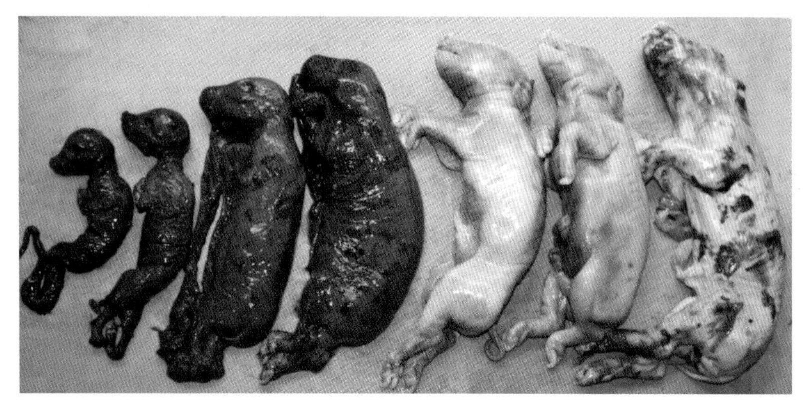

图8-56 猪乙型脑炎

死胎及木乃伊胎。（周诗其）

四十二、猪传染性脑脊髓炎

特征病变为弥漫性非化脓性脑脊髓灰质炎变化，炎症以脊髓腹角、小脑灰质及间脑和中脑更为明显。小脑灰质常有大量淋巴细胞浸润。

四十三、猪血凝性脑脊髓炎

3周龄以内的仔猪最易感染发病。

脑脊髓炎型 眼观仅见轻度卡他性鼻炎。镜检，呈非化脓性脑膜脑脊髓炎变化，间脑、脑桥、延脑和前段脊髓的灰质病变最明显，病变也见于白质。脊髓背角常受害，而腹角很少累及。

呕吐衰弱型 主要表现呕吐、食欲废绝，终因饥饿、营养不良而死亡。

四十四、病毒性脑心肌炎

5 ~ 20周龄仔猪易发病死亡。全身瘀血、出血，皮肤暗红。浆膜腔积液。肺瘀血、气肿、水肿。心肌柔软，右心扩张，心肌尤其右心室壁见灰白或灰黄色条块状病变区，其中可见白垩样斑块。镜检，呈明显坏死性心肌炎变化。心肌纤维变性、坏死，淋巴细胞、巨噬细胞浸润。病程较久者，病灶发生钙化或机化。有神经症状的病猪，见非化脓性脑炎变化，特别是浦金野氏细胞变性、坏死（图8-57）。

四十五、仔猪先天性震颤

镜检，特征病变为中枢神经系统神经髓鞘形成不全和髓鞘脱失。脊髓横切面见白质与灰质减少。脑部以小脑和脑干白质病变最明显，因有髓神经纤维发育不全和脱髓鞘，故病变区形成大小不等的空泡。脑组织水肿，血管周隙明显扩大（图8-58）。

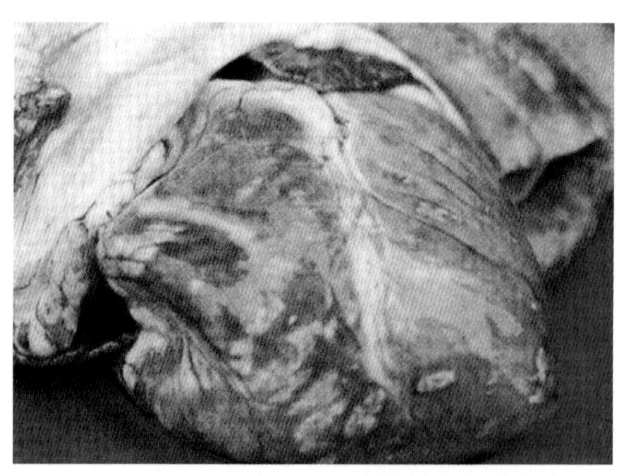

图8-57 坏死性心肌炎

心肌中见形状不一的多发性黄白色坏死灶。(Smith)

图8-58 有髓神经纤维发生髓鞘脱失和发育不全。髓鞘染色 ×100(Smith)

四十六、弓形虫病

急性病例营养良好，尸僵不全，皮肤紫红，可视黏膜暗红。

特征病变为淋巴结、肝、肺有坏死灶形成、单核-巨噬细胞系统的细胞增生、非化脓性脑炎，以及多器官组织可发现弓形虫滋养体和假囊。

肺 瘀血、水肿、出血，可见灰白色坏死点（图8-59）。镜检，肺呈间质性肺炎变化和坏死灶，巨噬细胞中可见弓形虫假囊（图8-60）。慢性病例肺泡隔结缔组织增生，肺泡因上皮细胞增生而呈腺瘤样或胎儿肺样。

淋巴结 水肿、出血、坏死。镜检，淋巴组织呈小灶或片状坏死，坏死区附近的巨噬细胞质中，可发现弓形虫滋养体和假囊。慢性者淋巴细胞和浆细胞增生。

肝 肿大，散在针尖至帽针头大的淡黄色或灰白色坏死点。镜检，小叶内有数个大小不等的坏死灶，严重者坏死面积可达小叶一半。病程延长时，坏死灶局部因网状细胞增生而形成增生性结节。上述坏死灶和增生结节周边的肝窦中偶见滋养体，或在巨噬细胞中见到假囊。

脑 充血、出血、水肿。镜检，血管充血、出血。血管周淋巴细胞管套形成。也见神经元“卫星现象”和坏死灶与胶质细胞增生。在血管周围、出血灶与坏死灶内均可见弓形虫滋养体和细胞内的假囊。在亚急性和慢性病例，胶质细胞增生更为明显。

图8-59 肺炎性水肿

肺小叶间隔明显水肿增宽，实质散在炎性病灶。(张弥申)

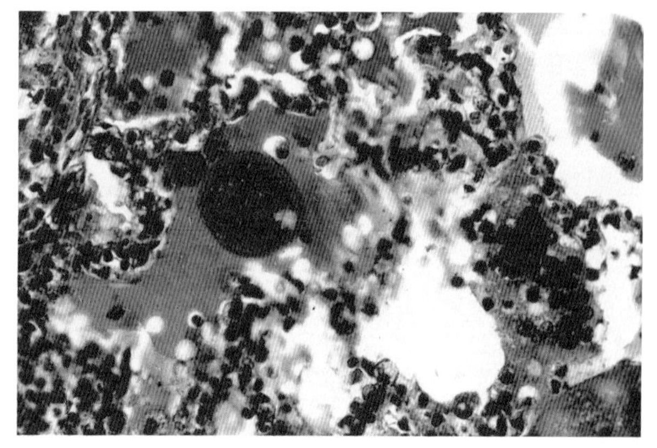

图8-60 肺弓形虫假囊

肺组织发炎、渗出，肺泡内的炎性渗出物中有一个弓形虫假囊。HE×400（周诗其）

新鲜肺、肝、淋巴结组织涂片染色，也可发现弓形虫滋养体和假囊。

四十七、肉孢子虫病

横纹肌、膈肌、心肌与食管外膜可见白线头状的虫体，长0.5 ~ 5mm，与肌纤维平行，虫体也可发生死亡、钙化。镜检，可见有虫体的完整包囊（米氏囊）及其变性坏死、钙化、增生等多种形态的肉芽肿。

四十八、球虫病

呈卡他-出血性或出血-坏死性小肠炎变化。镜检，黏膜与肠腺上皮细胞中，有发育阶段不同的球虫。有些上皮脱落，形成大量细胞碎屑，其中混有球虫卵囊。

四十九、小袋虫病

急性　卡他-出血性盲、结肠炎。

慢性　脱屑-坏死性盲、结肠炎。病部深层组织取材，以热生理盐水稀释并制作涂片，或病部肠组织制作切片染色，镜检，均可发现大卵圆形滋养体。但应注意，动物死后1.5 ~ 2h虫体溶解，因此要尽快剖检取材固定（图8-61）。

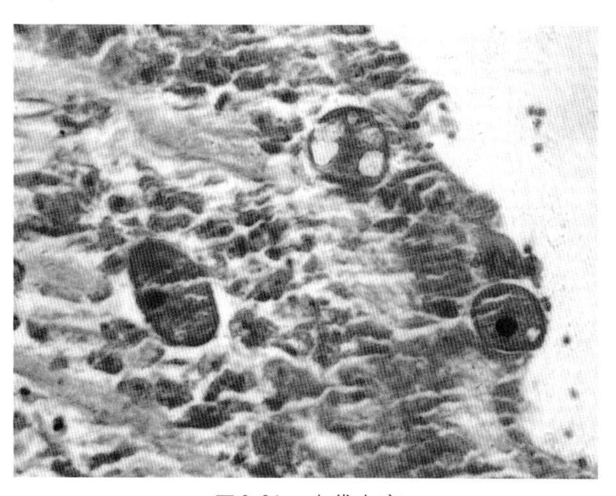

图8-61　小袋虫病

结肠黏膜组织中的小袋虫。HE×1 000（许益民）

五十、猪蛔虫病

小肠　呈卡他-出血性小肠炎变化。肠黏膜潮红、肿胀、出血，附有较多黏液。肠内寄生多少不等的蛔虫成虫，虫体多时可致肠阻塞，胆管、胰管也可被堵塞。偶见肠扭转、套叠、穿孔及继发性腹膜炎（图8-62）。

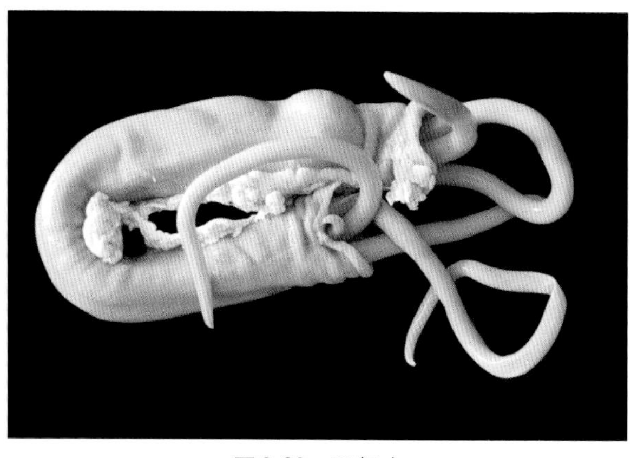

图8-62　肠蛔虫

小肠腔内有几条粗大的蛔虫，使肠腔阻塞。（周诗其）

肝　呈“乳斑肝”变化，即在肝表面形成多少不等的乳白色斑块，直径数毫米至1cm，质地坚实，边缘不整齐。大量斑块可致肝硬化。镜检，小叶间结缔组织增生，嗜酸性细胞大量浸润，也可见幼虫穿行引起的肝组织坏死-出血道，偶见由巨细胞、巨噬细胞与嗜酸性粒细胞包裹的幼虫残骸（图8-63、图8-64）。

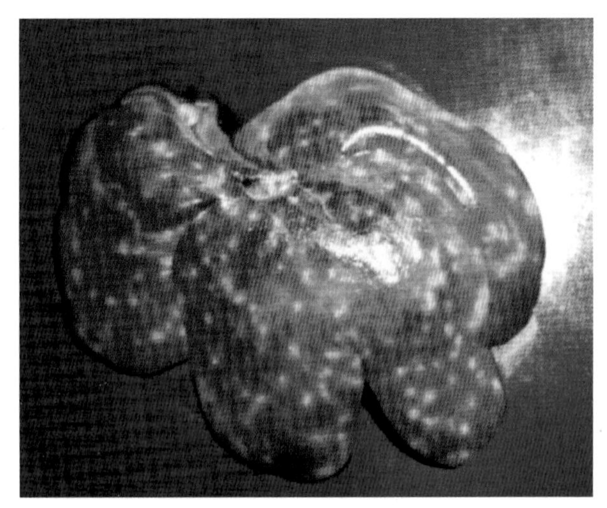

图8-63　蛔虫性肝硬变

猪蛔虫病。当蛔虫幼虫在肝内移行时，可引起局灶性间质性肝炎，称为“乳斑肝”。肉眼可见肝脏表面散在较多直径约1cm的乳白色斑块，此为增生的纤维结缔组织。（程国富）

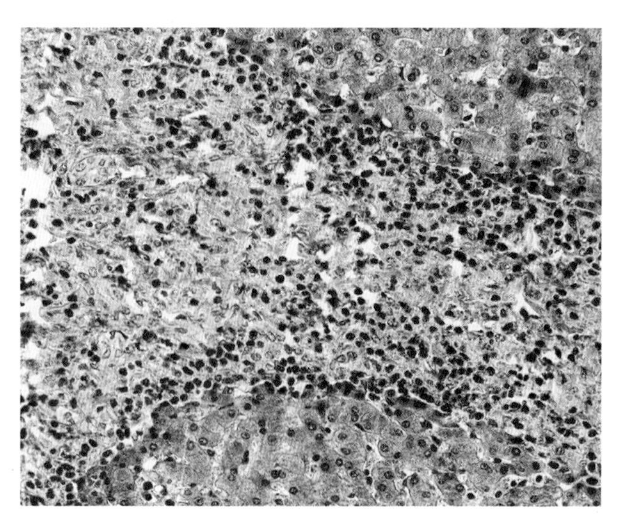

图8-64　间质性肝炎

乳斑肝的组织变化：肝小叶间隔结缔组织增生，大量嗜酸性粒细胞浸润。HE×400（陈怀涛）

五十一、猪肺线虫病

肺膈叶后缘形成楔形或三角形灰白色气肿样病变区。其中的支气管和细支气管内有后圆线虫。镜检见支气管肺炎与间质性肺炎变化，肺泡内有虫卵和幼虫寄生，肺泡隔平滑肌、结缔组织增生，淋巴细胞、嗜酸性粒细胞浸润等（图8-65）。

五十二、肾虫病

肾盂、肾与输尿管周围，可见黄豆大或更大的肾虫性包囊结节。囊内有肾虫、肾虫残骸和出血。结节也见于脾、肝、心、胰、十二指肠、淋巴结、腰肌、臀肌与脑脊髓等。腰部皮下与肝脏可见幼虫结节，同时肝脏表面和切面有幼虫移行所致的出血、坏死与增生斑纹（图8-66）。

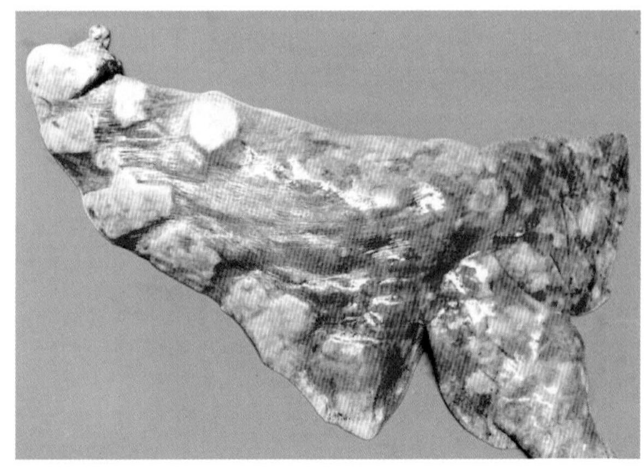

图8-65　肺气肿

在肺膈叶腹面边缘，可见由肺线虫引起的灰白色楔形肺气肿样病灶。（周诗其）

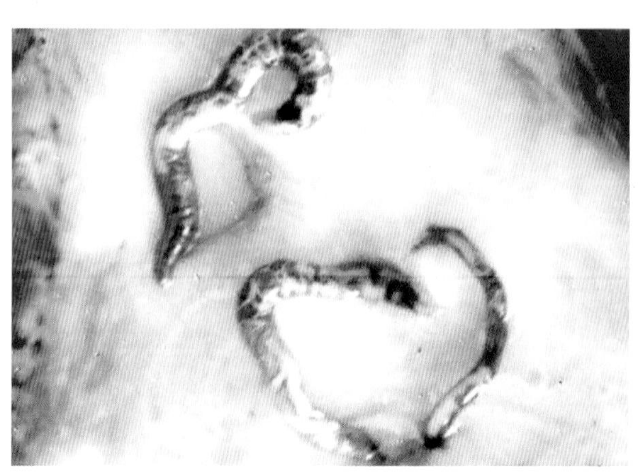

图8-66　肾虫

肾周脂肪组织中的粗壮成虫，呈弯曲的棒状。（周诗其）

五十三、旋毛虫病

常在宰后检验时，从膈肌角取材观察，并制作压片或切片做出诊断。眼观，旋毛虫呈与肌纤维平行的小白条或小白点，长0.2 ~ 0.8mm。白条即幼虫包囊，白点多为钙化的幼虫。

镜检，包囊形圆或椭圆，大小为（0.25 ~ 0.3）mm×（0.4 ~ 0.7）mm，双层，内有1 ~ 2条卷曲的幼虫，偶见3条以上，最多可达6 ~ 7条。如包囊钙化，则其混浊或不透明，虫体只显示出阴影。钙化的包囊可加10%稀盐酸，钙盐被溶解后虫体才可显现或隐约看见（图8-67、图8-68）。

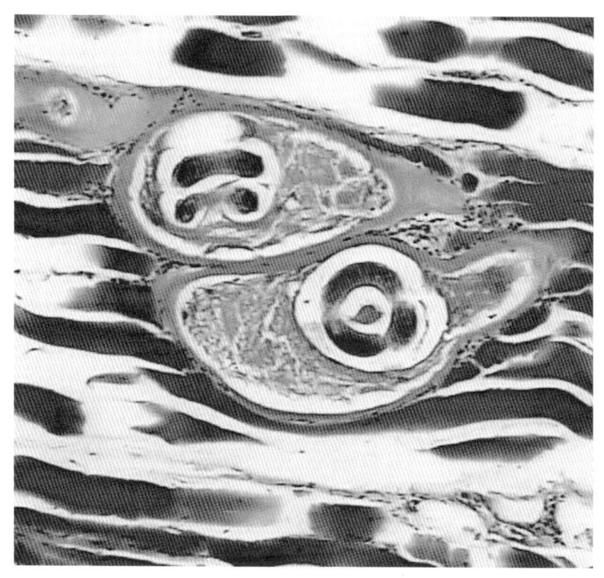

图8-67　早期旋毛虫包囊

肌浆溶解，在虫体存在的部位形成“亮带”。HE×100（胡薛英）

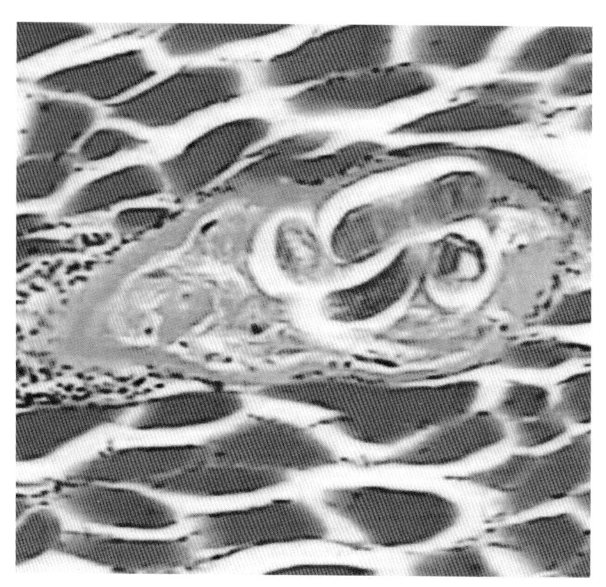

图8-68　梭形旋毛虫包囊形成

包绕虫体的梭形包囊逐渐形成，囊角处有炎性细胞浸润。HE×100（胡薛英）

五十四、猪棘头虫病

眼观，虫体可在寄生部位的空肠、回肠形成囊包结节或脓包。其周围多有红晕。结节纤维化后则变硬。虫体巨大、容易辨认。雄虫长7 ~ 15cm，宽0.3 ~ 0.5cm，呈逗号状；雌虫长30 ~ 68cm，宽0.4 ~ 1.0cm。

生前诊断可取粪便直接涂片或以水洗沉淀法检查虫卵。虫卵大，特征明显，呈椭圆形，长80 ~ 100μm，色深褐，卵壳上布满不规则的沟纹和点窝，似扁核桃壳。

五十五、猪浆膜丝虫病

在心纵沟附近或心外膜其他部位可见透明的细条、小泡状病变，或呈灰白色弯曲的小条索与砂粒状结节。在透明的细条和小泡中，可分离出白色猪浆膜丝虫。镜检，灰白色条索与砂粒状结节主要为淋巴管炎、淋巴细胞性肉芽肿和钙化性肉芽肿（图8-69、图8-70）。

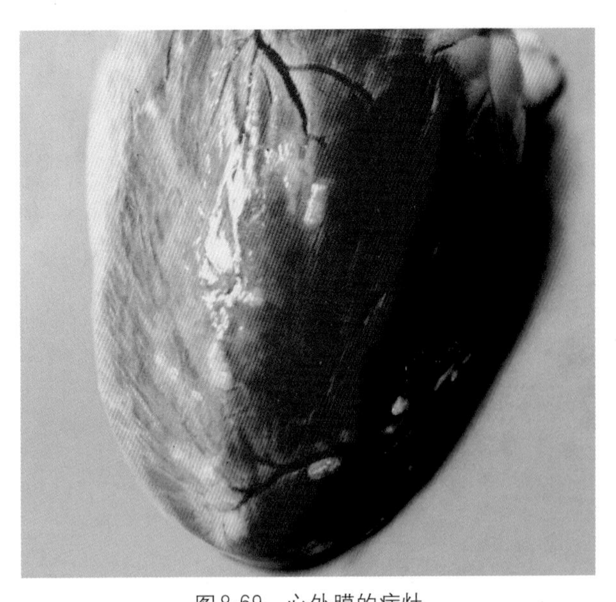

图8-69　心外膜的病灶

心外膜表层有乳白色水疱样、杆状或条索状的浆膜丝虫寄生病灶。(周诗其)

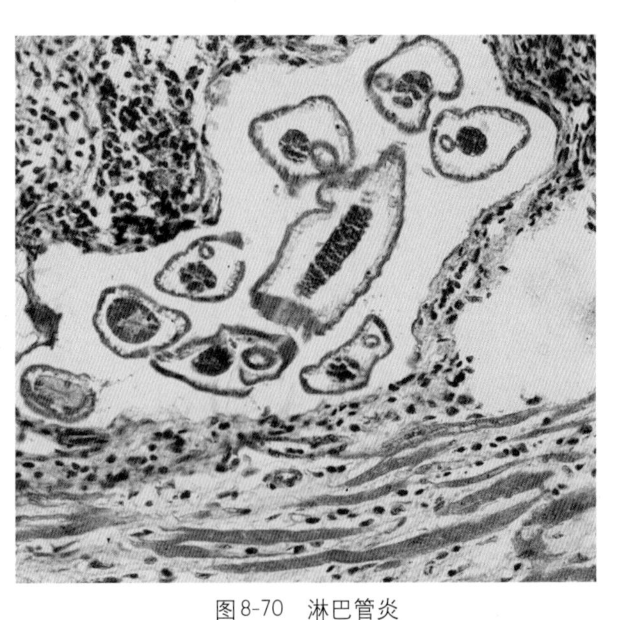

图8-70　淋巴管炎

心外膜淋巴管扩张，管腔中有浆膜丝虫横切面，淋巴管周围有淋巴细胞、嗜酸性粒细胞浸润。HE×400（陈怀涛）

五十六、猪囊尾蚴病

囊尾蚴严重感染时，生前可检查眼睑和唇部的囊尾蚴结节。宰后检验或死后剖检时，可在咬肌、腰肌及心肌等处发现囊尾蚴寄生。囊尾蚴呈黄豆大的囊状，色灰白，半透明，内有透明液体，囊壁内面附着高粱粒大的白点，即头节。镜检，头节上有四个吸盘和两圈小钩。有时可见死亡钙化的囊尾蚴结节。寄生囊尾蚴的肌肉会发生程度不等的萎缩（图8-71）。

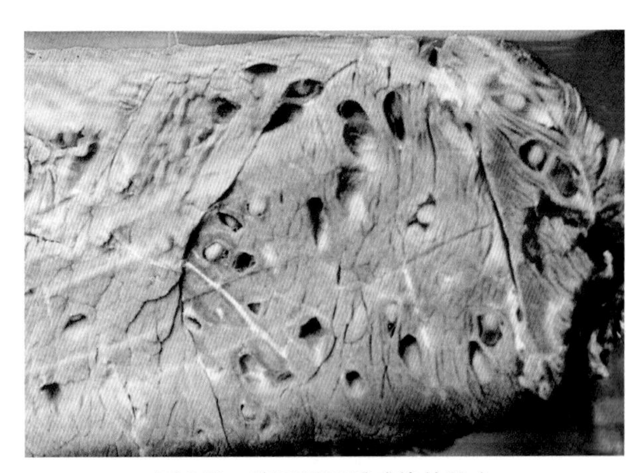

图8-71　囊尾蚴严重感染的肌肉

切面见大量囊尾蚴脱落或破裂而形成蜂窝状结构。(谷长勤)

五十七、细颈囊尾蚴病

本病多于屠宰后发现。六钩蚴在肝内穿行可引起条状出血-坏死性或增生性炎症变化。囊尾蚴常寄生于肝被膜、大网膜、肠系膜等浆膜上，偶见于肺。囊尾蚴呈囊泡状，约鸡蛋大或更大，囊壁薄，色乳白，内含透明液体，透过囊壁可见一向内生长并具有细长颈部的头节。当囊尾蚴大量寄生时，可引起肝被膜或其他寄生部位的增生性炎症（图8-72）。

五十八、疥螨病

疥螨寄生部位的皮肤粗糙、增厚、结痂、脱毛和皱襞形成。镜检，表皮角化增厚，其中有疥螨寄生。表层见大量角化的皮屑或厚层坏死物，真皮结缔组织增生和嗜酸性粒细胞浸润。生前诊断可在病部边缘刮取深层皮屑置于试管中，加入10%苛性钠（或钾）溶液加热，以溶解有机物，然后取其沉渣镜检疥螨的幼螨、若螨和虫卵（图8-73）。

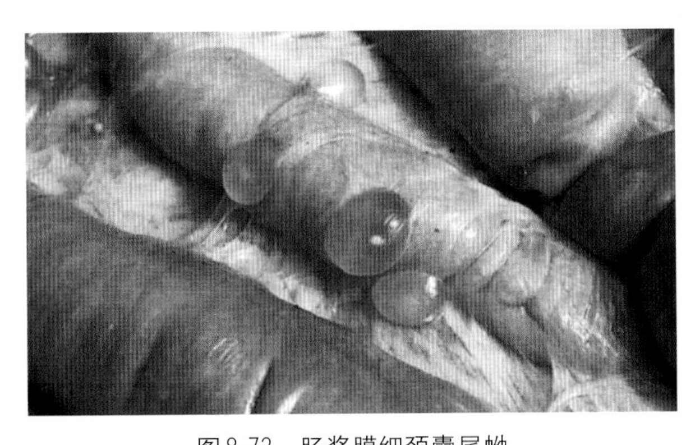

图8-72 肠浆膜细颈囊尾蚴

肠浆膜上附着小指头到拇指头大有灰白色头节的细颈囊尾蚴囊泡。(谷长勤)

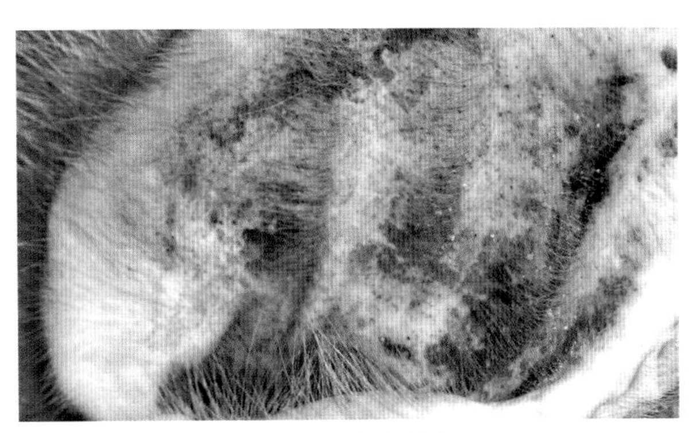

图8-73 猪疥螨病

耳郭皮肤内侧面的黄褐色痂皮。(徐有生)

五十九、黄曲霉毒素中毒

病变主要位于肝，呈中毒性肝炎变化或慢性肝炎变化。

急性 呈中毒性肝炎变化和全身黄疸。肝肿大，色淡黄或砖红，质脆。镜检，肝细胞严重空泡变性，甚至气球样变和脂肪变性。小叶中心肝细胞坏死、出血（图8-74）。

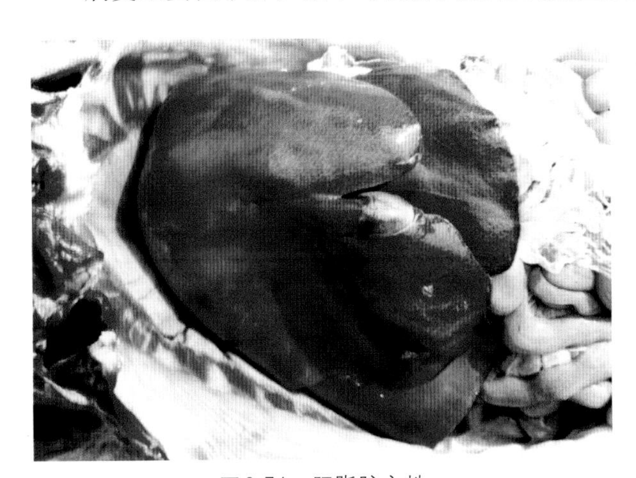

图8-74 肝脂肪变性

肝脏变性肿大，边缘变钝，呈红黄色或橘黄色。(许益民)

亚急性与慢性 呈慢性肝炎变化。肝呈橘黄色或棕色，质硬，表面粗糙或呈结节状。镜检，除有脂肪变性和坏死外，肝细胞呈明显玻璃样变，表现为胞质浓缩，深染伊红，或胞质出现大小不等的深染伊红的透明圆珠（嗜酸性小体）。肝内结缔组织与小胆管明显增生，形成不规则的假小叶和再生的肝细胞结节。肝细胞内有胆色素颗粒。临诊血检，红细胞减少，白细胞尤其中性粒细胞增加，但淋巴细胞减少（图8-75、图8-76）。

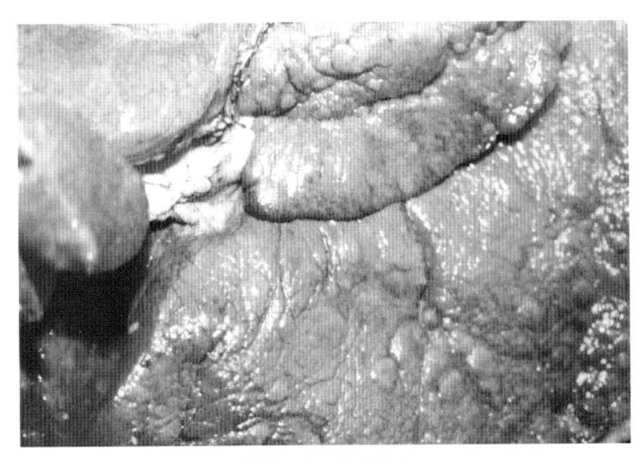

图8-75 肝硬变

肝脏轻度增大，色黄褐，由于肝内结缔组织增生，肝表面呈结节状隆突和凹陷。(许益民)

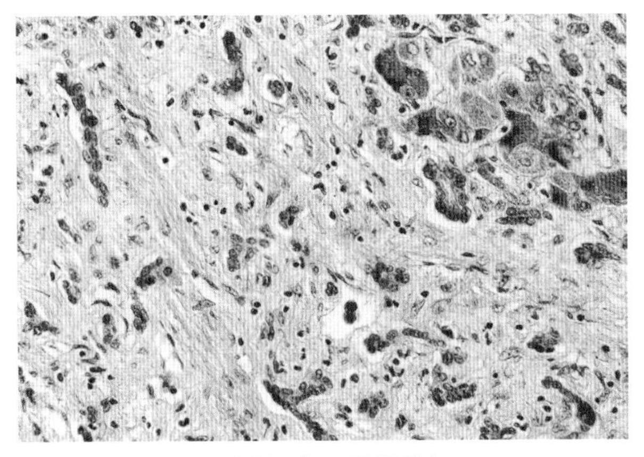

图8-76 坏死后肝硬变

肝细胞大量变性坏死并再生，结缔组织增生和淋巴细胞浸润，小胆管增生呈小条、小团或小管状，位于间质或伸向肝组织中。HE×400（陈怀涛）

六十、玉米赤霉烯酮中毒

临诊特征病变为母猪生殖器（阴道，子宫，乳房）高度充血、水肿和炎症（图8-77）。镜检，子宫颈、阴道、乳导管黏膜上皮增生和鳞状化生，黏膜组织水肿，肌层细胞增生、肥大。

六十一、盐酸克伦特罗中毒（瘦肉精中毒）

猪肉颜色鲜艳，臀肌丰满，体脂减少，脾、心、肺、肾程度不等的萎缩，脾明显萎缩。镜检，横纹肌纤维增粗，肌肉组织与脂肪组织明显分离，二者交界处常有中性粒细胞浸润。肝有坏死灶，肝细胞索间纤维组织轻度增生。脾淋巴细胞减少，白髓缩小，生发中心坏死，嗜酸性粒细胞浸润，小梁疏松水肿。肾脏呈轻度增生性肾小球肾炎变化。内脏与肌肉组织中均有明显血管周围炎变化，表现为血管周围有单核细胞、淋巴细胞、中性与嗜酸性粒细胞浸润（图8-78至图8-80）。

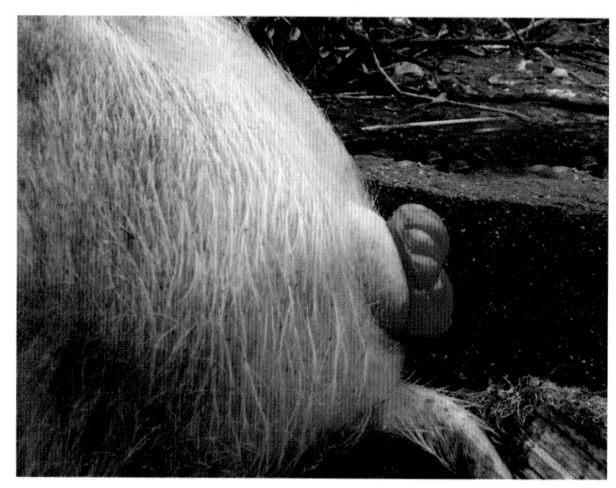

图8-77　阴道脱出

病猪外阴部瘀血水肿呈暗红色，阴道部分脱出。（张弥申）

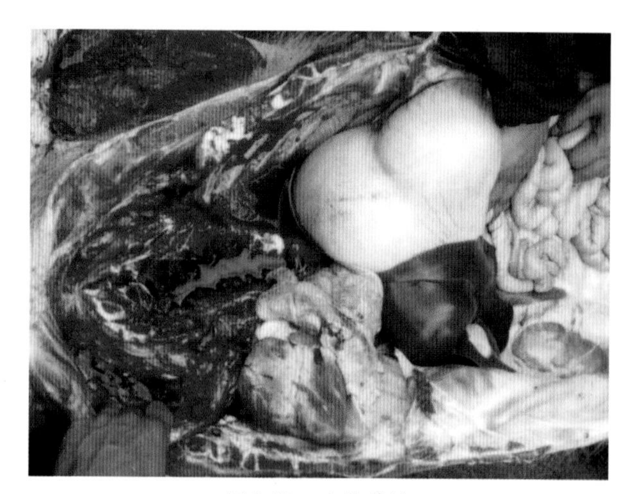

图8-78　内脏萎缩

病猪的心脏、肺脏、肝脏和脾脏等脏器萎缩，内脏器官被膜、大网膜和肠系膜的脂肪组织锐减。（林海峰）

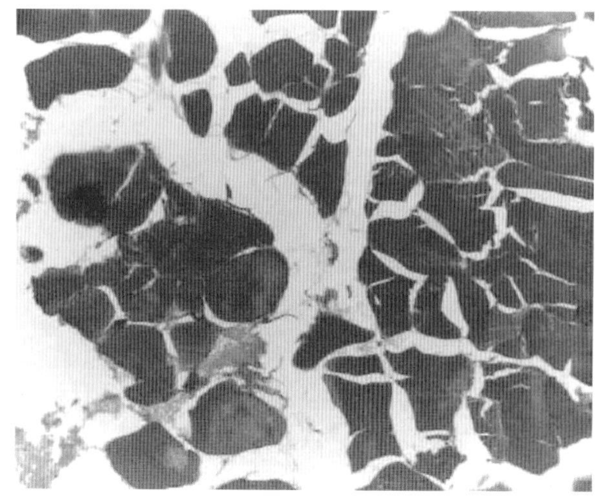

图8-79　心肌水肿

心肌纤维粗细不一，胞质变性，均质红染，心间质明显水肿增宽。HE×100（孔小明）

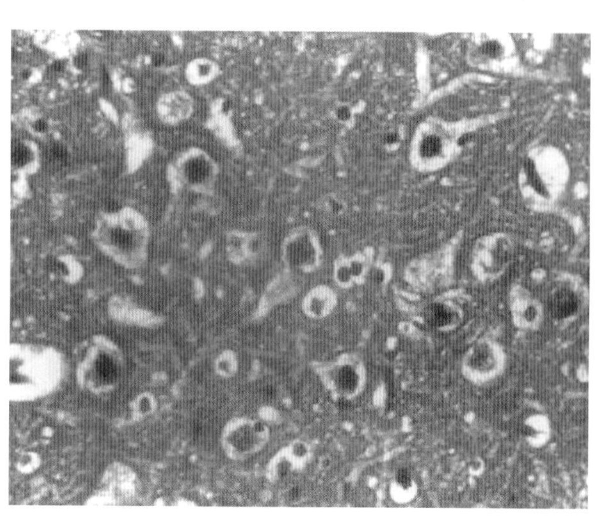

图8-80　大脑神经细胞固缩

大脑的锥体细胞固缩、深染，胞质与胞核不易区分，神经细胞周隙增大，呈轻度的水肿。HE×400（孔小明）

六十二、聚合草中毒

肝脏肿大，质地坚实，呈灰黄色或棕绿色，表面有弥漫分布的灰白色结节和大小不等的坏死灶。镜检，可见肝细胞大小不一，有些肝细胞间界限不清，巨肝细胞增多，胞质呈颗粒状，核明显增大，核仁明显，核内常见均质的嗜酸性小球体（图8-81）。

六十三、食盐中毒

呈卡他性或卡他-出血性胃肠炎变化，脑软膜充血，脑回变平，脑沟血管明显并常有积液。

镜检，见嗜酸性粒细胞性非化脓性脑膜脑炎变化。大脑灰质中层液化、坏死，可见微细海绵状空隙区（图8-82）。

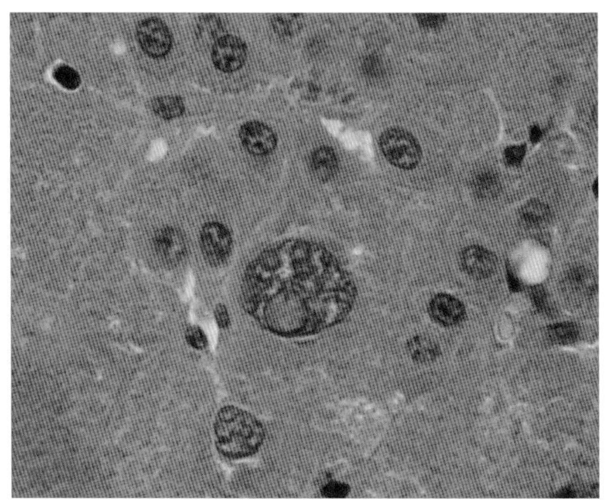

图8-81　胞核内的嗜酸性小球体

巨肝细胞的胞核内有淡红色小球体。HE×1 000（许益民）

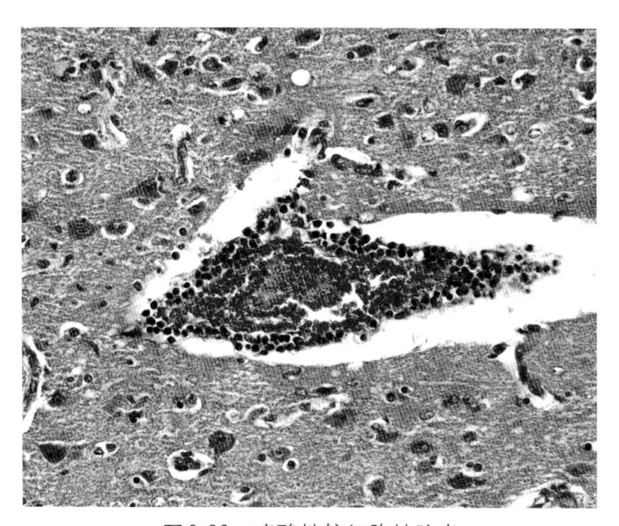

图8-82　嗜酸性粒细胞性脑炎

大脑血管充血、水肿，周围有大量嗜酸性粒细胞形成血管套。神经细胞变性，胶质细胞增生，在一些变性的神经细胞周围有胶质细胞环绕构成卫星现象。HE×400　（陈怀涛）

第九章　牛羊的疾病

一、炭疽

怀疑本病时禁止剖检。立即采取末梢血液涂片，瑞氏、姬姆萨或碱性美蓝染色，检查有荚膜的炭疽杆菌（图9-1）。

牛常呈败血型（全身型）炭疽，有时表现为痈型（局灶型）炭疽。羊除上述病型外，常呈超急性（卒中型）。

败血型　尸僵不全或缺如，尸体易腐败鼓气，天然孔出血，可视黏膜发绀、出血，血液黑红，凝固不良，似煤焦油状。全身黏膜浆膜与组织器官多发性出血，多处结缔组织发生胶样水肿与出血，浆膜腔积有混浊的血样液体。脾极度肿大、柔软，色紫红，脾髓呈糊状（图9-2）。镜检，呈出血坏死性脾炎变化。全身淋巴结呈浆液-出血性炎症变化。小肠也可见局灶性出血-坏死性炎症变化（肠痈）。

肠痈型　十二指肠或空肠发生局灶性出血-坏死性炎症，表现为在淋巴孤结和淋巴集结部位的肠黏膜呈充血、出血、炎性渗出、坏死、溃疡形成及周围肠组织水肿、出血等一系列变化。肠内容物常为淡红色或血样。

皮肤痈型　其表现和马的皮肤痈相似，即局部皮肤因皮下组织发生浆液-出血性炎症而肿胀，触及有波动感，其中渗出液含大量炭疽杆菌。

羊超急性炭疽（卒中型）　一般仅发生出血性脑膜脑炎变化。羊败血型炭疽的病变没有牛的明

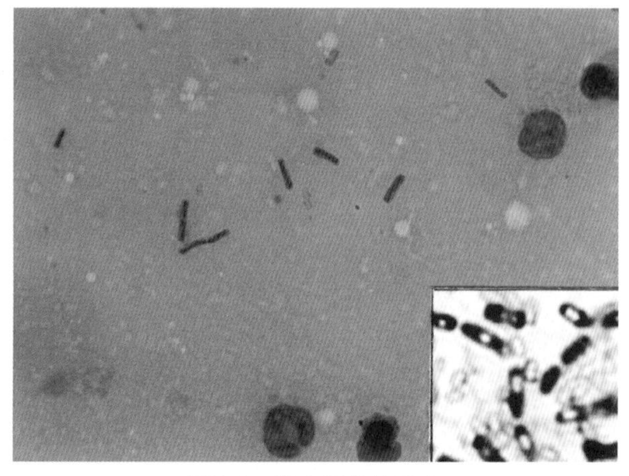

图9-1　炭疽杆菌的形态

组织中的炭疽杆菌呈大杆状，其大小为（1.0 ~ 1.2）μm×（3.0 ~ 5.0）μm，在动物组织或血液中常单在或2 ~ 5个相连成短链，相连端平截，似竹节状，有厚层荚膜；革兰氏阳性。如形成芽孢，芽孢位于菌体中央或稍偏一端，呈椭圆形或圆形，不大于菌体（右下角插图）。Wright×1 000（胡永浩）

图9-2　败血脾

脾切面色紫黑，脾髓软化呈糊状，似煤焦油。（张旭静.动物病理学检验彩色图谱.北京：中国农业出版社，2003）

显，除尸体易腐败鼓气、天然孔出血、血凝不良、胸腔有淡红色液体外，其他部位一般不出现明显水肿、渗出等变化，脾、淋巴结的出血较轻。但肾常有高粱米粒大的出血坏死灶，其中心黄白，外围是暗红色的出血带。

二、巴氏杆菌病

败血型　多组织器官及浆膜黏膜出血，浆膜腔积液，淋巴结肿大、出血。脾不肿大，偶见小点出血（图9-3）。

水肿型　咽喉部甚至颈胸部呈急性炎性水肿，也见其他败血性变化。

肺炎型　呈出血状浆液-纤维素性胸膜肺炎变化，肺肝变，切面呈大理石样（图9-4）。

羔羊　最急性常无特征变化，急性表现多组织器官出血、出血性或浆液-纤维素性肺炎变化（图9-5）。

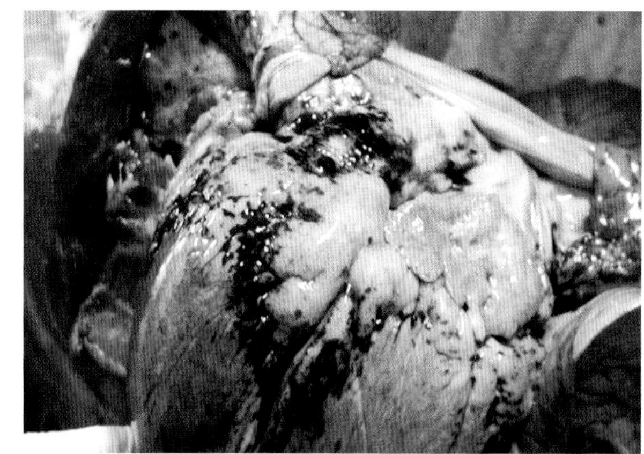

图9-3　心外膜出血

牛心冠脂肪和心外膜有大量出血斑点。（李玉和　石宝兰　赵丹彤）

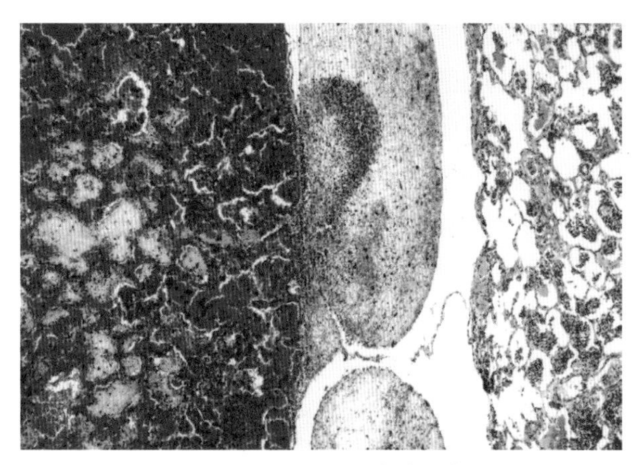

图9-4　出血-纤维素性肺炎

牛肺小叶间隔增宽，淋巴管扩张，其中淋巴栓形成，淋巴栓中有大量红细胞和中性粒细胞，左侧肺小叶为明显的出血性炎症，右侧肺小叶为纤维素－化脓性炎症。　HE×200（陈怀涛）

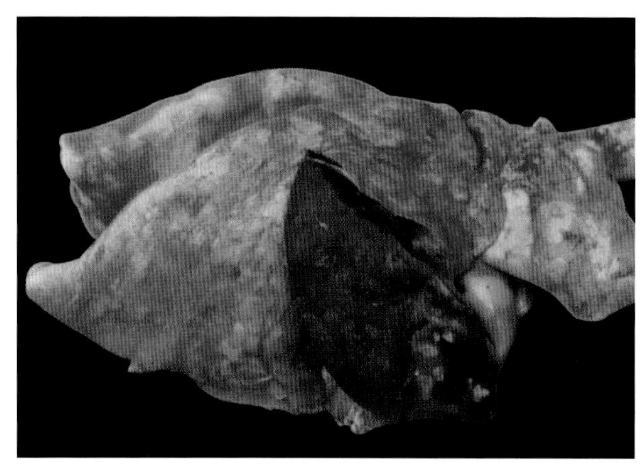

图9-5　纤维素性肺炎

羊右肺心叶颜色暗红，质地实在，肺胸膜有少量纤维素性渗出物。（陈怀涛）

三、沙门氏菌病

犊牛　急性主要表现败血性变化，浆膜黏膜出血，卡他－出血性或坏死性胃炎、小肠炎。肠壁淋巴组织与肠系膜淋巴结“髓样变”，脾肿大，质软，肝灰黄色小点状病灶。镜检，见增生灶（副伤寒结节）、坏死灶，也见渗出灶。亚急性和慢性主要表现卡他－化脓性支气管肺炎、肝炎和关节炎。肝炎变化同急性（图9-6、图9-7）。

成年牛　病变与犊牛相似，但肠炎较严重，多呈出血性小肠炎，淋巴滤泡“髓样变”，甚至发

图9-6　肠壁淋巴组织增生

犊牛肠壁瘀血色红，淋巴集结有些增生，呈髓样变。（陈怀涛）

生固膜性肠炎（图9-8）。

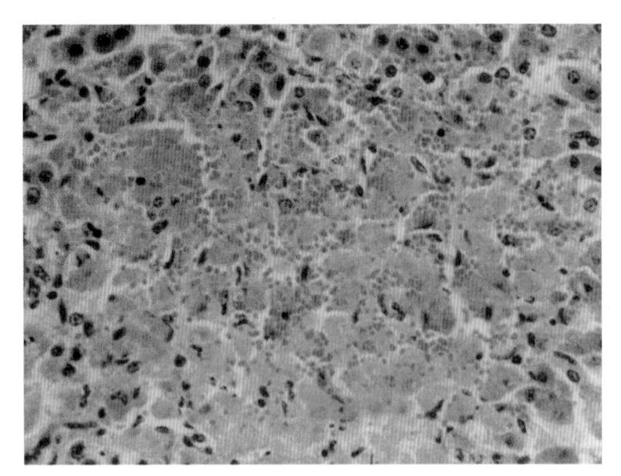

图9-7　肝坏死灶

犊牛局部肝细胞呈凝固性坏死，均质红染，胞核消失，其间有一些红细胞。HE×400（陈怀涛）

图9-8　固膜性肠炎

牛肠黏膜坏死，有大量纤维素性渗出物，呈弥漫性固膜性肠炎变化。（甘肃农业大学兽医病理室）

羔羊　15～30日龄羔羊多发，呈出血－卡他性胃肠炎变化。临诊表现为下痢。

成年羊　母羊于怀孕初期发生流产或死产。流产或死产胎儿皮下水肿，体腔积聚浆液-纤维素性渗出物，浆膜与黏膜出血，肝、脾肿大并散在灰黄色病灶。胎盘出血、水肿。死亡母羊呈急性出血-坏死性子宫内膜炎变化。

四、大肠杆菌病

犊牛　主要表现败血症、肠毒血症和急性胃肠炎变化（图9-9）。

羔羊　以胃肠炎和败血症变化为主（图9-10）。

成年牛　表现为乳腺炎变化。

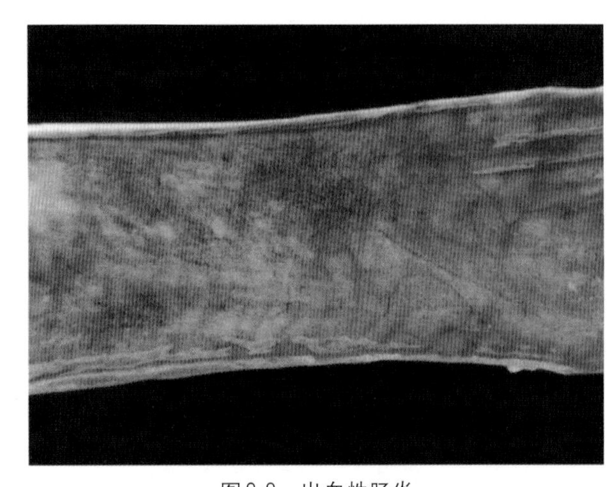

图9-9　出血性肠炎

犊牛小肠黏膜充血、出血，附有淡红色的黏液。（陈怀涛）

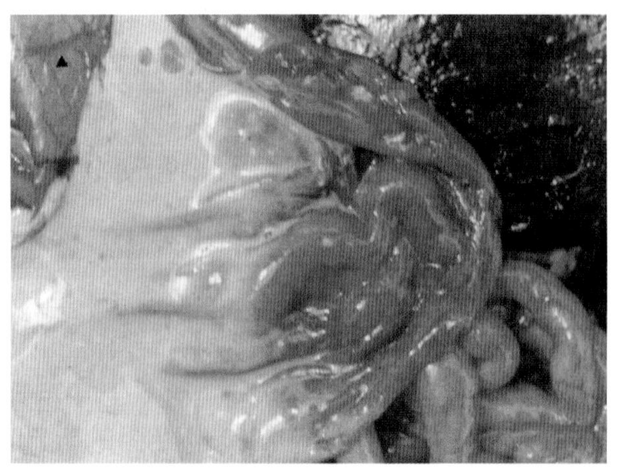

图9-10　盲肠炎

羔羊盲肠（▲）剖开时，流出大量灰黄色肠内容物，内含气泡。（陈怀涛）

五、羊链球菌病

败血型　成年羊表现全身多器官组织充血、出血、水肿与变性。特征病变为咽喉部及其周围组织明显水肿，全身淋巴结肿大。淋巴结表面与切面、肺与其他器官浆膜面均有黏稠滑腻的胶样引缕物。镜检，淋巴结、肝、脾、脑等器官间质水肿，溶解，中性粒细胞浸润及细菌荚膜多糖物质积聚（图9-11、图9-12）。

肺炎型　羔羊主要表现浆液-纤维素性胸膜肺炎和败血症变化。

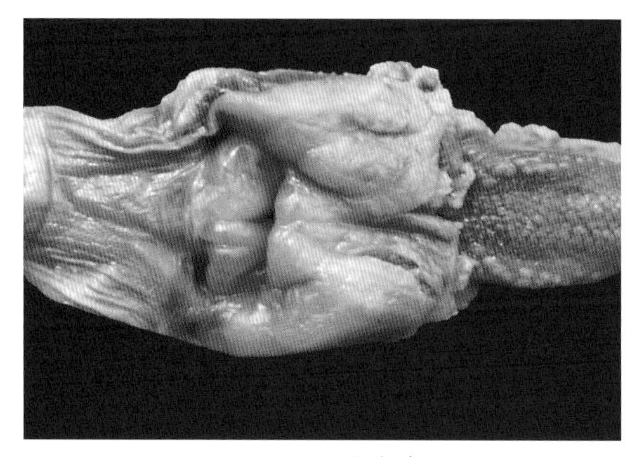

图9-11　咽喉水肿

咽喉部组织高度水肿、充血与出血。（陈怀涛）

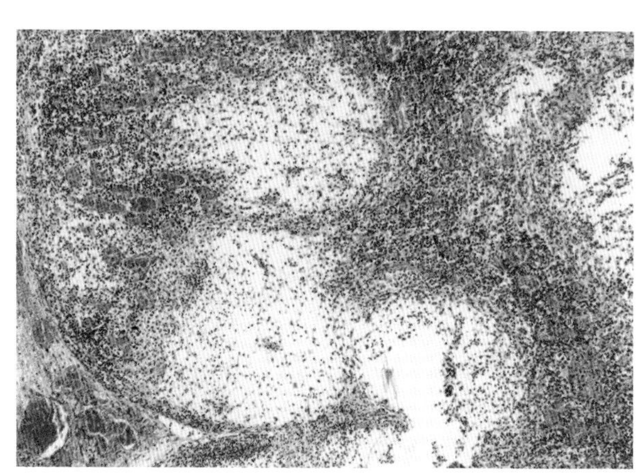

图9-12　浆液-坏死性淋巴结炎

淋巴结充血，淋巴小结消失，局部组织疏松，呈网状或腔隙，其中充满红色物质，中性粒细胞浸润。HE×100（陈怀涛）

六、坏死杆菌病

犊牛、羔羊主要表现坏死性口膜炎（犊白喉）、坏死性肝炎（有红晕的黄白色坏死块）与坏死性蹄炎（腐蹄病）（图9-13、图9-14）。

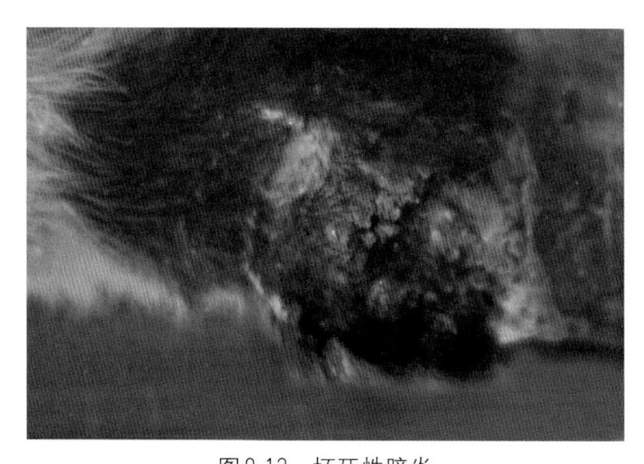

图9-13　坏死性蹄炎

羊坏死性蹄炎（腐蹄病）：蹄冠部皮肤严重坏死、腐烂。（甘肃农业大学兽医病理室）

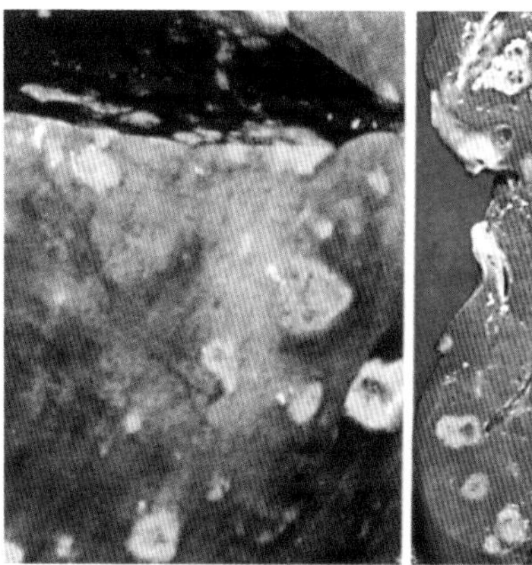

图9-14　坏死性肝炎

肝脏的凝固性坏死灶：大小不等，色灰黄，微突出于肝表面，中央稍凹陷，周围色红（左），右图为有坏死灶的肝切面。（张旭静）

七、气肿疽

特征病变为肌肉气性坏疽。

臀、股、颈、肩、胸、腰等部的丰厚肌肉发生出血-坏死性炎症，伴以明显的气肿和水肿。按压有捻发音，切开时流出含气泡的污红色酸臭液体。肌肉切面呈海绵状，有大小不等的黑红色坏死区。镜检，肌纤维呈凝固性坏死变化，并因肌间气肿、水肿而彼此分离。肌间有大量气泡、浆液、红细胞和中性粒细胞浸润（图9-15、图9-16）。

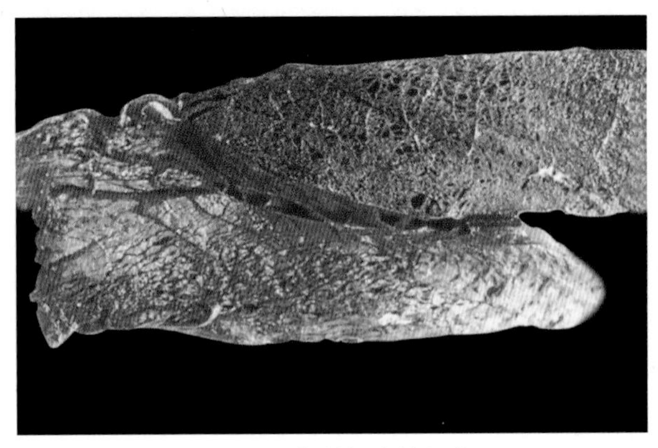

图9-15　气性坏疽性肌炎

肌肉切面色暗，多孔，呈海绵状。（甘肃农业大学兽医病理室）

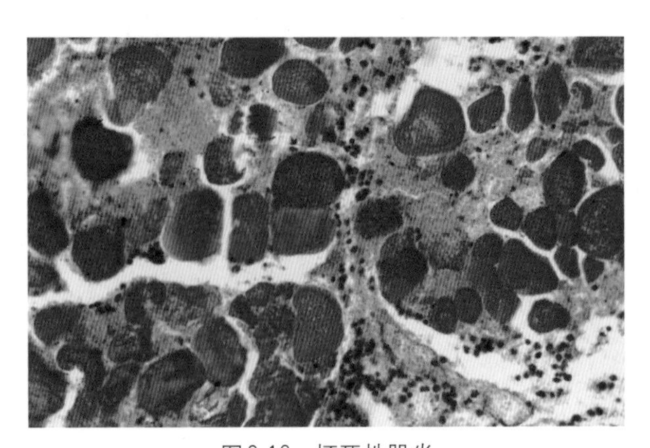

图9-16　坏死性肌炎

病部肌纤维坏死，呈玻璃样变，肌间出血、水肿，含有气泡，有白细胞浸润。HE×400（陈怀涛）

八、恶性水肿

特征病变为创伤部组织发生明显的气性水肿。如皮肤创伤感染时，局部组织肿胀，按压有捻发音，切开见皮下与肌间结缔组织有大量含有气泡的红黄色酸臭液体流出，肌肉松软似煮过，色灰红或暗红。病变也可发生于受损感染的产道组织、去势感染的阴囊与腹下组织、受伤感染的头部组织等。其性质均为气性水肿（图9-17）。

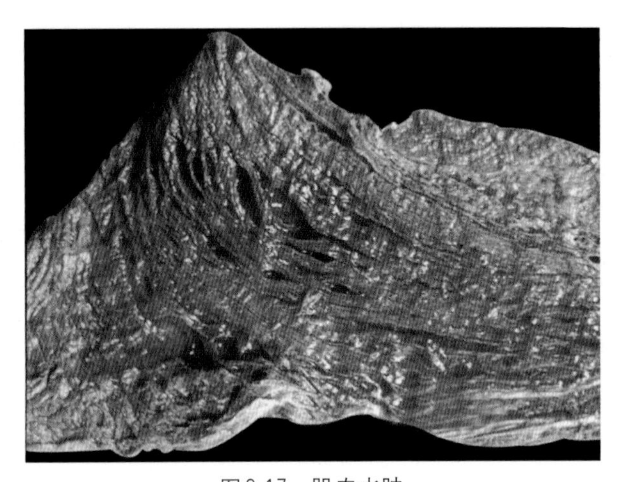

图9-17　肌肉水肿

肌肉明显水肿、柔软，色暗、无光泽，似半煮状，肌束间距离增宽。（李晓明）

九、牛肠毒血症

主要表现为出血性小肠炎，严重时为出血-坏死性小肠炎。小肠浆膜、心内外膜等有大量出血斑点。小肠黏膜弥漫性出血，甚至坏死，黏膜面的黏液和内容物均混有血液。同时尚见肠系膜淋巴结肿大、出血，切面多汁；心包腔积液，肝、肾、脾、肺等器官呈变性、出血、水肿等变化（图9-18、图9-19）。

图9-18　出血性肠炎

小肠充血、出血，肠壁色鲜红、紫红，肠腔含大量气体。（刘安典）

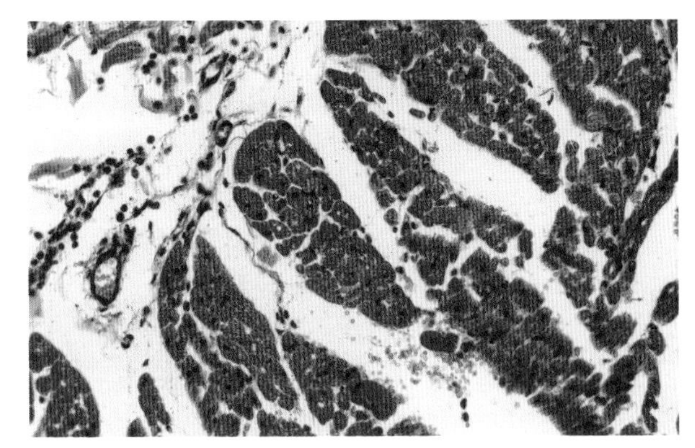

图9-19　心肌细胞变性坏死

心肌颗粒变性，有的肌细胞坏死，心肌间出血，心内膜下炎性细胞浸润。HE×400（连灿）

十、羊快疫

主要病变为急性弥漫性出血-坏死性皱胃炎变化。同时可见尸体迅速腐败鼓气，可视黏膜发绀、出血，鼻孔流出混血的泡沫，卡他性小肠炎，体腔积液，肺瘀血、水肿，肝出血与坏死，咽喉部淋巴结水肿，颈、胸部皮下组织胶样水肿等变化。皱胃与肠黏膜组织中常有大量气泡（图9-20）。

十一、羊黑疫

皮下严重瘀血，故整个皮肤呈黑色，颈下、胸部、腹部及股内侧皮下有胶样水肿。肝表面和实质内有数量不等的灰黄色圆形或不正圆形坏死灶，外围有一红色炎性反应区，肝被膜和实质有肝片吸虫幼虫移行时形成的弯曲状黄绿色瘢痕（图9-21）。

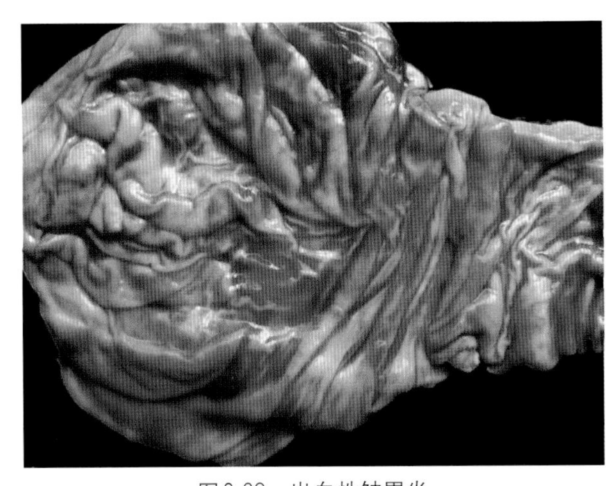

图9-20　出血性皱胃炎

皱胃和幽门部黏膜出血潮红，被覆较多淡红色黏液。（陈怀涛）

图9-21　坏死性肝炎

肝表面和实质见大小不等的黄白色坏死灶，其界限明显。(Blowey R W,et al. 齐长明主译. A colour atlas of diseases and disorders of cattle. 2版，北京：中国农业大学出版社，2004）

十二、羊肠毒血症

肾软化与出血性或出血-坏死性小肠炎是本病的重要病变。肾高度软化，甚至不成形，呈糊状，色晦暗。镜检，肾小管上皮细胞严重变性、坏死。小肠，尤其十二指肠与空肠黏膜充血、出血，严重时肠壁呈红色，肠内容物混有血液。同时可见体腔积液、心肌柔软、心腔扩张、心内外膜出血、肝肿大色黄并有小坏死灶等变化。有时也见对称性脑软化灶（图9-22至图9-24）。

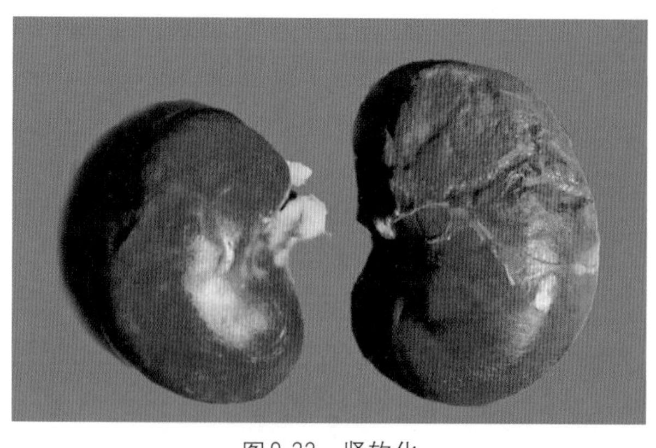

图9-22　肾软化

右：肾明显软化，被膜不易剥离　左：正常肾脏。（陈怀涛）

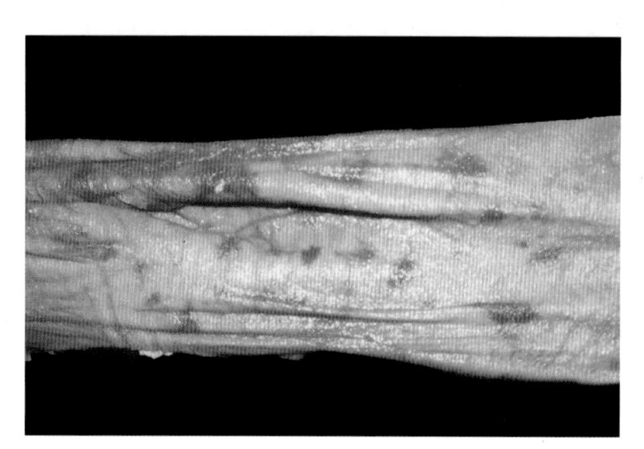

图9-23　出血性肠炎

小肠黏膜充血、出血，并附有少量红色内容物。（陈怀涛）

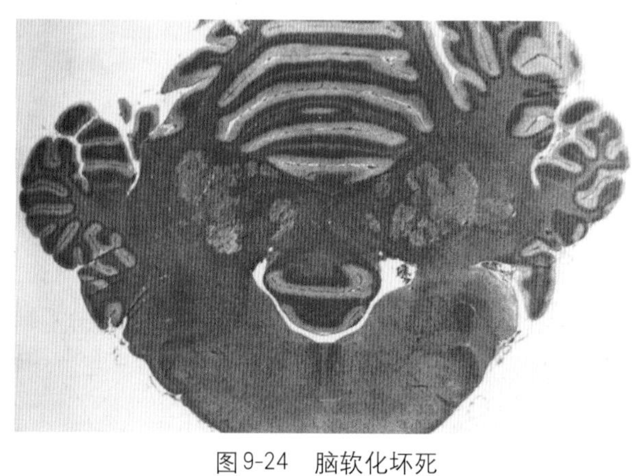

图9-24　脑软化坏死

小脑横切面上脑组织中可见对称性灰黄色软化灶。（Mouwen J M V M, et al. A colour atlas of veterinary pathology. Utrecht: Wolfe Medical Publications Ltd,1982）

十三、羊猝狙

主要病变为出血-坏死性小肠炎。小肠（尤其十二指肠与空肠）黏膜严重出血、糜烂，甚至有溃疡形成。腹腔脏器明显充血，多处腹膜出血，腹腔、胸腔与心包腔有大量混有纤维素的淡黄色液体渗出。尸体腐败迅速，如剖检延迟，可见皮下、肌间有大量红色胶样液体和气泡（图9-25）。

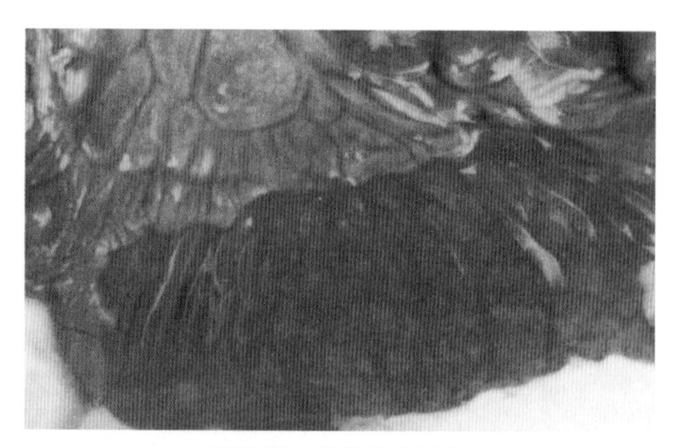

图9-25　出血性空肠炎

空肠壁明显充血，黏膜出血，肠内容物稀薄、色红。（陈怀涛）

十四、羔羊痢疾

尸体消瘦、贫血、脱水。皱胃内有未消化的凝乳块。小肠（尤其空肠和回肠）呈出血性肠炎变化，严重时小肠与结肠黏膜有溃疡形成，溃疡周围充血、出血。胸腔、腹腔、心包腔积液，心内外膜出血，肺瘀血、出血（图9-26）。

图9-26　出血性肠炎

小肠壁紫红并有出血，肠内容物呈红色。（陈怀涛）

十五、李氏杆菌病

脑炎型　特征病变为单核-中性粒细胞性脑膜脑炎变化，有微脓肿形成。脑膜充血、水肿，脑脊液增多；脑沟变浅，脑回变平增宽；脑切面湿润，散在针尖至粟粒大灰白色病灶及小点出血。脑干（尤其脑桥、延脑和脊髓）质软，切面见大小不等的软化灶。镜检，脑膜与上述脑质血管扩张充血，血管周单核细胞、中性粒细胞浸润并形成管套。脑质水肿，可见胶质细胞、单核细胞和中性粒细胞组成的结节，也见小化脓灶（图9-27、图9-28）。

败血型　脾肿大，肝、心、肺、淋巴结可见黄白色小坏死灶。

子宫炎型　流产胎儿呈败血性病变，其肝、脾、肺见粟粒大的坏死灶。

图9-27　神经症状

病羊向前碰撞与转圈。（陈怀涛）

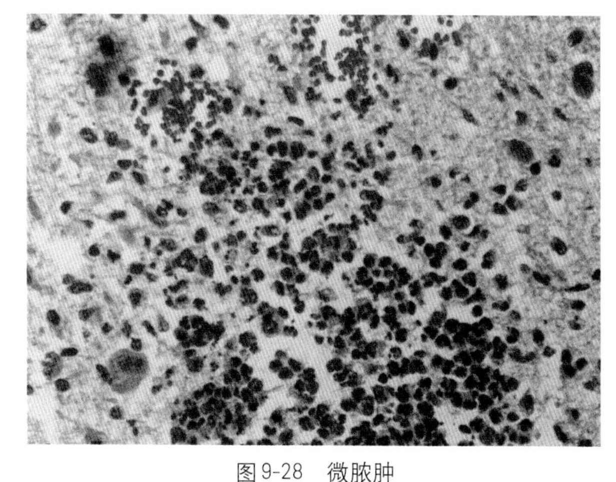

图9-28　微脓肿

脑干组织中有一个由中性粒细胞、单核细胞和胶质细胞组成的微脓肿，附近组织出血。HEA×400（陈怀涛）

十六、结核病

病变多见于肺、淋巴结和浆膜，也见于乳腺、子宫、肠、肝、脾、肾、骨等器官。病变主要表现为结核结节即结核性肉芽肿。牛结核结节的特点是常发生干酪样坏死和钙化。

肺　支气管源性感染时呈干酪性肺炎变化，可发展为干酪样坏死区和肺空洞。血液蔓延时肺组织中发生大小不等的结核结节。渗出性结节其中心为灰黄色坏死物，外围为红色炎性反应带；增生性结节其中心为黄白色干酪样坏死物或带有坚硬的钙化颗粒，外围为淡红色新生的肉芽组织和灰白色结缔组织包囊。

淋巴结 支气管、纵隔、肠系膜与咽后淋巴结最常受害，下颌、颈部及髂内、外淋巴结也可发生病变。淋巴结程度不等地肿大，质硬。初期淋巴结内为灰白色小坏死灶，逐渐发展为干酪样坏死灶，然后其周围组织增生，形成肉芽肿性淋巴结炎。干酪样坏死灶也可不断扩大、融合，发展为干酪性淋巴结炎，整个淋巴结变成由被膜包裹的干酪样坏死物，淋巴结可达正常10 ~ 20倍。

浆膜 胸膜、腹膜、心外膜均可患病，但病变最多见于胸膜。病变表现为增生性浆膜结核（珍珠病）和干酪样浆膜炎。前者为增生性结核，在浆膜上形成一层黄豆至榛子大的结节。结节质硬，表面光滑（图9-29）。后者是由浆液-纤维素性渗出物发生干酪样坏死而形成的，故浆膜可厚达数厘米。

乳腺 主要表现为增生性或渗出性结核结节，也可表现为干酪性乳腺炎。

其他器官 脾多为增生性结核结节。子宫结核病呈现子宫壁增厚，黏膜形成结节或大范围干酪样坏死。肾偶见增生性结核结节或结核性肾盂肾炎。

镜检 结核病的结节有三种，即增生性、渗出性与坏死性结核结节。增生性结核结节也称结核性肉芽肿，最具代表性。最初由巨噬细胞来源的上皮样细胞和朗汉斯巨细胞（Langhans’ giant cell）组成。以后中心变为凝固性（干酪样）坏死，均质，嗜伊红性，常有散在的细胞核碎片和钙质沉着；其外是界限不清的上皮样细胞和核呈马蹄形或环状排列在胞质周边的朗汉斯巨细胞，最外则由结缔组织与淋巴细胞围绕（图9-30、图9-31）。

渗出性结核结节较少见。最初仅为组织充血及渗出物（浆液、纤维素、巨噬细胞、中性粒细胞、淋巴细胞等），随后这些渗出物和局部组织发生凝固性（干酪样）坏死，坏死物周围是炎性渗出。

坏死性结核结节很少见。表现为多发性微小坏死灶，周围无炎性反应。这种情况见于机体抵抗力极弱且处于过敏状态时。

有时，结核病变也可表现为上皮样细胞与巨细胞弥漫性增生，然后发生干酪样坏死与钙化。

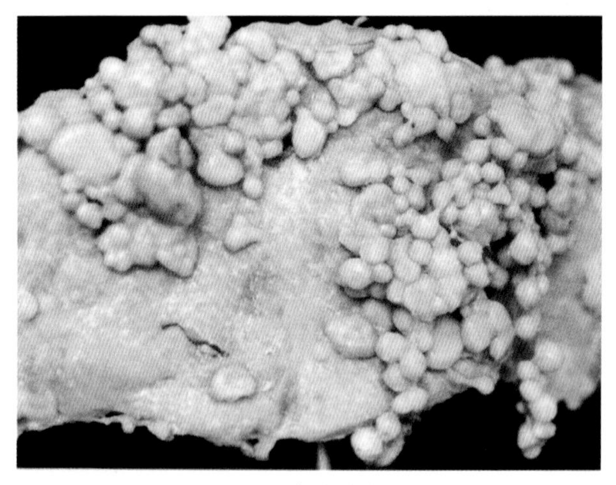

图9-29　胸膜结核结节

一头黄牛胸膜的“珍珠病”（pearl disease）：胸膜上增生许多珍珠状的结核结节。（陈可毅）

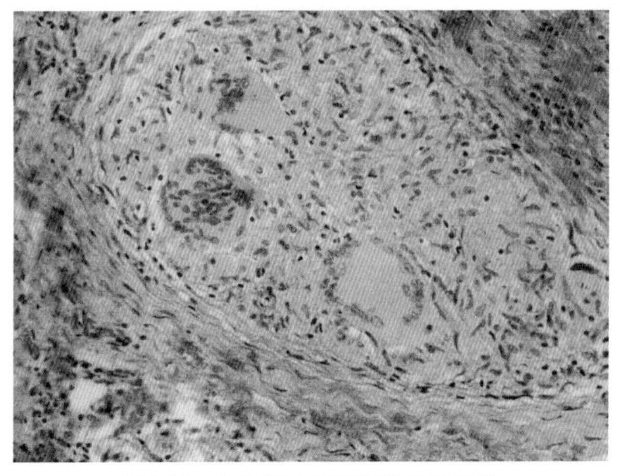

图9-30　浆膜增生性结核结节的结构

结节较大，界限明显，由许多上皮样细胞和几个巨细胞组成，其中淋巴细胞散在。HE×200（陈怀涛）

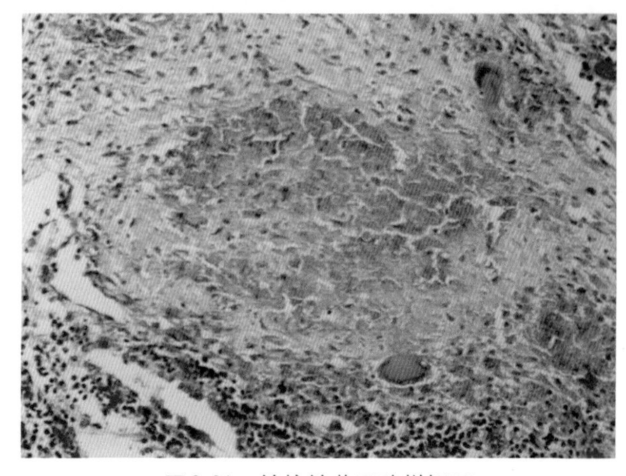

图9-31　结核结节干酪样坏死

肺脏的一个结核结节：结节中心部已发生干酪样坏死，外围是上皮样细胞和两个巨细胞。HE×200（陈怀涛）

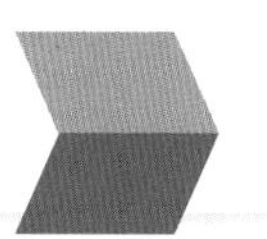

十七、副结核病

除尸体全身营养状况不良外，最特征的病变为特异组织增生性肠炎和肠系膜淋巴结炎。

眼观　空肠后段、回肠以及结肠与盲肠，其肠壁明显增厚，小肠质地似食管，肠腔狭小，内容物少且呈糊状。黏膜增厚达正常数倍至10余倍，并形成脑回样皱褶，柔软，难以展平。黏膜表面色灰白或灰红，可见小点出血。病变肠段及肠系膜的淋巴管扩张变粗，呈弯曲的细绳状，切面流出白色混浊的液体。肠系膜淋巴结肿大，质软，切面色灰白，呈髓样变（图9-32、图9-34）。

镜检　病部肠黏膜上皮变性、坏死、脱落。固有层有大量上皮样细胞、淋巴细胞及少量多核巨细胞、浆细胞、巨噬细胞增生，故肠绒毛变形、弯曲或增粗。肠腺被增生的细胞挤压而萎缩或消失，有的腺上皮细胞变性、脱落于管腔，有的腺上皮增生，杯状细胞增大、分泌亢进。黏膜下层也有上皮样细胞、巨细胞及淋巴细胞、浆细胞增生。病变严重时，细胞的增生可波及肌层甚至浆膜层。抗酸染色可显示，上皮样细胞和巨细胞质中有集聚成堆的红色副结核杆菌。在病变肠段相应的肠系膜淋巴结中的淋巴窦内可见大量上皮样细胞、巨细胞和淋巴细胞。淋巴小结生发中心与副皮质区界限不清，周围也有大量上皮样细胞、巨细胞弥漫增生。病变严重时，整个淋巴组织几乎被上皮样等细胞所取代，淋巴小结萎缩或消失（图9-35、图9-36、图9-38）。

图9-32　牛增生性肠炎

牛回肠黏膜增厚，起皱，外观似脑回。（陈怀涛）

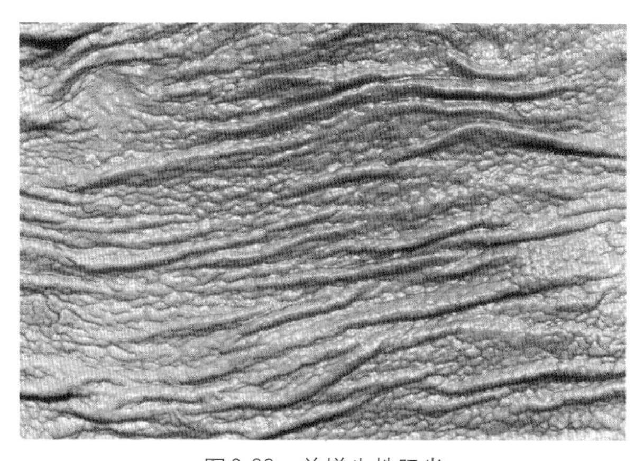

图9-33　羊增生性肠炎

羊肠黏膜增厚，表面不平，呈扁平的结节状。（陈怀涛）

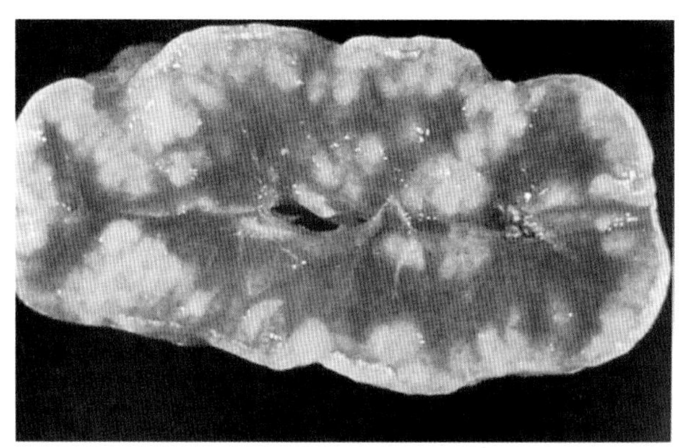

图9-34　羊增生性淋巴结炎

一只病山羊肠系膜淋巴结的切面，皮质部呈灰白色髓样变，被膜下有薄层干酪样坏死（牛无干酪样坏死）。（Mouwen J M V M，et al. A colour atlas of veterinary pathology.Utrecht: Wolfe Medical Publications Ltd,1982）

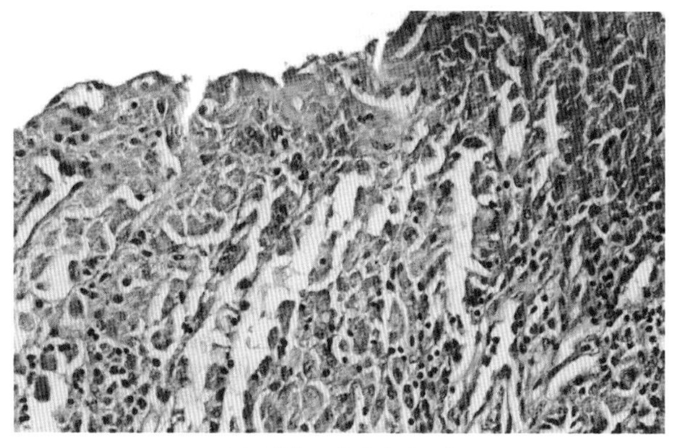

图9-35　增生性肠炎

牛小肠绒毛因固有层上皮样细胞大量增生而变形，黏膜上皮坏死。HE×400（陈怀涛）

羊副结核病时，肠黏膜的增生变化一般较轻。黏膜虽有增厚、起皱等变化，但常不呈脑回样（图9-33）。镜检见固有层增生细胞比牛的少，绒毛虽有增粗、变形等变化，但固有层与黏膜下层不形成厚层或连片的上皮样细胞（图9-37）。

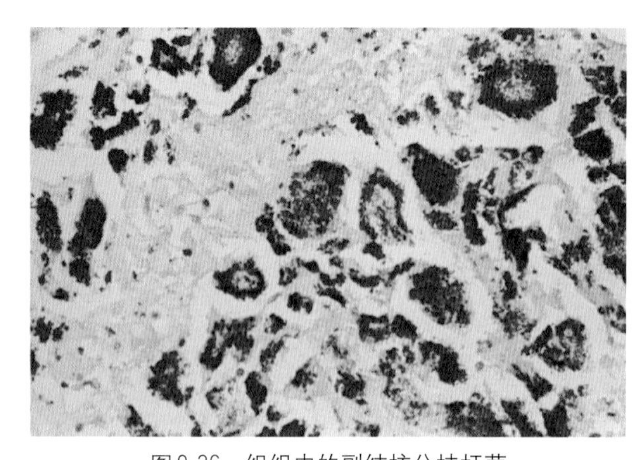

图9-36　组织中的副结核分枝杆菌

牛肠黏膜上皮样细胞中见大量红色副结核分枝杆菌，而细胞外的细菌很少。Ziehl-Neelsen氏抗酸染色 ×400（陈怀涛）

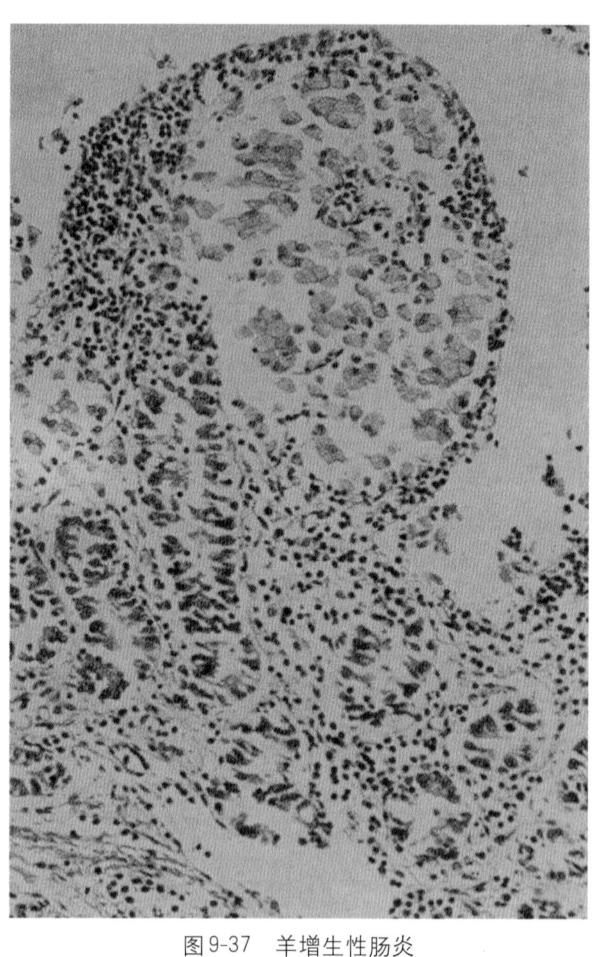

图9-37　羊增生性肠炎

羊回肠绒毛变粗，绒毛中有许多上皮样细胞和巨噬细胞，附近有较多淋巴细胞分布。HE×200（陈怀涛）

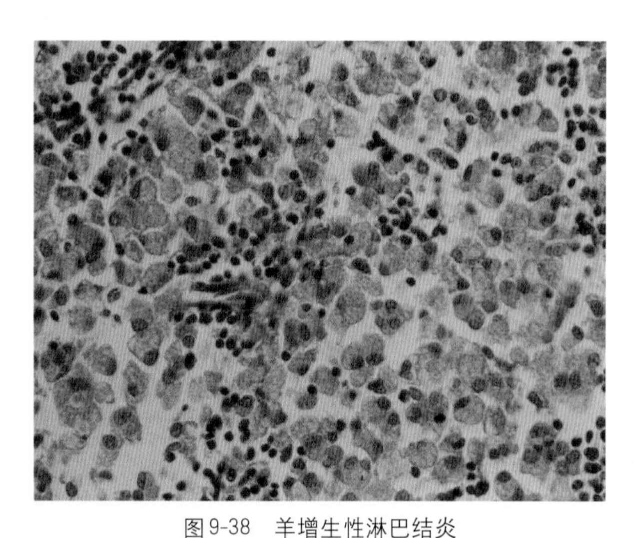

图9-38　羊增生性淋巴结炎

羊肠系膜淋巴结的淋巴窦里有大量巨噬细胞和连片的上皮样细胞。HE×400（陈怀涛）

十八、布鲁氏菌病

特征病变在生殖器官和流产胎儿。

在隐性感染或试验病例，淋巴结、脾、肺、肾等器官，可形成上皮样细胞、淋巴细胞结节。

母羊　本病主要为子宫病变和流产。病变位于子宫、胎膜和胎儿。子宫的子叶胎盘发生化脓-坏死性炎症。表现为子宫内膜与绒毛膜间有污灰色或黄色胶状渗出物，绒毛叶充血、出血、水肿与坏死，呈紫红或淡红色，表面附有一层黄色坏死物或污灰色脓液，胎膜水肿增厚，有出血（图9-39）。

公羊　病变也位于生殖器官。精索由于静脉曲张瘀血而呈串珠状或结节状。鞘膜腔积液，阴囊皮下水肿，故使阴囊下垂呈桶状，严重时阴囊拖地（图9-40）。附睾病变主要见于附睾尾。急性期附

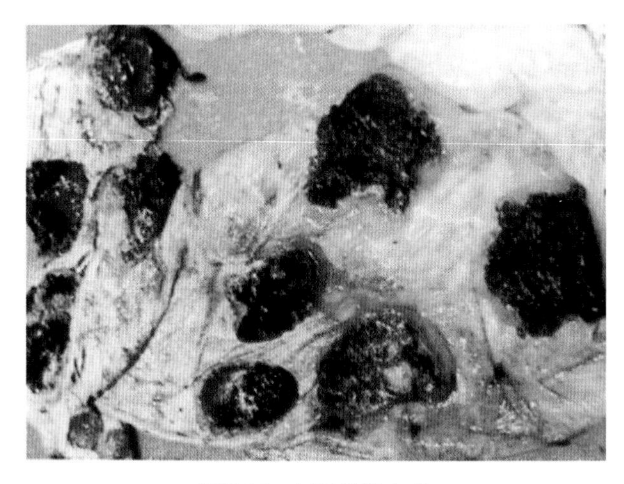

图9-39　坏死性胎盘炎

流产胎盘水肿，子叶出血、坏死，故呈棕黑色，其表面附有坏死物。（Blowey R W,et al. 齐长明主译 . A colour atlas of diseases and disorders of cattle. 第二版，北京：中国农业大学出版社，2004）

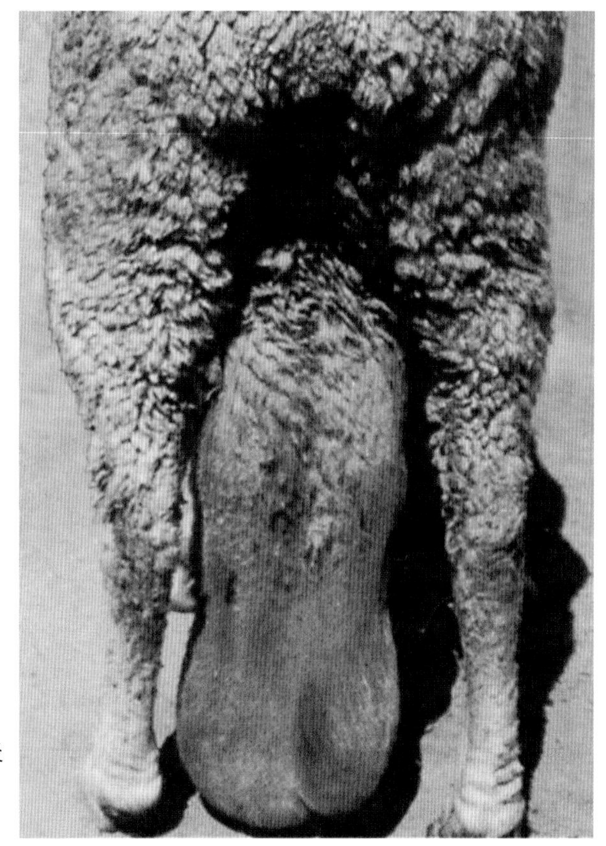

图9-40　睾丸炎

睾丸发炎肿大，阴囊肿胀拖地，病羊行走困难。（张高轩）

睾尾肿大，切面呈大小不等的囊状，内含干酪样物。睾丸多一侧肿大。慢性期附睾尾高度肿大，呈结节状，质硬，并与睾丸粘连，切面见黄白色纹理和干酪样物，睾丸缩小。镜检，急性期附睾间质水肿，附睾管上皮增生、化生并形成内囊，上皮细胞变性、坏死、脱落。慢性期附睾间质增生，附睾管上皮增生，使管腔变窄或阻塞，有的管腔则扩张，其中有死亡或存活的精子和脱落的上皮细胞。如附睾管受损或破裂，精液外溢后可形成由上皮样细胞、巨细胞和淋巴细胞构成的精子肉芽肿。

此外，也可见间质性乳腺炎、关节炎及间质性心肌炎等病变。

十九、放线菌病

病变发生于颌骨（尤其下颌骨）、皮肤（尤其下颌角间）、口黏膜与舌、淋巴结与肺等组织器官。病变表现为结节型、弥漫型与糜烂或溃疡型（口腔）。同时伴有化脓过程。上述部位的组织中形成放线菌肉芽肿，结缔组织明显增生和中性粒细胞浸润与组织溶解、化脓。眼观，放线菌肿组织切面的软化灶和脓液中，均含淡黄色细粒状菌块“硫黄颗粒”（图9-41至图9-43）。

牛放线菌侵害骨组织，在病变组织中“硫黄颗粒”（菌块）呈玫瑰花状，其中心部为菌丝体，呈丝球状，革兰氏染色阳性；菌块外围部为放射状的棍棒体，革兰氏染色阴性，HE染色强嗜伊红性。棍棒体粗长（长10 ～ 30μm，直径3 ～ 10μm），末端膨大，呈圆形，嗜伊红性很强。陈旧菌块可发生钙化，被苏木精染成蓝色；若经碘治疗，则菌块分解成散在的片断而不易着色。

林氏放线杆菌是软组织放线菌病的主要病原，革兰氏染色阴性。在组织中菌块的结构与牛放线菌的相似，但中心不是丝球状菌丝体，而是许多细小的短杆菌，革兰氏染色阴性；周围也是放射状的棍棒体，但比牛放线菌的短，也呈革兰氏阴性。

镜检，在HE染色或放线菌染色（如PAS）的组织切片上，最初的肉芽肿性反应是，在积聚的中性粒细胞周围有一些成纤维细胞、少量上皮样细胞和多核巨细胞，最外是夹杂淋巴细胞、浆细胞的一般结缔组织。以后发展为完全的放线菌肉芽肿。肉芽肿中心为鲜红或紫红色玫瑰花样的菌块，菌块附近有多量中性粒细胞，周围是上皮样细胞、巨细胞以及大量淋巴细胞、巨噬细胞和浆细胞，偶见个别嗜酸性粒细胞；最外是成纤维细胞构成的不大明显的包膜。

绵羊、山羊放线菌病的病变和牛的相似，但较少见。病变主要发生于鼻唇、面颊、下颌、上颌与胸部皮肤，也见于软腭、咽、肺和局部淋巴结。这些部位可发生结节、弥漫性增生，伴以软化灶和脓肿的形成。

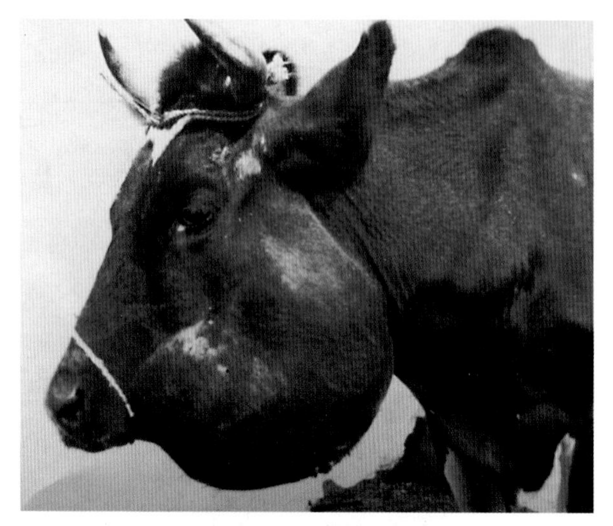

图9-41　下颌骨放线菌肿

牛左下颌部高度肿大，向外突出，似肿瘤。（周诗其）

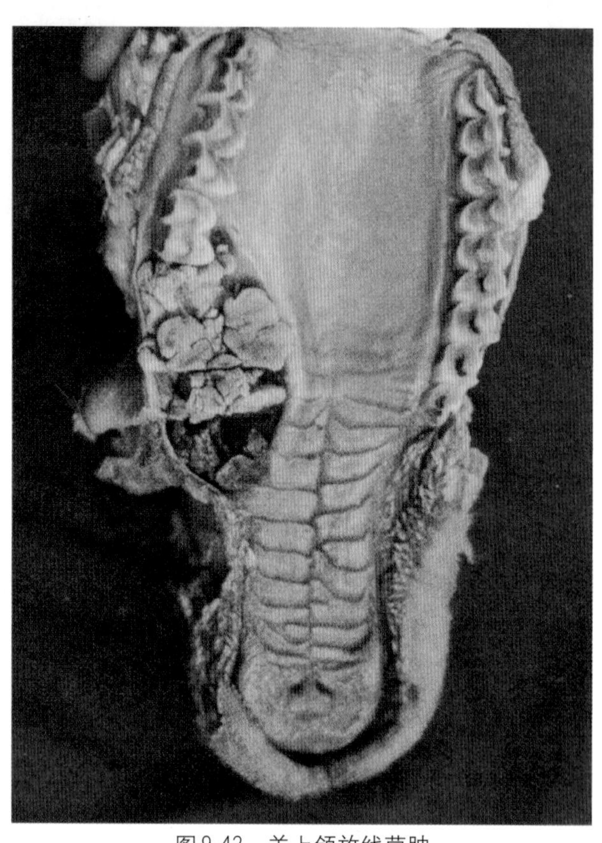

图9-42　羊上颌放线菌肿

羊上颌骨左侧有一明显的放线菌肿，齿槽被破坏，面部骨质突出（↑）。（甘肃农业大学兽医病理室）

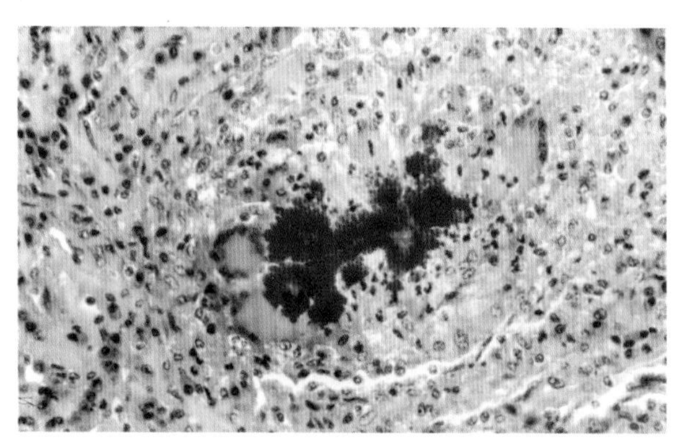

图9-43　放线菌肉芽肿

一个较典型的放线菌肉芽肿：肉芽肿中心是玫瑰花样的放线菌块，其周围有一些中性粒细胞，肉芽肿大部为淡染的上皮样细胞和几个巨细胞，最外是少量结缔组织构成的包囊。PAS×400（陈怀涛）

二十、羊假结核病（干酪性淋巴结炎）

病变表现为脓肿，脓肿多位于淋巴结，即化脓性淋巴结炎。脓液初稀薄，后变黏稠，呈黄绿色，似干酪。淋巴结肿大，切面见淋巴结变为大脓肿。脓肿特征为钙化的干酪样脓汁呈同心层结构，如洋葱切面，脓肿周围有厚层结缔组织包囊。干酪样淋巴结炎常见于颈浅淋巴结、髂下淋巴结以及乳房与下颌淋巴结等浅部淋巴结，也见于体内的支气管淋巴结、纵隔淋巴结及肠系膜淋巴结等。内脏器官（肝、脾、肺、肾等）也可发生如淋巴结内那样特征的脓肿（图9-44、图9-45）。

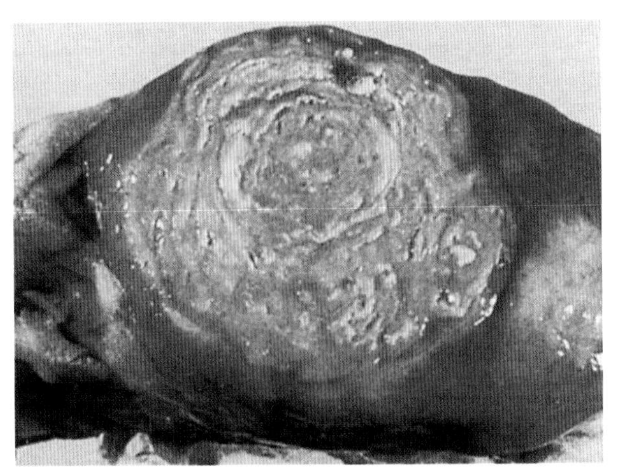

图9-44　淋巴结干酪性脓肿

一个有脓肿的淋巴结切面。脓肿有厚层包囊，内含同心层结构的干涸的脓汁，呈淡绿黄色。(Mouwen J M V M, et al. A colour atlas of veterinary pathology. Utrecht: Wolfe Medical Publications Ltd,1982)

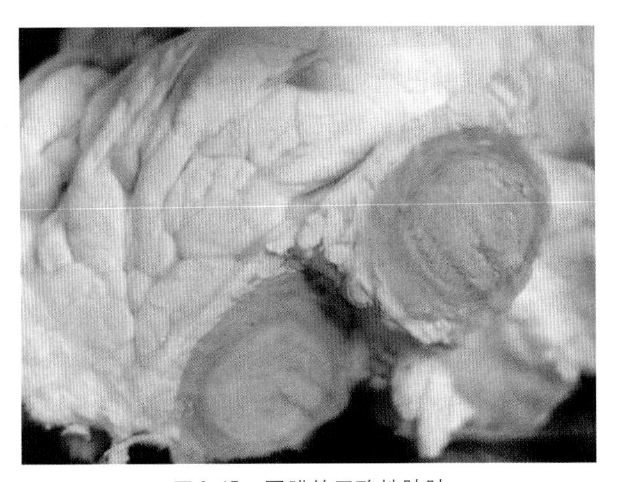

图9-45　网膜的干酪性脓肿

网膜上有两个干酪性脓肿，其包囊很厚。(陈怀涛)

二十一、牛细菌性肾盂肾炎

特征病变为肾盂、肾组织及尿路发生化脓性或化脓-坏死性炎症（图9-46、图9-47）。

眼观　一侧或两侧肾肿大，被膜常可剥离。肾表面因形成灰黄色小化脓坏死灶而呈斑点状。纵切面可见灰黄色条纹或楔形区，由肾乳头部向髓质与皮质呈放射状伸展。肾乳头溃烂坏死。肾盂扩张，积有灰白色黏脓性物质，其中也可混有钙盐颗粒。肾盂黏膜充血、出血，附以黏脓性物质。膀胱壁增厚，膀胱内含恶臭的尿液，黏膜肿胀、出血、坏死或形成溃疡。一侧或两侧输尿管变粗，内含黏脓性物质。

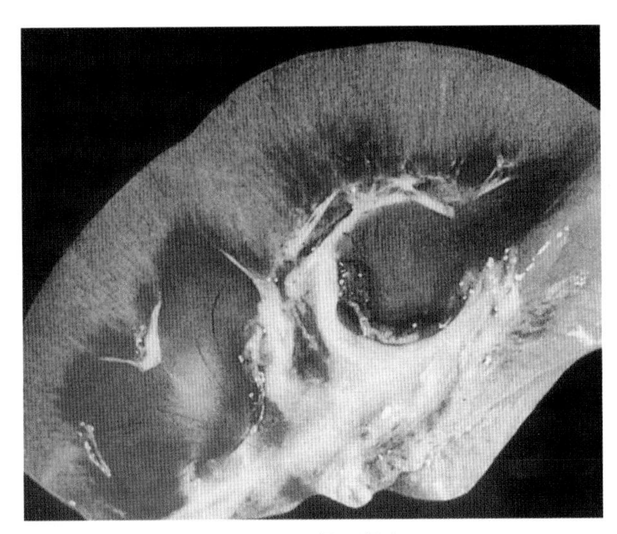

图9-46　肾盂肾炎

一头公牛两个肾叶的切面：呈急性肾盂肾炎变化，肾乳头坏死，坏死区周围充血（特别是右侧乳头），伴以化脓性肾盂炎（肾盂充满白糊状脓液）。(Mouwen J M V M, et al. A colour atlas of veterinary pathology. Utrecht: Wolfe Medical Publications Ltd,1982)

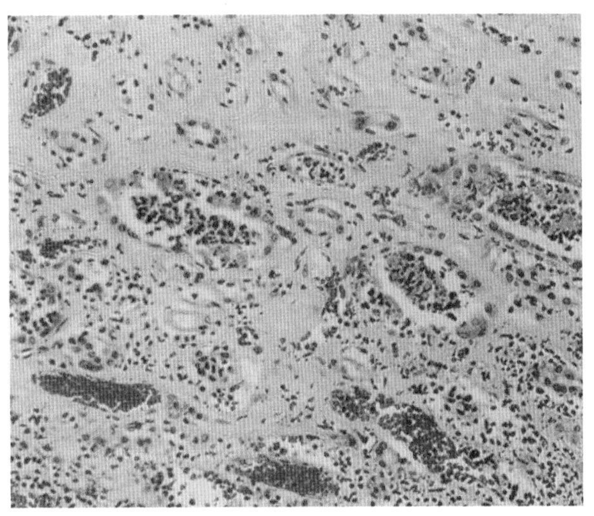

图9-47　肾盂肾炎

肾乳头部组织坏死，集合管内充满脓细胞，间质充血，水肿。HE×200（陈怀涛）

镜检 肾小球与球囊周围中性粒细胞大量浸润，其中混有多量细菌。肾小管上皮细胞变性、坏死，管腔内有尿管型，内含大量脓细胞。肾间质充血、出血、水肿及中性粒细胞浸润。病变严重的部位，肾单位均坏死，肾实质内形成大小不一的化脓灶。肾乳头顶部的肾组织多已坏死，坏死区向皮质伸展，周围是充血、出血带。慢性经过者，充血出血带外周增生肉芽组织，乳头部坏死组织已脱落，仅遗留瘢痕组织。

二十二、牛传染性脑膜脑炎（牛传染性血栓栓塞性脑膜脑炎）

特征病变为血栓栓塞性脑膜脑炎、血管炎、多发性浆膜炎及生殖道炎。

神经型 脑脊膜充血、出血，脑脊液增多、色红、混浊。脑（尤其视丘和大脑皮质与灰质交界处）表面与切面有大小不等的出血性梗死软化灶。脊髓硬膜下广泛出血。肺、肾、心、脑常有出血性梗死灶，其切面见大小不等的血栓。胸膜、腹膜、关节囊内表面有出血斑点。

呼吸道型 纤维素性胸膜炎变化。

生殖道型 母牛阴道炎、子宫内膜炎及流产等变化。

除上述三型外，尚可见病牛有心肌炎、乳腺炎、关节炎、耳炎等变化。

镜检，脑、脑膜及全身器官组织广泛发生以血管内膜损伤为主的血管炎，形成血栓和出血性梗死，并出现以血管为中心的中性粒细胞围管性浸润，或形成以中性粒细胞为主的小化脓灶。

二十三、传染性角膜结膜炎（红眼病）

结膜炎 结膜高度充血、水肿（图9-48）。镜检，结膜组织充血、水肿，淋巴、单核细胞浸润（图9-49）。

角膜炎 角膜混浊、溃疡、增厚、瘢痕形成，偶见破裂。镜检，上皮坏死，白细胞浸润，化脓，肉芽组织增生（图9-49）。

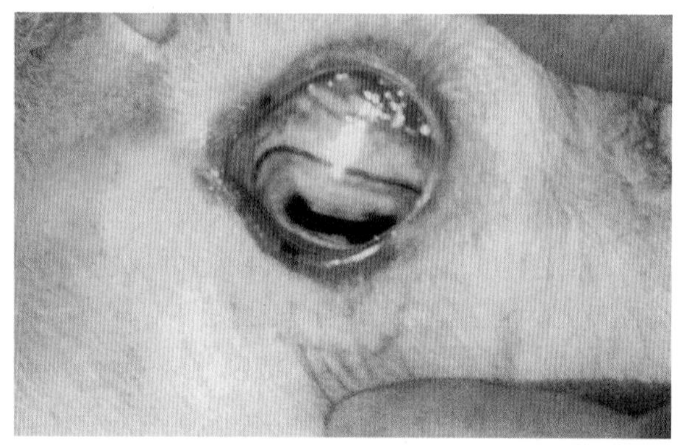

图9-48 角膜结膜炎

眼结膜充血、潮红（左眼）。（陈怀涛）

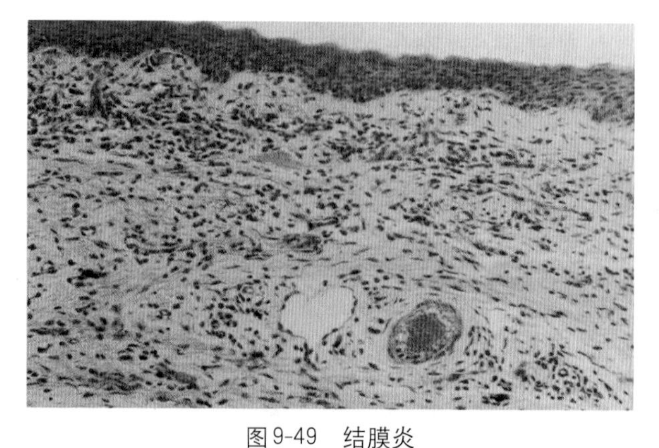

图9-49 结膜炎

球结膜固有层充血，水肿，有大量炎性细胞浸润。HEA × 200（陈怀涛）

二十四、皮肤霉菌病

特征病变为，常在头、颈部和肛门周围，严重时遍布全身皮肤上，形成有皮屑的秃毛圆斑，后因痒感而常摩擦破溃感染，形成湿疹样皮炎（图9-50）。

镜检，病变部表皮角质层增厚，表皮层因其细胞增生也常增厚。真皮常充血，淋巴细胞大量浸润。霉菌主要在表皮角质层、毛囊、毛根鞘及其细胞内繁殖，有的可侵入毛根内生长繁殖。可见孢子和菌丝将毛根包围，引起毛根鞘细胞肿胀、坏死，甚至毛根鞘完全角化。因此可见毛根除被霉菌包围

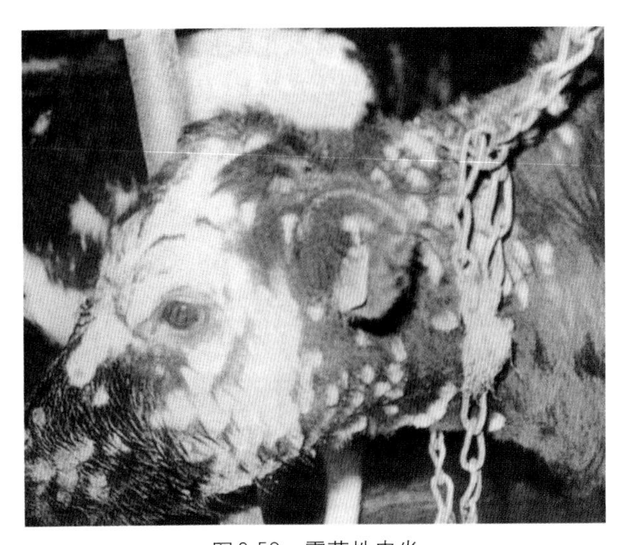

图9-50 霉菌性皮炎

头颈部皮肤散在许多已脱毛的圆形癣斑。(张晋举)

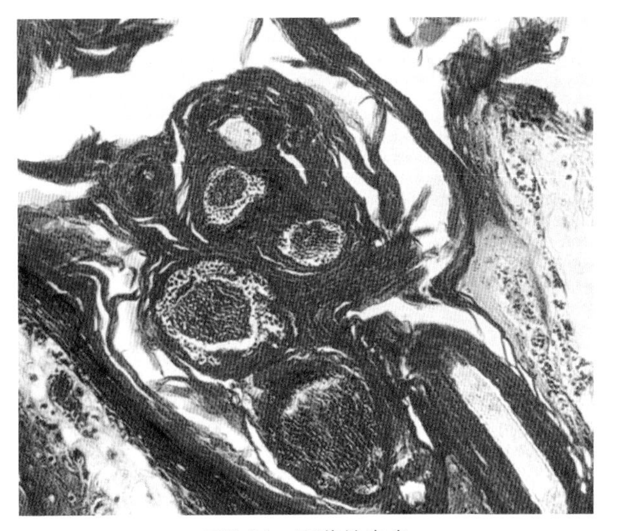

图9-51 霉菌性皮炎

表皮明显角化增厚，在角化层的毛横切面周围，见大量霉菌孢子分布。HEA×200（陈怀涛）

形成套膜外，还围绕由角化的鳞屑所形成的厚环。毛囊因其上皮角化不全与毛囊口扩张而被破坏（图9-51）。

如果不能确诊，可从病部皮肤刮取鳞屑或残毛置载玻片上，加一滴10%氢氧化钾溶液，轻轻摇动，加盖玻片，火焰微加热（3 ~ 5min）使其透明，镜检孢子和菌丝。也可从病部皮肤取材制作切片，检查霉菌菌丝和孢子及其寄生部位。小孢子霉菌感染时，菌丝和小分生孢子沿毛干和毛根部生长，并镶嵌成厚鞘，孢子排列无序，不进入毛干内。如为毛癣菌感染，孢子不仅存在于毛干外缘，而且大部分位于毛干内，很有规律地排列成链状。

二十五、隐球菌病

特征病变为组织中形成胶冻样物质，随后发展为特异性肉芽肿。胶冻样物质是隐球菌产生的大量荚膜物质。上述病变主要发生于脑、脑膜与肺脏。但也见于其他组织器官，如皮肤、黏膜、乳腺、淋巴结、肝、肾、消化道等。

镜检，胶冻样荚膜物质中，可见大量新型隐球菌（形圆或卵圆，直径4 ~ 20μm，革兰氏染色阳性，PAS染色、Mayer黏液卡红染色良好。菌体被一层宽厚的胶质样荚膜所包裹），有少量淋巴细胞、浆细胞和巨噬细胞浸润。因荚膜物质可抑制白细胞的趋化性和吞噬作用，故炎区中性粒细胞很少。后期，病变表现为肉芽肿：纤维组织增生，其间除有大量淋巴细胞、巨噬细胞、浆细胞外，尚有多核巨细胞和上皮样细胞。肉芽肿常不发生坏死（淋巴结偶见干酪样坏死），周围也无明显组织反应。最后，病变发生纤维化，进而透明化，但常无钙化。

二十六、牛传染性胸膜肺炎

特征病变为纤维素性肺炎与浆液-纤维素性胸膜炎变化。胸腔有大量混有纤维素絮片的浆液。肺胸膜附着大量纤维素絮状物。后期肺与周围组织发生粘连。肺为典型纤维素性肺炎变化，切面呈明显大理石样变。镜检，肺小叶见急性充血期、红肝变期、灰肝变期及后期的广泛机化等病变；肺间质高度水肿、增宽，炎性细胞浸润，淋巴管扩张与淋巴栓形成，组织坏死，并见血管周围机化灶与小叶边缘机化灶（图9-52至图9-54）。

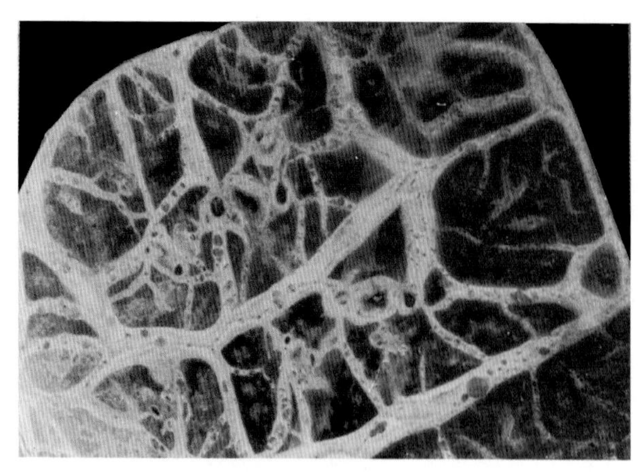

图9-52　肺大理石样变

间质与肺膜下高度增宽，肺小叶呈红、灰肝变，故肺切面呈大理石样变。（甘肃农业大学兽医病理室）

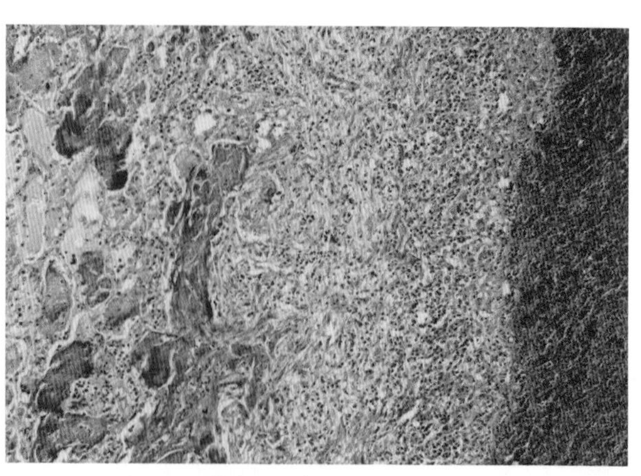

图9-53　边缘机化灶

边缘机化灶：本图中部的宽带状区为边缘机化灶，位于活的小叶（左侧）与间质坏死区（右侧）交界处，主要由肉芽组织和大量炎性细胞组成。HE×200（陈怀涛）

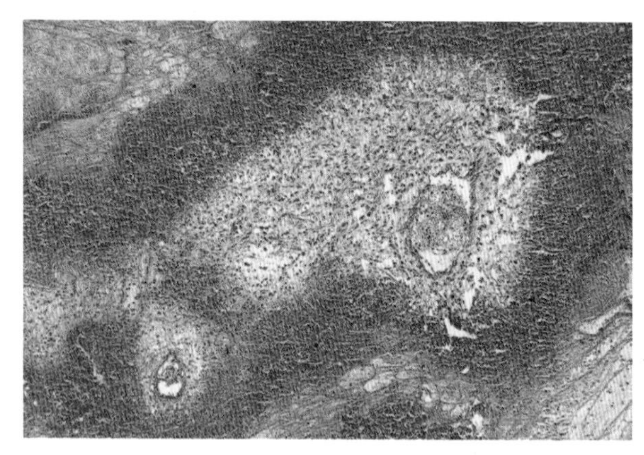

图9-54　血管周围机化灶

在肺间质的坏死区中有一个明显的血管周围机化灶：在血管周围是一片肉芽组织，肉芽组织与坏死区之间为透亮区，坏死区红染，结构模糊。HE×200（陈怀涛）

二十七、山羊传染性胸膜肺炎

特征病变为浆液-纤维素性胸膜炎与纤维素性肺炎变化。胸腔有大量混有纤维素絮片的浆液。肺胸膜附着大量纤维素絮状物。后期肺与胸壁发生粘连。肺病变常为一侧性炎性充血、肝变，小叶间水肿增宽。切面呈大理石样变。后期有坏死和机化等变化。镜检，病变肺小叶充血，大量纤维素与炎性细胞渗出，间质尤其支气管周围淋巴-网状细胞增生，甚至形成淋巴小结。间质水肿，淋巴管扩张，淋巴栓形成（图9-55）。

图9-55　肺　炎

肺瘀血、出血、色红，呈明显肝变。（邓光明）

二十八、衣原体病

临诊病理变化为流产以及肺炎、肠炎、关节炎、脑脊髓炎与结膜炎。

流产型　母牛子宫内膜炎、子宫颈炎与阴道炎。流产胎儿贫血、水肿、出血，胎盘子叶出血、坏死（图9-56）。镜检，胎儿多器官均有弥漫性和局灶性网状内皮细胞增生。

肺肠炎型　卡他性皱胃炎与小肠炎，黏膜增厚，皱褶增多。卡他性鼻炎、气管炎，卡他性、纤维素性或化脓性支气管炎。也可见胸膜炎、心包炎、腹膜炎、间质性肾炎和心肌炎以及关节炎。

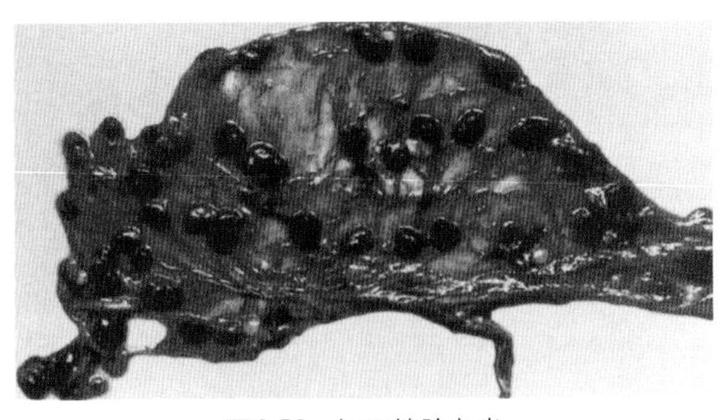

图9-56　坏死性胎盘炎

病母羊流产的胎盘，子叶因出血、坏死而呈黑色。(邱昌庆)

关节炎型　浆液-纤维素性多发性关节炎。关节滑膜因绒毛样增生而变得粗糙，关节囊增厚。

脑脊髓炎型　脑脊髓神经细胞变性，脑质细胞坏死，神经纤维轻度液化，淋巴细胞、巨噬细胞与中性粒细胞浸润，也见脑膜与脑质血管周围淋巴细胞、巨噬细胞"管套"形成。

结膜炎型　结膜充血、水肿，角膜水肿、糜烂。镜检，结膜上皮细胞内有衣原体初体或原生小体。

二十九、口蹄疫

特征病变为口腔黏膜和蹄部皮肤发生水疱与溃烂。口蹄疫病变也见于上消化道、上呼吸道、前胃、乳房等部位。犊牛多呈恶性经过，常因坏死性心肌炎而致死亡。心脏表现心内外膜出血、心包腔积液、心室扩张与心肌柔软。在心房、心室壁和室中隔可见灰白色条纹、斑点（"虎斑心"）。病程较长者，心肌中可见质地坚实的灰白色条斑。丰厚的骨骼肌也可发现上述病变（图9-57、图9-58）。

羊的口蹄疫病变基本同牛，但较轻微，多不典型。绵羊的水疱仅发生于齿龈，较小，发生与消失均较快。舌多不受害，但蹄部水疱明显，严重时可致蹄壳脱落。与绵羊不同，山羊的蹄部水疱少见，但口黏膜（舌除外）可见蚕豆大的水疱，随之破裂形成红色烂斑（称糜烂性口膜炎），同时常伴有鼻炎。

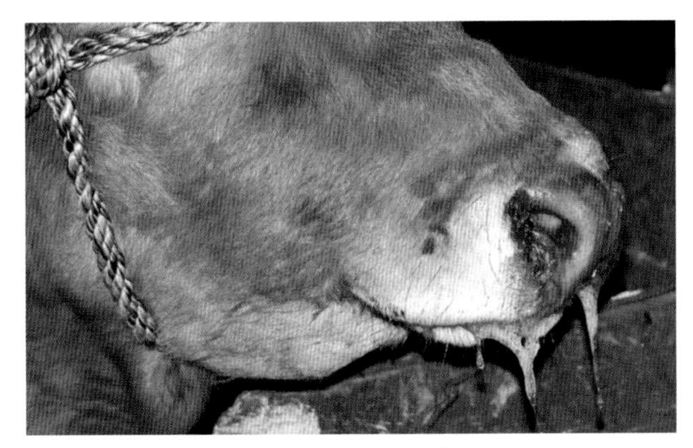

图9-57　牛口蹄疫

病牛流涎和鼻部水疱破溃。(朴范泽　侯喜林)

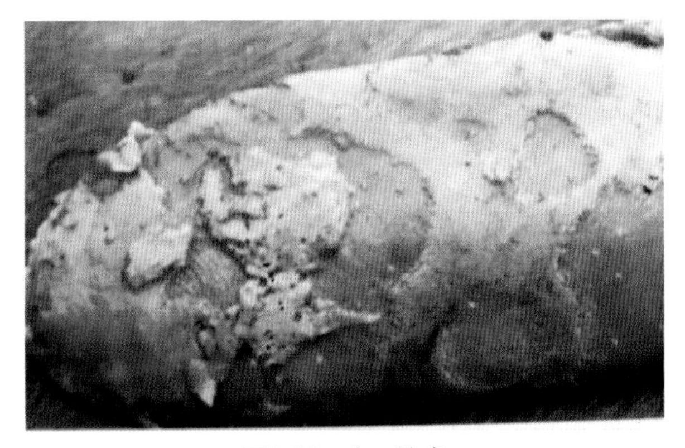

图9-58　牛口蹄疫

病黄牛舌背面水疱破溃，形成溃烂面。(徐有生　刘少华)

三十、牛瘟

尸体显著消瘦，严重脱水，眼、鼻孔与口唇周围附以黏脓性分泌物。肛门、尾根与股内侧皮肤沾污粪便。口内流出混血的泡沫状液体。

消化道黏膜呈明显出血-坏死性炎症变化。唇内面、齿龈、颊、舌部的黏膜有结节、糜烂，咽与扁桃体多见溃疡形成。食管上部发生轻度出血-坏死性炎。皱胃皱襞和幽门多有出血、糜烂和水肿。小肠病变较轻，仅在十二指肠起始部与回肠后段可见出血，偶见糜烂。空肠内容物色污褐或黄绿，恶臭，黏膜肿胀，散布出血，淋巴集结肿胀或坏死形成溃疡。大肠病变比小肠严重，尤其回盲瓣、盲结肠连接部及直肠有明显充血、出血、水肿、糜烂和溃疡。肠系膜淋巴结呈出血性炎症变化。肝变性肿大，胆囊显著胀大，积有混血的暗绿色胆汁，其黏膜散布出血斑点。心内外膜出血。血液色暗红，凝固不良。上呼吸道黏膜也有明显出血-坏死性炎症变化（图9-59）。

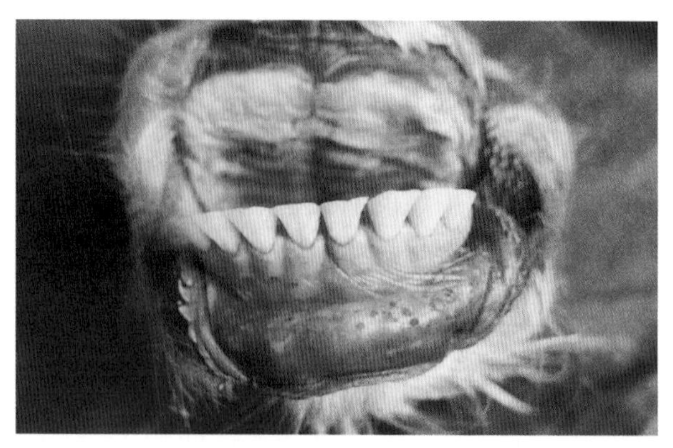

图9-59　坏死性口膜炎

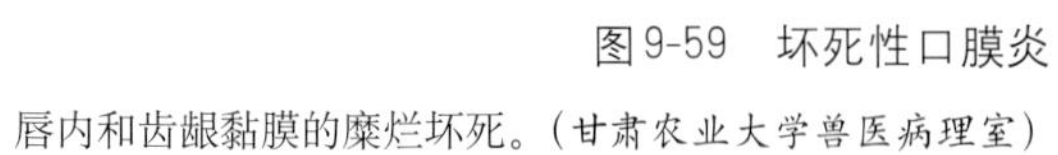

唇内和齿龈黏膜的糜烂坏死。（甘肃农业大学兽医病理室）

三十一、牛恶性卡他热

重要病变为卡他性结膜炎与浆液性角膜炎，消化道（口腔、皱胃与大肠）与上呼吸道（鼻腔与气管）黏膜的卡他-出血性炎，肝、肾、心、淋巴结的坏死灶，非化脓性脑炎（图9-60、图9-61）。

最特征的组织学变化为多器官的坏死性、单核细胞性血管炎，表现为小血管充血、出血、纤维素样坏死，血管周围有大量单核细胞、淋巴细胞、浆细胞和少量嗜酸性粒细胞浸润。脑呈非化脓性脑炎变化（图9-62、图9-63）。

脑膜炎以小脑的变化最明显。软膜血管充血、水肿，有单核细胞、淋巴细胞和少量嗜酸性粒细

图9-60　牛恶性卡他热

病牛失明，口腔流出泡沫样涎液。（朴范泽　倪宏波）

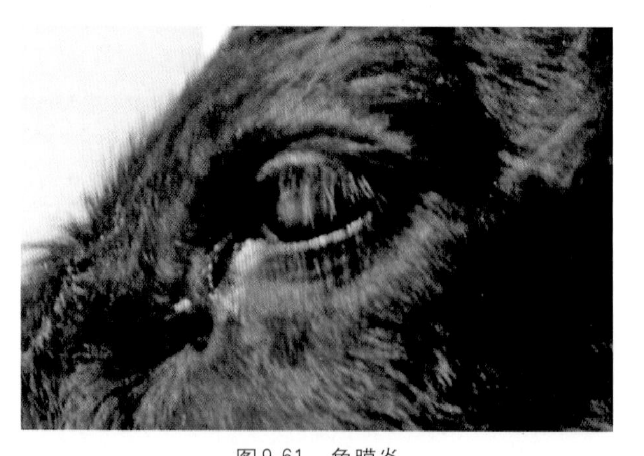

图9-61　角膜炎

角膜水肿混浊。（王凤龙）

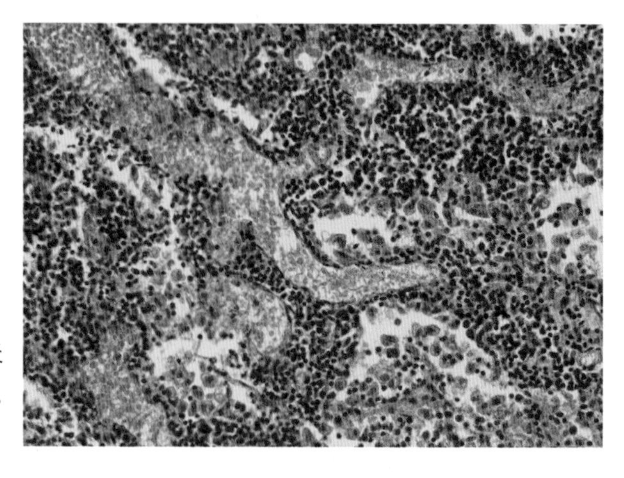

图9-62　淋巴结血管炎

淋巴结血管充血，血管周围淋巴细胞密布，髓质淋巴窦巨噬细胞积聚。HE×400（陈怀涛）

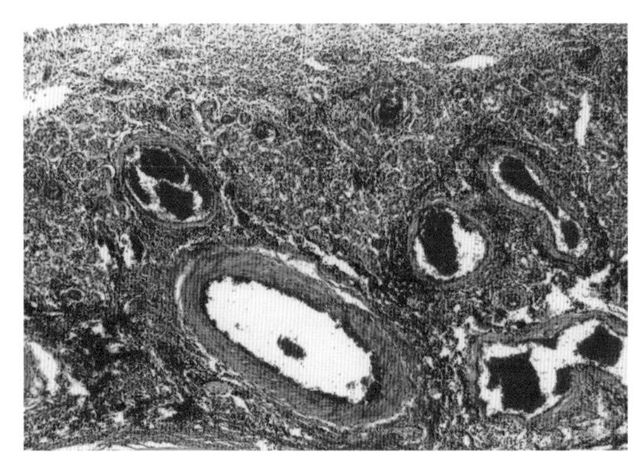

胞浸润。病变严重时，脑膜与血管坏死，渗出的血浆蛋白凝固，形成均质的嗜伊红性物质。脑实质血管周隙扩张、出血，有的血管壁发生纤维素样坏死。

图9-63　急性卡他性鼻炎

鼻黏膜上皮变性、坏死、脱落，黏膜组织充血，血管周围单核细胞浸润。HE×100（陈怀涛）

三十二、牛流行热

尸僵不全，血液凝固不良，胸、肩、背部皮下可能有气肿。

特征病变为肺间质严重气肿，间质增宽，充满大量串珠状气泡，压之有捻发音。同时见肺瘀血、水肿。切面流出含泡沫的液体（图9-64、图9-65）。

也可见浆液-纤维素性多浆膜炎（胸膜炎、心包炎与腹膜炎）和关节炎等病变。

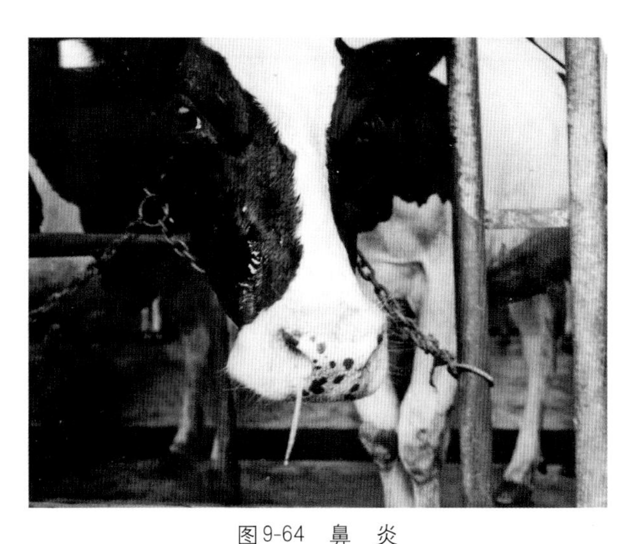

图9-64　鼻　炎

鼻黏膜潮红，鼻孔流出浆黏性鼻液；病牛呼吸困难，关节肿大。（姚金水）

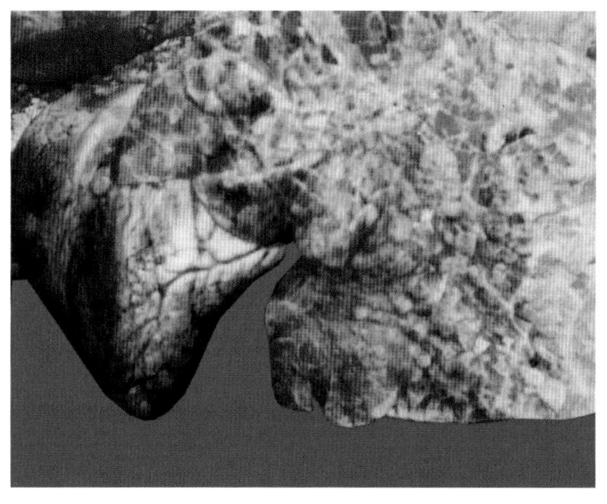

图9-65　肺瘀血与间质气肿

肺瘀血，局部出血，呈紫红色，间质因气肿而增宽；心外膜出血、充血。（姚金水）

三十三、牛传染性鼻气管炎

病变因病型不同而异，但多见于呼吸道型，特征病变为急性卡他性或纤维素-坏死性上呼吸道炎的变化（图9-66、图9-67）。

呼吸道型　鼻腔，甚至鼻窦、咽喉、气管与大支气管黏膜发生急性卡他性或纤维素-坏死性炎症，表现为黏膜充血、出血，有浆液性、黏脓性分泌物，甚至黏膜形成假膜和坏死性糜烂。如发生肺部感染，可出现化脓性支气管肺炎。镜检，黏膜上皮变性、坏死、脱落，固有层血管充血，中性粒细胞和单核细胞浸润。感染后2 ～ 3d，鼻腔等上呼吸道受损上皮甚至肺泡上皮细胞内可发现核内包涵体，故自然死亡病例难以见到。

图9-66 呼吸道型：从鼻孔流出黏脓性分泌物
（刘安典）

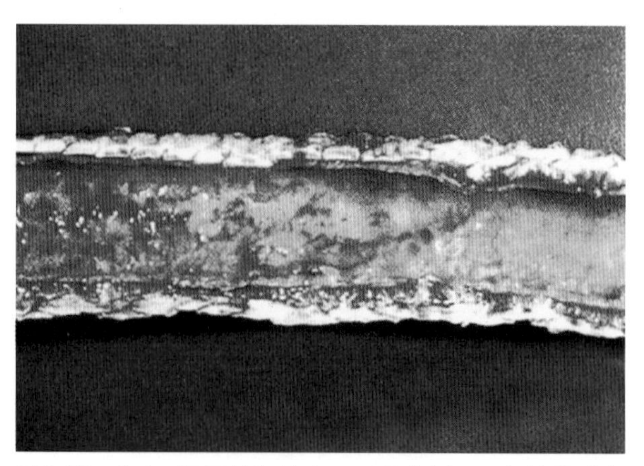

图9-67 出血-坏死性气管炎：严重病例，见气管黏膜潮红、坏死，有纤维素附着
（R.W.Blowey 等）

结膜炎型 结膜充血、水肿，有颗粒状灰色坏死膜形成。此型有时可与呼吸道型同时发生。

生殖道型 母牛表现外阴阴道炎，见外阴水肿，排出灰褐色分泌物；阴道黏膜潮红、肿胀，附有黏脓性分泌物；黏膜尚见内含淡黄色液体的水疱和脓疱，大量水疱与脓疱可致黏膜呈颗粒状或其密集、融合而形成一层淡黄色坏死膜，当坏死膜脱落则遗留溃疡（图9-68）。公牛表现龟头包皮炎：阴茎与包皮形成类似阴道的水疱、脓疱病变，但常于2周内痊愈。镜检，受损黏膜上皮变性、坏死，上皮有核内包涵体形成，固有膜有炎性反应。

流产型 流产胎儿皮肤水肿，浆膜出血，浆膜腔浆液积聚，肝、肾、脾、淋巴结等散在灰白色坏死点。镜检，实质器官广泛散布坏死灶及炎性细胞浸润，坏死灶边缘的细胞中可发现核内包涵体，但死后自溶致包涵体较难发现（图9-69）。

脑膜脑炎型 镜检，表现淋巴细胞性非化脓性脑膜脑炎变化，同时在星状胶质细胞与变性神经元的核内有包涵体形成。

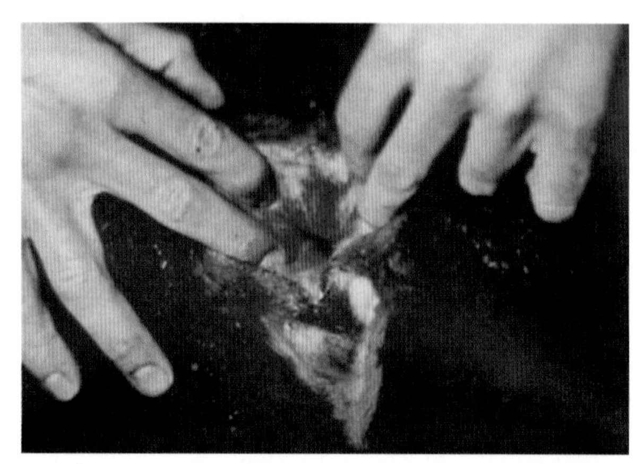

图9-68 阴道炎

生殖道型：外阴阴道炎，阴道黏膜充血、出血。（李健强）

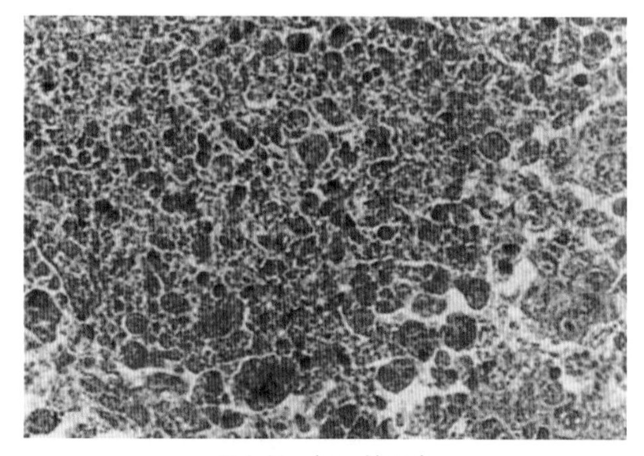

图9-69 坏死性肝炎

流产型：流产胎儿坏死性肝炎，坏死灶由坏死崩解的肝细胞、红细胞和白细胞核碎屑组成。HE×400（刘宝岩等）

三十四、牛病毒性腹泻/黏膜病

多数病例为亚临诊经过或隐性感染，常无明显症状与病变。少数急性病例表现发热、腹泻、消

图9-70　腭部黏膜出血糜烂

硬腭与软腭黏膜的出血点与糜烂。(Blowey RW, et al. 齐长明主译. A colour atlas of diseases and disorders of cattle. 第2版，北京：中国农业大学出版社，2004)

瘦、白细胞减少。特征病变为消化道及鼻腔黏膜的出血-坏死性炎症变化，尤以口、咽、食管黏膜的溃疡和糜烂更为严重。食道的小糜烂斑排成纵行。胃底的小溃疡多界限清楚，形圆，边缘隆起，有的中心可见红色出血小孔。胆囊黏膜也可见到出血和糜烂。镜检，食管、前胃黏膜上皮细胞空泡变性与坏死，固有膜有浆液与炎性细胞浸润。真胃除局部坏死性炎症变化外，胃腺发生萎缩和囊肿样扩张。肠道见变质和渗出等炎性变化，淋巴小结生发中心坏死，淋巴结的淋巴小结与脾的白髓减少，生发中心也坏死。髓索与脾索的浆细胞和嗜酸性粒细胞增多。肝细胞变性、坏死，小叶内与间质可见淋巴细胞和嗜酸性粒细胞组成的结节（图9-70至图9-72）。

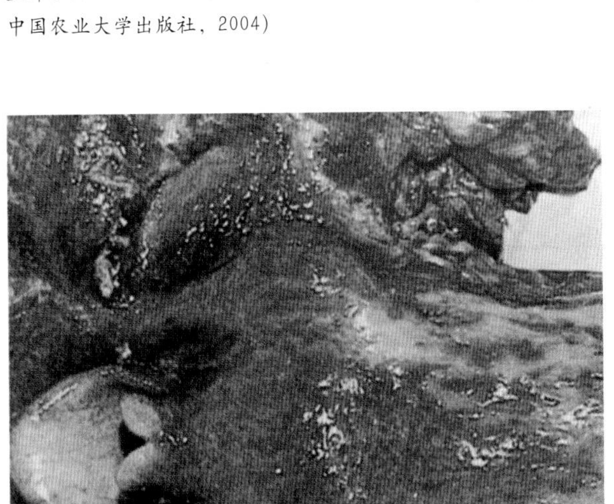

图9-71　食道黏膜条状出血

咽喉部黏膜充血、水肿，食道黏膜有条状、点状出血和糜烂。(Blowey RW, et al. A colour atlas of diseases and disorders of cattle)

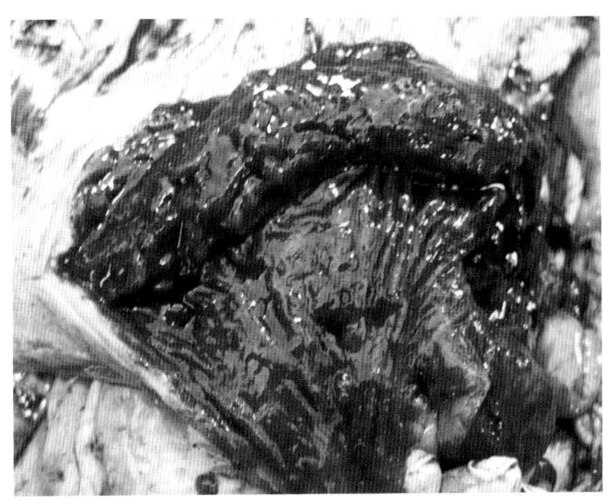

图9-72　坏死性肠炎

病牛大肠黏膜出血、坏死脱落，形成黑红色肠栓物。（朴范泽　周玉龙）

三十五、水牛热

特征病变为全身明显的败血症变化及单核-巨噬细胞系统器官的坏死变化。全身浆膜、黏膜多发性出血。颈浅、髂下等浅表淋巴结肿大。肝、脾、全身淋巴结均见多少不等的粟粒大灰白色坏死灶（图9-73）。

镜检，单核巨噬细胞系统器官的多发性坏死和全身器官中淋巴细胞和单核细胞浸润。肝的坏死灶多呈圆形，常位于小叶中心区，也可相互融合，小叶间大量淋巴细胞、单核细胞和少量中性粒细胞浸润，在汇管区血管周围细胞浸润尤为明显，甚至形成“血管套”（图9-74）。脾的圆形坏死灶主要位于脾小体。坏死灶为一片无结构的均质红染物，其中杂有一些纤维素渗出物和细胞碎片。脾淋巴组织萎缩。淋巴结除淋巴组织萎缩及充血、出血、水肿外，坏死灶多位于皮质，如坏死灶相互连接，则形成周边坏死带或坏死区。坏死灶也见于髓质。脑呈轻度非化脓性脑炎变化。

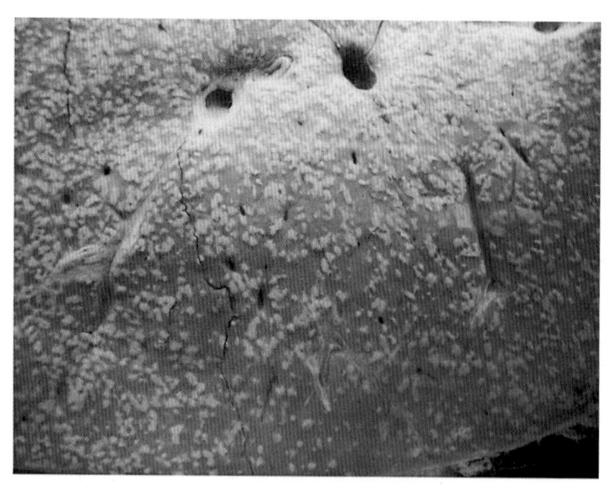

图9-73 肝坏死灶

肝组织中弥散大量粟粒大小的坏死灶。（许益民）

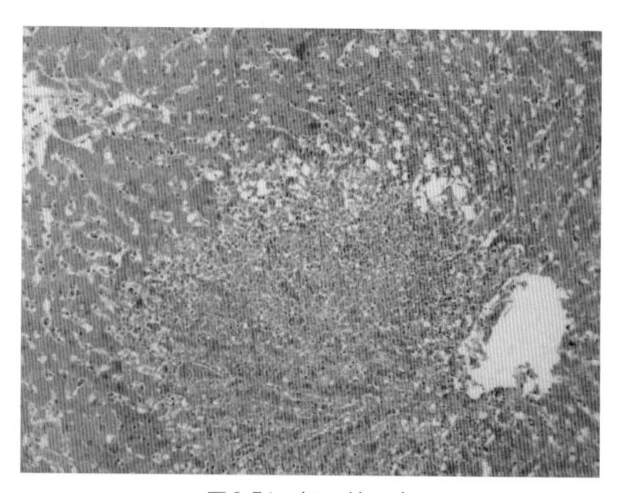

图9-74 坏死性肝炎

肝小叶内大片肝组织坏死，界限较清楚，坏死区内炎性细胞浸润。HE×100（许益民）

三十六、牛白血病（牛淋巴瘤）

地方流行性白血病的特征病变为，多处或全身淋巴结因肿瘤细胞恶性增生而异常肿大，呈结节状或块状，可达鸡蛋大，甚至小儿头大或更大，有包膜，切面均质，色灰白似鱼肉，质脆，常有出血与坏死（图9-75）。脾极度肿大，质硬，增生的淋巴滤泡呈灰白色粟粒大至高粱粒大的结节，突出于表面和切面。其他实质器官或管腔器官，也会发生肿瘤结节或弥漫性增生，使器官肿大、结节形成或管腔壁增厚。

散发性牛白血病的特征为，犊牛型表现全身淋巴结肿大，骨髓常有肿瘤病灶；胸腺型表现颈部到前胸部的胸腺高度肿大，同时多伴以全身淋巴结的肿瘤性增生（图9-76）；皮肤型表现皮肤发生多发性肿瘤结节（图9-77）。以上三型时大多在淋巴结或内脏形成肿瘤。

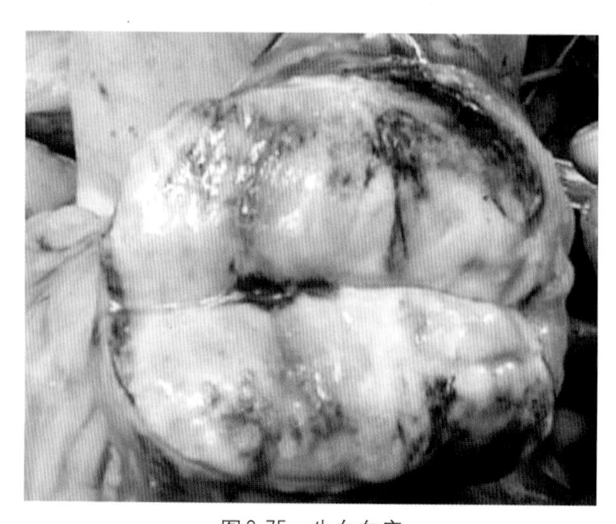

图9-75 牛白血病

地方流行型：颈浅淋巴结肿大增生，切面呈灰白色。（朴范泽 侯喜林 牛战波）

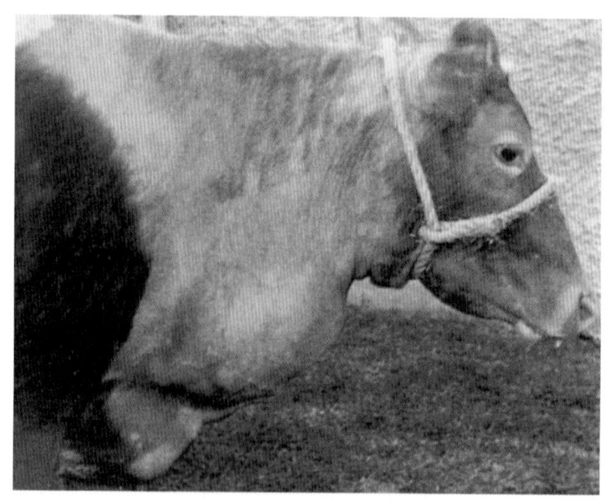

图9-76 胸腺淋巴瘤

胸前部皮肤明显隆起，皮下形成大而光滑的肿块，病牛呼吸困难。(Blowey RW,et al. A colour atlas of diseases and disorders of cattle)

镜检，原组织器官的正常结构被恶性增生的肿瘤细胞所破坏。肿瘤组织主要由淋巴样肿瘤细胞和网状细胞构成。肿瘤细胞贴附于多角形网状细胞突起构成的网架上或散布于网眼中。有时瘤组织被少量结缔组织分隔成若干区域。不同区域由大小不同的肿瘤细胞构成，同一区域也可由大小不同的瘤细胞混合构成。瘤组织中血管较少，但常见出血和瘤细胞变性坏死。

根据构成肿瘤的主要细胞形态特征和恶性大小，可分为恶性淋巴细胞瘤、淋巴母细胞瘤与淋巴细胞瘤。

恶性淋巴细胞瘤：瘤细胞分化低，异型性大，胞质与胞核内有不少空泡。瘤细胞形态、大小极不一致；胞质多少不一，核大小不等，染色深浅不一，核膜不平整，可见凹陷；核仁大，常有多个。核分裂象多。可见多核瘤巨细胞。

淋巴母细胞瘤（成淋巴细胞瘤）：比正常小淋巴细胞大，大小形态较一致。胞浆丰富，强嗜派洛宁染色；核形圆或椭圆，染色淡，染色质呈细粒状，见两个或较多核仁。核分裂象较多。

淋巴细胞瘤：瘤细胞小，与正常小淋巴细胞相似。胞质很少，呈弱嗜派洛宁染色；核浓染，核仁不清。核分裂象少（图9-78）。

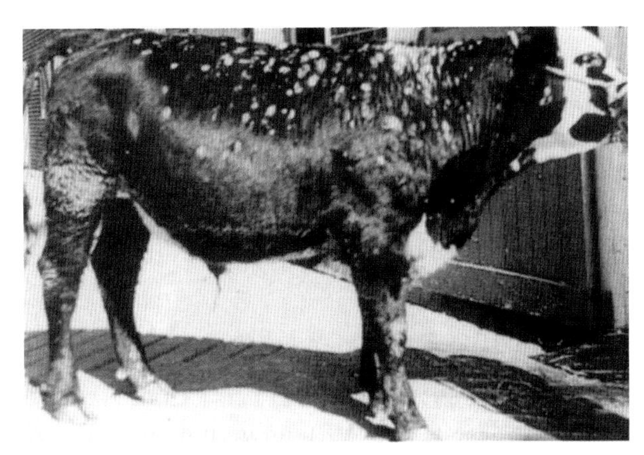

图9-77　皮肤淋巴瘤

颈、背与腹胁部皮肤形成大量灰白色肿瘤结节，髂下与其他淋巴结也肿大。(Blowey RW,et al. A colour atlas of diseases and disorders of cattle)

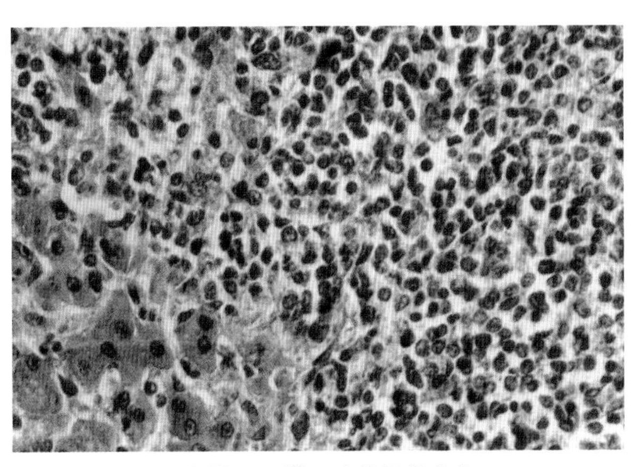

图9-78　肝淋巴瘤的组织变化

肝组织中有大量淋巴样瘤细胞密布，有些肝细胞萎缩、消失，图左下角为较正常的肝细胞。HEA×400（陈怀涛）

三十七、牛乳头（状）瘤病

肿瘤发生于皮肤、皮肤型黏膜及母牛阴道、外阴部黏膜，呈小突起、结节状、绒毛状或花椰菜状。它是由皮肤表皮、黏膜上皮及其下的组织向外不断增生形成的。瘤体大小不同，数目不等，较坚硬，表面可因损伤而出血或感染化脓（图9-79）。

皮肤乳头瘤　发生于皮肤及皮肤型黏膜，特点是表皮与真皮同时向外增生呈乳头状突起，但表皮增生常占优势。乳头瘤就是由许多绒毛状突起构成的，每一突起都有一个结缔组织构成的轴心，内含血管、淋巴管和神经。轴心外包裹着由表皮增生的厚层细胞。这些增生的表皮细胞过度

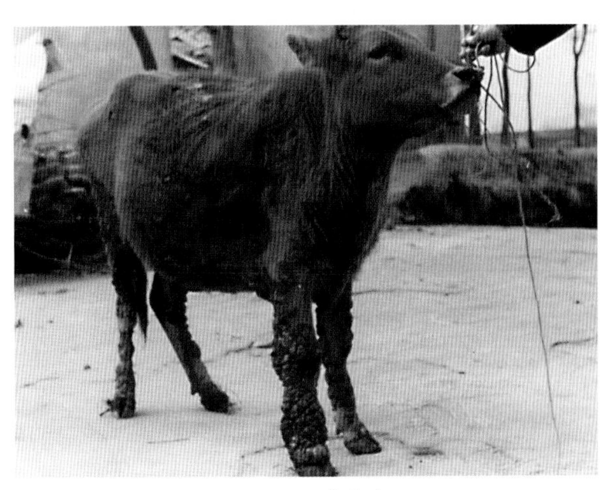

图9-79　乳头瘤

牛四肢皮肤传染性乳头瘤：四肢皮肤几乎长满乳头瘤，呈花椰菜状或结节状。（周诗其）

角化或角化不全。棘细胞层增厚，并发生空泡化。在人工感染病例，颗粒层细胞可见嗜碱性核内包涵体，但自然病例并不常见。

生殖器纤维乳头瘤 多发生于年轻公牛的阴茎或母牛阴道和外阴黏膜，瘤体不规则，常有蒂，难自愈，尤其是多发性乳头瘤，即使手术也难彻底切除。阴门上的肿瘤先是圆形，以后可逐渐生长成花椰菜状。镜检，见结缔组织增生明显，而被覆的上皮却轻度增生。瘤组织以成纤维细胞为主，排列不规则，相互交错或呈旋涡状。有时瘤细胞核内可见嗜酸性包涵体样结构。肿瘤生长初期可见不少核分裂象，易误认为纤维肉瘤。肿瘤表面可能溃烂发炎并有中性粒细胞浸润。增生的上皮细胞形成指状突起伸入瘤组织，上皮细胞不发生角化。

三十八、疙瘩皮肤病

特征病变为皮肤形成数目与大小不等的结节。轻者仅有少量小结节，严重时全身皮肤发生大量结节，同时病牛伴以发热、流涎、鼻液增多、下腹壁水肿和全身淋巴结肿大。

皮肤结节界限较清楚，大小不等（直径0.5 ~ 5.0cm），质地实在，表面平坦，并可相互融合；切面湿润，色淡灰黄。病变波及皮肤各层，甚至蔓延至皮下及相邻肌肉。外生殖器皮肤的小结节，表面更平滑，周围常有一圈红色充血带。后期结节从中心开始发生坏死。随后坏死物腐离，形成溃疡，最后由肉芽组织修复。坏死部也可发生感染，形成溃疡并增大，引起局部淋巴管炎和淋巴结炎。结节病变也可见于上呼吸道、上消化道黏膜以及肾、肺等器官。

镜检，结节部皮肤水肿，严重时表皮与真皮分离，并有血管炎、血栓形成、局部梗死和淋巴管炎。表皮细胞增生和水泡变性。有些表皮细胞、内皮细胞、外膜细胞、巨噬细胞和成纤维细胞的胞质中，可见均质（偶尔为颗粒状）的嗜酸性包涵体。结节周围组织中有中性粒细胞、巨噬细胞，以后为淋巴细胞浸润。结节病变消退后，受损细胞的包涵体逐渐消失，但邻近皮肤与皮脂腺上皮细胞又可出现新的包涵体。

特征的皮肤结节、结节组织的血管炎、血栓形成及梗死，以及多种细胞胞质包涵体的形成，是本病最重要的病理变化。

三十九、牛狂犬病

皮肤多可查明有破损。脑和脊髓呈非化脓性炎症变化，表现为神经元变性、坏死，胶质细胞增生形成结节（狂犬病结节或巴贝斯结节），小血管淋巴细胞“管套”形成，神经元卫星现象及噬神经元作用等。大脑海马回神经元和小脑浦金野氏细胞可检出胞质包涵体（内基氏小体）。包涵体呈嗜酸性着染，形圆或椭圆，其数量为1个或数个，大小不等，小者不足1μm，大者直径可达8μm（图9-80）。

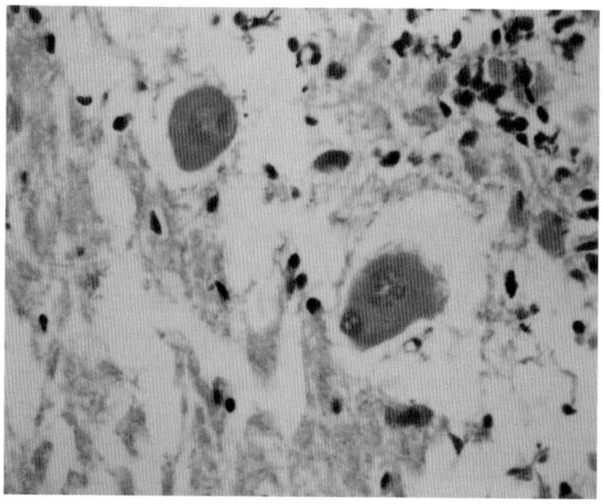

图9-80 神经细胞质包涵体

两个神经细胞的胞质中各有一个圆形红染的包涵体。（周诗其）

四十、牛海绵状脑病

特征组织病变为脑干灰质对称性海绵状变性，但局部无炎性反应。神经元胞体膨胀，内有较大的空泡，神经元数目也减少。构成神经纤维网的神经元突起内有许多小囊状空泡。海绵状变性主要分布于延脑、中脑中央灰质区、丘脑、下丘脑侧脑室与间脑。而小脑、海马区、大脑皮质、基核的病变较轻。脑组织出现淀粉样变，淀粉样变核心周围有海绵样变性形成的“花瓣”，组成菊花样病理斑。淀粉样颗粒为痒病相关纤维（scrapie associated fiber，SAF）（图9-81）。

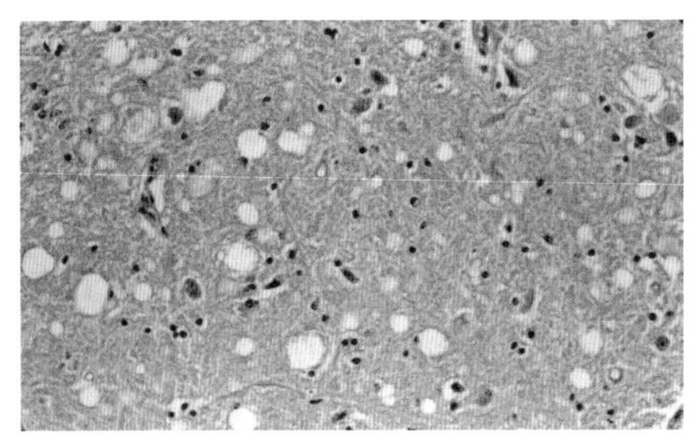

图9-81　脑海绵状变性

脑干灰质的组织病变：神经纤维网与神经元中有许多大小不等的空泡，致脑组织呈海绵状。HE×200（英国VLA　赵德明）

四十一、绵羊痒病

皮肤因痒感摩擦而有损伤（图9-82）。

脑的组织病变与牛海绵状脑病相似。特征病变为，中枢神经组织呈对称性海绵状变性，无炎症反应。病变以延脑、中脑、脑桥、丘脑和纹状体较明显。神经元发生空泡化，有一个或多个大小不等的空泡，形圆或椭圆，界限明显。空泡大时，胞核被挤于一侧或消失。病变严重时局部组织呈多孔的海绵状。同时可见星形胶质细胞肥大和增生变化（图9-83）。

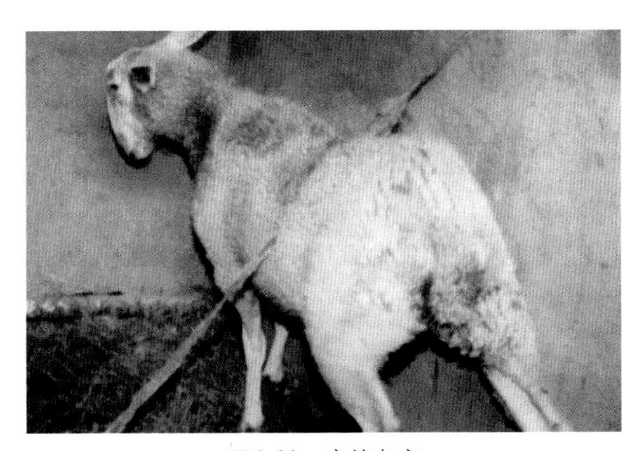

图9-82　病羊奇痒

病羊在绳索下摩擦发痒的背部皮肤。（冯泽光）

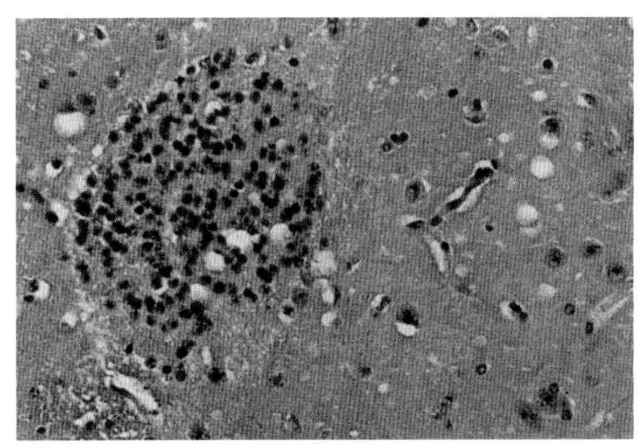

图9-83　星形胶质细胞结节

大脑纹状体的豆状核内，星形胶质细胞在局部大量增生并形成结节。HE×400（冯泽光）

四十二、绵羊痘与山羊痘

绵羊痘的特征病变为痘疹。皮肤痘疹依次表现为红斑（约豌豆大，形圆）→丘疹（即结节，扁平，微突，质硬，直径0.5 ~ 1cm，初深红后灰白，周围有红晕）→皱膜丘疹（丘疹表面松弛起皱）→结痂（坏死、干燥而结痂）→脱痂愈合。但在地方流行区的轻度痘疹，并不表现上述全部变化，往往在表皮棘细胞层增生后便会逐渐发生鳞片状脱落而痊愈。也有的痘疹发生出血（黑痘）或化脓、坏死（图9-84）。

镜检，红斑　表皮细胞轻度肿胀，真皮乳头层呈浆液性炎症变化，充血、水肿，中性粒细胞与淋巴细胞浸润。

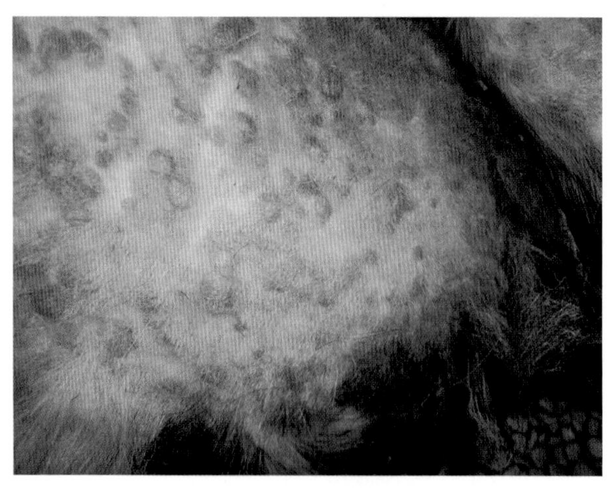

图9-84　皮肤痘疹

皮肤散在许多淡红色痘疹。(张强)

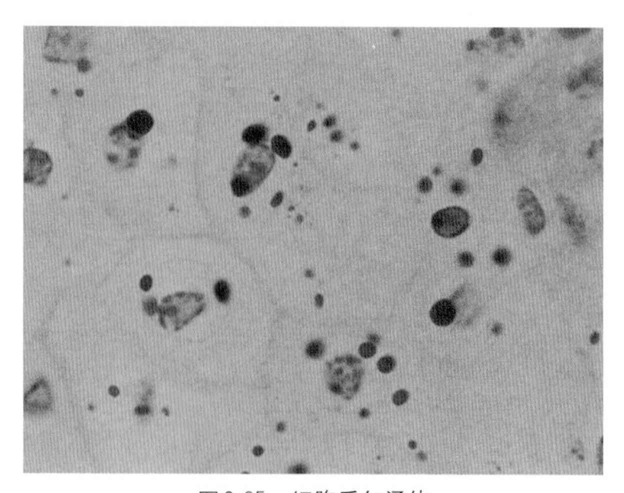

图9-85　细胞质包涵体

在增生变性的皮肤表皮细胞质中，可见大小不等的包涵体，色深红，形圆或椭圆。HE×1 000（陈怀涛）

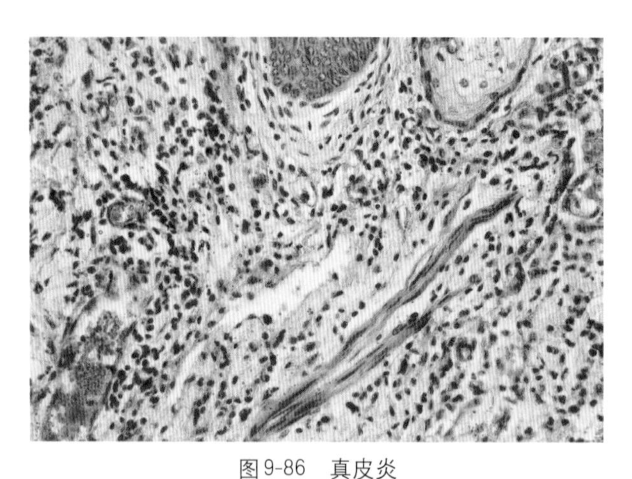

图9-86　真皮炎

真皮充血，见许多“绵羊痘细胞”和其他炎性细胞浸润。HE×400（陈怀涛）

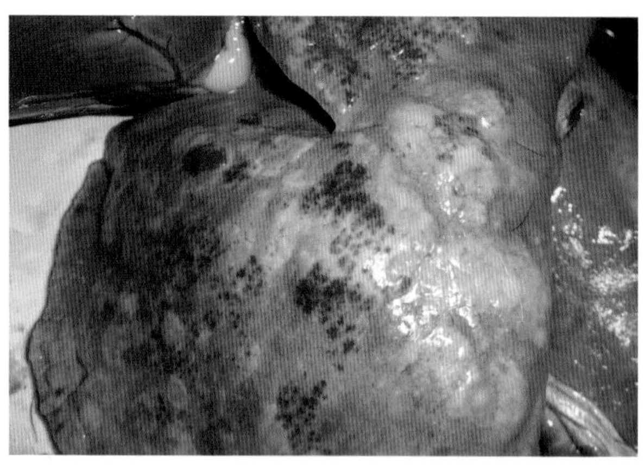

图9-87　肺痘疹

肺表面有大量大小不等的灰白色痘疹，微突，表面平滑。(张强)

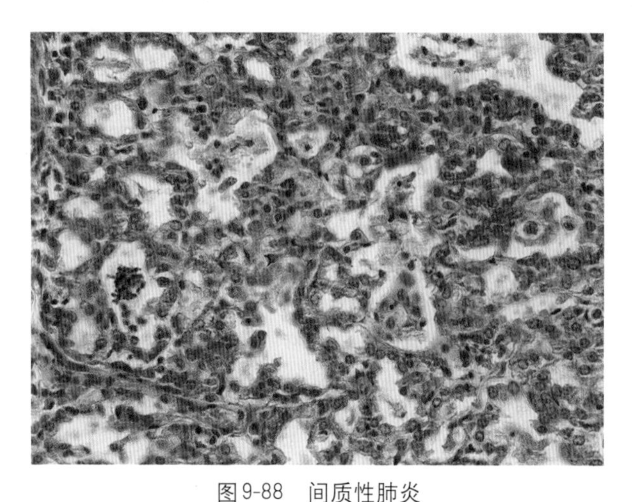

图9-88　间质性肺炎

肺泡上皮细胞活化、增生，有些呈立方状，肺泡似腺泡。HE×400（陈怀涛）

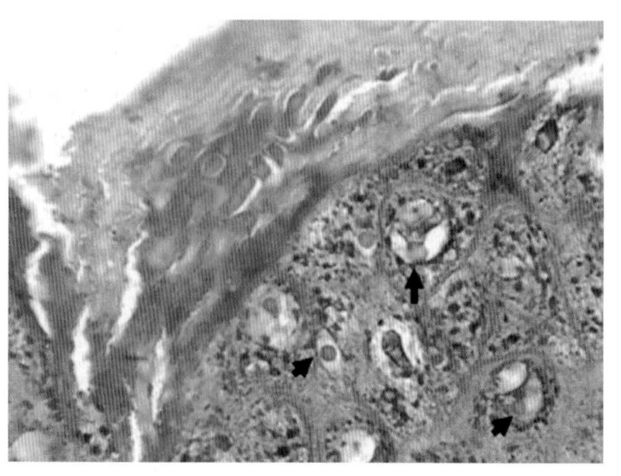

图9-89　山羊痘

病羊表皮变性，肿胀，变性的上皮细胞质中可见大小不一的圆形包涵体（红色）。(周诗其)

丘疹　表皮层因细胞大量增生并发生水泡变性而增厚，胞质可见一个或数个包涵体。真皮仍为浆液性炎症变化。血管周围和结缔组织中出现不少“绵羊痘细胞”，这是病毒感染后发生变性的巨噬细胞或成纤维细胞。“痘细胞”体大，呈星形或梭形，胞质嗜碱性。核形圆、卵圆或不规则，呈空泡样，染色质边集，核仁大。有的“痘细胞”质中可见1个或数个嗜酸性（偶为嗜碱性）颗粒状包涵体，其中含有较淡染的小点（图9-85、图9-86）。

皱膜丘疹、结痂、愈合　棘细胞水泡变性、气球样变，有些细胞破裂并融合成小水疱。有的水疱内含多量中性粒细胞。真皮仍有明显炎症变化。小动脉与毛细血管后小静脉发生严重坏死性血管炎、血栓形成，故表皮、真皮均发生缺血性凝固性坏死。坏死组织与炎性渗出物结合成痂皮。痂下肉芽组织增生而愈合。

痘疹也可发生于鼻、喉、气管黏膜、肺、肝、肾等器官，其表现有一定差异。

肺痘疹主要位于膈叶，心叶、尖叶与中间叶较少。痘疹呈结节状、表面平滑，形圆或不正圆。初期色红，较小，粟粒大或更大，较实在，切面较湿润。随后结节增大，约扁豆至杏仁大或更大，坚实，色灰红或灰白，外周常有一暗红色区，切面较干燥。最后，结节略变小，色灰白或灰黄，质地坚实，外周是一层淡红色致密区，切面干燥。镜检，上述痘疹可分为渗出-增生性结节、增生-坏死性结节与包囊化的坏死结节。初期表现为浆液-间质性肺炎，以后为间质-坏死性肺炎，最后为坏死性肺炎包囊化。基本变化是在浆液性肺炎的基础上，肺泡因Ⅱ型上皮细胞增生而呈腺泡状，肺泡隔与细支气管、血管周围的间叶细胞与淋巴细胞增生。也可见绵羊痘细胞及胞质中的嗜酸性包涵体。后期痘疹部肺组织坏死，其周围结缔组织增生（图9-87、图9-88）。

山羊痘　病变与绵羊痘基本相同，但较少见，发病率与病死率均较低（图9-89）。

四十三、传染性脓疱

特征病变为口角、唇部与口鼻部的皮肤和黏膜发生丘疹、脓疱和厚痂。镜检，颗粒层和棘细胞外层细胞明显肿胀、增生，随之发生水泡变性和网状变性。表皮异常增厚。基底层细胞向下生长成网钉状伸入真皮（图9-90、图9-91）。

棘细胞层形成的水疱破裂、融合。变性的表皮细胞中可见嗜酸性胞质包涵体。真皮发生浆液性炎。中性粒细胞还可渗入表皮网状变性区，使水疱变为脓疱。脓疱破裂后，局部形成由角化细胞、不全角化细胞、坏死组织与细胞碎屑以及细菌集落等组成的痂。在上述高度增生的表皮组织中，可看到假癌结构。

图9-90　增生性鼻唇炎

鼻唇部皮肤和黏膜高度增生并形成痂皮。（刘安典）

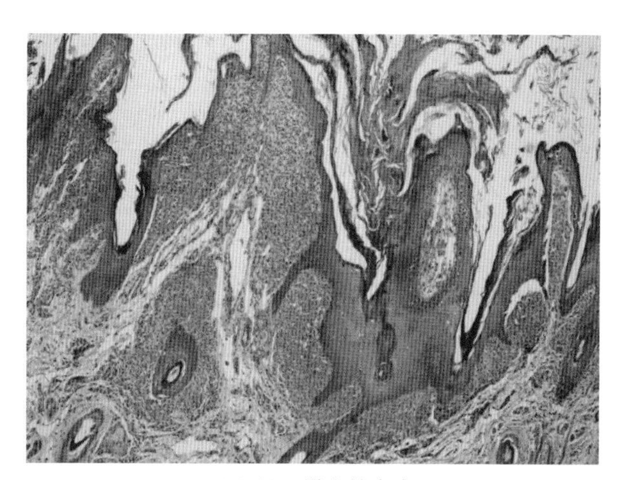

图9-91　增生性皮炎

皮肤表面高低不平，表皮生发层细胞活化、增生，角化明显，表皮向下深入形成突钉，真皮炎症细胞浸润。HE × 100（陈怀涛）

疾病严重时，病变也可出现于口腔黏膜、蹄部与乳房皮肤。

四十四、蓝舌病

特征病变为舌瘀血呈蓝紫色，口腔、食管、前胃、鼻腔黏膜糜烂或溃疡，心肌与骨骼肌出血、坏死，肺动脉与主动脉基部出血，急性出血性蹄叶炎，出血性素质与弥漫性血管内凝血（图9-92、图9-93）。

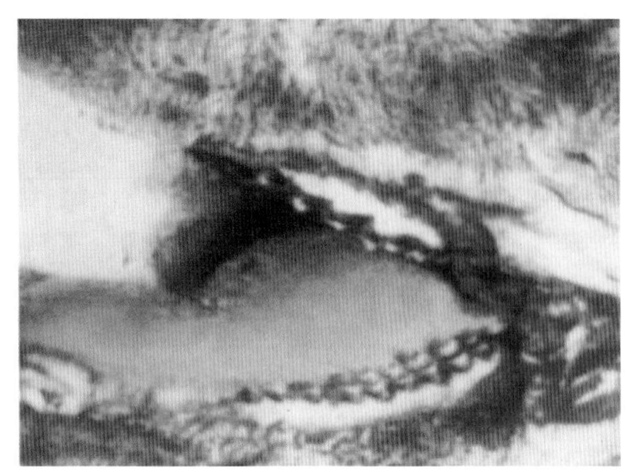

图9-92　蓝舌病

病绵羊舌发绀，舌面出现蓝紫色斑块。（徐有生　刘少华）

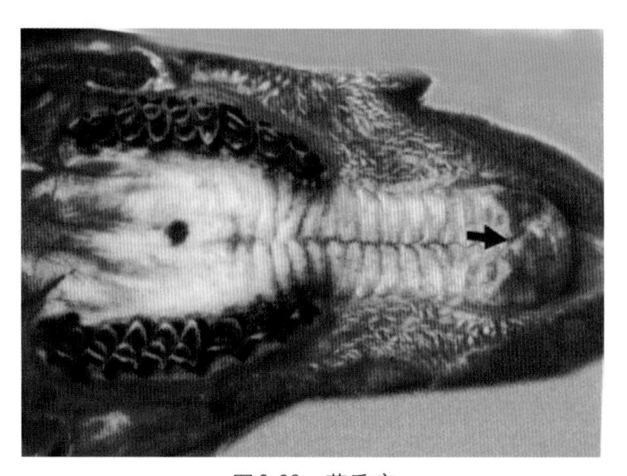

图9-93　蓝舌病

患病绵羊齿枕（齿板）前段黏膜出血、糜烂。（徐有生　刘少华）

四十五、小反刍兽疫

重要病变　包括结膜炎，坏死性口膜炎，皱胃与小肠出血、糜烂与溃疡，大肠（尤其结肠与直肠交接部）斑马条纹状出血，脾坏死灶，支气管肺炎病变。

特征组织学病变为感染细胞合胞体形成，其胞质中有嗜酸性包涵体。如消化道（口、舌等）病变部黏膜上皮变性、坏死，甚至形成含有嗜酸性胞质包涵体的合胞体，脾、扁桃体、淋巴结等淋巴组织程度不等地坏死，并可见合胞体形成，其胞质中有嗜酸性包涵体。肺除有支气管肺炎变化外，病变肺泡上皮和细支气管黏膜上皮常形成合胞体，其胞质中有嗜酸性包涵体（图9-94至图9-100）。

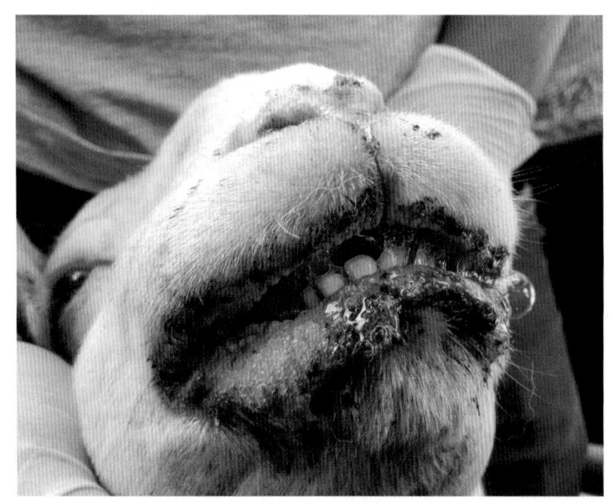

图9-94　小反刍兽疫

唇肿胀，并有出血坏死，口黏膜充血糜烂。（独军政）

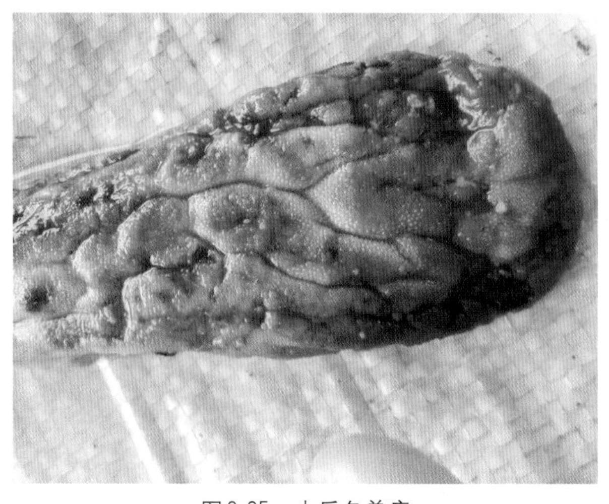

图9-95　小反刍兽疫

舌黏膜肿胀，并见多发性出血坏死灶。（独军政）

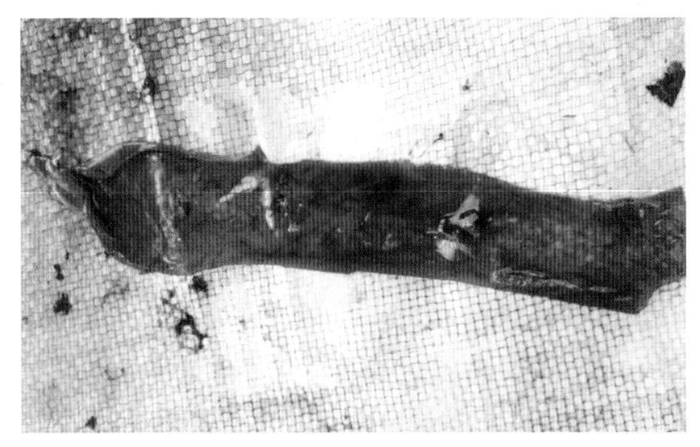

图9-96　小反刍兽疫

大肠黏膜出血潮红。(独军政　尚佑军)

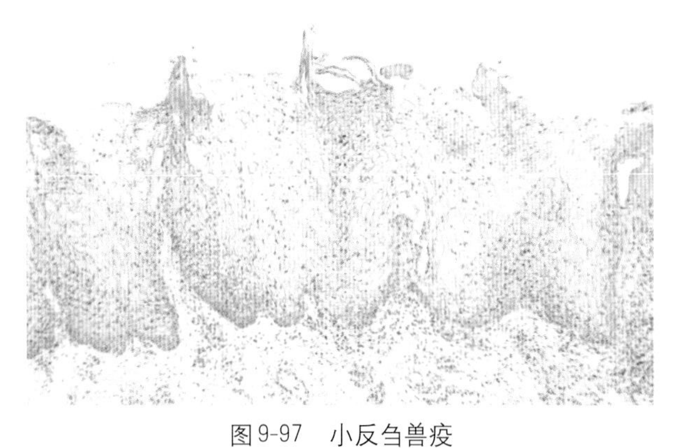

图9-97　小反刍兽疫

舌黏膜上皮层增厚，表面细胞坏死、脱落，黏膜下层有大量炎症细胞浸润。(陈怀涛　独军政)

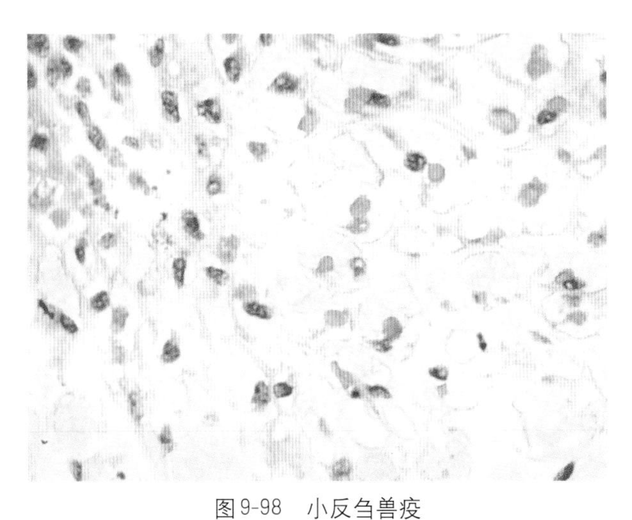

图9-98　小反刍兽疫

舌黏膜上皮变性、肿大，胞质中有嗜酸性圆形包涵体形成。(陈怀涛　独军政)

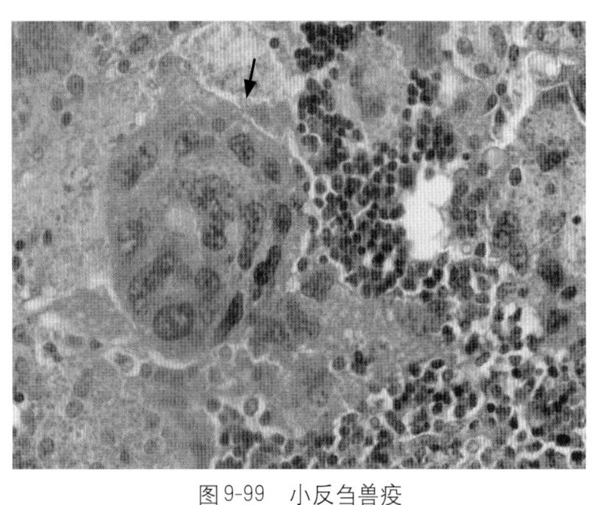

图9-99　小反刍兽疫

脾：淋巴细胞明显减少，网状细胞增生，白髓几乎消失；图左侧有一个合胞体形成，合胞体上部胞质中可见几个红色圆形包涵体（↓）。HE×500（贯宁）

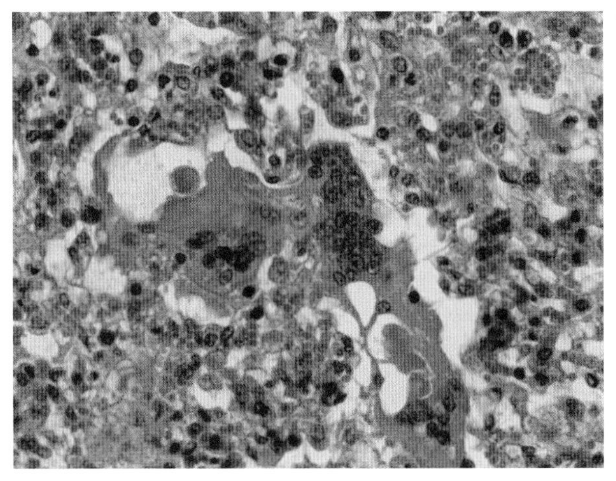

图9-100　小反刍兽疫

肺：肺泡上皮增生，肺泡腔中有脱落的上皮细胞、巨噬细胞等；图中可见4个由上皮细胞增生形成的合胞体。HE×500（贯宁）

四十六、绵羊梅迪－维斯纳病

特征病变为淋巴细胞性肺炎、关节炎、乳腺炎、卵泡炎与睾丸炎；脱髓鞘性脑膜脑脊髓炎。

肺　为淋巴细胞性间质性肺炎变化。剖开胸腔时肺不回缩，表面多有肋骨压痕。肺膨大，明显增重（正常肺重300～500g，病羊肺可达800～1 800g），触摸似橡皮。在灰色或棕灰色肺背景上，见灰白色细网状斑纹，透过肺膜，也常见到或多或少的淡灰白色半透亮的小点。支气管与纵隔淋巴结肿大2～3倍，质软，色灰白，切面皮质区增厚。镜检，肺间质（支气管、细支气管周围和肺泡隔）淋巴滤泡增生，其生长中心大多明显。终末细支气管、肺泡管的平滑肌明显增生，平滑肌纤维也可蔓延至邻近的肺泡壁。肺泡隔因淋巴细胞和巨噬细胞浸润而增厚。有的肺泡Ⅱ型上皮细胞有一定增生。肺泡腔渗出物稀少。支气管与纵隔淋巴结表现慢性增生性淋巴结炎变化，皮质与副皮质区淋巴细胞弥漫性增生，并有生发中心明显的次级淋巴滤泡增生（图9-101、图9-102）。

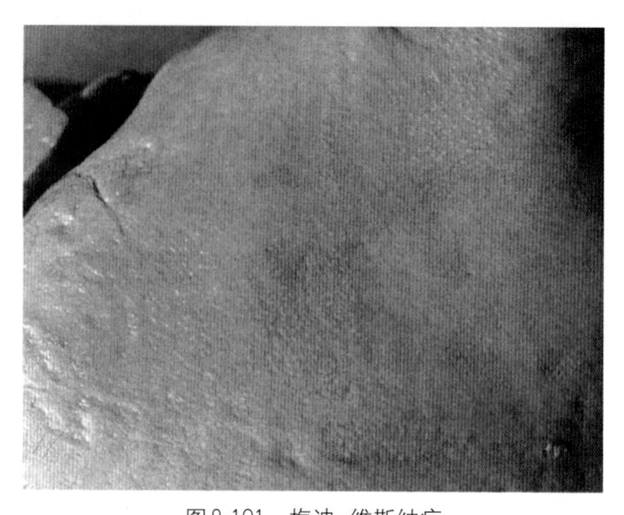

图9-101　梅迪-维斯纳病

肺膨大、不塌陷，表面散布大量灰白色半透明的小结节。（陈怀涛）

乳腺　为淋巴细胞性乳腺炎变化。后期双侧乳腺发生进行性萎缩和硬化。镜检，最初为局灶性淋巴细胞和浆细胞浸润，随后小叶间乳导管周围的结缔组织中发生弥漫性淋巴细胞浸润并形成生发中心明显的淋巴滤泡，滤泡可围管排列，并向管腔内隆起，致使管腔变窄甚至闭塞。小叶内的导管周围也可形成淋巴滤泡（图9-103）。

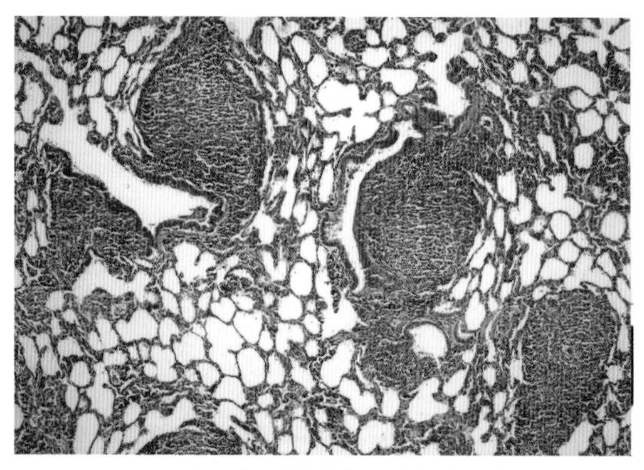

图9-102　间质性肺炎（滤泡性肺炎）

肺组织中淋巴滤泡增生，其生发中心明显。HE×100（陈怀涛）

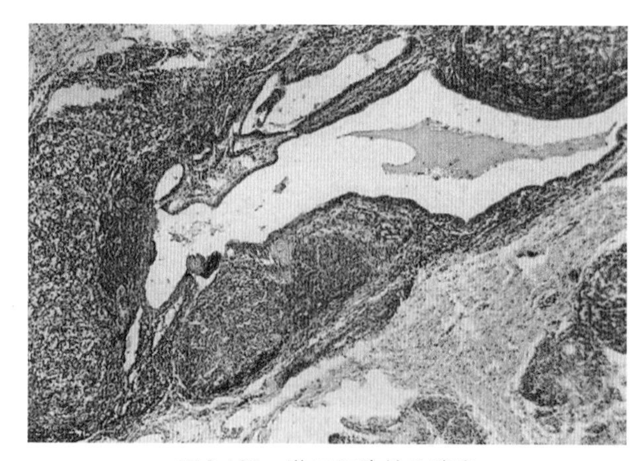

图9-103　淋巴细胞性乳腺炎

乳腺间质与乳导管周围淋巴细胞增生，并有淋巴滤泡形成，其生发中心明显，乳导管受压缩小。HE×40（邓普辉）

关节　慢性自然病例常可见到多发性关节炎，尤其腕关节与跗关节。关节肿大、变形，滑膜有赘生物，关节软骨糜烂与坏死。镜检，滑膜增生形成大量绒毛，绒毛与滑膜甚至关节囊都有大量淋巴细胞浸润。

脑脊髓　脑脊髓切面可见黄色小斑点。镜检，为散在性脱髓鞘性脑脊髓白质炎、单核细胞性脉络膜炎与脑膜脑脊髓炎，并有“血管套”形成和胶质细胞增生。软脑膜炎极为常见，在上额回、海马裂、梨状体和枕叶以及小脑舌、脊髓腹中裂、背中沟和神经后根周围病变最为明显。病初主要在脑室系统和脊髓中央管的室管膜下灰质和白质仅有淋巴细胞、浆细胞和巨噬细胞浸润。在病羊出现麻痹和

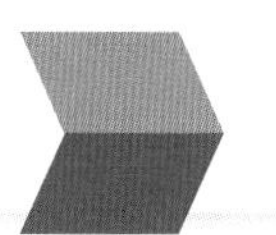

震颤症状时，大脑、小脑脑室周围白质严重受损，有些小脑白质几乎全部受损，表现空斑形成。在脊髓，有髓神经纤维的脱髓鞘空斑病变特征是散在性，分布在靠近软膜的周边，呈三角形。脊髓背索和外侧索最常发生对称性受损，严重时病灶可发生软化，空斑中出现大量小胶质细胞和星形胶质细胞。脊神经根部偶见炎性变化，外周神经的炎症极为罕见。

卵泡炎和睾丸炎　炎症也是淋巴细胞性的。成熟卵泡壁颗粒细胞受损，淋巴细胞和中性粒细胞通过卵泡膜进入卵泡液中，由于睾丸血管发炎受损，故可发生慢性淋巴细胞间质性睾丸炎，疾病后期睾丸缩小，质地变硬，镜检可见间质、曲细精管基膜和生精细胞间有淋巴细胞、巨噬细胞浸润。

四十七、绵羊肺腺瘤病

肺前叶或全肺发生灰白色粟粒大或更大的肿瘤病灶，病灶融合可形成团块，质地硬实，切面湿润，最后因结缔组织增生而形成大片肉变区。如发生感染可形成脓肿。若肿瘤发生转移，支气管和纵隔淋巴结肿大、变形（图9-104）。

特征组织学病变为，肺组织中有大小不等的肿瘤病灶，从几个肺泡到整个小叶，甚至波及大片区域。病灶内肺泡上皮不断增生，转化为立方状或柱状肺瘤细胞，使肺泡呈腺瘤样结构。瘤细胞形圆或椭圆，胞质淡染。随后大量瘤细胞向肺泡内生长，形成乳头状突起，突起中心有结缔组织和血管伸入。当大片肺泡都发生腺瘤化时，则肺泡界限消失，肺结构破坏，变成乳头状腺瘤区。瘤组织周围有的肺泡萎陷，有的肺泡腔内充满脱落的上皮细胞和巨噬细胞，它们常被腺瘤上皮分泌的黏液粘连在一起，形成细胞团块。有的肺泡增生上皮呈黏液变性。病变区终末支气管和呼吸性支气管上皮也增生形成乳头状突起突入管腔，这种病变和肺泡源性腺瘤病变常混在一起。最后病变区肺组织结构完全破坏，变成大片乳头状囊腺瘤。腺瘤腔和肺泡腔多有中性粒细胞。后期间质结缔组织增生，淋巴细胞浸润。有时间质结缔组织可化生为黏液组织（图9-105）。

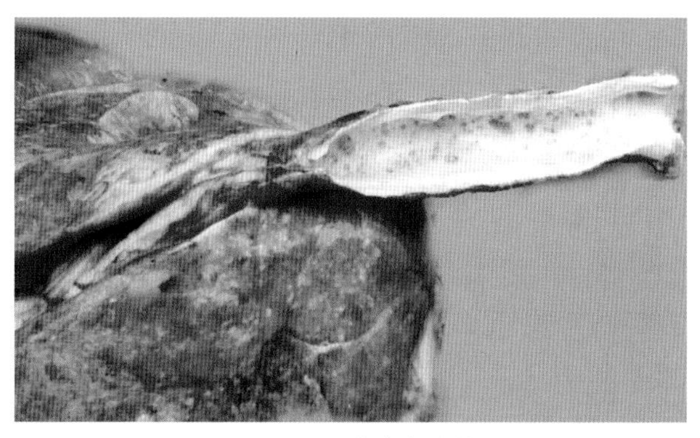

图9-104　肺腺瘤结节

绵羊气管内充满白色泡沫状液体，病变部肺组织实变，并可见灰白色颗粒状肿瘤结节。（贾宁）

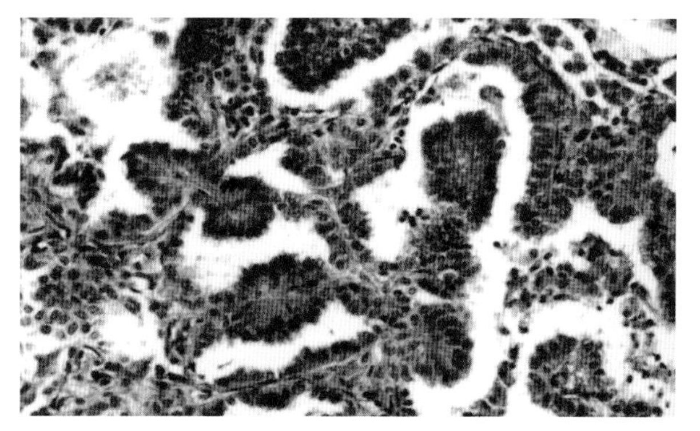

图9-105　肺腺瘤组织变化

肺泡因其上皮细胞增生而呈腺泡样，有些增生的上皮呈乳头状突起伸向肺泡腔，肺泡间隔的结缔组织也增生并伸入突起中。HE×200（朱宣人）

四十八、山羊关节炎－脑炎

本病可分为关节炎型、脑脊髓炎型、乳腺炎型与肺炎型，病理变化表现为慢性多发性关节炎、脑脊髓白质炎、硬结性乳腺炎与间质性肺炎。羔羊主要发生脑脊髓炎，成羊发生其他三型炎症。都呈慢性经过（图9-106、图9-107）。

关节炎型　病变和绵羊梅迪-维斯纳病相似，主要表现关节肿大，关节囊增厚，滑膜绒毛增生，皱襞增多，滑膜及周围组织发生纤维素样坏死、钙化与纤维化。关节软骨也发生钙化。

图9-106 脑炎症状
病羔羊呈头颈歪斜、后仰等神经症状。（李健强）

图9-107 关节炎
成年奶山羊，两前肢腕关节肿大。（李健强）

脑脊髓炎型 病变主要位于小脑和脊髓（尤其1 ~ 4颈椎和腰椎）白质，而中脑少见。在前庭核部位将小脑与延脑横切，常见一侧脑白质中有5mm大的棕红色病灶。镜检见病灶区血管周围淋巴细胞、巨噬细胞和网状纤维增生形成“管套”，“管套”外围有星状胶质细胞和少突胶质细胞增生，神经纤维有脱髓鞘变化。

肺炎型 肺膨大、质地较硬，有灰白色小点，镜检为典型间质性肺炎变化，细支气管与血管周围，淋巴细胞形成“管套”，甚至形成淋巴小结。肺泡上皮增生、化生。肺泡隔增厚，淋巴细胞浸润，结缔组织增生。

乳腺炎型 乳腺肿大，镜检见血管、乳导管周围及腺叶间淋巴细胞、浆细胞和巨噬细胞大量浸润。

四十九、阔盘吸虫病

胰表面散在界限不明显的暗褐色区域，其切面胰管管壁增厚，管腔狭窄，其中充满胰阔盘吸虫和黏稠物质。镜检，胰管黏膜上皮变性、坏死脱落，胰管壁腺体增生，其间淋巴细胞、浆细胞浸润，胰管周围结缔组织增生（图9-108）。

五十、前后盘吸虫病

在瘤胃、网胃黏膜，有红色前后盘吸虫成虫寄生，引起卡他性、出血-坏死性炎症或溃疡。

童虫移行寄生于皱胃、小肠、胆管、胆囊，引起其黏膜的卡他-出血性炎症。其内容物可检出童虫和虫卵（图9-109）。

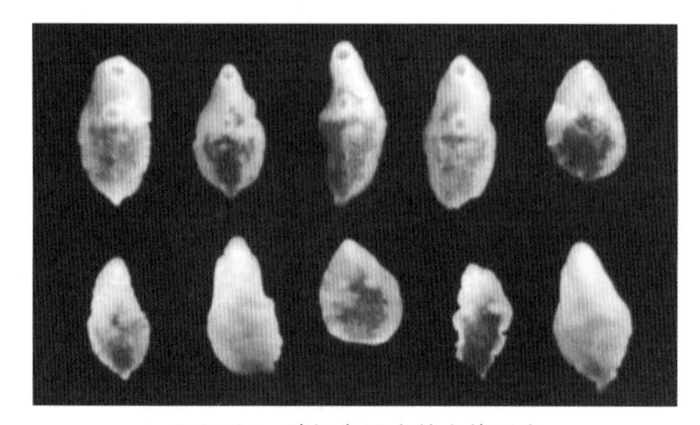
图9-108 胰阔盘吸虫的大体形态
上列虫体为腹面，下列为背面。新鲜时为棕红色，固定后为灰白色。虫体扁平，较厚，呈长卵圆形，大小为（8.0 ~ 16.0）mm×（5.0 ~ 5.8）mm。（甘肃农业大学家畜寄生虫室）

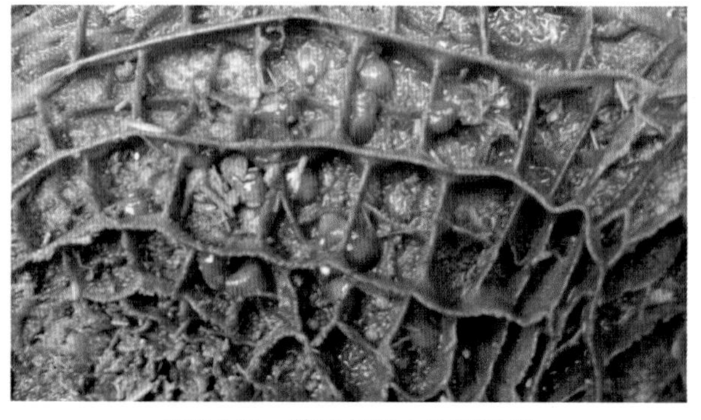
图9-109 前后盘吸虫性网胃炎
牛网胃的网格内有数个红色小豆样的前后盘吸虫成虫寄生，局部黏膜受损。（刘安典）

五十一、片形吸虫病

严重感染幼虫的急性病例，幼虫在肝脏移行可引起出血-坏死性肝炎，肝内可见红色斑点和小条纹，局部组织坏死、出血、嗜酸性粒细胞等浸润，也可见幼虫残体。成虫在胆管寄生可引起特征的慢性胆管炎及其周围炎。胆管增粗、变硬，呈灰白色索状或结节状突出于肝表面。当其切开时，见胆管壁明显增厚，黏膜粗糙，管腔中有黏稠的黄绿色胆汁、片形吸虫和块粒状结石（“牛黄”）。镜检，胆管上皮变性、坏死、脱落，胆管壁腺体呈腺瘤样增生，管壁结缔组织增生，其中有大量淋巴细胞、浆细胞、巨噬细胞和嗜酸性粒细胞浸润。管腔内为无结构的分泌物、坏死物、钙盐和虫体断面。病变可进一步发展为间质性肝炎，除见上述慢性胆管炎和胆管周围炎变化外，汇管区、小叶间也有结缔组织大量增生并向小叶内伸入，上述细胞明显浸润，并可见假小叶形成，小胆管大量增生，胆管上皮增生并有假胆管形成等变化。肝细胞多萎缩或消失，有的则再生、肥大（图9-110至图9-112）。

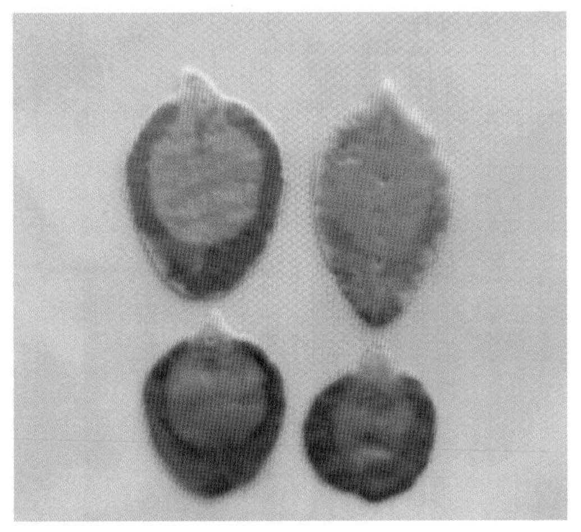

图9-110 肝片形吸虫的大体形态

呈叶片状，背腹扁平，活体色棕红，固定后色灰白，其大小随宿主和发育情况不同而异，成虫大小为（20.0 ~ 30.0）mm×（8.0 ~ 13.0）mm，前端有一三角形头锥，“肩”宽，随后逐渐变窄；口吸盘位于头锥前端，腹吸盘较大，位于口吸盘稍后，二者间为生殖孔。（甘肃农业大学家畜寄生虫室）

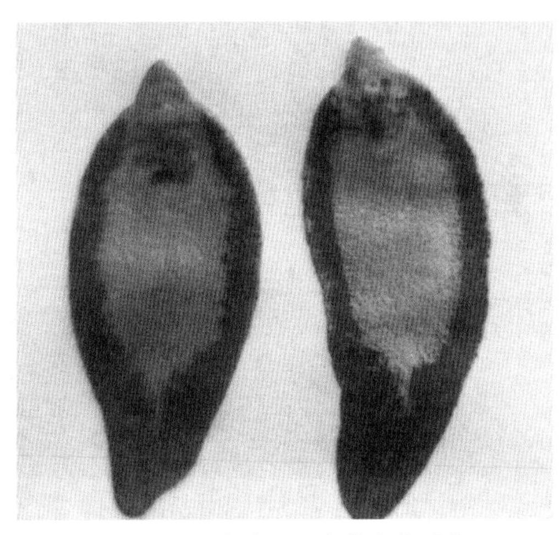

图9-111 大片形吸虫的大体形态

其形态与肝片形吸虫相似，但个体较大，大小为（33.0 ~ 76.0）mm×（5.0 ~ 12.0）mm，两侧较平直，呈竹叶状，体长超过体宽2倍以上，“肩”不明显。（甘肃农业大学家畜寄生虫室）

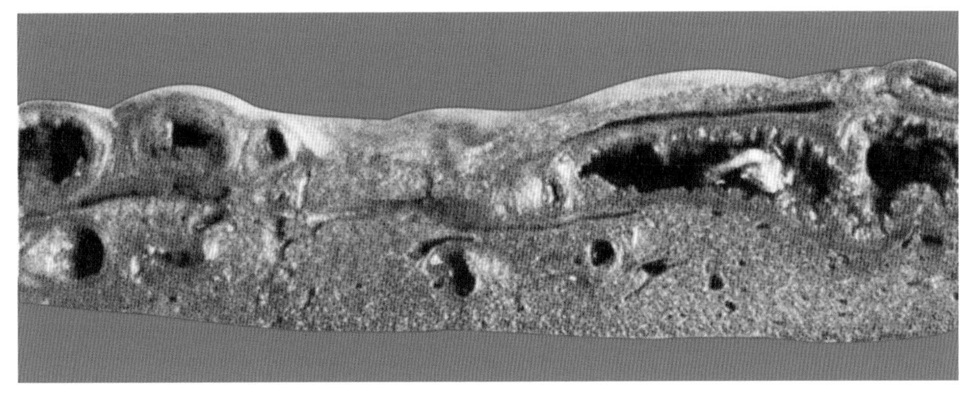

图9-112 慢性胆管炎

肝切面上见胆管壁明显增厚，内表面不平，管腔中有肝片形吸虫、浓稠的胆汁和盐类沉积。（贾宁）

五十二、双腔吸虫病

病理变化和片形吸虫病相似，但程度较轻。肝脏的小胆管壁增厚，肝表面呈灰白色小条索，不形成粗大的索状和结节，肝切面见增厚的胆管壁呈平行灰白色条状。胆管内可挤出胆汁和双腔吸虫成虫。本病病变在肝边缘部分较明显。镜检可见慢性胆管炎及其周围炎等变化（图9-113、图9-114）。

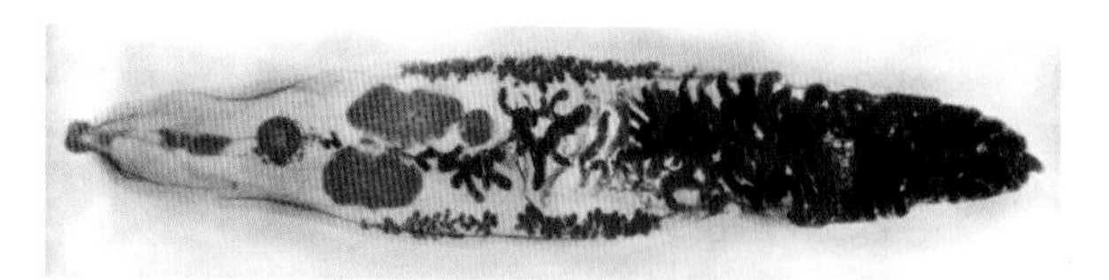

图9-113 双腔吸虫

矛形双腔吸虫的形态及其内部结构。（王春仁 李利）

图9-114 慢性小胆管炎

肝切面见许多小胆管壁增厚，呈淡灰黄色，管腔中有许多黏糊状物质，有的胆管被双腔吸虫堵塞。（陈怀涛）

五十三、日本分体吸虫病

在急性和慢性病例，特征病变为，肝和肠（尤其大肠）壁均有粟粒至黄豆大的灰黄或灰白色结节（虫卵结节），门静脉和肠系膜静脉常可发现呈合抱状态的雌雄虫体，但慢性时肝、肠因组织增生而发生硬化。镜检，虫卵结节多位于间质（尤其汇管区），肝小叶内很少。急性病例的结节：中心为一个或几个成熟虫卵，其周围环绕一层辐射状物质（抗原-抗体复合物），外围是大量细胞浸润（嗜酸性粒细胞、淋巴细胞、巨噬细胞、中性粒细胞、浆细胞等）。慢性病例的结节：中心的虫卵内毛蚴已死亡，故虫卵发生钙化，其周围是上皮样细胞和多核巨细胞，再外则由淋巴细胞和成纤维细胞包绕，故结节实为肉芽肿，此时嗜酸性粒细胞已明显减少。后期结节发生纤维化。汇管区及小叶间结缔组织都明显增生，间质中的小胆管也增多。但结缔组织常不伸入小叶内，故小叶结构基本完整。枯否氏细胞内可见黑褐色色素沉着。这种色素是成虫吞噬红细胞后，血红蛋白被虫体蛋白酶消化而产生的血红素样色素。因为这种色素残存在虫体肠管中，当其排出后，则被肝、脾等单核巨噬细胞系统的细胞所吞噬。黑褐色血吸虫色素颗粒呈铁反应阴性。肠壁中的虫卵结节形态结构与肝脏的相似（图9-115至图9-117）。

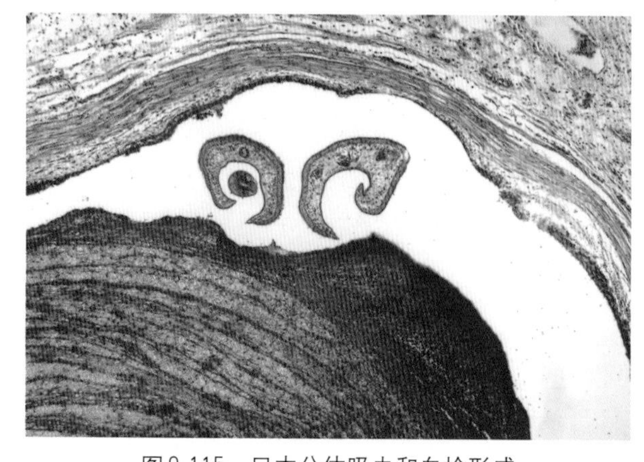

图9-115 日本分体吸虫和血栓形成

牛肝的静脉内见雌雄合抱的日本分体吸虫和层状结构的血栓，静脉周围结缔组织增生。HE×100（陈怀涛）

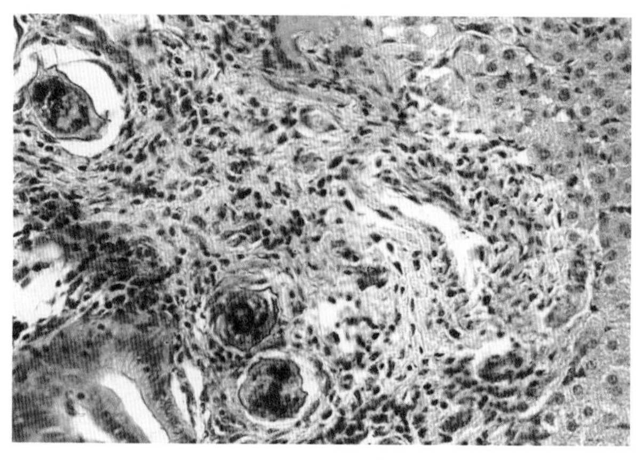

图9-116 虫卵性栓塞

牛肝间质中有不少虫卵性栓子堵塞小静脉血管，虫卵着染蓝色，附近结缔组织增生。HE×400（陈怀涛）

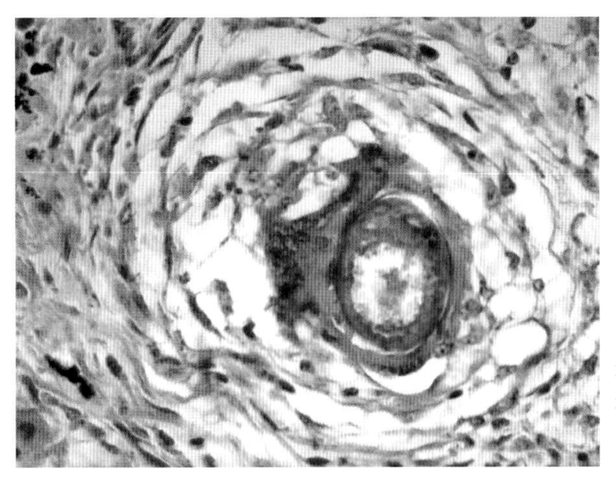

因此，肝、肠血吸虫虫卵结节、肝门静脉与肠系膜静脉内的合抱虫体及肝、脾吞噬细胞血吸虫色素颗粒的发现，无疑对本病的死后诊断有重要意义。

图9-117　虫卵性结节

肝脏的增生性结节。在死亡的成熟虫卵附近是巨细胞和上皮样细胞，其外由成纤维细胞包围，同时可见少量嗜酸性粒细胞；肝组织中有褐色血吸虫色素沉着。HE×400（祁保民）

五十四、棘球蚴病（包虫病）

幼畜轻度感染时，棘球蚴（肉食动物小肠细粒棘球绦虫的中绦期）囊泡多见于肝，成年绵羊或牛常同时见于肝、肺。棘球蚴囊泡在肝、肺寄生的数量不等，单个囊泡常为圆球状，直径5～10cm，位于脏器中或突出于表面，囊壁较厚，囊中充满淡黄色透明液体。棘球蚴大量寄生时，肝组织明显萎缩。我国以细粒棘球蚴寄生为主，偶见多房棘球蚴（图9-118）。

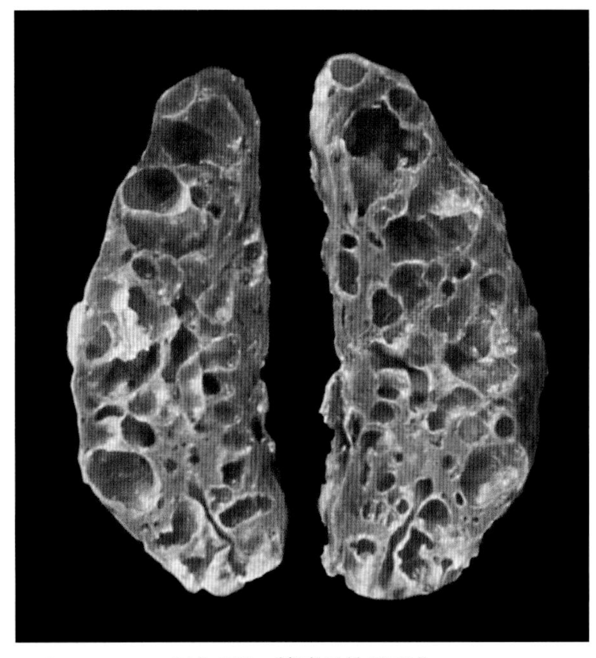

图9-118　棘球蚴性肝硬化

棘球蚴大量寄生时，肝切面可见许多大小不等的囊泡，其中充满液体，有的则为血液，由于囊壁结缔组织大量增生，致使肝质地变硬，肝实质受压萎缩。（陈怀涛）

镜检，未成熟的棘球蚴囊泡在组织中被巨噬细胞和嗜酸性粒细胞所包围。成熟老化的棘球蚴囊泡壁由两层构成，内层较薄，为生发层，有少量较大的圆形核的细胞排列，可见向囊腔内芽生的生育囊。外层较厚，为嗜伊红的透明角质层。陈旧的棘球蚴，角质层附近有坏死组织碎屑和变性坏死的嗜酸性粒细胞包围虫体，并有大量上皮样细胞、异物巨细胞、嗜酸性粒细胞与淋巴细胞，最外为结缔组织所包绕。以后整个棘球蚴囊泡可被肉芽组织所取代。棘球蚴囊泡常可发生变性，内层萎陷，萎陷的生发层团块变成干酪状并可能钙化。变性的囊泡外观似结核结节，但在病变组织中可辨认出原头蚴的吻突小钩。

五十五、细颈囊尾蚴病

细颈囊尾蚴为肉食动物泡状带绦虫的中绦期。六钩蚴在肝内移行，引起出血-坏死性肝炎，肝内可见直径1～2mm的红色小条状病变。当六钩蚴由肝内钻出后，可在肝被膜、网膜和肠系膜上发育成细颈囊尾蚴。囊尾蚴呈囊泡状，大小不一，自豌豆大到鸡蛋大或更大，借助粗细不一的蒂悬挂着。囊内有透明液体，囊壁上附有一个乳白色且具有细长颈部的头节，故称细颈囊尾蚴。囊尾蚴寄生的局部组织发生增生性炎症变化。本病生前很难诊断（图9-119）。

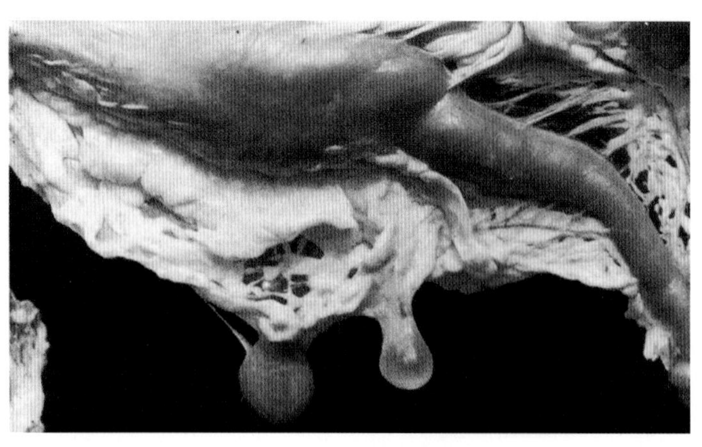

图9-119　细颈囊尾蚴

悬挂在羊网膜上的两个泡状细颈囊尾蚴，左侧一个幼虫已死亡，囊泡中的液体变得混浊，右侧一个为活细颈囊尾蚴，囊泡中含有淡黄色清亮的液体。（陈怀涛）

五十六、牛囊尾蚴病（牛囊虫病）

牛囊尾蚴是人肥胖带绦虫的中绦期。呈灰白色半透明的囊泡状，约黄豆大，直径约9mm，囊内充满液体，囊壁有一内陷的粟粒大的头节，其上有4个吸盘，但无顶突和小钩。囊尾蚴寄生于咬肌、舌肌、心肌等全身横纹肌，偶见于肝、肺、淋巴结等器官。肌肉大量寄生时，囊尾蚴的压迫作用可致周围肌纤维萎缩、变性。囊尾蚴也可死亡、钙化，引起局部炎症反应，周围结缔组织增生并形成包囊。本病生前诊断比较困难。

五十七、脑多头蚴病（脑包虫病）

脑多头蚴是肉食动物多头带绦虫的中绦期，主要寄生于羊、牛，也寄生于骆驼和马。多寄生于大脑尤其浅层，也能寄生于延脑和脊髓。偶寄生于人的脑脊髓。脑多头蚴呈乳白色囊状，豌豆大到鸡蛋大，囊内充满液体。囊壁由内膜生发层和外膜角质层构成，内膜上有100 ~ 250个原头节。六钩蚴在脑内移行可引起脑出血、坏死和炎症，严重时导致急性死亡。脑多头蚴的寄生使脑组织受压萎缩，临诊出现神经症状。多头蚴寄生部位的周围有明显的脑组织坏死和炎症反应（图9-120）。

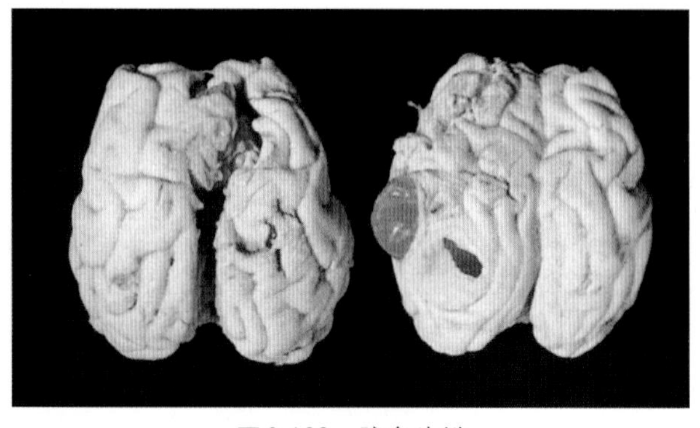

图9-120　脑多头蚴

寄生脑多头蚴的两个大脑。一个脑多头蚴位于大脑半球间，另一个位于一侧大脑半球浅层（囊泡已突出）。（陈怀涛）

五十八、莫尼茨绦虫病

绦虫病主要由莫尼茨绦虫、盖氏曲子宫绦虫和中点无卵黄腺绦虫引起，其中以莫尼茨绦虫对羔羊和犊牛的危害尤为严重。

当吞食莫尼茨绦虫卵的中间宿主地螨被终末宿主牛、羊、骆驼食入后，地螨体内的感染性幼虫（似囊尾蚴）便会在终末宿主肠内被释出，其头节附着在肠壁发育为成虫。成虫包括扩展莫尼茨绦虫和贝氏莫尼茨绦虫。二者相似，体大，色乳白，呈带状，最宽处为16 ~ 26mm，全长可达5 ~ 6m，头节有4个吸盘。虫卵内有一个被梨形器包围的六钩蚴。绦虫在小肠的寄生，可吸收牛羊的营养物质，使其消瘦、贫血，黏膜苍白、黄染。剖检可见皮下胶样水肿，体腔积液，心内外膜出血，实质器官萎缩、色黄。虫体的刺激和毒素作用，可引起肠黏膜卡他性炎症变化，甚至动物发生中毒。有时虫体可引起肠阻塞、肠套叠或肠破裂（图9-121至图9-123）。

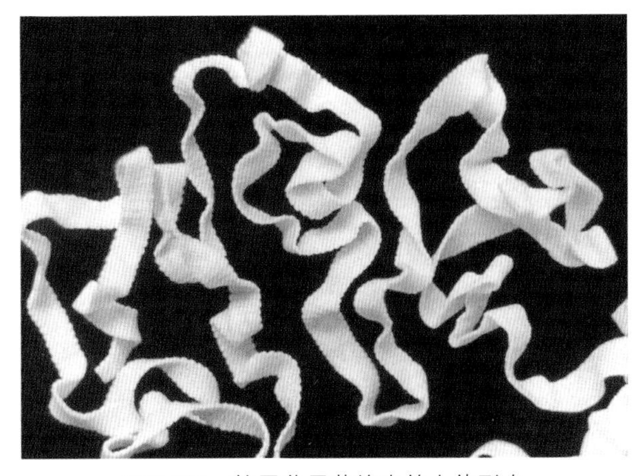

图9-121　扩展莫尼茨绦虫的大体形态

绦虫链体长1～5m，最宽处16mm以上，头节很小，近似球形，其上有4个卵圆形吸盘。（甘肃农业大学家畜寄生虫室）

图9-122　盖氏曲子宫绦虫的大体形态

绦虫链体长可达2m，最宽处12mm，节片长度比莫尼茨绦虫短，头节也小，直径约1mm。（甘肃农业大学家畜寄生虫室）

图9-123　无卵黄腺绦虫的大体形态

从一头屠宰绵羊肠道内取出的中点无卵黄腺绦虫，较窄、薄，长度可达2～3m或更长，但宽度仅2～3mm，节片极短，分节不明显，除链体后部外，肉眼几乎无法辨认其分节。（陈怀涛）

五十九、消化道线虫病

在牛、羊消化道寄生的线虫很多，如寄生于皱胃的血矛属线虫（主要为捻转血矛线虫）、奥斯特属线虫、毛圆属线虫、马歇尔属线虫；寄生于小肠的毛圆属线虫、奥斯特属线虫、马歇尔属线虫、仰口属线虫、犊弓首蛔虫；寄生于结肠的食道口线虫；寄生于食道的筒线属线虫。这些线虫对机体的主要危害是吸收营养，致宿主慢性消瘦，也可引起寄生部位的卡他性、出血性、坏死性炎症变化。犊弓首蛔虫幼虫可在肝、肺穿行，引起出血-坏死性炎症变化。食道口线虫寄生于结肠的肠腔和肠壁，引起黏膜炎症和肠壁结节形成，结节中的虫体发生死亡、钙化。在胃肠道的炎症和结节病变形成过程中，组织中可出现大量炎性细胞浸润和增生，如嗜酸性粒细胞、中性粒细胞、巨噬细胞、浆细胞、淋巴细胞和成纤维细胞等。胃肠道的病变和寄生虫的有害作用，可严重影响其食物的消化、营养物质的吸收与废物的排泄功能（图9-124至图9-134）。

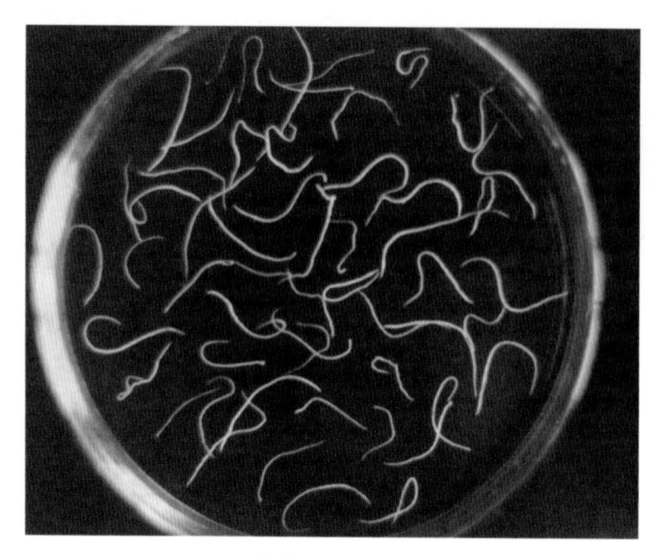

图9-124 捻转血矛线虫的大体形态

捻转血矛线虫（*Haemonchus contortus*）：似毛发状，因吸血而呈淡红色，雄虫长15.0 ~ 19.0mm，雌虫长27.0 ~ 30.0mm，因白色的生殖器官环绕于含血的红色肠道周围，故形成红白线条相间的外观。（李晓明）

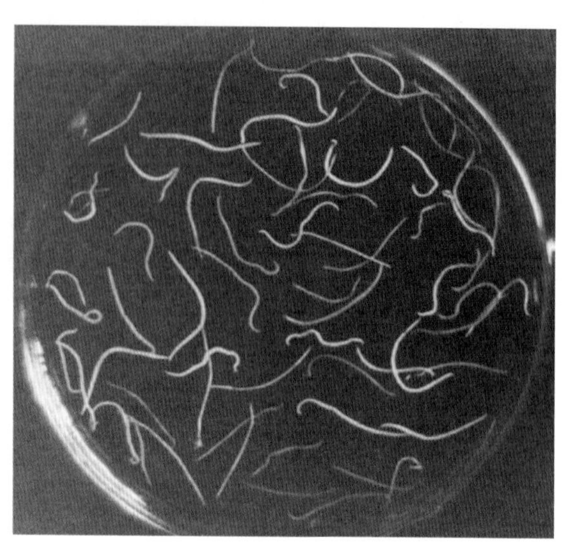

图9-125 仰口线虫的大体形态

羊仰口线虫（*Bunostomum trigonocephalum*）：呈乳白色或淡红色，头端向背面弯曲，口囊大，雄虫长12.5 ~ 17.0mm，雌虫长15.5 ~ 21.0mm。（李晓明）

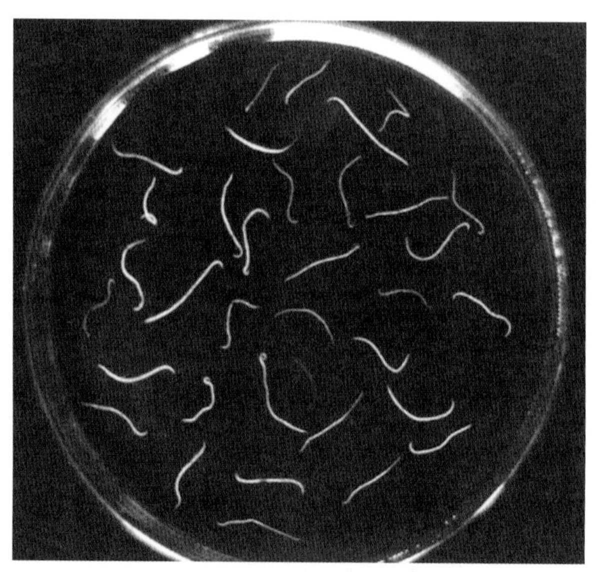

图9-126 食道口线虫的大体形态

甘肃食道口线虫（*Oesophagostomum kansuensis*）：前部弯曲，雄虫长14.5 ~ 16.5mm，雌虫长18.0 ~ 22.0mm。（陈怀涛）

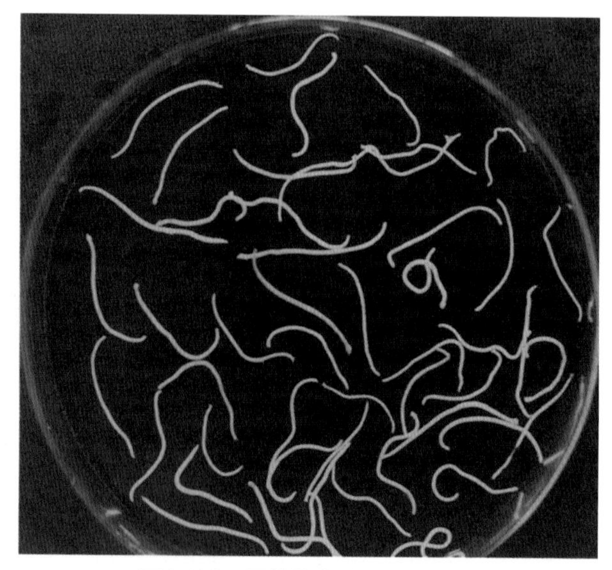

图9-127 夏伯特线虫的大体形态

绵羊夏伯特线虫（*Chabertia ovina*）：虫体较大，色乳白，前端稍向腹面弯曲，雄虫长16.5 ~ 21.5mm，雌虫长22.5 ~ 26.0mm。（陈怀涛）

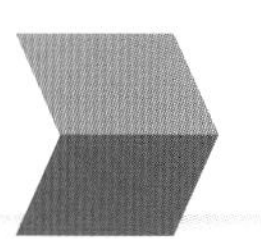

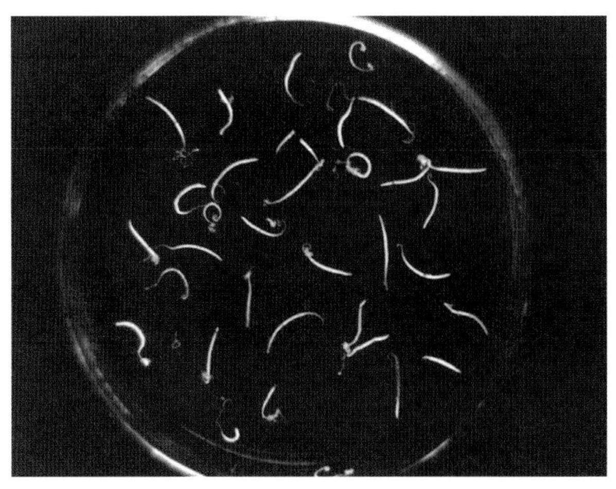

图9-128 毛尾线虫的大体形态

毛尾属线虫（*Trichuris*）：虫体色乳白，前部呈毛发状，整个外形似鞭（故又称鞭虫），细长的前部内为食道，后部粗短，为体部，内有肠和生殖器官；雄虫后部弯曲，雌虫后端钝圆；绵羊毛尾线虫（*T. ovis*）的雄虫长50.0 ～ 80.0mm，食道部占虫体全长的3/4；雌虫长35.0 ～ 70.0mm，食道部占虫体全长的2/3 ～ 4/5。（陈怀涛）

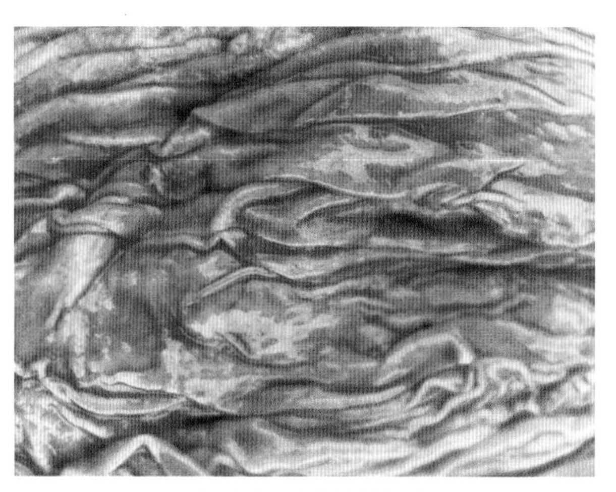

图9-129 出血性皱胃炎

捻转血矛线虫所致的出血性皱胃炎：黏膜潮红，附以淡红色黏液。（李晓明）

图9-130 坏死性皱胃炎

奥斯特线虫（*Ostertagia*）所致的坏死性皱胃炎：在黏膜充血的背景上，可见许多灰白色坏死灶，胃的大片区域已坏死，其表面粗糙。（Blowey RW,et al. 齐长明主译. A colour atlas of diseases and disorders of cattle. 2版，北京：中国农业大学出版社，2004）

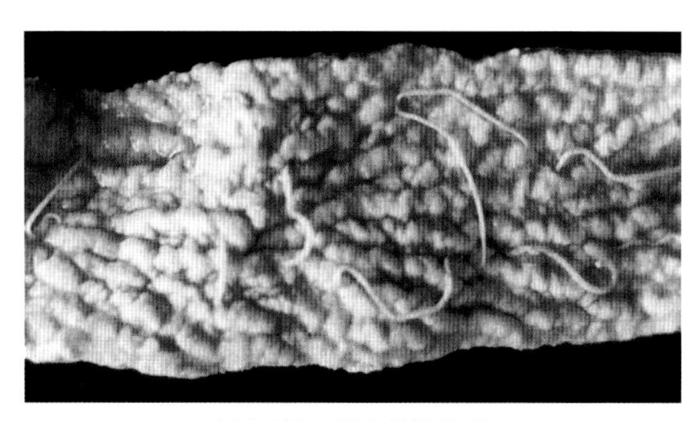

图9-131 增生性结肠炎

夏伯特线虫所致的增生性结肠炎：肠黏膜因组织增生而增厚，其表面呈密集的结节状，有些虫体尚吸附于黏膜上。（甘肃农业大学家畜寄生虫室）

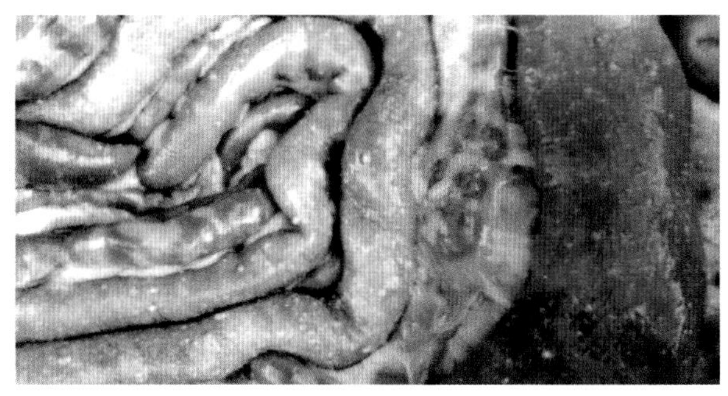

图9-132 结节性结肠炎

绵羊食道口线虫的幼虫在结肠肠壁引起的密布性结节。（张旭静）

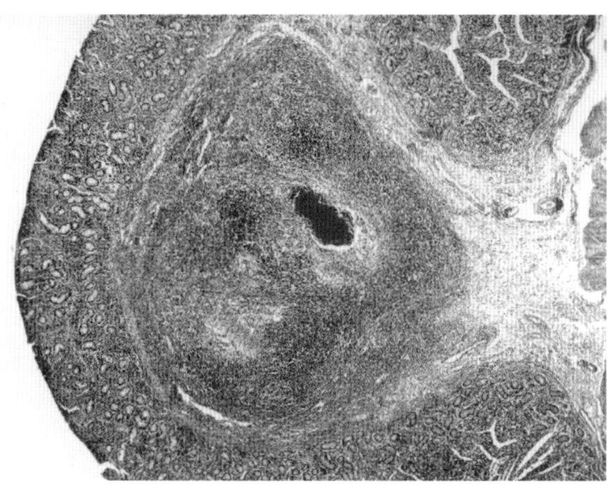

图9-133 食道口线虫性肉芽肿

肉芽肿位于肠黏膜下层，中心为幼虫残骸（红染），周围有大量炎症细胞，最外为薄层结缔组织，肉芽肿毗邻的局部肠黏膜受压而向外突出。 HE × 100（陈怀涛）

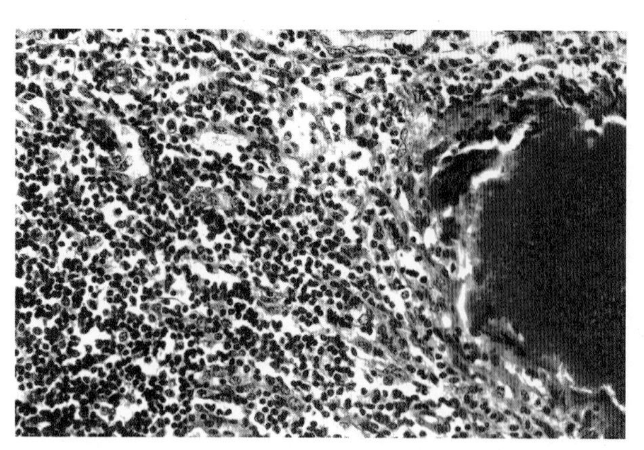

图9-134　肉芽肿的组织结构

此图为图9-133肉芽肿部分放大。肉芽肿中心为幼虫残骸（红染），附近为一些巨细胞和上皮样细胞，外围密布淋巴细胞和嗜酸性粒细胞。HE×400（陈怀涛）

六十、肺线虫病

本病主要是由网尾科网尾属线虫（丝状网尾线虫）和原圆科缪勒属线虫（毛样缪勒线虫）、原圆属线虫（柯氏原圆线虫）寄生于绵羊与山羊肺脏引起。

网尾线虫病　病原体为丝状网尾线虫，虫体较大，俗称大型肺线虫，呈细线状，色乳白，主要寄生于肺的支气管中。幼虫在肺内穿行，引起出血-坏死性炎症变化。成虫引起支气管炎和支气管周围炎。大量虫体和炎性渗出物阻塞细支气管和肺泡，引起肺萎陷和附近肺泡气肿。特征病变位于肺膈叶后缘，呈暗红色或灰红色楔形或三角形实变区，微低于周围膨胀的肺。切面可见实变区为支气管周围的大片肺组织。管腔中有黏稠的泡沫状液体和缠绕成团的虫体，管壁增厚，黏膜发红。严重感染时膈叶背部发生大片肉变区，其表面胸膜增厚，也可与肋胸膜发生粘连。镜检呈支气管炎变化，黏膜上皮增生并常呈乳头状皱襞突入管腔，管腔中有成虫、幼虫和虫卵与大量炎性产物，管周结缔组织增生，淋巴细胞、嗜酸性粒细胞等浸润。实变区的肺泡萎陷或气肿，有的上皮增生为立方状，肺泡腔有大量黏液、炎性细胞和脱落的肺泡上皮细胞，有的肺泡有幼虫和虫卵，其周围可见异物巨细胞。

原圆线虫病　病原体为毛样缪勒线虫和柯氏原圆线虫。它们常混合寄生于肺。原圆线虫较小，俗称小型肺线虫。柯氏原圆线虫呈红褐色，主要寄生于细支气管。线虫引起膈叶背缘和后缘的灰黄色圆锥形小叶性肺炎灶。镜检变化和网尾线虫的相似。虫卵和成虫常不引起明显的细胞反应，而幼虫的细胞反应很明显，幼虫表面被覆鞘膜样的巨噬细胞或被覆一层沉淀物。凡有幼虫的肺泡，细支气管及其周围组织均发生炎性细胞浸润，同时细支气管和肺泡管外围有明显的平滑肌纤维束肥大。这些变化可引起肺萎陷和实变，其周围肺组织发生气肿。毛样缪勒线虫是羊肺常见的一种线虫，多寄生于肺胸膜下的肺泡中。这种线虫对肺泡及其周围组织的刺激作用，可引起结节形成。结节多散在于膈叶的肺胸膜下，大小为1～5mm，初因出血而色红，后变黄绿色，最后因钙化和纤维结缔组织增生而呈灰白色。结节也常位于片状间质性肺炎区中。支气管与肠系膜淋巴结中，有时也会发现毛样缪勒线虫结节。镜检，幼龄动物感染、初次感染第四期幼虫，或肺泡中的虫卵和第一期幼虫，所引起的肺脏病变主要表现较轻的间质性炎症反应，如肺泡隔轻度纤维性增厚，肺泡隔、血管与细支气管周围淋巴细胞浸润，嗜酸性粒细胞反应也缺乏。再次感染或成年羊则有明显的细胞反应，如成年羊对第一期幼虫和成虫的反应。幼虫：其周围有明显嗜酸性粒细胞浸润，肺泡中充满巨噬细胞和一些合胞体巨细胞，肺泡隔因纤维组织增生而变厚。进入小的细支气管的幼虫，常被黏液和细胞碎屑构成的阻塞物所包裹，细支气管上皮增生，肌层明显增厚；幼虫离开结节后，虽仍见肺泡隔纤维和平滑肌增生与气肿，但细

胞反应会减弱。成虫：其周围也有剧烈的嗜酸性粒细胞反应，其外是狭窄的上皮样细胞、巨细胞区，最外围则是增生的成纤维细胞。如成虫死亡，其细胞碎片可发生钙化。这种结节形圆，中心为钙盐，外围是纤维结缔组织包囊。由此可见，毛样缪勒线虫引起的结节、间质性肺炎以及支气管与血管周炎都很明显（图9-135至图9-138）。

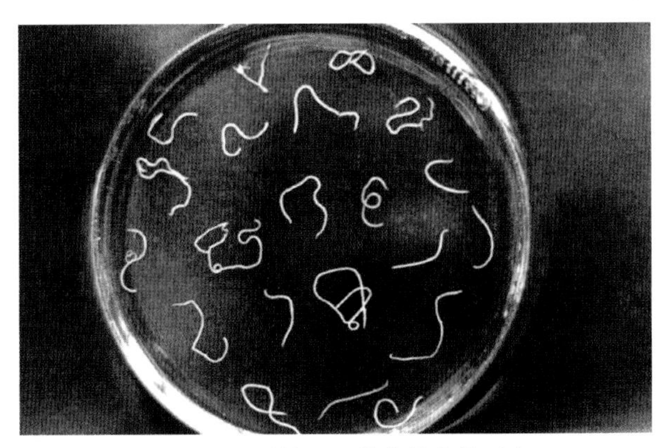

图9-135　丝状网尾线虫的大体形态

虫体呈细线状，色乳白，肠管似一黑线穿行体内，雄虫长25.0 ～ 80.0mm，雌虫长43.0 ～ 112.0mm。（陈怀涛）

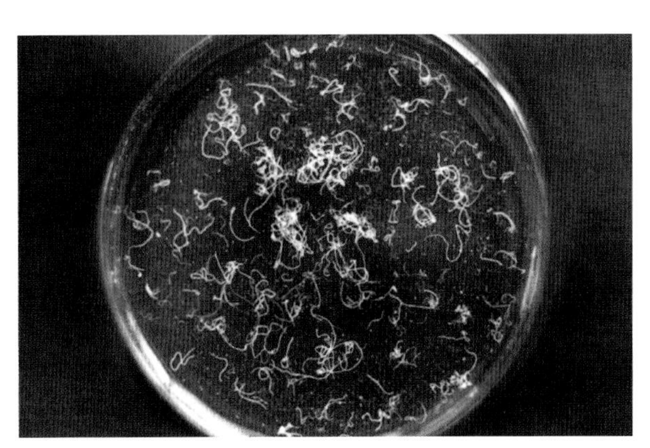

图9-136　原圆线虫的大体形态

原圆线虫（主要为毛样缪勒线虫）：比丝状网尾线虫细小，雄虫长11.0 ～ 26.0mm，雌虫长18.0 ～ 30.0mm；柯氏原圆线虫雄虫长24.0 ～ 30mm，雌虫长28.0 ～ 40mm。（陈怀涛）

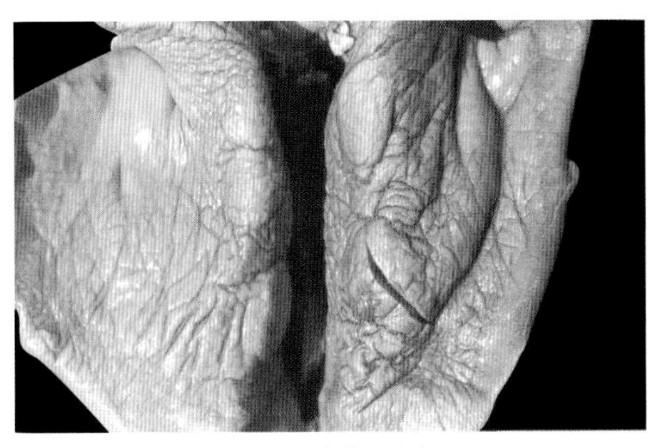

图9-137　肺线虫肉变区

病绵羊肺膈叶背缘有几个椭圆形团块状肉变区，右肺的一个已被切开，肉变区质地实在，微突出于肺表面。（陈怀涛）

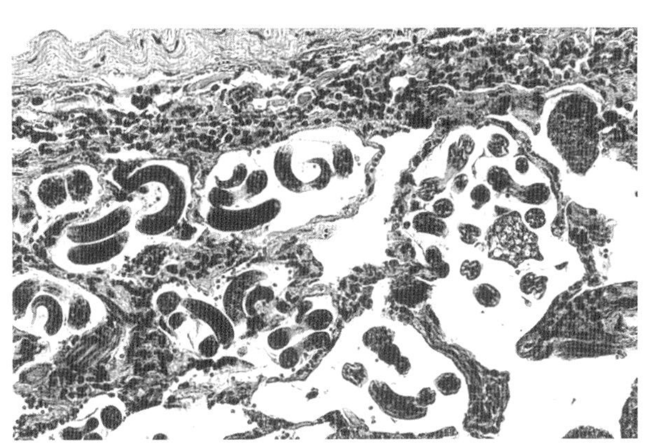

图9-138　增生性胸膜炎和肺炎

肺胸膜增厚，胸膜下淋巴细胞增生，肺泡中有大量肺线虫寄生。HE×400（陈怀涛）

六十一、羊狂蝇蛆病

羊狂蝇（羊鼻蝇）的成熟幼虫（羊狂蝇蛆）在绵羊（山羊较少）鼻腔、鼻窦或额窦黏膜寄生，由于其角质钩和体表小刺的刺激和损伤作用，引起黏膜充血、出血、水肿和渗出等炎性变化，并常造成糜烂和溃疡。病变黏膜有大量浆液、黏液或脓液附着（图9-139）。病羊出现流鼻涕、喷嚏、呼吸困难等症状。当成虫在鼻孔产幼虫时，则羊群骚动、不安、摇头、喷鼻等。

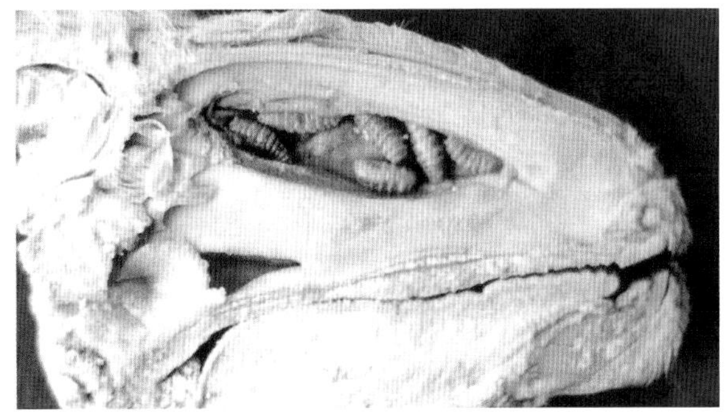

图9-139　鼻　炎

鼻腔有狂蝇蛆寄生，鼻黏膜潮红，有小溃疡，附有黏脓性分泌物。（陈怀涛）

六十二、球虫病

牛球虫病 寄生于牛体的球虫主要为邱氏艾美耳球虫（*Eimeria zürnii*）和牛艾美耳球虫（*E.bovis*）。在外界环境中发育成熟的卵囊进入消化道后释出子孢子，后者钻入小肠后段和大肠黏膜上皮细胞发育成裂殖体。裂殖体破裂后释出裂殖子，同时破坏宿主细胞。裂殖子进入新的细胞变成配子体，后者分化为大、小（雌、雄）两种配子。小配子钻入大配子后使其受精，产生合子，合子周围形成两层被膜，即成为卵囊。上皮细胞破裂后，卵囊进入肠腔，再随粪便排出，在外界适当的条件下发育成侵袭性卵囊。

特征病变为大肠（盲肠、结肠与直肠）的出血-坏死性炎症变化。肠内容物呈褐色糊状，混有血液、黏液、脱落的黏膜碎片等物。黏膜肿胀、色暗红，常有出血斑点和溃疡。肠壁淋巴滤泡肿胀突出。肠系膜淋巴结肿大。镜检，肠黏膜上皮细胞和肠腺上皮细胞广泛变性、坏死、脱落，上皮细胞质中有发育阶段不同的球虫。肠腺腔中有大量细胞碎片和中性粒细胞。固有层和黏膜下层充血、出血、水肿和白细胞浸润。肠内容物中含大量卵囊。

绵羊和山羊球虫病 寄生于绵羊的球虫有14种，其中阿撒他艾美耳球虫（*E. ahsata*）对绵羊的致病力强，绵羊艾美耳球虫（*E. ovina*）和小艾美耳球虫（*E. parva*）致病力中等，浮氏艾美耳球虫（*E. faurei*）有一定致病力。山羊球虫有15种，其中雅氏艾美耳球虫（*E. ninakohlyakimovae*）对山羊的致病力强，阿氏艾美耳球虫（*E. arloingi*）等有中等或一定的致病力。

特征病变为卡他-出血性小肠炎变化。阿氏艾美耳球虫感染时，由于黏膜上皮局部增生，在小肠特别是回肠和空肠后段的黏膜有黄白色粟粒至豌豆大的圆形斑点或结节，常成簇分布，甚至透过浆膜也能看到。如为雅氏艾美耳球虫感染，常引起弥漫性回肠、盲肠和结肠的出血-坏死性炎症变化。回盲瓣、盲肠、结肠和直肠发生糜烂、溃疡和出血。如这种球虫寄生于肝脏胆管上皮，则肝脏表面和切面可见针尖或粟粒大的黄色斑点。镜检，肠绒毛上皮、肠腺、固有层及黏膜下层的变化与牛球虫病肠道的变化相似。有时可见含配子体的绒毛呈乳头状增生，颇似兔肝球虫病胆管上皮增生的景象。病变肝组织压片可见卵囊。胆囊胀大，胆汁浓稠，色红褐。胆囊壁增厚，黏膜坏死，胆汁涂片可检出卵囊（图9-140、图9-141）。

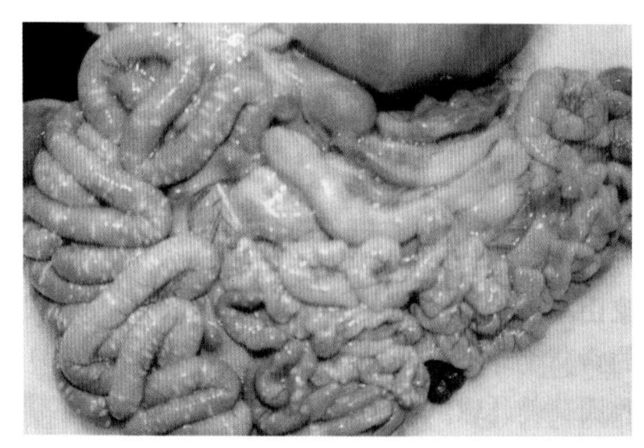

图9-140 球虫性肠斑点

山羊小肠壁可见大量黄白色椭圆形斑点。（许益民）

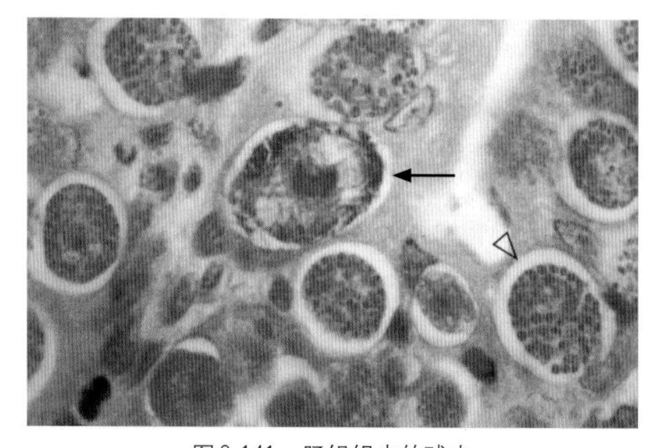

图9-141 肠组织中的球虫

山羊空肠绒毛上皮细胞中呈蓝色的成熟小配子体（↑）和呈红色球状的成熟大配子体（△）。HE×400（许益民）

六十三、螨病

疥螨病 以疹性皮炎、脱毛、形成皮屑干痂为特征。镜检，皮肤表皮各层结构破坏，汗腺、毛

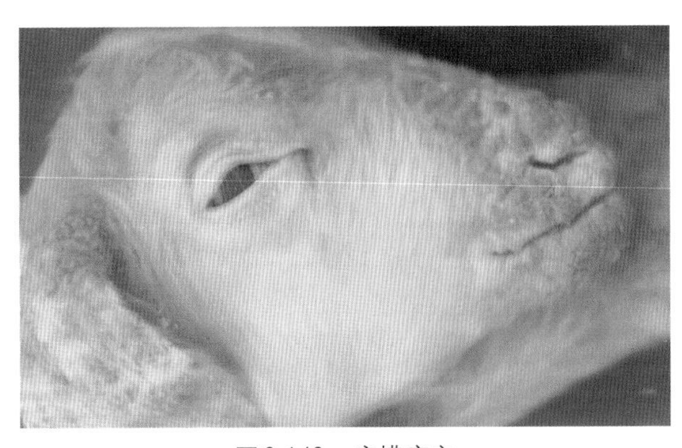

图9-142　疥螨病变

绵羊头部的疥螨病变：鼻、唇和耳根部皮肤粗糙、增厚、发红。（陈怀涛）

囊结构也破坏，表层组织坏死，形成大片细胞碎屑。表层可见疥螨挖掘的孔道，其中可见发育阶段不同的疥螨和炎性细胞。真皮乳头层充血、出血、炎性细胞浸润和增生（图9-142）。

痒螨病　以皮肤发生结节、水疱、脓疱并破溃干涸成黄色柔软的痂皮为特征。镜检，真皮乳头层的变化与疥螨病的相似，表皮中有时也可发现虫体。但表皮原有结构严重破坏，一方面表皮棘细胞层和角化层明显增生，另一方面病变部有大量炎性细胞浸润、浆液渗出和大量细胞坏死崩解。皮脂腺及皮肤毛囊结构等也出现严重破坏。

六十四、牛皮蝇蛆病

病原体为牛皮蝇（*Hypoderma bovis*）、纹皮蝇（*H. lineatum*）和中华皮蝇（*H. sinense*）的幼虫。特征病变为第三期幼虫寄生于背腰部皮下组织，形成突出于皮肤的囊包。囊包质硬实，局部脱毛。囊包数量不等，少者几个，多者可达百余个。囊包中的幼虫钻出落地后，局部可见孔洞。病部皮下呈出血-浆液性炎症变化。如有感染可发生脓肿甚至蜂窝织炎。第一、二期幼虫可在其他部位移行，引起出血、浆液渗出及嗜酸性粒细胞和中性粒细胞浸润等变化（图9-143、图9-144）。

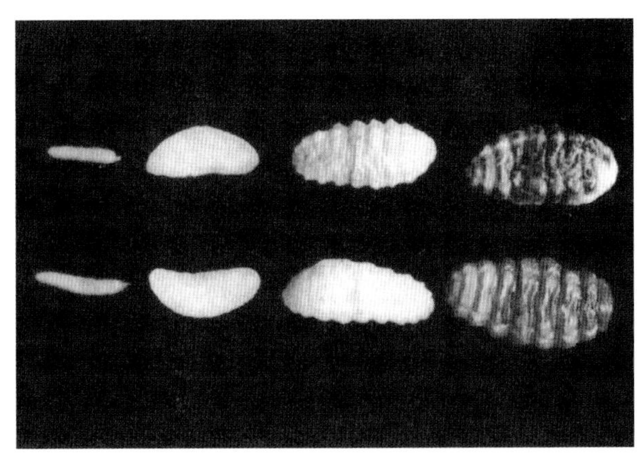

图9-143　牛皮蝇幼虫的形态

牛皮蝇的各期幼虫：从左至右，第一期幼虫（色黄白，大小为0.6mm×0.2mm，体分12节）、第二期幼虫（长3.0 ~ 13.0mm）、第三期幼虫和落地的第三期幼虫（成熟幼虫，色棕褐，长28.0mm，体分11节）。（马学恩）

图9-144　皮肤隆包和穿孔

牛皮蝇第三期幼虫正从囊包中钻出，附近可见几个指头大的隆起的囊包。（马学恩）

六十五、肉孢子虫病

本病是肉孢子虫寄生于肌肉组织引起的。牛、羊是中间宿主。犬、猫等为终末宿主。牛羊的肉孢子虫有多种，如水牛有3个种，牦牛有2个种，绵羊有5个种，山羊有2个种。

寄生于肌肉的肉孢子虫包囊，又称米氏囊（Miescher's tuble）。它们是由牛、羊食入终末宿主排出的卵囊发育而成的。终末宿主食入牛、羊的肉孢子虫后在体内进行有性繁殖。

病理变化　慢性期肉孢子虫的包囊寄生于横纹肌和心肌中。有些虫体包囊肉眼便可看到，甚至长达1～4cm，色灰白或乳白，呈圆柱形、纺锤形、椭圆形、线头形或不规则形，与肌纤维长轴平行；小者仅2～3mm，刚能用肉眼看到，或在显微镜下才能发现。如虫体死亡、钙化，则局部呈灰白色小点状硬结。但如为急性期，病变表现为全身性出血、水肿、实质器官变性、肠黏膜炎症等一般性变化。镜检，慢性期的病变表现为骨骼肌和心肌中有发育阶段不同的包囊和程度不同的局部炎症反应或肉芽肿。裂殖子侵入肌纤维后一般不引起肌纤维局部的明显病变，但纤维间可有少量淋巴细胞浸润，有时见个别肌纤维变性和片断性玻璃样变。随着包囊的成熟，其囊壁增厚。早期虫体周围有肌浆和肌核聚集。完整的包囊位于肌纤维里（包括心肌纤维和浦金野氏纤维），其外常无炎症变化。当虫体坏死或包囊破裂后，局部则发生明显的嗜酸性粒细胞、淋巴细胞、巨噬细胞、巨细胞和成纤维细胞反应，局部肌细胞也发生变性、坏死，从而形成各种结节或肉芽肿：嗜酸性粒细胞结节、坏死性结节、钙化性结节、上皮样细胞结节与纤维性结节。急性期的主要病变是，各器官组织的血管内皮细胞中有发育阶段不同的裂殖子，少数裂殖子游离于内皮表面或镶嵌于内皮细胞间，同时还有出血、水肿、小血管血栓、血管周围炎等变化。肾小球毛细血管内皮细胞肿大，内有裂殖子。消化道黏膜含有大量裂殖体（图9-145、图9-146）。

图9-145 膈肌肉孢子虫

水牛膈肌内寄生的肉孢子虫，虫囊大而长。（许益民）

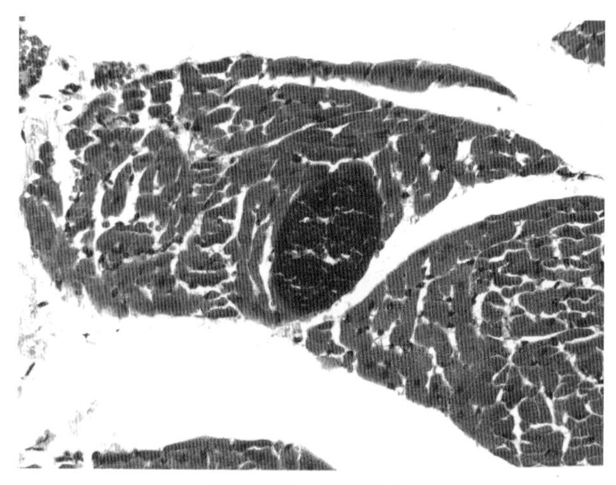

图9-146 肉孢子虫

寄生于牛心肌纤维（细胞）中的椭圆形肉孢子虫包囊，虫囊中隐约可见粗棒状蓝色缓殖子，即滋养体（雷尼氏小体Rainey’s corpuscle）。HE×400（陈怀涛）

六十六、贝诺孢子虫病

牛贝诺孢子虫病的病原体是贝氏贝诺孢子虫（*Benoitia besnoiti*）。牛为贝氏贝诺孢子虫的中间宿主，终末宿主是猫。本虫在猫小肠黏膜内进行有性生殖，形成卵囊由肠排出。当牛食入有感染性的卵囊后，其中子孢子逸出，进入皮下、黏膜等多部位血管内皮细胞进行双芽增殖，产生速殖子。虫体的产生与细胞的不断破坏，使机体抵抗力提高，形成包囊将速殖子包裹，速殖子即变为发育较缓慢的缓殖子。慢性期缓殖子与急性期牛血涂片上偶见的速殖子形态、构造相似。

病理变化 病死牛尸体消瘦，腹股沟等浅表淋巴结明显肿大，胸垂，胸腹下部、肢体皮肤多有水肿，体躯下部、颈侧、口鼻眼周等部皮肤增厚、粗糙、龟裂、厚痂形成。特征病变为巩膜可见针尖大的灰白色结节。皮下结缔组织、筋膜及肌间结缔组织可见散在、成团或呈串珠状的灰白色圆形细粒状虫囊。呼吸道、胃肠道黏膜、肺、大网膜等处也可发现这种小虫囊。镜检，病变部皮肤表皮明显增生，过度角化，故异常肥厚。真皮、皮下结缔组织中虫囊大量寄生，淋巴细胞、嗜酸性粒细胞和结缔组织均大量增生，而其中的皮脂腺、汗腺和毛囊则受压萎缩，甚至消失。虫囊也见于肌间结缔组织，

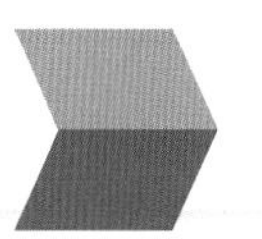

偶见于肌纤维内。受害肌纤维变性、萎缩、排列紊乱，肌肉组织呈慢性炎症变化。其他组织器官也可见到虫囊寄生。贝氏贝诺孢子虫的包囊直径为100 ~ 500μm，其壁由宿主组织形成，分两层，内层较薄，含许多扁平的巨核；外层较厚，呈均质嗜酸性着染。囊内无中隔，充满大量缓殖子（或称囊殖子）。缓殖子呈香蕉形、新月形或梨形，形态特点是一端尖，一端圆，核偏中央。其形态构造与弓形虫相似（图9-147、图9-148）。

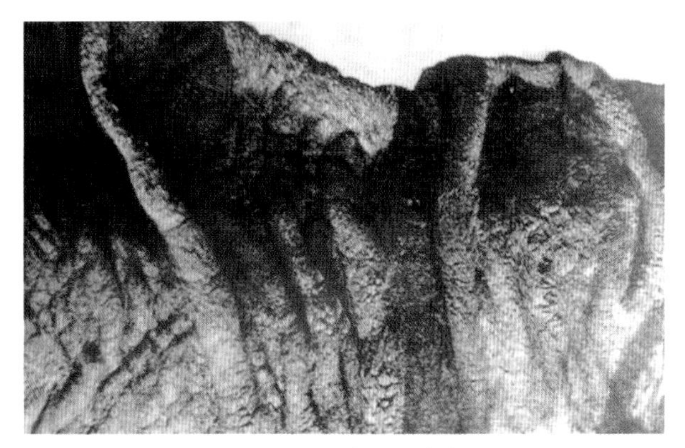

图9-147 增生性皮炎

牛病部皮肤增厚、粗糙，似象皮。(Blowey RW, et al. 齐长明主译. A colour atlas of diseases and disorders of cattle. 2版，北京：中国农业大学出版社，2004)

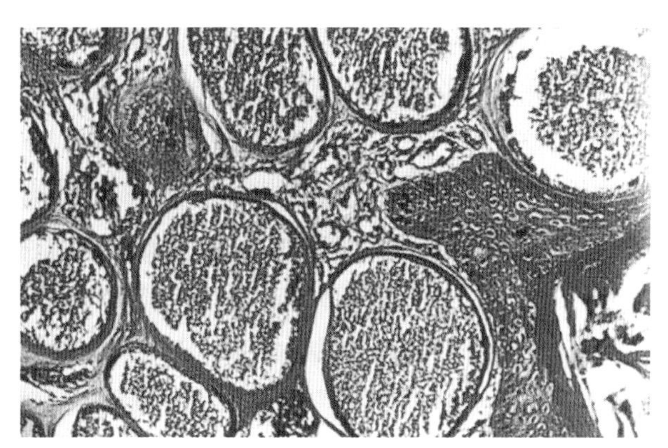

图9-148 贝诺孢子虫包囊

真皮和皮下结缔组织中寄生许多圆形贝诺孢子虫包囊，包囊壁明显，囊内充满缓殖子。HE × 330（刘宝岩等）

六十七、牛泰勒虫病

本病的病原体主要是环形泰勒虫（*Theileria annulata*），其次是瑟氏泰勒虫（*T. sergenti*）和中华泰勒虫（*T. sinensis*）。它们均寄生在单核巨噬系统的细胞和红细胞内，其形态大小不一。寄生于红细胞内的虫体有环形、椭圆形、杆形、逗点形、双球形、三叶形、十字形等。一个红细胞内常寄生1 ~ 4个虫体，但其形态可能各不相同。寄生于单核巨噬细胞的虫体，称石榴体（即柯赫氏蓝体）。石榴体产生大裂殖体和小裂殖体。石榴体大小不一，平均直径8μm，最大可达27μm。瑟氏泰勒虫在红细胞内也呈多形性，但虫体较大，多大于红细胞半径，而且杆形虫体多于环形虫体。牛是通过蜱的叮咬，将病原体注入宿主体内的。

病理变化 尸体消瘦、贫血、黄疸，尸僵明显，血液稀薄呈粉红色，血凝不良。淋巴结充血、出血、水肿，切面多汁，可见灰白色坏死灶。淋巴结周围组织及他处结缔组织常呈胶样水肿和出血。脾肿大2 ~ 3倍，被膜下有出血点或红色结节，脾髓呈紫红色糊状。皱胃出血，并有边缘呈堤状的溃疡，也可见灰白色结节。肝肿大，色土黄，有粟粒大的灰白色结节和绿豆大的暗红色病灶。肾肿大，色黄褐，有出血点和针尖大的灰白色结节。心内外膜出血，心包腔积液。镜检，特征病变为，在淋巴结、脾、肝、肾、皱胃等器官均可见增生、坏死、出血及纤维化的结节。初期，网状细胞与淋巴细胞增生形成增生性结节，有的细胞内可见含有裂殖子的大裂殖体（石榴体）。这是泰勒虫的无性型多核虫体，呈圆形，受害细胞体变大，胞核常被挤压于一侧或不能发现。虫体的增殖破坏和毒素作用，致网状细胞、淋巴细胞、组织细胞坏死和局部充血、出血、浆液与中性粒细胞渗出，导致增生性细胞结节变为增生-坏死性结节或坏死-出血性结节。后期结缔组织增生，则变为纤维性结节。因此，本病最特征的病理变化是泰勒虫性结节的形成和败血性变化，在网状细胞、淋巴细胞中可见裂殖体的形成，在生前血液涂片上可检出泰勒虫（图9-149至图9-152）。

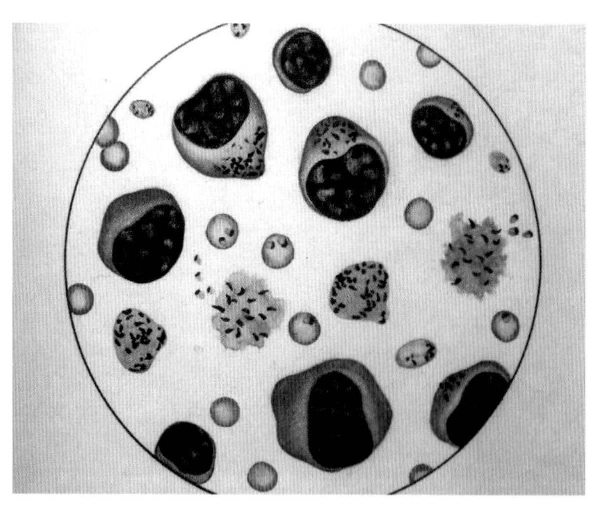

图9-149 石榴体

淋巴结穿刺液涂片中可见淋巴细胞质内有泰勒虫裂殖体，在细胞外也可见裂殖体和裂殖子。裂殖体称石榴体或柯赫氏蓝体（Koch' s blue bodies），大小为8.0 ~ 15.0μm，甚至可达27.0μm。（邱莉权）

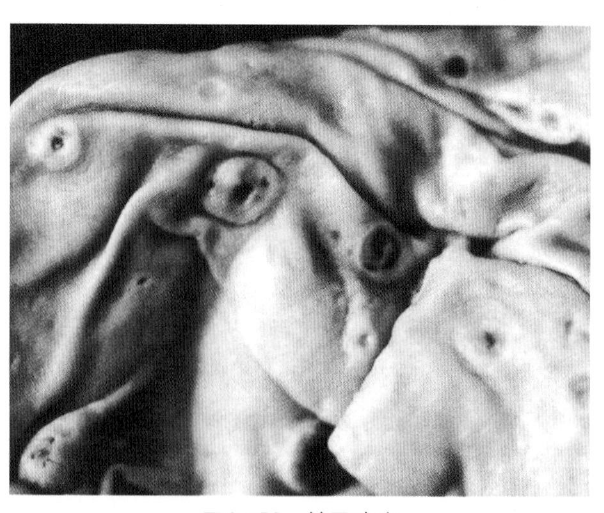

图9-150 皱胃溃疡

皱胃黏膜见许多大小不等的圆形溃疡，其中心凹陷、出血色红、外围隆起。（甘肃农业大学病理室）

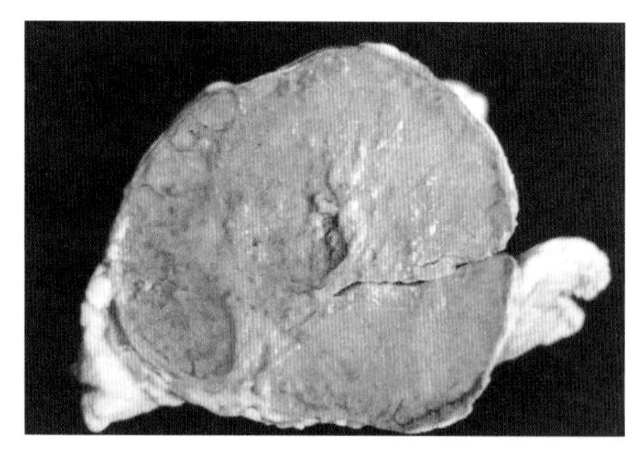

图9-151 淋巴结出血-坏死性结节

淋巴结高度肿大，切面呈红褐色，并见大小不等的出血-坏死性结节。（甘肃农业大学病理室）

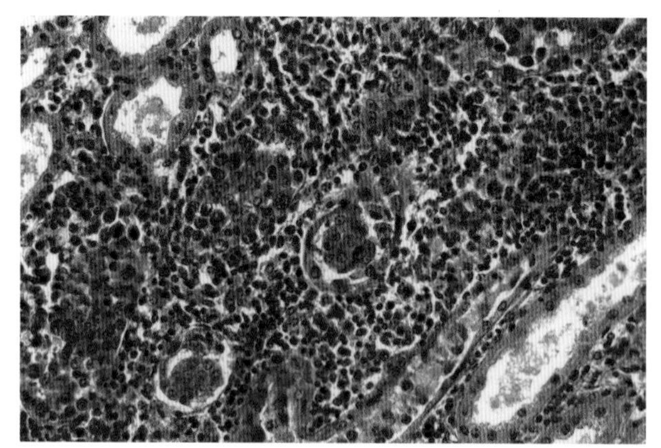

图9-152 肾增生性结节

间质淋巴、网状细胞大量增生，局部肾小管萎缩，或坏死消失，附近肾小管上皮细胞变性，管腔中有蛋白性物质。HE×400（陈怀涛）

六十八、羊泰勒虫病

羊泰勒虫病的病原体是山羊泰勒虫（*T.hirci*）和绵羊泰勒虫（*T.ovis*）。山羊泰勒虫比绵羊泰勒虫的致病力强。我国本病的病原体是山羊泰勒虫，传播者为青海血蜱。山羊泰勒虫的血液型虫体有多种形态，以圆形为主，其次为椭圆形、短杆形等。一个红细胞内多为1 ~ 2个虫体，圆形虫体直径为0.6 ~ 2.0μm。淋巴结、脾、肝涂片上的淋巴细胞内也可见到大小不等的石榴体。和牛泰勒虫类似，石榴体产生大裂殖体和小裂殖体。

病理变化 与牛泰勒虫病相似，呈全身败血性变化，淋巴结、肝、肾等脏器官可见灰白色小结节，皱胃黏膜有溃疡。镜检，淋巴结的窦内皮和网状细胞明显增生，甚至形成团块和条索。淋巴细胞与网状细胞中可见到裂殖体（石榴体），有些细胞间可见因细胞破裂而散在的裂殖子。脾的变化基本同淋巴结，但还可见到增生与坏死性结节。肾除可形成增生性结节外，肾小球血管内皮细胞和间质细

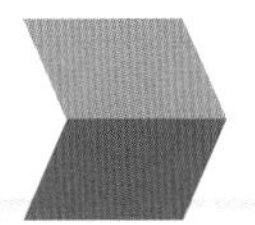

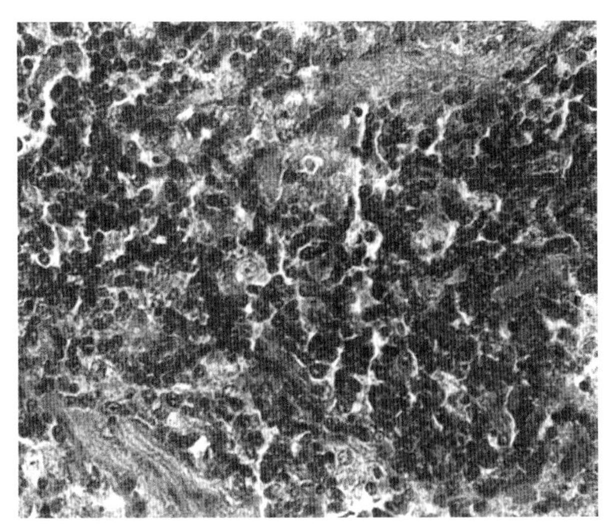

胞也明显增生。肝窦内皮细胞增生特别明显，甚至形成细胞条索。肝小叶内有巨细胞结节形成，其细胞质中可发现裂殖体，间质淋巴细胞浸润（图9-153）。

图9-153　增生性淋巴结炎

实验羊淋巴结的组织变化：淋巴窦内皮、网状细胞高度增生，呈密集的团块或条网状。HE×400（陈怀涛）

六十九、牛巴贝斯虫病

在我国本病由5种巴贝斯虫所引起，传播媒介为微小蜱。病原体经蜱卵传给后代。巴贝斯虫寄生于宿主红细胞进行繁殖，引起红细胞破裂，出现一系列症状和病变。剖检可见尸体消瘦、黄疸、血液稀薄、血凝不良、出血、水肿、脾肿大等全身败血性变化。

确诊须在血液涂片的红细胞中检出典型的巴贝斯虫虫体。牛的巴贝斯虫有5种：双芽巴贝斯虫（*Babesia bigemina*）、牛巴贝斯虫（*B. bovis*）、卵形巴贝斯虫（*B. ovata*）、东方巴贝斯虫（*B. orientalis*）和大巴贝斯虫（*B. major*）。它们在红细胞内的形态大小不尽相同。牛巴贝斯虫较小，长度小于红细胞半径；其他4种虫体较大，长度均大于红细胞半径，它们的共同形态主要有：双梨子形、单梨子形、圆环形、椭圆形和不规则形等。姬姆萨染色后，虫体原生质呈蓝色，边缘着色深，中央着色淡；染色质为1～2个暗红或紫红色团块，多位于边缘部（图9-154至图9-156）。

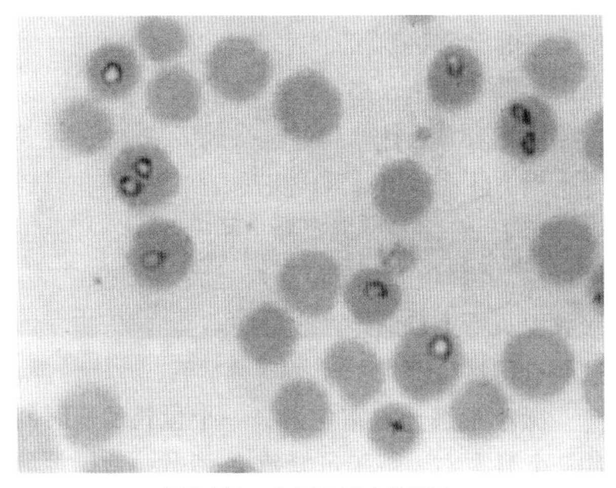

图9-154　牛巴贝斯虫的形态

红细胞中的牛巴贝斯虫，呈梨子形、圆环形与边虫形等，典型的形态呈双梨子形，其尖端相对形成钝角，多位于红细胞边缘，虫体小，其大小为（1.5～2.3）μm×（1.0～1.5）μm，每个虫体内含有一染色质团，每个红细胞内有1～3个虫体。Giemsa×1 000（白启）

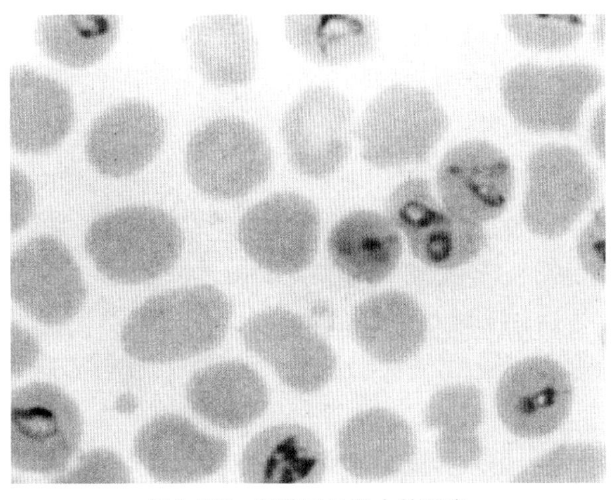

图9-155　双芽巴贝斯虫的形态

红细胞中的双芽巴贝斯虫，其形态与牛巴贝斯虫相似，但个体大，其长度大于红细胞半径，多位于红细胞中部，虫体原生质染色淡，而边缘深，故呈泡状，多有两个染色质团，位于边缘；典型的双梨子形虫体，以其尖端相对成锐角，其长度为4.0～5.0μm，圆环形虫体的直径为2.0～3.0μm。Giemsa×1 000（白启）

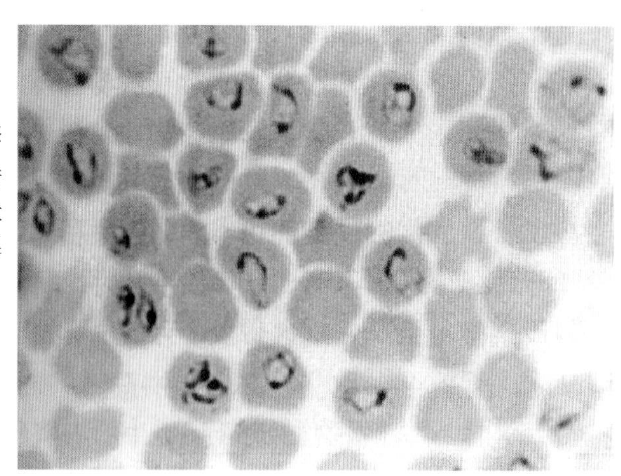

图9-156　卵形巴贝斯虫的形态

红细胞中的卵形巴贝斯虫，呈多形性，虫体较大，中央常不着染，故呈泡状，其中有染色质团1～2个，如球形核外逸，空泡状虫体更明显；梨子形虫体大小为（2.3～3.9）μm×2.1μm，双梨子形虫体较宽大，位于红细胞中央，两尖端相对成锐角或不紧靠。Giemsa×1 000（白启）

七十、乳腺炎

乳腺炎的临诊病理变化一般为乳腺红、肿、热、痛、乳量减少和乳汁性状发生改变。由于乳腺炎的原因复杂，其病理变化各不相同。

1.非特异性乳腺炎　这是最常见的一类乳腺炎，由非特异病原引起。

急性弥漫性乳腺炎：乳腺明显肿大，质地实在。切面灰红，有混浊的液体流出。输乳管、乳池和乳头管黏膜被覆灰色渗出物。镜检，间质充血，炎性细胞和浆液渗出，腺泡上皮变性或坏死，腺泡腔含有浆液、中性粒细胞、脱落的腺上皮细胞，有时混有纤维素。严重时中性粒细胞大量渗出并变性坏死，腺组织也坏死崩解，出现化脓灶、坏死灶（图9-157、图9-158）。

慢性弥漫性乳腺炎：病变部乳腺肿大，质地坚硬，切面见乳腺小叶大小不等，间质增宽。有的腺泡扩张呈囊泡状，输乳管与乳池扩张，其腔内充满灰黄或灰红色脓样物。严重时乳腺实质萎缩，质硬，呈灰白色。镜检，初期腺泡中有少量中性粒细胞、脱落上皮细胞和残留的乳汁和浆液，间质也有一些炎性细胞和少量结缔组织增生。后期间质结缔组织增生明显，淋巴细胞、浆细胞和巨噬细胞大量浸润，部分腺泡缩小并逐渐消失，乳腺组织呈纤维化改变。

化脓性乳腺炎：一个或几个乳区肿胀，以后发生化脓，切面见大小不等的脓肿或化脓灶，流出黄白或黄绿色脓性渗出物。输乳管与乳池也有不少脓性物。镜检，炎灶中有大量脓细胞和组织坏死物、渗出物共同形成脓汁。以后可见明显的脓肿，周围结缔组织增生形成包囊。

图9-157　急性乳腺炎

牛左侧乳腺肿大、潮红，有痛感。（陈怀涛）

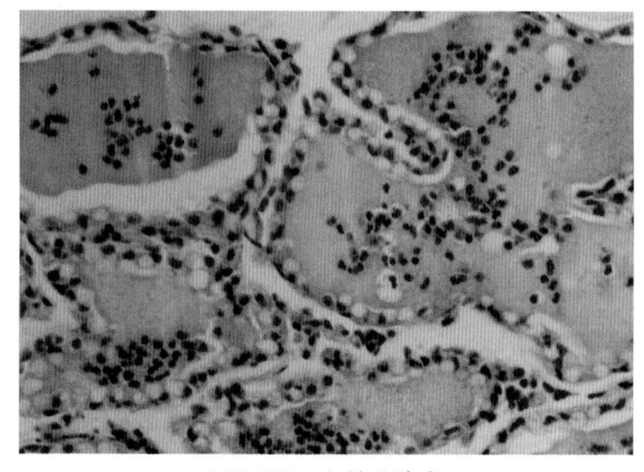

图9-158　急性乳腺炎

浆液性乳腺炎：乳腺腺泡中充满淡红色浆液，其中有不少中性粒细胞。HE×400（陈怀涛）

坏死性乳腺炎：乳腺切面见大小不等的坏死灶，严重时一个乳区或大部分乳区坏死，甚至发生坏疽，呈灰褐色。镜检，坏死区的乳腺结均完全破坏。如经时较久，坏死区周围结缔组织增生。

2.特异性乳腺炎　由特定病原引起，病变主要表现为特异性肉芽肿，如结核性乳腺炎、放线菌性乳腺炎、布鲁氏菌性乳腺炎，但它们的肉芽肿病变不完全相同。

七十一、妊娠毒血症

本病病因是怀双羔的母羊怀孕末期营养不足，或肥胖母牛怀孕后期营养不足或食欲下降时，大量动用肝糖原、体脂和体蛋白，产生并蓄积大量脂肪酸与酮体而引起中毒。故临诊病理特征为精神沉郁、神经症状、低血糖和酮血症，呼出有酮味的气体。尸体剖检主要可见肝、肾、心明显的脂肪变性和其他一般败血性变化，如黏膜、浆膜出血、脂肪组织坏死等（图9-159、图9-160）。

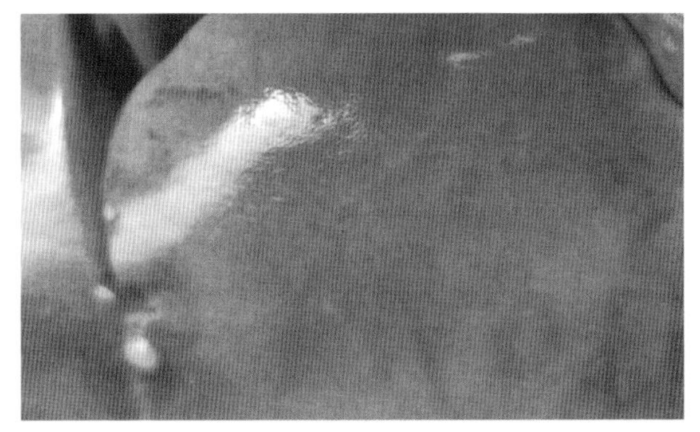

图9-159　肝脂肪变性

肝脏肿大，质地脆软，色红黄。（李晓明）

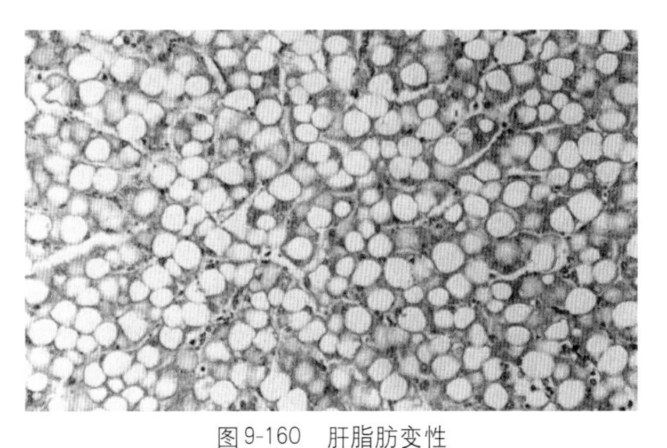

图9-160　肝脂肪变性

肝脏呈严重脂肪变性，肝细胞质被大小不等的脂肪滴（空泡）所占据。HE×200（李晓明）

七十二、生产瘫痪

本病为营养良好的产奶高峰期的经产牛、羊，于产后或产前发生的一种代谢性疾病。因为生产前后大量钙质进入初乳致使母畜血钙降低，同时产后腹腔脏器和乳腺的充血导致脑部的贫血和功能抑制。临诊病理特征为，产前产后出现后躯瘫痪、头颈姿势异常（呈S状弯曲）、沉郁昏睡及血钙浓度明显降低（可降低至2mmol/L以下）（图9-161）。

图9-161　瘫　痪

病牛卧地，头颈至鬐甲部微呈S形弯曲。（崔中林）

七十三、酮病

本病常由于高产奶牛和多胎绵羊饲料蛋白质和脂肪含量高而碳水化合物缺乏，或营养不良的奶牛给予蛋白、脂肪、碳水化合物均缺乏的饲料，或因其他影响糖原合成、脂肪分解代谢增强的疾病（如胃病、生殖道病、肝病等），均可引起血糖浓度下降和体脂大量分解，使中间代谢产物酮体（β-羟丁酸、乙酰乙酸和丙酮）生成增多而发病。临诊病理特征为，精神沉郁，产奶下降，产后瘫痪（多在产后5d左右出现），呼出带有酮味的气体。同时出现低血糖症、高酮血症、高酮尿症和高酮乳症等。

七十四、创伤性网胃腹膜炎

呈创伤性网胃炎、膈肌炎和腹膜炎等变化。如金属异物刺入心包、心肌，则见创伤性心肌炎和渗出性心包炎变化。此时胸腔、心包腔有大量浆液-纤维素性或浆液-纤维素-化脓性渗出物，渗出物污秽，常混有气泡。其量牛可达30L、羊可达5L以上。心外膜被覆厚层纤维素性渗出物，似绒毛，故称“绒毛心”。重症慢性病例，纤维素性渗出物可厚达数厘米，并发生机化，形似盔甲，故称“盔甲心”。在心壁、心尖或心包，可发现异物。在胸腔、腹腔的组织器官，也可发现损伤性炎症。心包壁层与心外膜可发生粘连，或胸腔、腹腔脏器发生粘连。异物可在被刺入的组织中找到，但必须细心剖检（图9-162、图9-163）。

图9-162　病牛胸前、颌下部水肿

（张国仕）

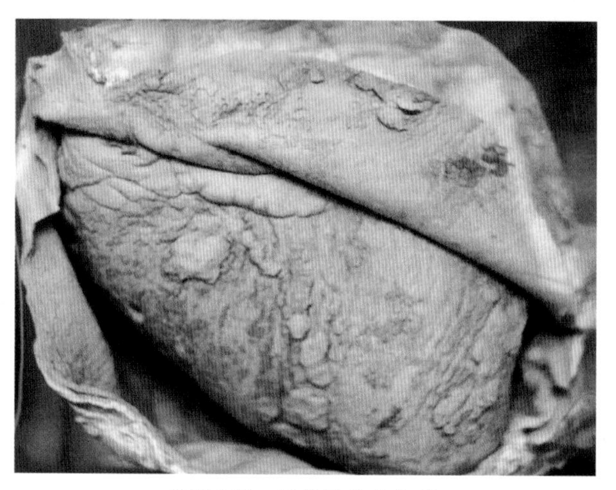

图9-163　纤维素性心包炎

异物刺入心包，引起心包积液，心包浆膜的壁层与脏层（心外膜）表面有大量纤维素沉着。（甘肃农业大学兽医病理室）

七十五、白肌病

羔羊与犊牛的白肌病是因饲料长期缺乏硒和维生素E所致。特征病变为心肌和骨骼肌的变性、坏死。

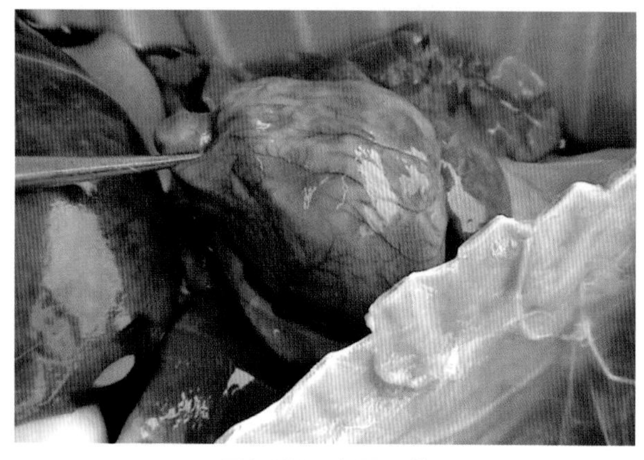

图9-164　心肌柔软

病山羊心肌柔软，可见不均匀的灰白色斑块状病变。（许益民）

图9-165　骨骼肌色淡

病山羊腿部肌肉柔软，颜色变淡。（许益民）

羔羊病变位于心肌和骨骼肌（主要是背、腰、股部肌肉），表现为骨骼肌出现灰白色条纹和斑点，或大片肌肉苍白，也可见出血、水肿。心肌的病变一般在右心较严重，心肌柔软，右心室扩张，心室壁变薄。心内外膜见灰黄色条纹、斑点，右心内膜尚见石灰样斑点（图9-164、图9-165）。

犊牛　病变也位于心肌和骨骼肌，其表现和羔羊的相似，但常有钙化。心肌病变严重时，膈肌和肋间肌也常受害。心脏的病变左心室比右心室严重，以心壁外层最严重。心内外膜和乳头肌都有灰白色坏死、钙化病变。骨骼肌最严重的病变部位在腿部和肩胛部，表现为两侧对称性灰白、灰黄色病灶。

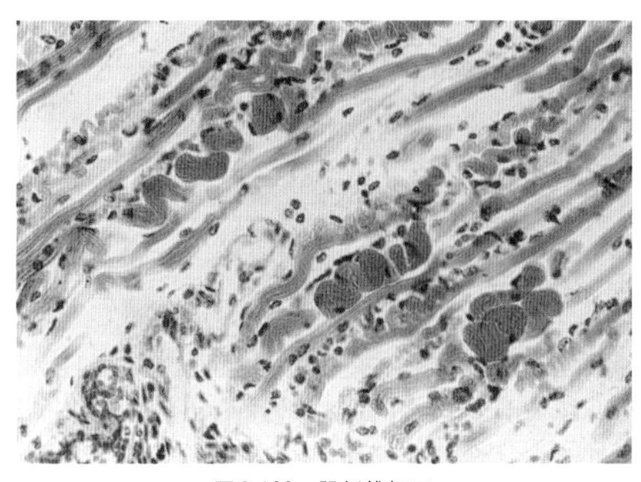

图9-166　肌纤维坏死

心肌纤维明显扭曲、断裂、坏死，间质细胞增生。HE×400（陈怀涛）

镜检，骨骼肌纤维肿胀、扭曲、呈波浪状，断裂、崩解、溶解，或呈玻璃样变化；间质结缔组织增生，淋巴细胞和中性粒细胞浸润。严重时，坏死的肌纤维被结缔组织取代，残余的肌纤维可见再生现象。心内外膜下的肌纤维发生肿胀、断裂、坏死、溶解甚至局部消失，残留的肌纤维碎片常有钙盐沉着（图9-166）。

七十六、尿石病

生前有排尿障碍和疼痛等症状，尸体剖检可在腹下、尿道周围皮肤发现充血、水肿变化。肾盂、膀胱、输尿管、尿道（尤其膀胱出口、公畜尿道的S弯曲和尿道突）有一个、数个或多个大小不等的坚硬结石堵塞。局部黏膜呈明显充血、出血、水肿、坏死等炎性变化。如膀胱或尿道破裂，则引起腹膜炎和周围组织的炎症变化（图9-167）。

图9-167　肾盂结石

肾盂中有一个紫褐色玉米粒大的不正形结石形成，其表面粗糙。（张高轩）

七十七、碘缺乏症

羔羊发病率高，当其刚出生时即可发现。剖检，特征病变为甲状腺肿大，重量增加，表面一般光滑或高低不平，切面色暗红。气管和食管腔因肿大的甲状腺压迫而狭窄，周围组织充血、出血、水肿。镜检，甲状腺腺泡扩张呈囊状，腺泡上皮增生、肥大，多呈高立方状或柱状，腺泡腔内胶质多少不一，染色不均。有的腺泡上皮高度增生，呈指状突起或乳头状伸向腔中，有的呈多层丘状突向腔中。增生严重时，腺泡呈实心体，甚至甲状腺组织结构完全消失。有的慢性病例，间质增生明显，腺泡受压萎缩或消失（图9-168、图9-169）。

图9-168　新生羔羊颈部肿大

新生羔羊颈部变粗或形成肿块，头颈（眼眶、面颊、鼻唇等）部皮肤水肿，四肢弯曲不能站立，多于出生后2 ~ 4h内死亡。（张高轩）

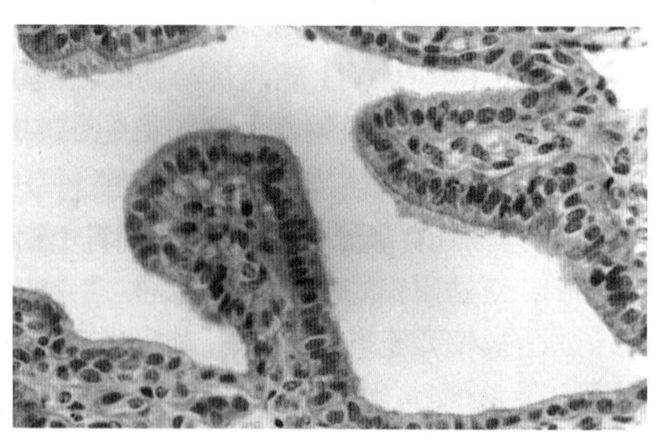

图9-169　甲状腺肿

新生羔羊先天性甲状腺肿：甲状腺高度增生，高柱状的腺上皮向滤泡腔呈乳头状生长，乳头状突起的中心为结缔组织，因此，滤泡腔变得很不规则，腔内多无胶质。HE×450（张高轩）

七十八、铜缺乏症

多见于羔羊和犊牛，主要病变为羔羊被毛褪色，黑毛变为灰白色。走路摇摆，运动障碍。犊牛也出现毛褪色，新生犊牛发生骨端与关节肿大变化。剖检，羔羊肝、脾、肾含铁血黄素沉着。大脑水肿，脑回变平，切面见白质出现空洞。镜检，特征病变为羔羊脑部神经组织坏死溶解，结构破坏，神经纤维发生脱髓鞘变化。犊牛骨骺软骨细胞柱过度生长，排列紊乱，软骨板局灶性增厚，与干骺端交界曲折。因类骨质生成障碍，钙化的软骨基质长久保持，故在骨骺与干骺端形成钙化的软骨基质带。心肌纤维变性、坏死、纤维化（图9-170、图9-171）。

图9-170　运动障碍

病羊后肢麻痹，起立困难。（刘宗平）

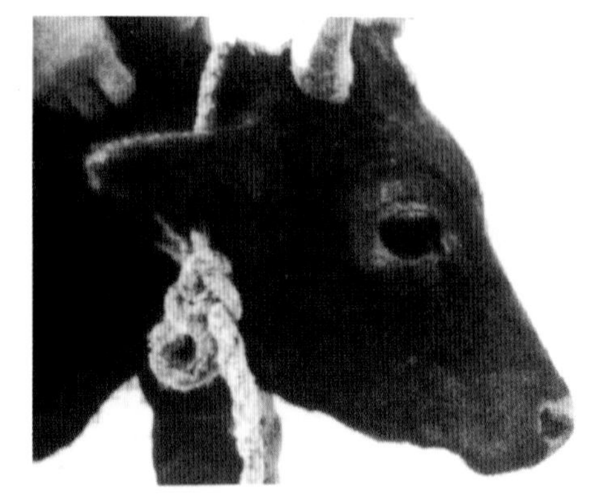

图9-171　被毛褪色

病牛眼周被毛褪色，似白框眼镜。（刘宗平）

七十九、骨软症

骨质变软、弯曲、变形；骨质疏松易碎。镜检，骨组织中类骨组织和纤维组织大量增生。骨质疏松，骨板呈网状，其间的哈佛氏管显著扩张。甚至骨质被吸收，骨膜增厚，骨小梁减少。原有的骨小梁和骨髓腔隙被大量增生的类骨组织和纤维组织所替代或填充（图9-172）。

图9-172　脊柱变形

母羊营养不良，骨质软化，脊柱变形下凹。(陈怀涛)

八十、疯草中毒

疯草中毒即豆科植物中棘豆属和黄芪属的一些植物所引起的动物中毒。其主要中毒表现为运动障碍和神经症状。剖检变化为脑膜出血、充血，脑质水肿。流产母羊发生子宫炎，胎盘出血，子叶坏死。流产胎儿出血、畸形，四肢常呈弓形，组织水肿，腹腔积水。镜检，最特征的变化是神经细胞和内脏组织细胞发生多泡性空泡变性。但不同组织器官细胞出现空泡变性的时间不大相同：羊采食疯草后，第4天，肾近曲小管上皮细胞；第8天，大脑、中脑、小脑神经细胞，肝、脾、淋巴结、膀胱上皮等细胞；第12天，卵巢、甲状腺、甲状旁腺等细胞；第16天，延脑、肾上腺、胰脏、肺、脊髓、胸腺等器官组织细胞（图9-173至图9-175）。

图9-173　瘫　痪

重病羊卧地瘫痪，起立困难。(曹光荣)

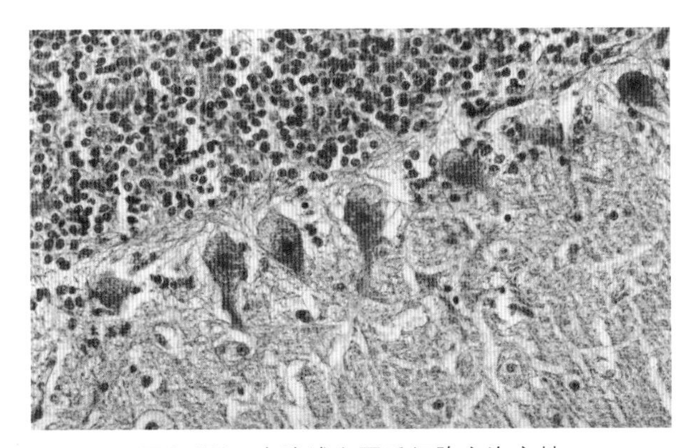

图9-174　小脑浦金野氏细胞空泡变性

浦金野氏细胞空泡变性致其细胞质染色不均，胞核浓缩或溶解。HE×400（陈怀涛）

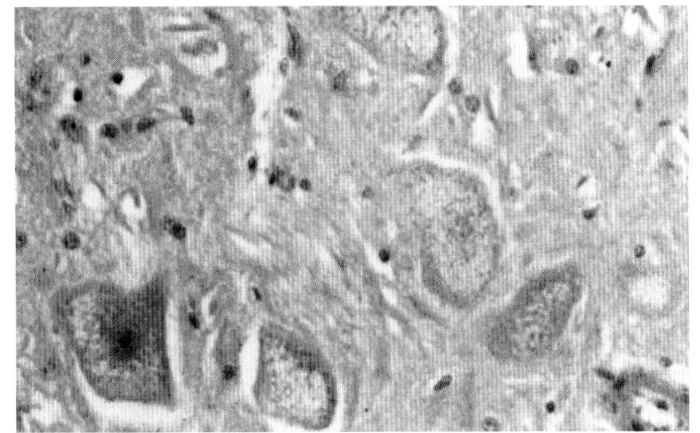

图9-175　大脑神经细胞空泡变性

神经细胞质充满密集的小空泡，似泡沫状，有的胞核已消失。HE×400（陈怀涛）

八十一、萱草根中毒

主要临诊症状为瞳孔散大，双目失明，精神沉郁，最终瘫痪。

特征病变为，视神经肿胀，色灰红，质软，粗细不均，甚至局部变细，几乎消失。软脑膜充血，脑回变平，脑沟变浅。镜检，视神经变性、坏死，呈脱髓鞘变化，严重时视神经纤维完全崩解为无结构物质，但可见巨噬细胞增多，泡沫细胞形成。视乳头、视网膜充血、出血、水肿。脑与脊髓白质脱髓鞘，有网孔和软化灶形成（图9-176、图9-177）。

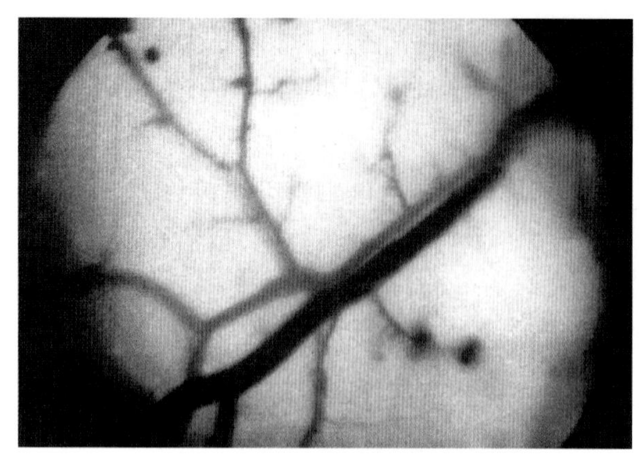

图9-176　视网膜充血出血

视网膜血管明显充血，并有大小不等的出血斑点。（王建华）

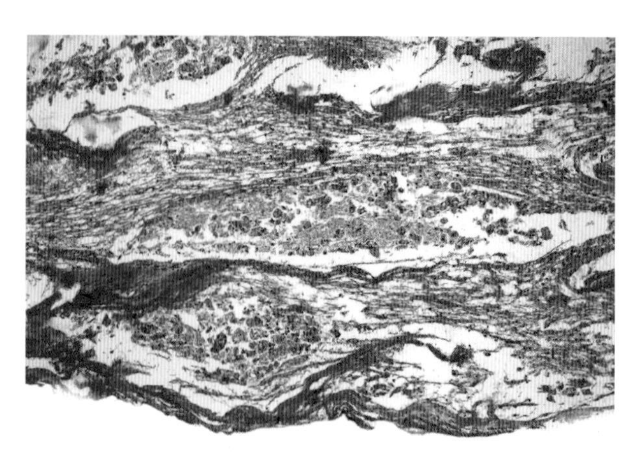

图9-177　视神经坏死

视神经纤维脱髓鞘、坏死崩解，正常结构完全破坏，局部空隙中存留一些无结构的坏死物和吞噬脂质的巨噬细胞（“泡沫细胞”）。HE×100（陈怀涛）

八十二、蕨中毒

急性中毒　临诊病理特征为，再生障碍性贫血的变化，如粒细胞减少，严重时呈无粒细胞血症；血小板减少，血凝不良；红细胞沉降加速。剖检见全身多器官组织出血，甚至形成血块；心内外膜出血尤为严重。长骨黄骨髓严重胶样化，并有出血斑点，红骨髓部分或全部被黄骨髓取代。镜检见骨髓造血组织萎缩，呈岛屿状分布。

慢性中毒　临诊病理特征为明显血尿，呈长期间歇性出现。尿液呈红色或鲜红色，有时混有血凝碎块。眼观，特征病变为膀胱黏膜或膀胱壁有异常增生物，其表面常有出血、坏死变化。镜检，膀胱的增生物为多种良性或恶性肿瘤（图9-178、图9-179）。

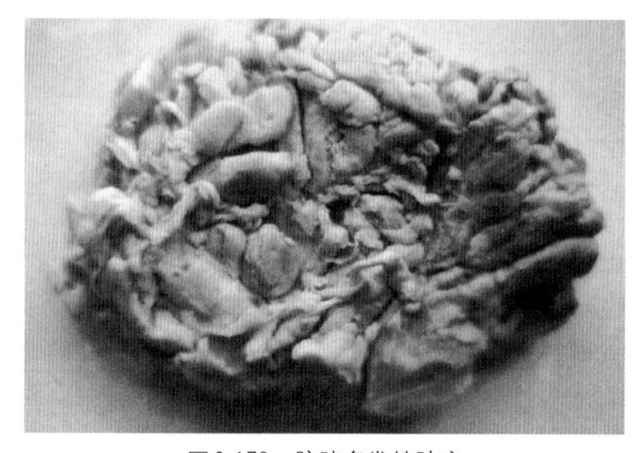

图9-178　膀胱多发性肿瘤

膀胱壁内生长成丛的指状、息肉状和绒毛状瘤体突入膀胱腔，有些瘤体有出血。（陈可毅）

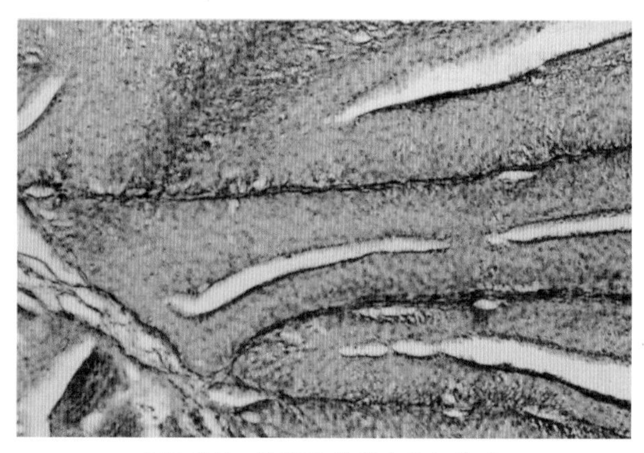

图9-179　膀胱乳头状变移细胞癌

变移细胞形成多发性突起，癌上皮基底部为结缔组织。HE×200（许乐仁）

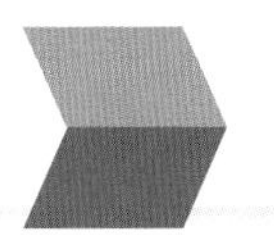

八十三、霉烂甘薯中毒

临诊病理特征为呼吸困难，表现严重气喘。剖检，特征病变为严重间质性肺气肿。肺极度膨大，间质气肿、增宽，充满许多大气泡；肺实质充血、出血、水肿、气肿。肺切开时流出大量血水和泡沫。气管、支气管中也有大量含泡沫的淡红色液体。支气管与纵隔淋巴结、肩背两侧、甚至腰部皮下，都可见到气肿变化（图9-180、图9-181）。

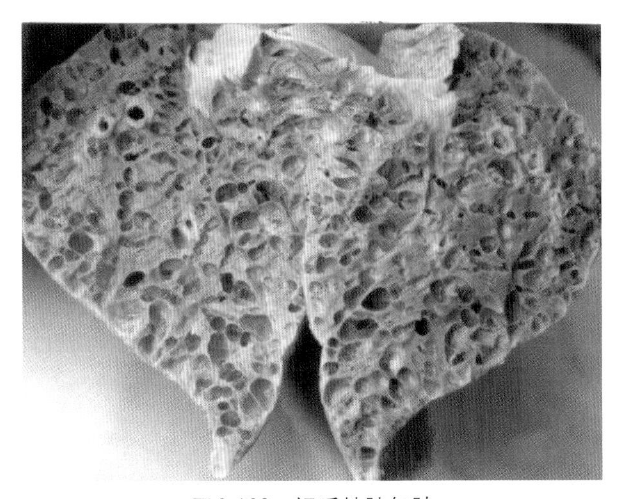

图9-180　间质性肺气肿

肺切面呈蜂窝状，小叶间有大小不等的串珠样气泡。（祁保民）

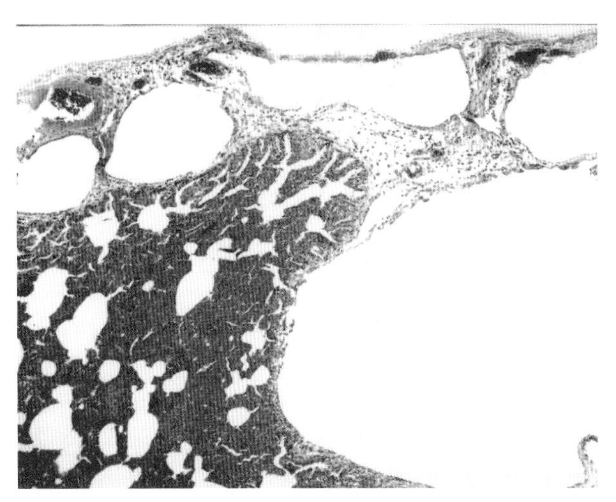

图9-181　肺淋巴管扩张

肺瘀血；肺胸膜下淋巴管极度扩张，充满气体。HE×100（杨鸣琦）

八十四、栎树叶中毒

特征病变为颈胸下部明显水肿和肾病变化。

皮下水肿　全身尤其颈、胸等体躯下部皮下明显水肿（图9-182）。

肾病变　肾肿大，色黄，散在出血点。镜检，肾近曲小管上皮细胞广泛凝固性坏死，扩张的肾小管腔充满尿管型（圆柱体）。肾小球囊腔扩张，充满渗出液，血管球受压萎缩。球囊壁层与其周围增生的结缔组织形成环层体。

消化道病变　前胃弛缓，食物滞留，皱胃与肠道黏膜出血、水肿。

图9-182　皮下水肿

下颌间隙和咽喉部皮下明显水肿。（杨宝琦）

八十五、氟中毒

急性　主要呈急性胃肠炎和其他败血性变化。

慢性　病变主要位于牙齿和骨骼。牙齿病变包括氟斑牙，牙齿过度磨损、排列不齐，臼齿常呈波浪状。骨骼病变表现为骨质疏松、质软、易断，骨疣形成，骨变形，如头骨、下颌骨肿大、肋骨体增宽等。镜检，牙釉质纤维形成缺损，基质钙化不全。病变骨的哈佛氏骨板排列紊乱、疏松，骨陷窝大小不等、分布不均，或骨陷窝不清或消失，骨细胞显著减少。严重时哈佛氏骨板被破坏，骨陷窝、骨细胞完全消失，逐渐变为松质骨，原有的骨小梁变小、减少，直至溶解消失，而由深层的哈佛氏骨板残片所取代（图9-183、图9-184）。

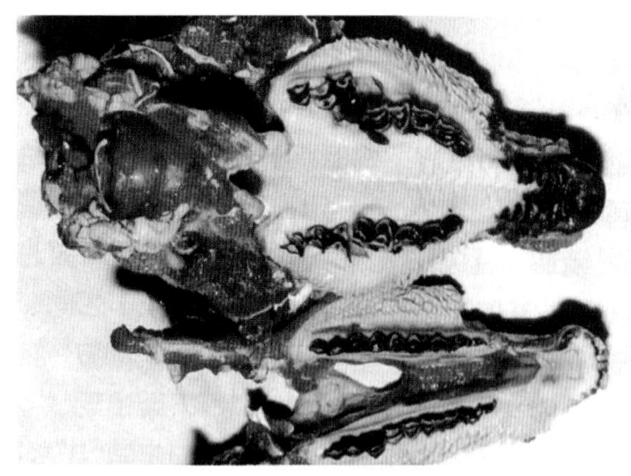

图9-183　牙齿磨损不齐

上臼齿磨损不齐，排列散乱，左右偏斜。（刘宗平）

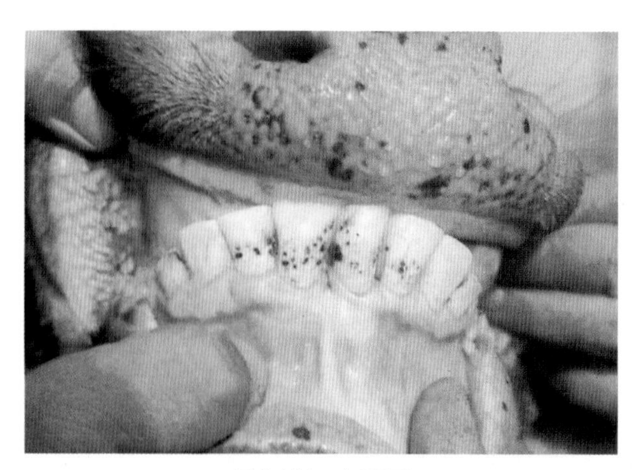

图9-184　氟斑牙

切齿表面可见黄褐色氟斑。（刘安典）

八十六、铜中毒

急性　呈急性出血性或出血-坏死性胃肠炎变化。胸腔积有大量红色液体。膀胱出血，其中尿液呈红褐色。

慢性　特征病变位于肝胆系统和肾脏。见全身黄疸和溶血性贫血现象。血液呈巧克力色。腹腔积有黄色液体。肝肿大，色带黄；胆囊胀大，充满黏稠的绿色胆汁。肾肿大，呈古铜色，被膜散在出血斑点。肠内容物呈深绿色。脾增大，呈棕黑色。镜检，肝细胞变性、坏死，肝小叶中心区坏死明显；胆汁瘀积，甚至形成大而不规则的胆汁湖；胆管增生，中央静脉周围结缔组织增生。用红氨酸（Rubeanic acid）或硫氰酸（Rhodanine acid）等组织化学染色法，能在汇管周围和肝小叶中心区显示大量铜颗粒沉着。肾小管上皮细胞变性、坏死，管腔中充满蛋白性絮状物或管型。用地衣红（Orcein）组织化学染色法，可在肾小管上皮细胞质或管腔中显示大量铜颗粒（图9-185、图9-186）。

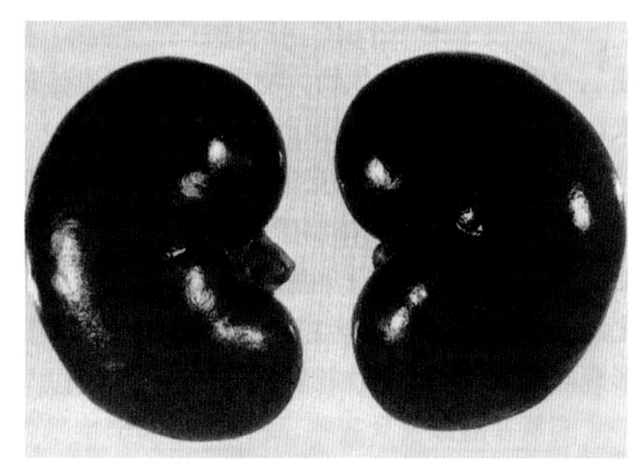

图9-185　古铜色肾

慢性铜中毒：肾脏肿大，色暗，呈古铜色 。（Mouwen JMVM, et al. A colour atlas of veterinary pathology. Utrecht: Wolfe Medical Publications Lad，1982）

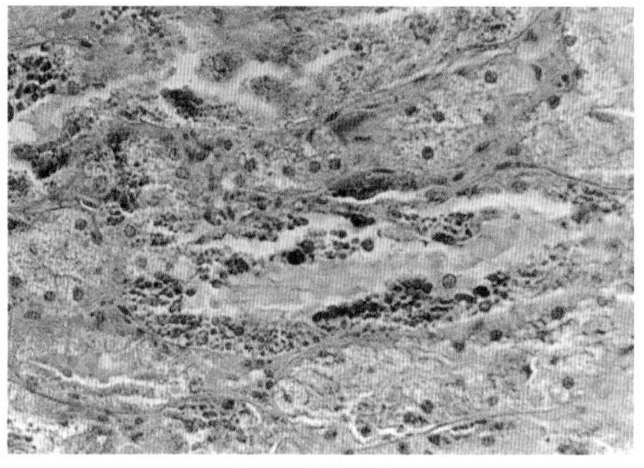

图9-186　肾铜蛋白沉着

慢性铜中毒：铜染色时，在肾脏近曲小管上皮细胞质和管腔中有许多含铜的血红蛋白滴，其形圆，大小不一，呈绿色。（Mouwen JMVM, et al. A colour atlas of veterinary pathology. Utrecht: Wolfe Medical Publications Lad，1982）

八十七、硒中毒

硒中毒对全身组织细胞的氧化还原酶有抑制作用，但难以发现其特异性眼观变化。试验表明硒在肝、肾、脾分布较多，主要通过肝、肾、肠、肺等器官排泄。病理变化主要为全身出血，腹腔积液，肝肿大、色带黄，有灰白色小点。肾肿大、色灰红，肺瘀血、水肿，气管、支气管均有大量泡沫液体。脾肿大，色暗。脑膜充血，脑质水肿。镜检，肝变性，有坏死灶，其周围有炎性细胞浸润。电镜下，肝细胞内有许多深染的条状物，核染色质稀少。枯否氏细胞沉积黑色砂粒状物，毛细胆管微绒毛有些脱落。肾小球肿大，肾小球毛细血管内皮细胞与间质细胞增生，毛细血管闭锁，球囊腔闭塞。肾小管上皮细胞变性、脱落，管腔可见管型。间质淋巴细胞浸润。肺呈严重的浆液性肺炎和气肿。脾小体增生，生发中心扩大。脾窦扩张，内含大量淋巴细胞、嗜酸性粒细胞及少量巨噬细胞与浆细胞，网状细胞、成纤维细胞轻度增生。多器官组织的小动脉发生纤维素样坏死和玻璃样变。

八十八、磷化锌中毒

口、咽及胃肠道黏膜充血、出血、肿胀以及有糜烂和溃疡形成。胃内容物散发蒜臭气味，在暗处发出磷光，肝、肾、心肌变性。心内、外膜，肺，脑有出血斑点（图9-187）。

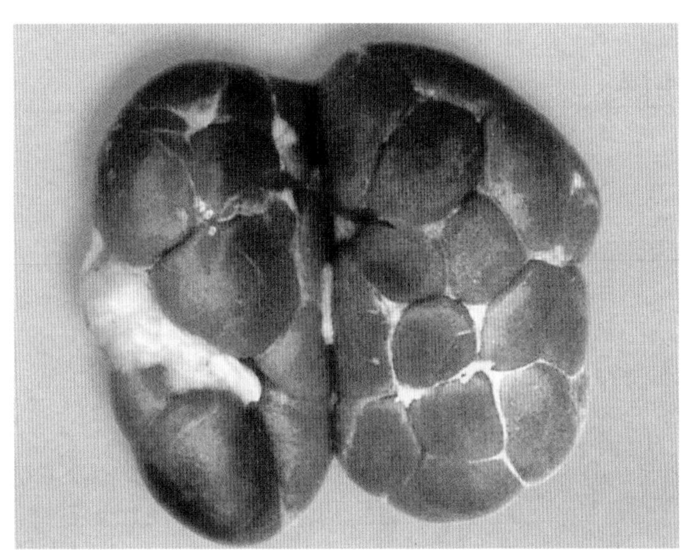

图9-187　肾变性

肾脏肿大，变性，色红黄。（陈怀涛）

第十章　禽的疾病

一、巴氏杆菌病

出血和肝坏死点是最重要的病理变化（图10-1至图10-3）。

急性　肝散在小坏死点。镜检，肝细胞局灶性坏死，异嗜性粒细胞浸润。十二指肠卡他-出血性炎症变化。心冠脂肪、心外膜、肌胃、胸肌、腹膜、气管黏膜等组织出血。

慢性　肉髯肿大、坏死。纤维素性肺炎和胸膜炎。肝脏小点状坏死和增生性结节。关节炎和卵巢炎（出血、坏死，卵泡变形）。卵黄性腹膜炎。

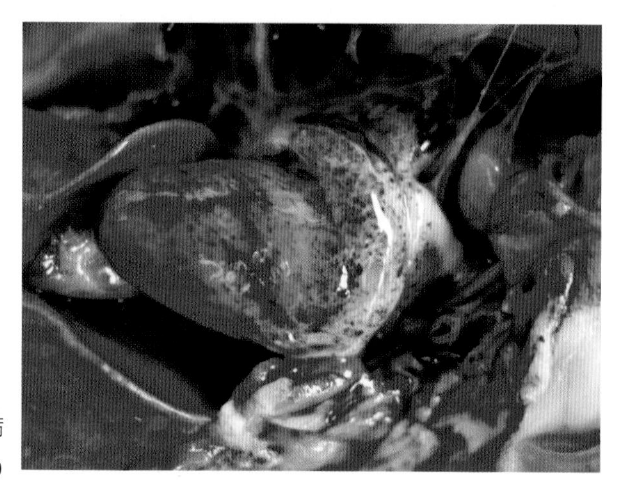

图10-1　禽巴氏杆菌病

鸭心肌和心冠脂肪有许多出血斑点。（胡薛英）

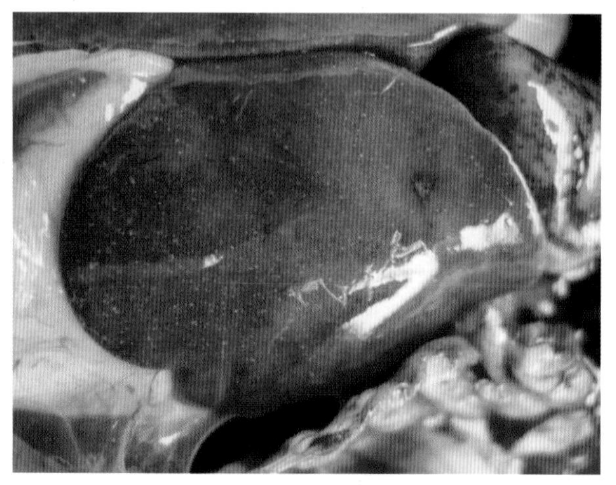

图10-2　禽巴氏杆菌病

鸭肝表面弥散大量灰黄色坏死点。（胡薛英）

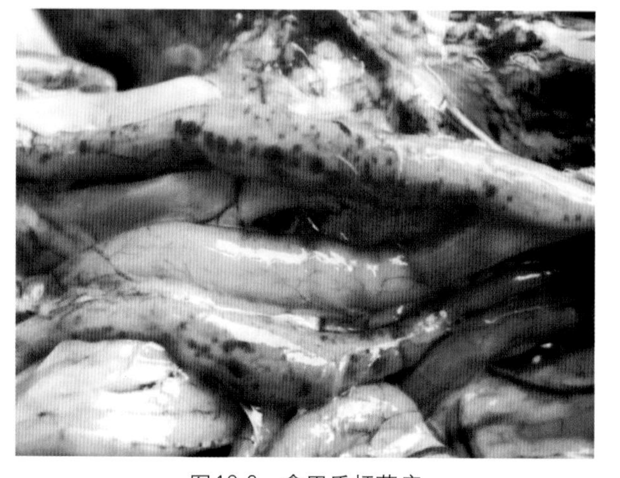

图10-3　禽巴氏杆菌病

鸭十二指肠肠管增粗，浆膜下呈明显点状出血。（胡薛英）

二、沙门氏菌病

鸡白痢　雏鸡呈急性败血性变化，肝与消化道病变明显。肝见灰黄色坏死小点和灰白色小结节，心肌、肺、脾也可见坏死灶和结节。大肠黏膜潮红、肿胀，肠腔积贮乳白色稀便。镜检，肝细胞局灶性坏死，以后网状内皮细胞增生（图10-4）。

成年鸡取慢性经过，病变位于生殖器官。母鸡以卵巢炎为特征。卵泡变形、变性和变色，常伴发卵黄性腹膜炎。公鸡以坏死性睾丸炎和输精管炎为特征。肝、肾、脾也可见坏死灶和增生结节（图10-5）。

图10-4 鸡白痢

雏鸡肝脏上有大量灰白色坏死点。（王新华）

禽伤寒 多发于青年鸡与成年鸡。常呈急性经过。肝、脾、肾、心、肌胃可见灰白色坏死灶。肝呈淡绿棕色或古铜色。小肠呈卡他性或出血-坏死性炎症变化（图10-6）。

禽副伤寒 多发生于2周龄内的雏鸡、雏鸭、雏鹅、雏火鸡。常呈急性经过。无可见变化或可见败血性变化。肝有灰白色坏死小灶。大肠呈卡他-出血性炎症或坏死性炎症变化，盲肠充塞黄白色腐乳样内容物。胫跖关节肿大，其中有渗出物。成年鸡如为急性，也可表现上述病变以及坏死性卵巢炎和输卵管炎。如为慢性，则常无病变。

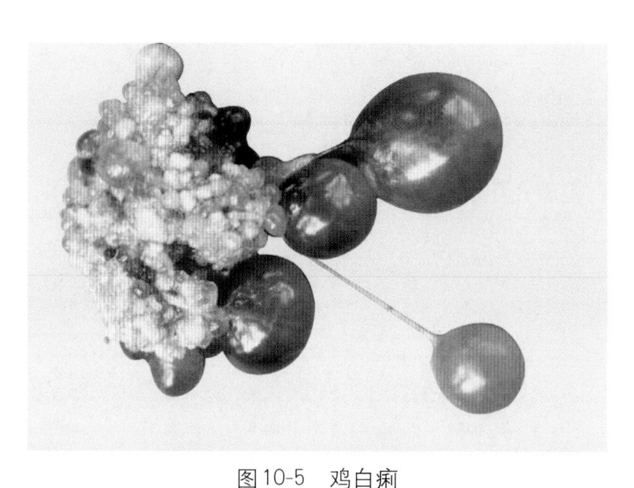

图10-5 鸡白痢

成年鸡卵泡变性、变形、坏死，卵泡呈暗红色或墨绿色，有细长的蒂。（王新华）

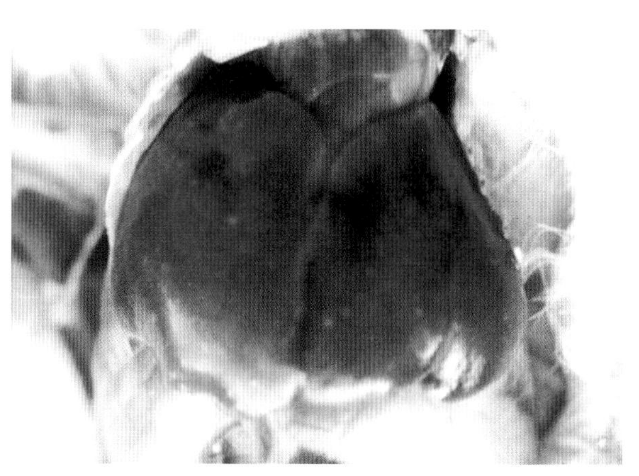

图10-6 禽伤寒

鸡伤寒：肝脏呈古铜色，并有灰白色坏死点。（王新华）

三、大肠杆菌病

病变因病型不同而异（图10-7至图10-9）。

急性败血病 危害最大，最为多见，特征病变为纤维素性心包炎、纤维素性肝周炎、纤维素性腹膜炎。

气囊炎 多发生于1～3月龄肉用仔鸡。气囊壁增厚，表面有干酪样物附着。镜检，坏死区周围有大量异嗜性粒细胞、巨噬细胞和巨细胞。

大肠杆菌性肉芽肿病 在肝、盲肠、十二指肠、肠系膜和脾发生大小不等的灰白色结节。结节常比结核病的大，由于病变的波浪式发展，使坏死的核碎屑在结节切面隐约呈放射状、环状波纹或轮层状结构。镜检，肉芽肿中心和外部的层状区为含有核碎屑的坏死物。坏死物周围是上皮样细胞层，但巨细胞常较少，其核缺乏典型的栅栏状排列。结节最外围是普通肉芽组织，其中有异嗜性粒细胞浸润。

卵黄性腹膜炎和输卵管炎 腹腔积聚腥臭的液体和破裂的卵黄，腹腔脏器表面被覆纤维素性渗出物，卵泡大小、形状、质地、色泽均有改变。输卵管增粗，其中有畸形卵滞留。

脐炎 因为在蛋内或刚孵化后感染，故炎症发生于幼雏脐部。

全眼球炎 结膜充血、出血，眼前房液混浊。镜检，眼前房液中有纤维素、巨噬细胞和异嗜性粒细胞渗入。

关节滑膜炎 多发生于肩关节与膝关节。关节肿大，滑液囊有渗出物积聚。

图10-7 心包炎

鸡心包腔内积有大量灰白色纤维素性渗出物，心包增厚，心外膜粗糙，此即所谓“包心”。（王新华 逯艳云）

图10-8 气囊炎

鸡腹部气囊混浊，因纤维素沉着而增厚。（王新华 逯艳云）

图10-9 关节炎

左腿胫跖关节肿大。（姚全水）

四、葡萄球菌病

最常发生关节滑膜炎，也可发生急性败血症、脐炎、皮肤坏死、气囊炎、心内膜炎及内脏的转移性脓肿（图10-10、图10-11）。

图10-10 皮肤坏疽

病鸡颈下部和肉髯发生湿性坏疽，流出红褐色液体，羽毛脱落。（王新华）

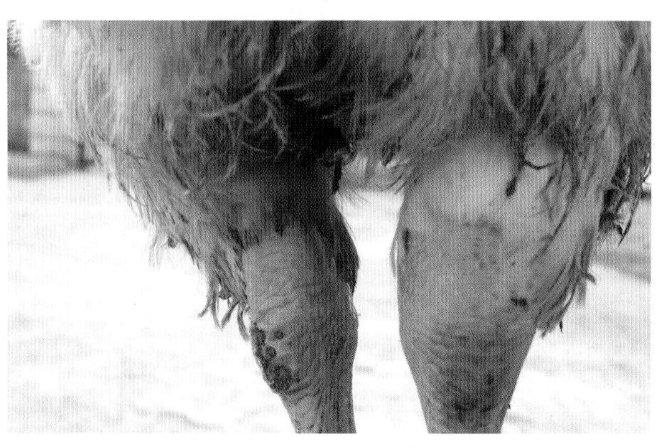

图10-11 关节炎

患侧胫跖关节明显肿大，发红。（谷长勤）

关节滑膜炎　急性可见关节（肘关节、胫跖关节、趾关节等）肿大。关节囊、滑液囊和腱鞘中有大量浆液-纤维素性渗出物，滑膜增厚和水肿。翼下、龙骨部及四肢关节周围皮下发生水肿或皮肤坏死、化脓。亚急性和慢性时关节仍肿大，但关节囊中的渗出物为化脓性或干酪性。关节软骨发生糜烂。骨骺中有化脓灶。关节周围结缔组织增生，故关节活动受到限制。

五、禽结核病

特征病变为结核结节（结核性肉芽肿）。结节多见于肝、脾，也可见于中枢神经系统外的其他器官，如肠壁、肺、骨、关节、浆膜、肾等（图10-12至图10-14）。

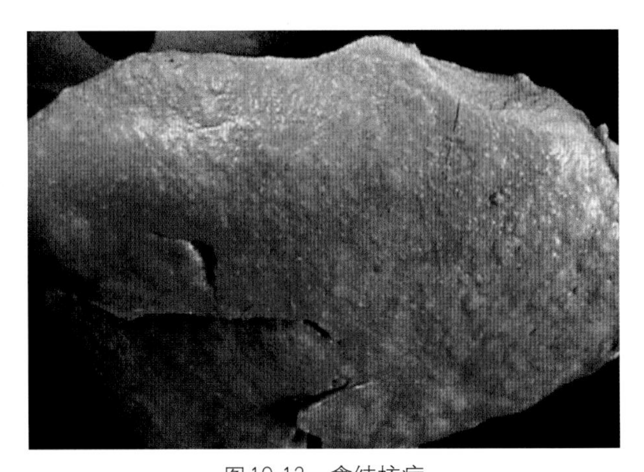

图10-12　禽结核病

鸡结核病：肝脏表面有密集的结核结节。（陈怀涛）

结核结节在器官数量不等、大小不一，但一般不大，多为粟粒大或更小，有时达豌豆大或更大。质硬，色灰白。较大的结节常突出器官表面，其中心呈淡黄色，切面见黄白色物质外包裹一层纤维组织膜。

镜检，初期结核结节由上皮样细胞、巨噬细胞组成，其周围和细胞间散在淋巴细胞。中期结核结节为红染而富含核碎片的干酪样物质，其周围有多量上皮样细胞和多核巨细胞。多核巨细胞多为朗汉斯型巨细胞，其核整齐地排列在细胞外侧区的边缘，呈马蹄形。细胞在干酪样坏死物质外常呈栅栏状排列。特殊肉芽组织层外围可见一狭窄的“透明区”，其中细胞很少。“透明区”之外为巨噬细胞、上皮样细胞和淋巴细胞混合存在的肉芽组织区，其中常有小结核结节散在。因此大结核结节实为小结核结节的集合体。禽结核结节很少发生钙化。作抗酸染色时，在结节中心的坏死区中可见大量结核杆菌。

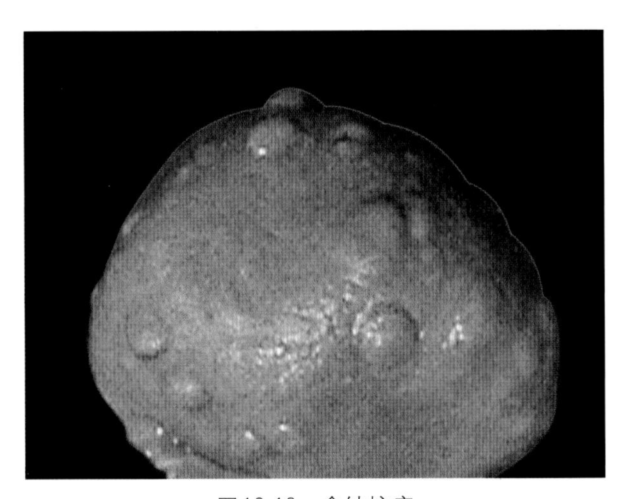

图10-13　禽结核病

鸡结核病：脾脏表面有大小不等的结核结节。（陈怀涛）

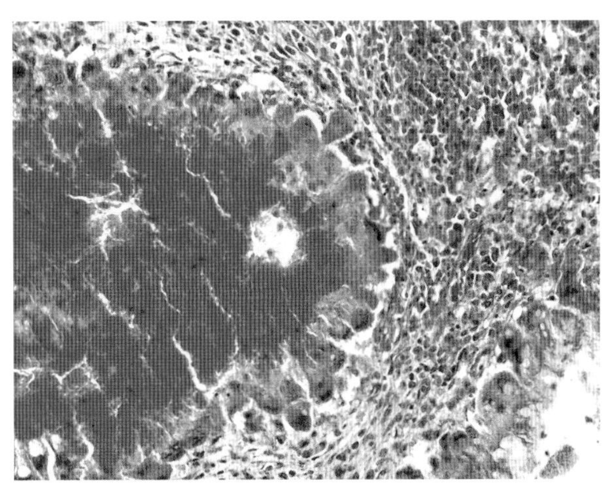

图10-14　结核结节的组织结构

鸡结核病：此图仅显示结核结节的右半部。结核结节中心为干酪样坏死，周围是大量呈栅栏状排列的多核巨细胞和少量上皮样细胞，结节外围是结缔组织和淋巴细胞等。HE×400（陈怀涛）

六、伪结核病

急性呈败血性变化，见急性肠炎和肝、脾肿大。

在亚急性与慢性病例，肝、脾、肾、肺、胸肌见粟粒大的灰白色结节，切面呈干酪样。镜检变化与兔伪结核病基本相同，巨细胞很少。因此与结核结节不同，没有大量栅栏状排列的朗汉斯巨细胞，而且多发于幼龄火鸡和观赏鸟类如金丝雀。

七、禽弯曲菌性肝炎

雏鸡 多呈急性，表现浆液-卡他性回肠盲肠炎（肠腔充满黏液和水样内容物）和出血性肝炎（肝表面呈大小不等的斑驳状出血和血疱）（图10-15）。

成年鸡 呈亚急性和慢性经过，主要表现坏死性肝炎和肉芽肿性肝炎变化。除肝表面偶见出血外，常见散在的针尖大、粟粒大或更大一点的灰黄、灰白色圆形或边缘不整齐的病灶，有些病灶融合成斑驳状（图10-16）。后期出现肝硬变伴发腹水。镜检，肝细胞颗粒变性、水泡变性、脂肪变性和坏死，肝窦瘀血、出血，枯否氏细胞肿胀、增生呈活化状态，狄氏隙增宽并有粉红色絮状蛋白性物质沉积。在肝细胞坏死的基础上，枯否氏细胞明显增生并吞噬清除坏死产物与脂肪成分，从而转变为类脂肪细胞，填充于肝组织坏死区。这就是本病特征的“脂肪变态”病变。在类脂肪细胞群中，常残存少量肝组织和多量分化较低的异嗜性粒细胞以及数量不等的淋巴细胞和浆细胞。在肝细胞坏死区周围，也可见增生的上皮样细胞和多核巨细胞环绕，最外层为增生的结缔组织，其中杂有数量不等的异嗜性粒细胞、淋巴细胞和浆细胞浸润。这就构成了肝坏死性肉芽肿结节。用镀银染色法，在肝小叶坏死灶、脂肪变态区和坏死性肉芽肿结节中，均可发现空肠弯曲菌。

图10-15 肝出血

肝被膜下形成大的血疱，并有凝固的血块。（王新华 逯艳云）

图10-16 肝坏死灶

慢性病例见肝体积缩小，质地变硬，实质中有大量灰白色坏死点或坏死灶。（王新华 逯艳云）

八、鸡传染性鼻炎

幼龄（1～3个月）鸡易感染副鸡嗜血杆菌而发病，特征病变为卡他性鼻炎、鼻窦炎和眶下窦炎变化，有大量黏脓性分泌物。这些窦的炎症可致周围组织水肿，故出现面部、眼周甚至公鸡肉髯与下颌部水肿。水肿部切开，见胶样渗出物或干酪样物质。也可见黏脓性结膜炎，结膜囊充满干酪样物（图10-17）。

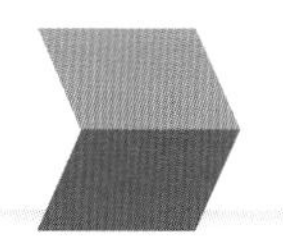

图10-17　鼻窦肿胀

病鸡鼻窦、眼周围和肉髯肿胀，流泪。(甘孟侯. 中国禽病学. 北京：中国农业出版社，2003)

九、鸭传染性浆膜炎

1～8周龄的幼鸭易感染鸭疫里墨氏菌而发病。特征病变为多发性纤维素性浆膜炎，主要为心包炎、肝被膜炎和气囊炎，也可见腹膜炎、脑膜炎和关节炎。如病程延长，炎性渗出物可发生机化和干酪化，故出现浆膜粘连（图10-18、图10-19）。

图10-18　腹　泻

病鸭蹲伏，排出黄绿色稀粪。(崔恒敏)

图10-19　纤维素性心包炎和肝周炎

心和肝被覆纤维素性假膜。(崔恒敏)

十、禽链球菌病

急性呈败血性变化，如皮下水肿、浆液-纤维素性心包炎、腹膜炎、卵黄性腹膜炎、卡他性肠炎及肝坏死灶形成等（图10-20）。

慢性可见纤维素性关节炎和腱鞘炎、心包炎、肝周炎、输卵管炎、坏死性心肌炎、疣状心瓣膜炎（多为二尖瓣，其次为主动脉瓣或右心房室瓣）。也可见与心瓣膜炎有关的纹状体血管炎和梗死、软脑膜炎、肾小球肾炎、肺部血管栓塞等。

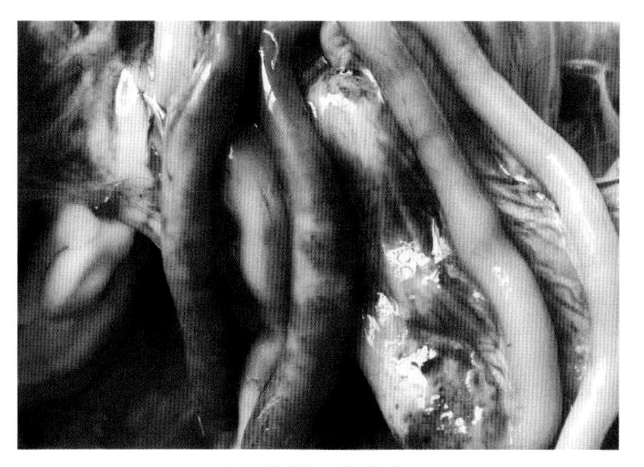

图10-20　肠出血

盲肠浆膜出血。(谷长勤)

十一、鸭丹毒

2～3周龄的雏鸭易感染红斑丹毒丝菌而发病。主要呈败血性变化，如皮肤、黏膜、浆膜充血、出血、水肿，肝、脾灶性到弥漫性坏死（图10-21、图10-22）。镜检，见血管炎、败血性微血栓和大量细菌集落被单核巨噬细胞所吞噬。

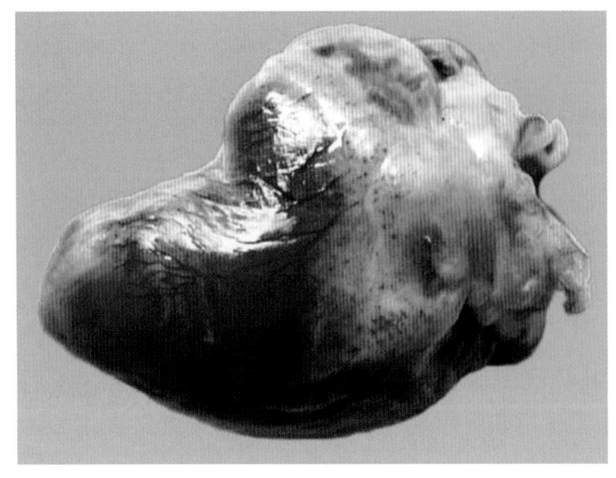

图10-21 心脏出血

心冠状沟和纵沟明显出血。（岳华 汤承）

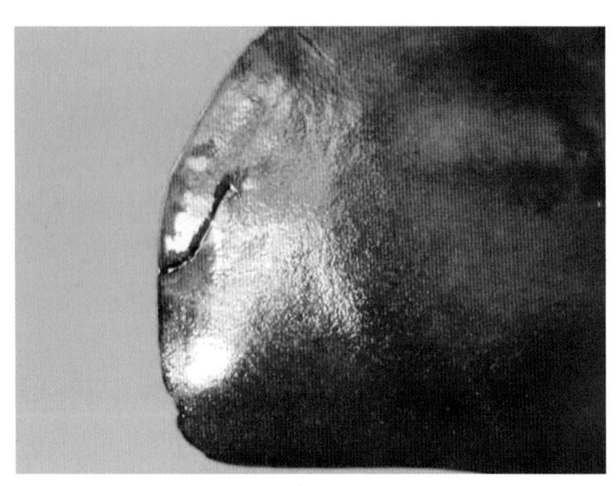

图10-22 肝点状坏死

肝表面有许多针尖大的黄色坏死点。（岳华 汤承）

十二、曲霉菌病

特征病变位于肺和气囊，其他组织器官也可出现霉斑（口腔、嗉囊、腺胃黏膜、肠浆膜等）和肉芽肿结节病变（肝、脾、心肌、肾、卵巢等）。

肺 表现为结节性肺炎和弥漫性肺炎变化。

结节性肺炎见肺表面有黄白色粟粒至豌豆大的结节，质地较软，切面分层，中心为含大量菌丝的干酪样坏死，周围因充血、出血而呈红色。镜检，结节实为肉芽肿。中心为干酪样坏死区，其中有霉菌菌丝，周围环绕上皮样细胞和多核巨细胞，再外是结缔组织，其中有较多异嗜性粒细胞、淋巴细胞、少量浆细胞和巨噬细胞浸润。病灶最外围的肺组织呈充血、出血变化。

弥漫性肺炎见肺有气肿、炎灶与实变等病变。肺炎区呈卡他性或纤维素性肺炎变化。在肺泡和细支气管内，充满黏液、纤维素、核碎屑、炎性细胞和菌丝。菌丝常穿过肺泡和细支气管壁（图10-23）。

用PAS染色或GMS染色时，在上述肉芽肿结节中心的坏死区与周围肉芽组织以及肺炎区内，曲霉菌可被清晰地显示出来。菌丝有隔，呈二分支，菌丝壁呈紫红色（PAS）或黑色（GMS）。孢子的孢壁也呈紫红色或黑色，但一般不易显示。菌丝的横断面有时与孢子相似，注意鉴别。

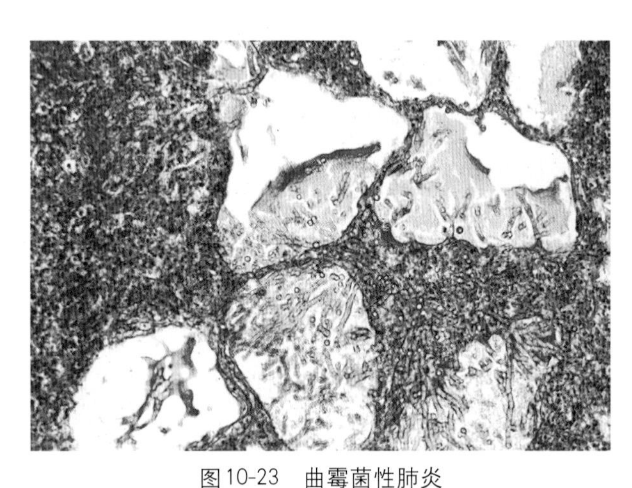

图10-23 曲霉菌性肺炎

雏鸡，肺泡内有大量炎性细胞和菌丝体。HE×100（陈怀涛）

气囊　呈霉菌性气囊炎变化。囊壁增厚，表面附着白色或绿色绒毛状霉菌生长物。在颈、胸气囊中，常见扁平、圆盘状的白色或绿色干酪样坏死物，其中混有炎性渗出物、菌丝和分生孢子等。有时在气囊附近的组织，可见到由纤维素和菌丝等组成的球形、同心轮层状、污黄色的结节（图10-24）。

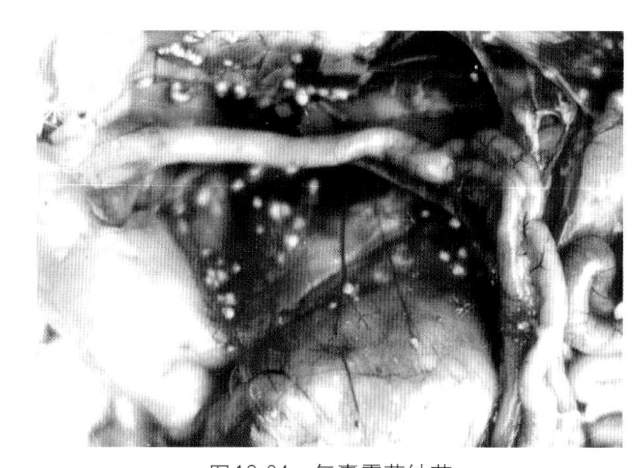

图10-24　气囊霉菌结节

肺气囊表面散布许多灰黄色粟粒大小的霉菌结节。（王新华　王方）

十三、鹅口疮（念珠菌病）

特征病变为上消化道（口腔、咽部、食道和嗉囊），尤其嗉囊黏膜形成黄白色假膜和溃疡。镜检，黏膜上皮角化层增生，黏膜坏死，其中有许多酵母样菌体，在角化层下部可发现假菌丝，但其一般不穿过生发层。如以嗉囊假膜坏死物涂片染色，也可发现酵母样真菌和假菌丝（图10-25）。

十四、鸡毒支原体感染

特征病变为慢性呼吸道炎（鸡）或传染性窦炎（火鸡）的变化。

浆液－纤维素性气囊炎　气囊蓄积黏稠或干酪样渗出物。

浆液－黏液性上呼吸道炎　鼻、喉、气管、支气管黏膜充血、肿胀，附以大量黏液性或干酪样渗出物。

浆液－黏液性眶下窦炎　眶下窦隆突，窦内蓄积大量黏液或干酪样渗出物。

黏液性结膜炎　眼睑水肿，上下眼睑粘着，结膜囊内蓄积黏液性或干酪样渗出物（图10-26）。

图10-25　禽念珠菌病

嗉囊黏膜密布黄白色病灶，这些病灶是念珠菌增殖与黏膜上皮过度角化引起的，病灶大小不一，单个病灶如黄豆大小，呈片状的是小病灶互相融合而成。（吕荣修《禽病诊断彩色图谱》）

图10-26　结膜炎

眼睑和眶下窦肿胀，结膜潮红，结膜囊内有大量浆液和泡沫。（王新华）

十五、鸡滑液支原体感染

特征病变为浆液-化脓性滑液囊炎、关节炎与腱鞘炎的变化。关节（尤其胫跖关节）和爪垫肿大，关节腔内、爪垫下有黏稠灰白色或干酪样渗出物。病变可发展而引起滑液囊炎和腱鞘炎，其中也可见上述渗出物（图10-27）。

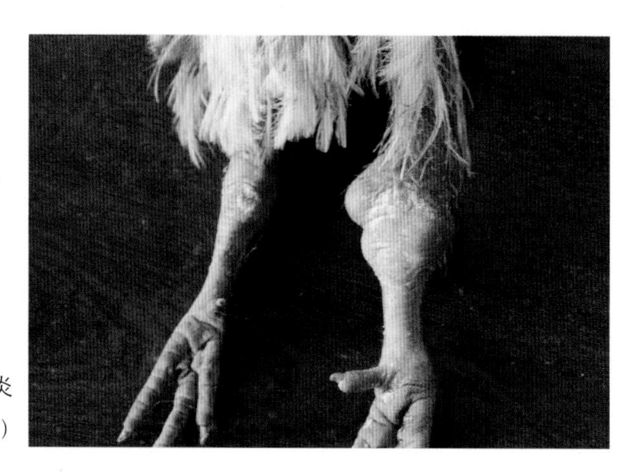

图10-27 滑液囊炎

胫跖关节周围滑液囊发炎、肿大。（王新华 逯艳云）

十六、禽螺旋体病

特征病变为全身广泛性出血，肝、脾肿大与坏死。

肝肿大，色红黄，表面见出血点和针尖大的坏死灶，鹅的坏死灶较大。

脾高度肿大，色暗紫或棕红，脾髓质地脆软，表面有出血点和坏死灶。

镜检，肝瘀血，肝细胞变性，肝小叶内有大小不等的坏死灶，并可见髓外造血灶，其中包括各期淋巴细胞、成红细胞和巨噬细胞。镀银染色时，可在细胞间隙、血管和毛细胆管内见到鹅疏螺旋体。肝细胞中的螺旋体常碎裂或自行卷曲成小环状。脾有大面积出血和坏死灶，网状细胞增多，体积变大，由于吞噬脂类物质而呈泡沫状。网状细胞群的中心有时发生玻璃样变。淋巴细胞弥漫性增生。脾白髓增大，淋巴细胞增多，并有成红细胞。在病变区内，镀银染色也可显示螺旋体存在。

十七、鸟疫

鹦鹉与火鸡病变明显。在严重病例，见纤维素性心包炎、胸膜炎、腹膜炎、肝被膜炎和气囊炎。上述浆膜均被覆纤维素性渗出物。

坏死性肝炎、脾炎和肺炎。这些脏器表面可见灰黄色坏死斑点。肾肿大、苍白。

镜检，浆膜渗出物中有大量巨噬细胞及数量不等的淋巴细胞和异嗜性粒细胞。巨噬细胞质中有多量衣原体。肝、脾、肺、肾均有程度不等的组织细胞坏死变化，并有巨噬细胞、淋巴细胞与异嗜性粒细胞浸润。肝枯否氏细胞肿胀、增生，其中有细胞碎屑和含铁血黄素，被膜有纤维素和淋巴细胞积聚。脾见广泛巨噬细胞浸润，其中有衣原体和含铁血黄素。肺呈弥漫性坏死性肺炎变化，纤维素渗出与巨噬细胞浸润都很明显。

十八、鸭坏死性肠炎

一般认为本病是由产气荚膜杆菌等多病原引起，特征病变为出血性或纤维素-坏死性小肠炎变化。此外，尚可见化脓性胸膜炎、出血-坏死性输卵管炎与卵巢炎等变化（图10-28）。

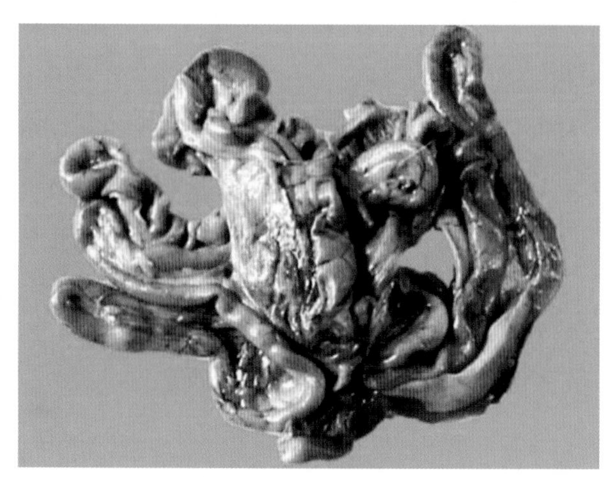

图10-28 肠管膨胀变黑

肠管膨胀色黑，失去光泽和弹性。（岳华 汤承）

十九、新城疫

特征病变为全身败血性变化（广泛出血与实质器官变性、坏死等）、出血-坏死性消化道炎、非化脓性脑炎、卡他性呼吸道炎和肺炎以及坏死性脾炎与胸腺炎等。

腺胃　乳头潮红，充血或出血，其中心常发生坏死（图10-29）。腺胃与肌胃间有条状或点状出血，腺胃与食管交接处也可见小点出血。肌胃角质层有充血区和出血。

肠　呈明显的出血和大小不等的溃疡。病变在十二指肠后部、空肠、盲肠和回肠更为明显（图10-30）。溃疡多发生在出血灶和淋巴小结的局部。盲肠扁桃体肿大、出血、坏死。口、咽、食管也可见出血、坏死变化。

脑　呈非化脓性脑炎变化，见神经元变性、坏死，血管内皮细胞肿胀，淋巴细胞性"血管套""卫星化""噬神经元现象"，以及胶质结节形成。

脾与胸腺　有出血和灰白色小灶。镜检，脾的坏死灶主要位于鞘动脉外围的网状组织，局部细胞崩解，核破碎，原结构模糊，有浆液和纤维素渗出。坏死灶中的鞘动脉内皮细胞肿胀、脱落，动脉壁细胞排列疏松，严重时呈纤维素样坏死。胸腺淋巴组织发生灶状坏死，有浆液渗出。胸腺小体崩解、液化，间质有浆液和淋巴细胞浸润。

此外，肾变性并有肾小球肾炎变化，肾小管充塞尿酸盐。卵巢、睾丸、肾上腺、甲状腺等均有程度不等的变性、坏死变化。

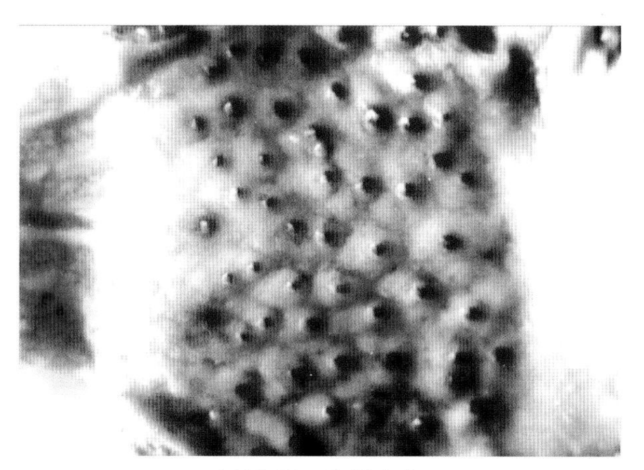

图10-29　腺胃出血

腺胃乳头明显出血。（王新华　逯艳云）

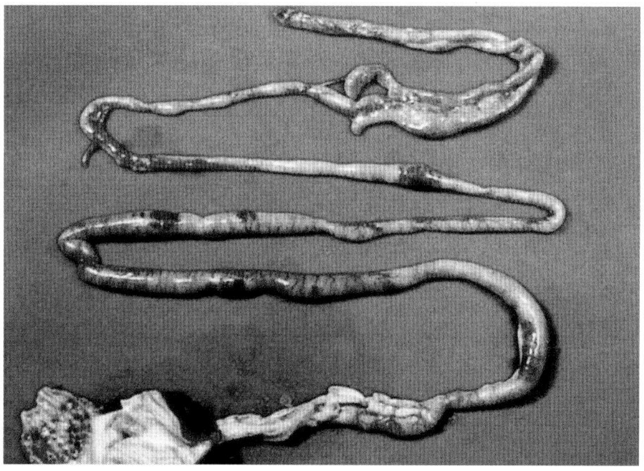

图10-30　肠道溃疡

肠道多处淋巴集结部位发生出血、坏死并形成溃疡。（吕荣修．禽病诊断彩色图谱．北京：中国农业大学出版社，2004）

二十、禽流行性感冒

本病的病理变化因病毒株致病力、感染年龄、继发感染、饲管条件等不同而异。高致病力禽流感病变明显，主要表现为头、颈部皮下水肿，皮肤与内脏广泛性出血，肝、肾、脾、心、胰、肺等器官坏死灶形成等。镜检，多组织器官充血、出血、变性与坏死，淋巴细胞性血管套形成，非化脓性脑炎病变等。低致病性病毒所引起的病变较轻（图10-31至图10-34）。

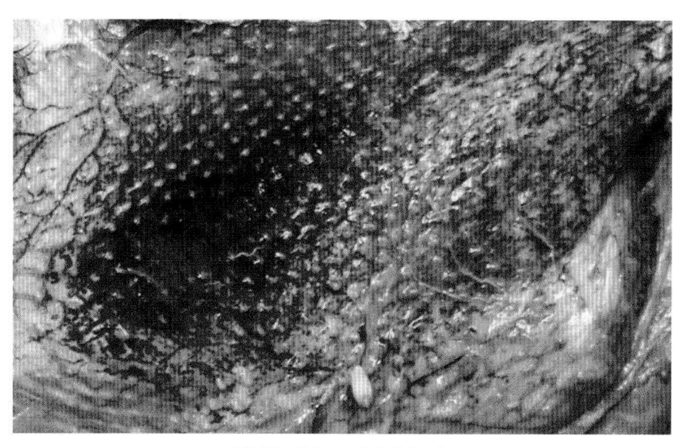

图10-31　皮下出血

颈部皮下严重出血。（王新华　逯艳云）

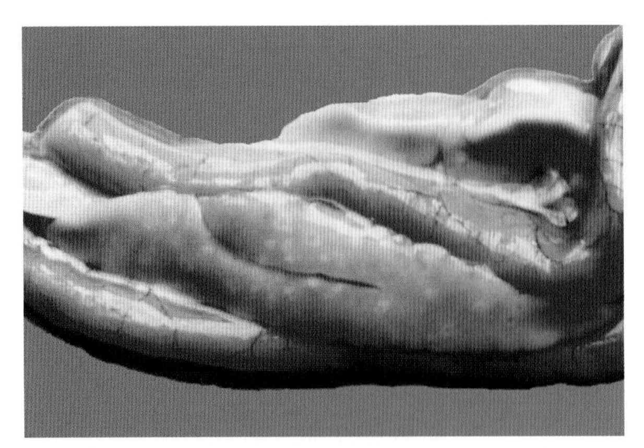

图10-32　胰腺坏死

鸭，胰腺有灰白色坏死灶。（刘思当）

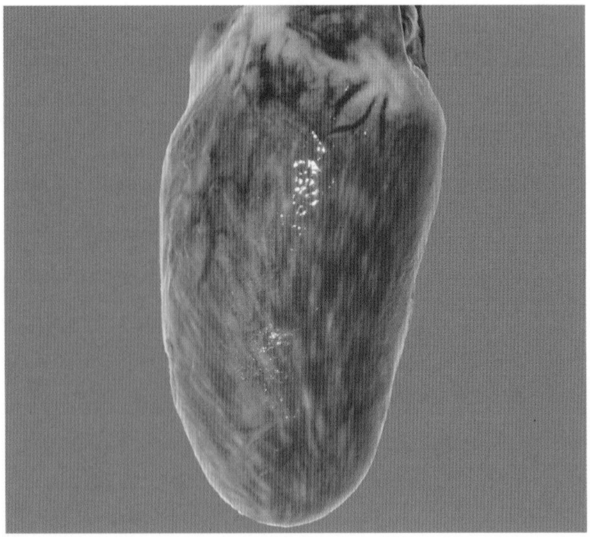

图10-33　心肌坏死

鸭，心肌色彩不均，呈条纹状（虎斑心）。（刘思当）

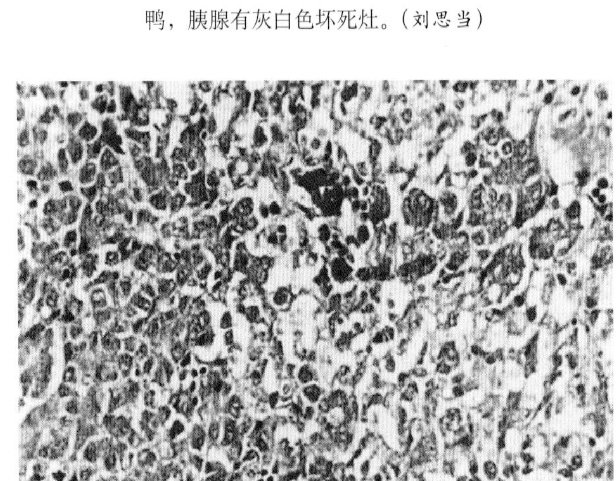

图10-34　坏死性胰腺炎

鸡，胰腺实质坏死，腺上皮溶解、坏死后仅存留空泡，有少量炎性细胞浸润。HE×400（刘晨）

二十一、鸡传染性支气管炎

特征病变为浆液性、卡他性与干酪性支气管炎和气管炎，产蛋母鸡呈卵黄性腹膜炎与卵巢炎，肾病变型尚表现肾炎-肾病综合征（图10-35、图10-36）。

图10-35　病雏呼吸困难

病雏伸颈、张口喘气。（王新华　逯艳云）

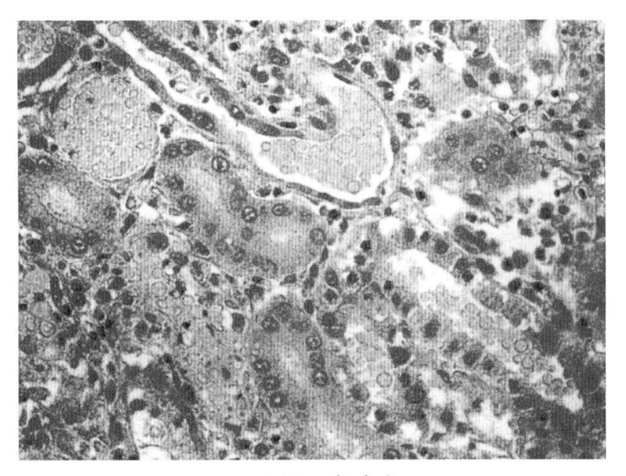

图10-36　肾病变

远曲小管部分上皮细胞变性或变平，管腔内有颗粒状尿酸盐沉积。（吕荣修. 禽病诊断彩色图谱. 北京：中国农业大学出版社，2004）

呼吸道 支气管与下部气管黏膜充血、肿胀，有浆液性、卡他性或干酪性渗出物，其色灰黄。病死雏鸡的支气管和气管后段管腔，常可见到干酪样栓子。下呼吸道比上呼吸道病变严重。肺切面见支气管壁明显增厚，管腔狭窄或堵塞。气囊也常有黄色干酪样物。

生殖器官 产蛋母鸡常发生卵黄性腹膜炎，卵泡充血、出血、变形。输卵管萎缩，有时局部形成囊肿。

肾 肿大，色淡，表面与切面呈白色弯曲的纹理。输尿管扩张，内含石灰样物质。心包和体腔浆膜也可见石灰样物质。镜检，肾小管上皮细胞变性、坏死、脱落，管腔中有尿酸盐充塞，也见脱落上皮和异嗜性粒细胞。间质有淋巴细胞、浆细胞、巨噬细胞及异嗜性粒细胞浸润。后期间质结缔组织增生，淋巴细胞浸润。肾毒株感染7 ～ 12d，电镜可见肾上皮细胞质中有病毒包涵体。

二十二、鸡传染性喉气管炎

特征病变为卡他-出血性或出血-坏死性喉气管炎，早期病变上皮细胞中有核内包涵体形成。缓和型仅表现结膜炎、眶下窦炎和鼻炎（图10-37至图10-39）。

图10-37 呼吸困难

病鸡伸颈张口喘气，发出高昂的怪叫声。（王新华 逯艳云）

病初，喉头与气管黏膜充血、肿胀，有黏液附着。随之黏膜上皮变性、坏死、出血，其表面被覆混血的黏液和血凝块。后期，黏膜表面常形成黄白色假膜并混有血丝。有时含血的干酪样物可充满喉和气管腔。镜检，黏膜上皮变性、肿胀、脱落或增生。有的核分裂形成合胞体。在残存的胞核肿大的细胞和合胞体细胞中，可见到核内包涵体。脱落的合胞体细胞中也可见到核内包涵体。包涵体形圆、卵圆或呈棒状。必须注意，包涵体的形成只发生在疾病早期，即感染后的1 ～ 5d内。黏膜固有层充血、出血，大量淋巴细胞、巨噬细胞、浆细胞与异嗜性粒细胞浸润。血管内皮细胞肿胀、增生，管壁纤维素样变。由于黏膜上皮脱落，固有层常呈裸露状，充血的毛细血管呈球状结构突出喉、气管腔。腔内有大量脱落的细胞、黏液、红细胞、纤维素和坏死的细胞及渗出的炎性细胞，它们往往黏合成一团。

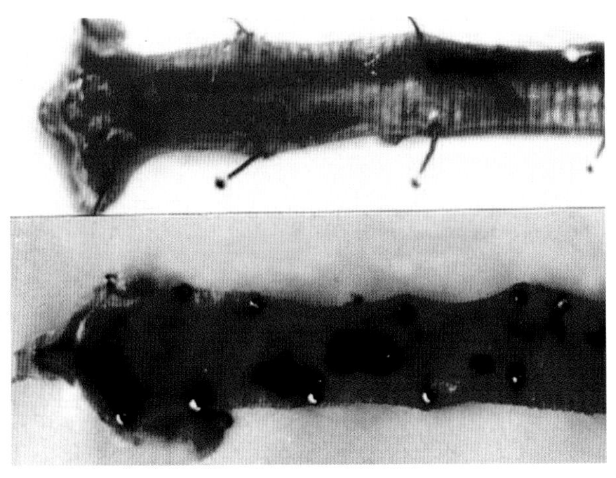

图10-38 气管黏膜出血

喉头和气管黏膜充血，出血，管腔内有血液和血凝块。（王新华 逯艳云）

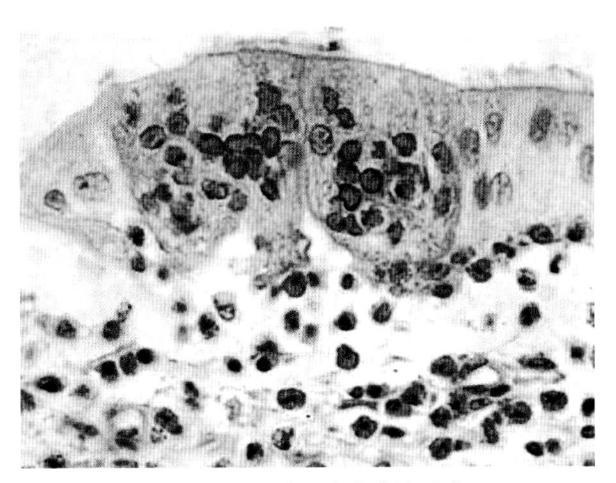

图10-39 上皮层内合胞体形成

气管黏膜上皮细胞形成合胞体，其胞核中有包涵体形成。HE×400（刘思当）

缓和型病例的病变较轻，可见结膜充血并有分泌物，鼻黏膜潮红并附有黏液；面部肿大，眶下窦有较多黏液。

二十三、禽痘

特征病变为皮肤形成痘疹和口黏膜形成白色假膜（图10-40至图10-42）。

皮肤 在无毛或少毛部位的皮肤（冠、肉髯、眼睑、口角等）形成灰白色结节状痘疹。随后痘疹增大、变黄，形成棕褐色痂皮，最后痂皮脱落而愈合。镜检，早期痘疹部皮肤表皮细胞肿大、增生致表皮增厚，其下的真皮无炎性反应。肿大的表皮细胞质中有嗜酸性包涵体（又称Bolinger氏小体）形成。以后增生的表皮细胞发生水泡变性、胞质溶解。胞核和包涵体也发生溶解。细胞破裂融合则形成水泡，有些则发生坏死。真皮血管充血，其周围有淋巴细胞、异嗜性粒细胞和巨噬细胞浸润。痘疹发生坏死后，其周围形成分界性炎症，坏死物腐离，通过局部组织再生而修复。

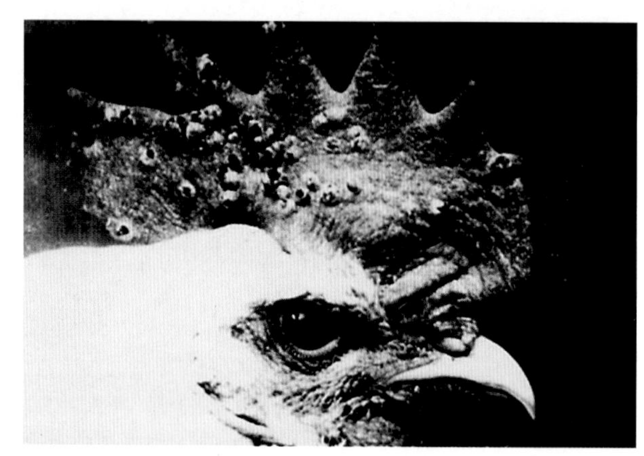

图10-40 痘 疹

鸡冠皮肤上大小不等的隆起的痘疹，其中心已发生坏死。（王新华 逯艳云）

黏膜 口黏膜可形成黄白色干酪样假膜。因其外观似人的白喉，故称为白喉型禽痘。当假膜剥离后则露出出血性溃烂面。上述白喉样病变主要位于舌、嘴角、硬腭、咽部黏膜，如病情严重，也可波及食道、呼吸道和眶下窦等部位。镜检，病变和皮肤的相似。黏膜上皮肿大、增生和水泡变性，肿大的细胞中有胞质包涵体形成。随后细胞溶解破裂，小水疱形成。后因继发感染而有明显的炎症反应和凝固性坏死。炎性渗出物和坏死组织融合形成一层假膜。坏死可波及整个黏膜层，甚至达黏膜下组织。假膜下的充血、出血和异嗜性粒细胞浸润都很明显。

也可见到皮肤、黏膜的混合型病变。败血型病变很少。

图10-41 白喉型禽痘

鸽口腔和食管黏膜的痘斑（假膜）。（王新华 逯艳云）

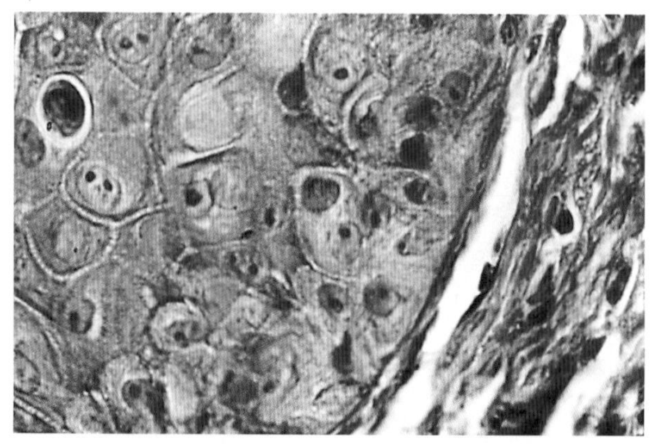

图10-42 包涵体

在肿大的皮肤上皮细胞中，可见红染的胞质包涵体形成。HE×400（陈怀涛）

二十四、鸡传染性法氏囊病

特征病变为法氏囊充血、出血、水肿、坏死，后期萎缩。胸肌和腿肌明显出血。镜检，病初法氏囊淋巴滤泡的淋巴细胞发生变性与轻度坏死，异嗜性粒细胞浸润，网状细胞增生。随后淋巴滤泡的髓质甚至整个滤泡的细胞都坏死崩解，呈一片核碎屑景象，并有浆液、纤维素渗出和异嗜性粒细胞浸润，滤泡界限难以分辨。滤泡间组织充血、水肿、出血，异嗜性粒细胞浸润。黏膜上皮细胞变性、坏死、脱落或增生。滤泡淋巴细胞的大量坏死可造成滤泡消失。其消失部位低分化的上皮细胞活化、增生，形成分泌黏液的腺体样结构和囊肿。淋巴滤泡髓质部可因细胞坏死崩解而形成囊腔，其中含有异嗜性粒细胞、坏死的细胞碎片和浆液等渗出物。以后结缔组织增生，黏膜皱襞变得粗厚并呈分支状。除轻症的滤泡网状细胞和淋巴细胞有一定增生恢复外，坏死的滤泡常不能再生修复。此外，脾、胸腺、盲肠扁桃体、肝、肾、胰等器官也有程度不等的坏死变化（图10-43至图10-45）。

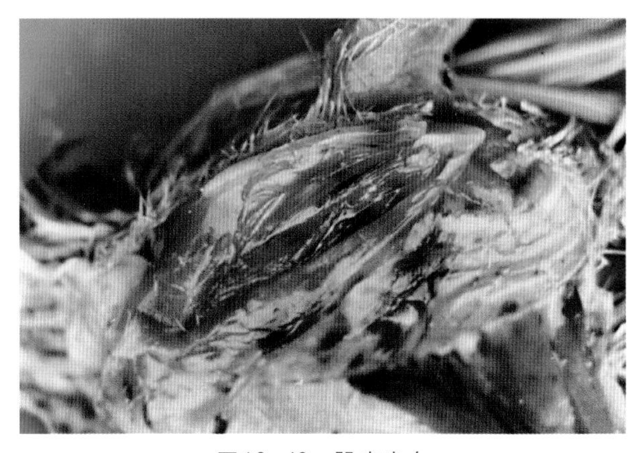

图10—43　肌肉出血

胸肌和腿肌见明显的出血斑点和条纹。（陈怀涛）

图10-44　法氏囊出血、肿大

法氏囊出血、肿大，呈紫红色葡萄状，左边白色的为正常法氏囊。（王新华　逯艳云）

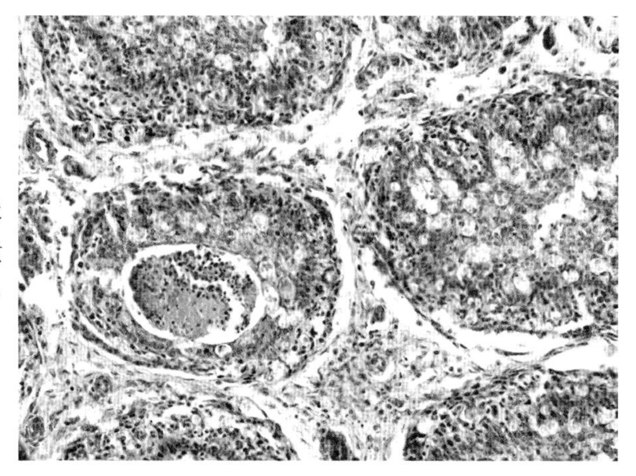

图10-45　坏死性法氏囊炎

法氏囊淋巴滤泡细胞发生散在性坏死，有的滤泡髓质有囊腔形成，其中含有异嗜性粒细胞、核碎片和浆液。HE×400（陈怀涛）

二十五、鸡马立克病

特征病变为多形态的肿瘤性淋巴样细胞（淋巴网状细胞）增生，引起内脏器官、外周神经、皮肤与眼的肿瘤形成，主要表现为肿瘤结节或器官弥漫肿大。镜检，多形态的肿瘤性淋巴样细胞包括大、中、小淋巴细胞，成淋巴细胞，浆细胞，网状细胞和“马立克病细胞”（Marek’s disease cell）（图10-46）。内脏器官的瘤细胞中浆细胞很少。“马立克病细胞”是变性的幼稚型（胚型）淋巴细胞即成淋巴细胞。这种细胞个体较大，胞质嗜碱性或嗜派洛宁性染色，胞质常有空泡；核浓染，形状不定。多形态的瘤细胞群中可见到核分裂象。肿瘤组织中嗜银纤维增多，呈丝网状分布（图10-46）。

内脏型（急性型）　主要见于6～12周龄的幼鸡。其内脏（卵巢、肝、脾、肺、心、肾、肠系膜、腺胃、肠、肾上腺、法氏囊、胸腺、睾丸等）出现大小不等的灰白色结节或器官弥漫肿大。结节切面均匀灰白（图10-47）。卵巢常显著增大，呈瘤团状，表面不光滑。腺胃和肠管表现局部管腔壁增厚，质硬。镜检，器官的间质，尤其小血管周围有大量肿瘤细胞分布。瘤细胞灶可融合成大片瘤细胞

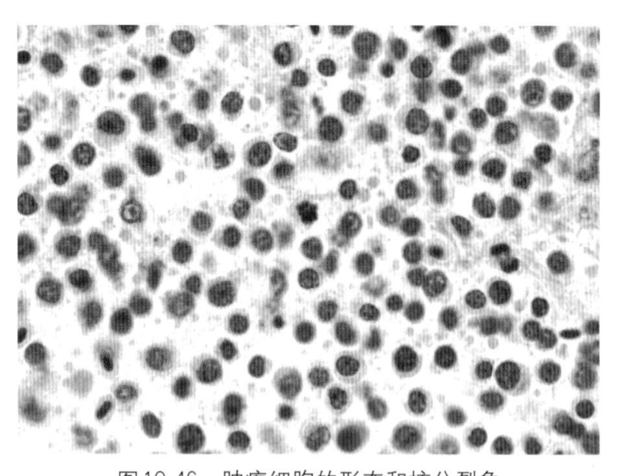

图10-46　肿瘤细胞的形态和核分裂象

肿瘤细胞呈明显的多形性，大小不等，可见核分裂象。HE×1 000（陈怀涛）

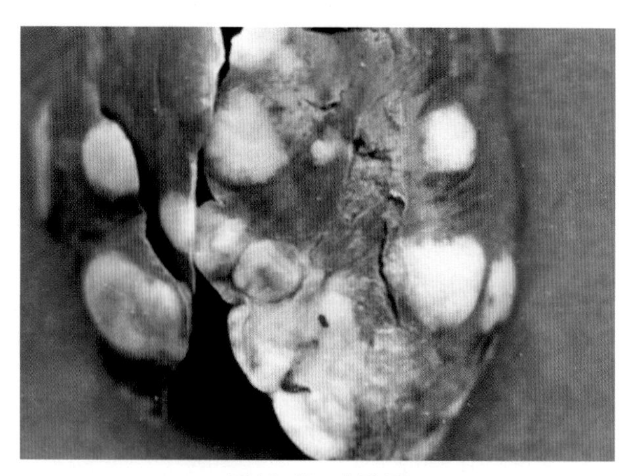

图10-47　内脏型

肝有多个巨大的肿瘤结节，结节周围无包膜。（王新华）

区。实质组织萎缩或在局部消失。法氏囊的瘤细胞大量浸润于滤泡间，故滤泡萎缩或消失。脾内除瘤细胞增生外，鞘动脉周围的网状细胞也弥漫性增生。

神经型（慢性型、古典型）　多见于3～4月龄的幼鸡。生前常有神经症状（图10-48）。病变见于一处或多处外周神经、脊神经根与脊神经节。常发部位为腰荐神经丛、坐骨神经、臂神经丛、迷走神经与内脏大神经。多为单侧神经受害。病变神经局部肿粗或呈灰白色结节状，或水肿呈半透明状（图10-49）。镜检，神经组织中有程度不等的肿瘤细胞浸润，还可伴有水肿、髓鞘变性和神经膜细胞（施万氏细胞）增生。神经的病变曾分为三型：

第I型（C型）——有少量淋巴细胞和浆细胞浸润，并有轻度水肿。此型临诊常无症状。

第II型（B型）——水肿明显，有少量淋巴细胞和浆细胞浸润，也见髓鞘和轴索变性。

第III型（A型）——有大量多形态瘤细胞浸润，以成淋巴细胞和小淋巴细胞为主，常见核有丝分裂象，有时见“马立克病细胞”。此外，尚可见髓鞘变性、轴索崩解和施万氏细胞肿胀、增生。电镜下可见“马立克病细胞”的胞核中有本病病毒粒子。

上述三型变化实际是同一病理过程的不同发展阶段。即神经先发生炎性渗出变化（C型与B型），随后再出现肿瘤细胞的大量增生（A型）。因此现已将神经变化分为A型和B型，B型包括原C型和B型。A型为严重病变，B型为轻度病变。这两型病变可见于同一病鸡的不同神经和同一神经的不同部

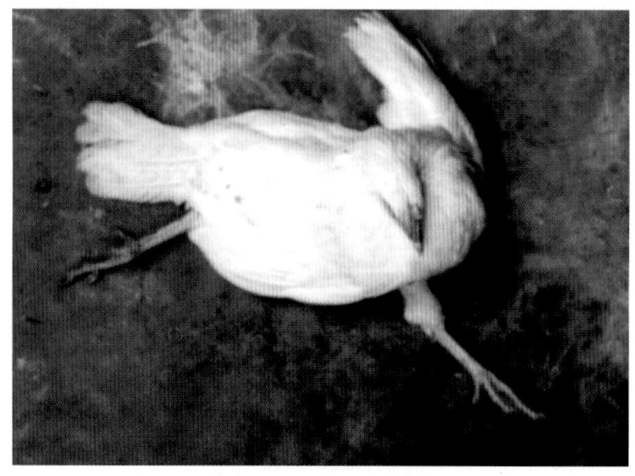

图10-48　神经型症状

病鸡一肢麻痹，不能站立，呈劈叉姿势。（王新华）

图10-49　神经型

左侧腰荐神经丛肿大。（王新华）

位。此外中枢神经也可见到肿瘤细胞性“血管套”和结节等变化。

眼型　虹膜褪色，呈灰白色（“灰眼”）；瞳孔缩小，边缘不齐（图10-50）。镜检，瘤细胞主要浸润在虹膜，虹膜色素颗粒减少或消失。瘤细胞也可浸润于眼肌（外直肌、睫状肌），甚至角膜、球结膜、视神经等。

皮肤型　皮肤的羽毛囊肿大，呈大小不等的结节突出于皮肤，结节中心常见一残毛。严重时结节局部坏死，呈褐色痂皮。也可见大结节中央发炎、化脓或坏死变化（图10-51）。镜检，羽毛囊和血管周围有大量瘤细胞团块。从真皮到皮下，有密集的小、中、大淋巴细胞，成淋巴细胞，浆细胞，网状细胞增生、浸润。也可见“马立克病细胞”和核有丝分裂象。皮肤表层多发生炎症和坏死。皮肤和羽毛囊上皮细胞可见嗜酸性核内与胞质包涵体。胞质包涵体常与核内包涵体共存。未见胞质包涵体单独出现的情况。

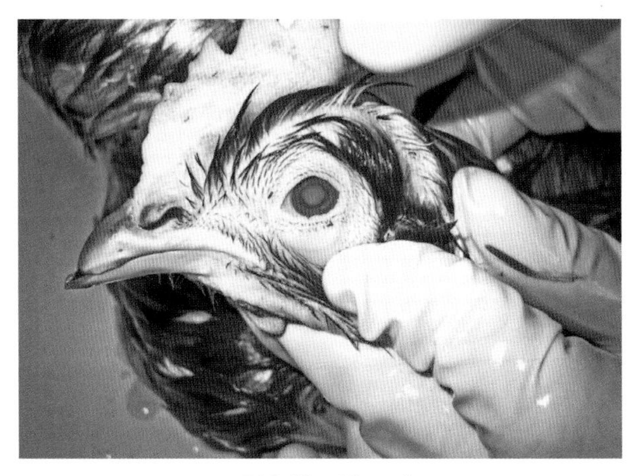

图10-50　眼　型

病鸡虹膜呈灰白色，瞳孔几乎消失。（孙锡斌）

图10-51　皮肤型

全身皮肤表面散在许多灰白色肿瘤结节，有的结节融合变大。（姚全水）

二十六、鸡淋巴细胞性白血病

特征病变为肝、脾、法氏囊等脏器发生灰白色结节状肿瘤病变或弥漫性肿大。肿瘤细胞为单一的成淋巴细胞（图10-52、图10-53）。

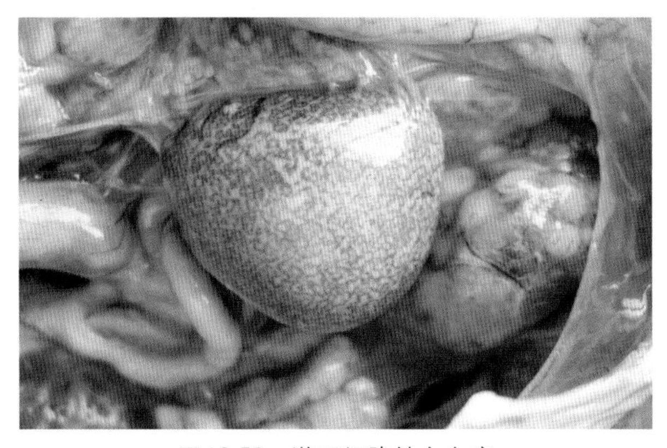

图10-52　淋巴细胞性白血病

脾高度肿大，散在大量灰白色肿瘤结节。（胡薛英）

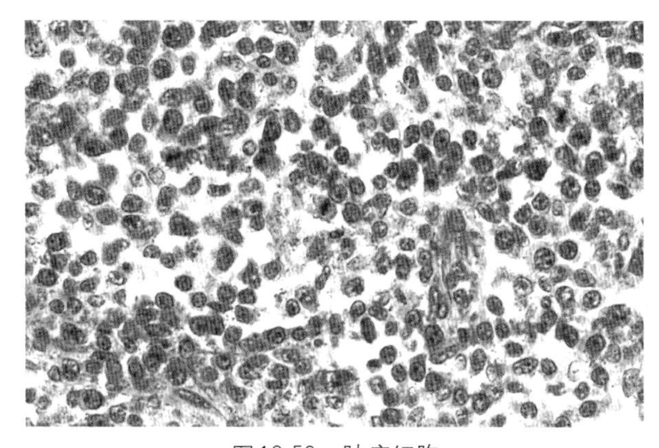

图10-53　肿瘤细胞

成淋巴细胞大小基本一致，胞核呈泡状，核膜与核仁明显，可见核分裂象，胞质较少，细胞边界不清。HE×400（陈怀涛）

各器官的眼观病变与内脏型马立克病的很相似，但本病主要发生于5个月到12个月龄的鸡。在肝、脾、法氏囊、肾、肺、性腺、心、腺胃等脏器中，多有几个脏器同时发生肿瘤结节或弥漫性肿大。结节色灰白，似脂肪，与周围组织界限明显，但无包膜。结节大小不等，小者如粟粒大，大者直径可达10cm。若瘤细胞增生使器官弥漫肿大时，则常无明显的结节形成，仅在器官表面可见灰白色斑点、条片区，器官可肿大5 ~ 10倍。由于肝高度肿大，有人曾称本病为“大肝病”。镜检，不论眼观表现如何，肿瘤的起源都呈灶状性和中心性，即瘤细胞在组织中呈结节状膨胀性生长，而不是浸润于组织细胞之间。这些瘤细胞结节可相互融合成较大的结节灶。这些结节灶在肝多位于中央静脉周围、肝索间和汇管区。局部肝细胞受压萎缩或消失。肝内瘤细胞结节灶的周围，常有形似成纤维细胞的肝窦内皮细胞。结节中的瘤细胞都是大小、形状比较一致的成淋巴细胞。其胞体较大，形圆，但轮廓不够清楚。胞质嗜碱性，甲绿派洛宁染色阳性（呈红色）。核圆，呈空泡状，染色质为粗颗粒状，多靠近核膜分布，并积聚成块；核仁明显，呈嗜酸性。核分裂象多。瘤细胞绝大多数（91% ~ 99%）来自B淋巴细胞。嗜银染色时，瘤细胞结节周围有网状纤维环绕，但结节内网状纤维很少或缺如，或仅呈短杆、碎片状。法氏囊的淋巴滤泡因肿瘤细胞大量增生而扩大，滤泡皮质与髓质界限消失。滤泡之间的间质中无瘤细胞浸润。因此，病变严重时法氏囊可达核桃大或更大。在电镜下，可在瘤细胞的胞质膜上发现出芽的病毒粒子；在病毒感染鸡的心肌细胞中，可发现病毒性胞质包涵体。

二十七、禽J型白血病

特征病变为肝、脾、胸骨或肋骨表面形成灰白色肿瘤结节。镜检，肿瘤由较大的圆形骨髓细胞样瘤细胞组成，基质很少。瘤细胞质中有密集的嗜酸性球状颗粒。核大，呈空泡状，常位于细胞一侧，核仁明显。肿瘤性骨髓细胞在组织中常聚集成堆或团块（图10-54、图10-55）。

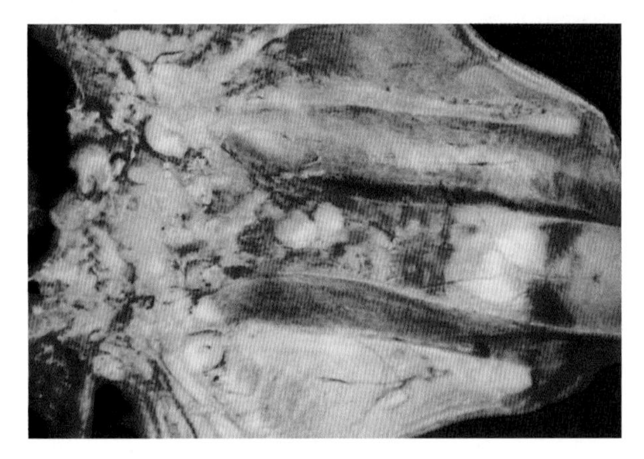

图10-54　肿瘤结节

龙骨腹面见多个灰白色肿瘤结节。（杜元钊）

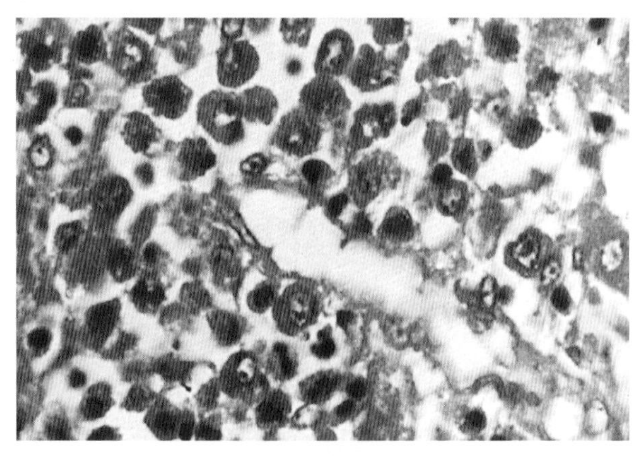

图10-55　髓细胞瘤的瘤细胞形态

肉仔鸡1日龄人工感染病例，30日龄死亡，肝脏中的髓样瘤细胞：细胞较大而圆，胞质丰富，其中可见明显的嗜酸性颗粒。HE×1 000（崔治中等. 禽病诊治彩色图谱. 北京：中国农业出版社，2003）

二十八、禽网状内皮组织增生病

本病是由网状内皮组织增生病病毒（Reticuloendotheliosis viruses，REV）引起的一类肿瘤性传染病。主要感染火鸡、鸡、鸭、鹅和有些野禽。不同型的REV引起不同的肿瘤：复制缺陷型REV（如REV-T株）引起急性网状细胞瘤，而非缺陷型REV则引起慢性淋巴肉瘤和发育障碍综合征（矮小综合征）。

急性网状细胞瘤　在肝、脾、肾、肺、心、胰、性腺、腺胃和肌肉等多种组织器官形成白色肿瘤性结节或器官弥漫性肿大（图10-56）。镜检，肿瘤由大的肿瘤性网状细胞组成，有的瘤灶含有中、小淋巴细胞。同时血液异嗜性粒细胞减少，但淋巴细胞增多。肿瘤细胞主要来自B淋巴细胞。肿瘤细胞的特点是，细胞轮廓不清楚，胞质微嗜酸性；胞核较大，呈球形、长方形或锯齿形，核染色质呈颗粒状或小块状，有一个明显的核仁。核分裂象多见（图10-57）。

图10-56　肝肿瘤结节

鸡肝中有数个大小不等的肿瘤结节，呈钮扣状，界限明显。（杜元钊等．禽病诊断与防治图谱．济南：济南出版社，2005）

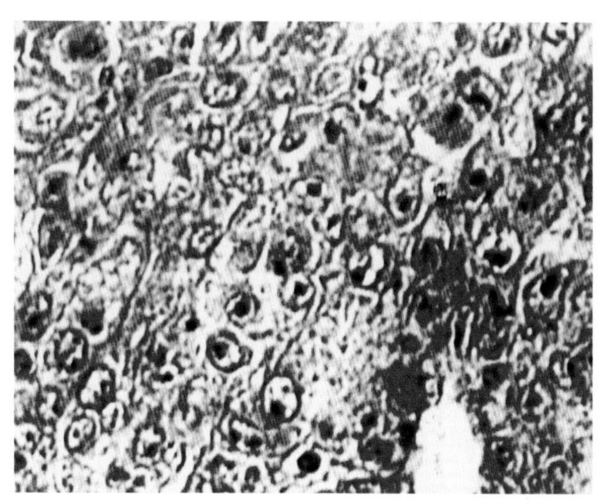

图10-57　肝肿瘤性网状内皮细胞增生

肝小叶间充满许多呈泡状的网状内皮细胞。（郑明球等．动物传染病诊治彩色图谱．北京：中国农业出版社，2002）

慢性淋巴（肉）瘤　为潜状期长的（17 ~ 43周）淋巴（肉）瘤。多发于肝和法氏囊，也见于脾、性腺、肾、肠、肠系膜和胸腺。肿瘤由成熟型淋巴细胞（即小淋巴细胞）组成。法氏囊的肿瘤是由其滤泡细胞转化形成的。瘤细胞来源于B淋巴细胞。如病毒感染的潜伏期更长，还可引起黏液肉瘤、纤维肉瘤、肾腺癌及神经肿胀等病变。潜伏期短的（3 ~ 10周）淋巴（肉）瘤发生于各内脏器官（心、肝、脾、胸腺等）和外周神经，但法氏囊不出现病变。外周神经因形成淋巴（肉）瘤而肿大，这和马立克病相似，但不是多形态的肿瘤细胞。

发育障碍综合征　不出现肿瘤病变，而是发育障碍综合征，包括发育障碍、胸腺和法氏囊萎缩、末梢神经肿大、羽毛异常、腺胃炎、肠炎、贫血、肝和脾坏死以及细胞和体液免疫反应降低。病禽发育慢、消瘦、矮小，但饲料消耗不减少。

二十九、禽脑脊髓炎

主要为雏鸡（1 ~ 2日龄）的一种中枢神经系统疾病，特征病变为非化脓性脑炎，临诊表现进行性运动失调和头颈快速震颤。

镜检，病变常见于大脑皮质、延脑、小脑、脊髓（尤其腰段）腹角，呈非化脓性脑脊髓炎变化。包括神经元变性、坏死，“卫星现象”和“噬神经元现象”，胶质结节形成与淋巴细胞性“血管套”。病初神经元肿胀、中央染色质溶解，

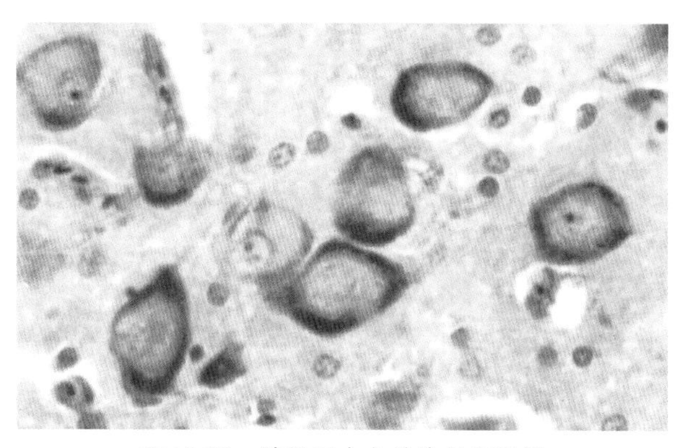

图10-58　神经元中心性染色质溶解

在患病雏鸡的中脑圆核内，见数个神经元都发生中心性染色质溶解。甲苯胺蓝染色 ×400（赵振华）

以后神经元空泡化和溶解，呈现有细胞界限的空白区。上述变化在中脑的圆核、卵圆核的神经元以及延脑和脊髓的大神经元最为明显（图10-58）。小脑浦金野氏细胞因变性、坏死而减少。小脑和脑干的小胶质细胞常呈明显的弥漫性或结节状增生。小脑的这种增生多位于分子层、浦金野氏细胞层和齿状核。“血管套”见于脑和脊髓各部，但在小脑，这种变化多限于齿状核。

三十、鸡包涵体肝炎

特征病变为变质性肝炎和肝细胞核内包涵体形成。

肝肿大、色黄、质脆，被膜下有斑驳状出血和针尖大的黄白色病灶。镜检，肝组织充血、出血，肝细胞空泡变性、脂肪变性和凝固性坏死灶形成。常见胆汁淤积、汇管区小胆管增生及炎性细胞浸润。在坏死灶中，肝细胞崩解，但有浆液、纤维素、淋巴细胞和异嗜性粒细胞积聚，同时网状内皮细胞增生。在坏死灶附近的变性肝细胞中，可发现嗜酸性或嗜碱性核内包涵体（有人试验用病毒接种鸡肾细胞后14h出现嗜碱性包涵体，在16 ～ 24h和36 ～ 48h则转变为嗜酸性包涵体）。包涵体很大，形圆均质，周围有一透明环。有包涵体形成的细胞核明显肿大，染色质边集，核膜增厚。核内包涵体也见于枯否氏细胞。电镜下，嗜碱性包涵体的中心为晶格状排列的病毒粒子，其外围则是堆集的微细颗粒状物，偶见同心状环绕的膜状物。嗜酸性包涵体常无病毒粒子，主要由粗纤维状物组成的各种团块所构成。包涵体与核膜间的透明环很明显，核质几乎完全消失。嗜酸性包涵体可以认为是细胞核对感染应答的高潮已过所形成的产物（图10-59、图10-60）。

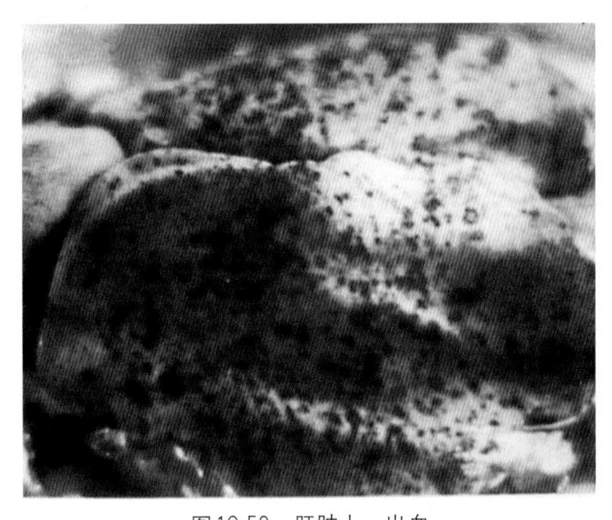

图10-59　肝肿大、出血

肝脏肿大，色淡，有大量斑驳状出血。（吕修荣．禽病诊断彩色图谱．北京：中国农业出版社，2004）

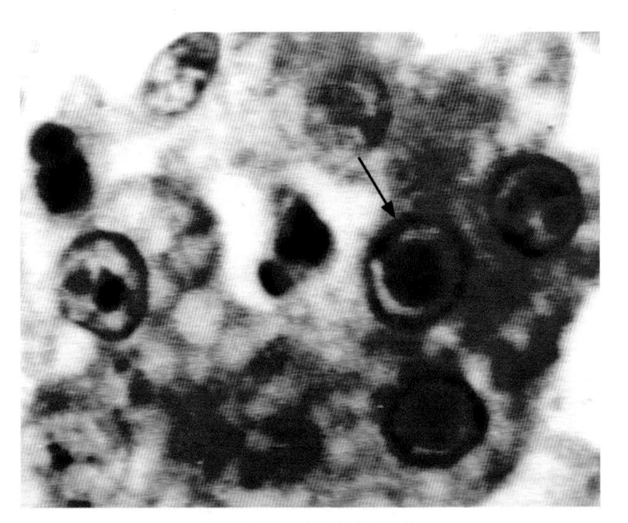

图10-60　核内包涵体

肝细胞的核内包涵体（↓）。（范国雄．动物疾病诊断图谱．北京：北京农业大学出版社，1995）

三十一、鸡病毒性关节炎

主要为4 ～ 7周龄幼鸡的一种双侧性关节与腱鞘的炎症性疾病。多发生于胫跖关节，而趾关节较少。特征病变为胫跖关节的浆液-出血性或坏死-增生性腱鞘（包括肌腱）炎与关节滑膜炎。表现关节的腱鞘和关节滑膜有炎性渗出和出血，故腱鞘肿大，以后发生坏死与增生，因此腱鞘出现硬化与粘连，滑膜面有糜烂和随后的绒毛状增生以及后期的结缔组织增生（图10-61、图10-62）。

图10-61 趾爪蜷曲

病鸡趾爪蜷曲，不能站立。（王新华 王方）

图10-62 肌腱坏死、断裂

腓肠肌腱坏死、断裂。（王新华 王方）

三十二、鸡产蛋下降综合征

临诊病理特征为产蛋下降和产异常蛋，如褪色蛋、薄皮蛋、软蛋、无壳蛋、沙皮蛋等（图10-63）。剖检见输卵管子宫部黏膜潮红、肿胀，或散在粟粒大的黄白色突起。输卵管腔内含灰白色胶冻样物或黄白色干酪样物（图10-64）。镜检，输卵管子宫部黏膜上皮细胞肿胀、脱落，脱落的细胞中常可发现嗜酸性核内包涵体。这种包涵体也见于子宫峡部与阴道部黏膜的上皮细胞核内。子宫部黏膜固有层的特征变化是腺体萎缩，小血管周围有大量淋巴细胞、浆细胞和巨噬细胞浸润，还可见淋巴细胞小结形成。此外，固有层、黏膜下层及肌层中的疏松结缔组织均发生明显水肿和少量异嗜性粒细胞浸润。电镜下，见包涵体为密电子无定形物及多量病毒粒子。这些病毒粒子多发生变性崩解。

图10-63 异常蛋

薄皮蛋、褪色蛋、软壳蛋、破蛋和畸形蛋等。（刘晨）

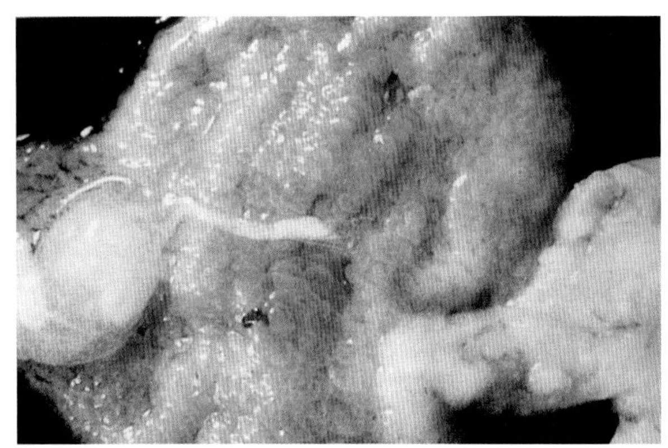

图10-64 输卵管水肿

输卵管子宫部水肿。（杜元钊等. 禽病诊断与防治图谱. 济南：济南出版社，2005）

三十三、鸡传染性贫血

多发于2 ～ 4周龄的雏鸡，特征病变为骨髓萎缩引起的再生障碍性贫血和淋巴器官萎缩导致机体细胞免疫与体液免疫功能均受抑制。眼观，病鸡尸体消瘦、贫血、血液稀薄。红骨髓减少，黄骨髓增多，呈淡黄或淡红色。胸腺呈暗红褐色，缩小或完全消失。脾缩小。法氏囊大小无明显变化，但其壁呈半透明状，从浆膜面便可见到黏膜皱襞。腺胃黏膜、皮下与肌肉出血，翅与腿部明显出血，故有“蓝翅病”之称。镜检，骨髓造血细胞明显减少，几乎全为脂肪组织替代。胸腺、法氏囊、脾与盲肠扁桃体等淋巴组织中的淋巴细胞数量减少或几乎消失（图10-65、图10-66）。

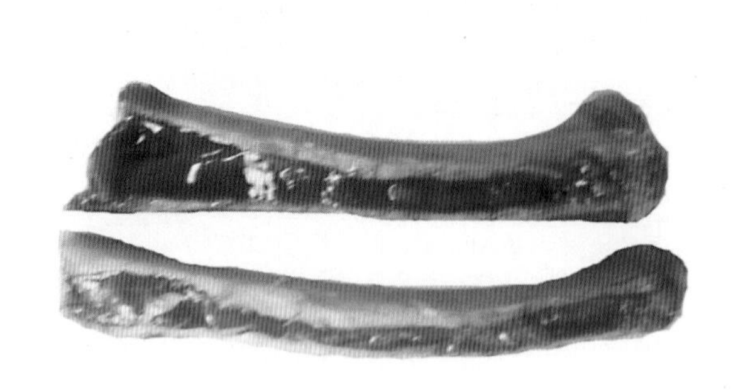

图10-65　骨髓萎缩

骨髓萎缩、变淡，上为正常骨髓。（王新华　逯艳云）

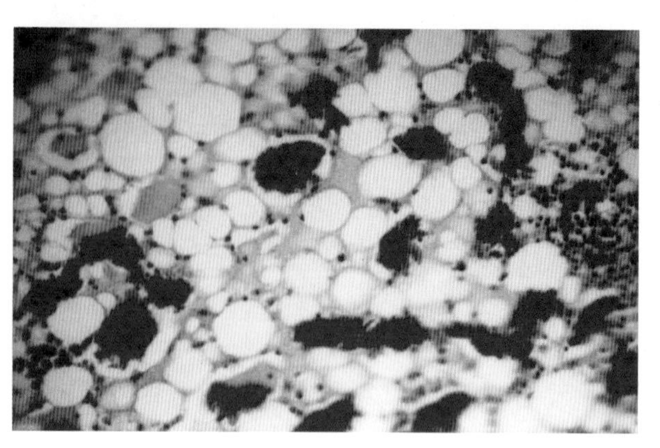

图10-66　骨髓萎缩

股骨红骨髓萎缩，被大量脂肪组织取代。（王新华　逯艳云）

三十四、鸡传染性腺胃炎

病原尚未确定，特征病变为腺胃炎。多发于25 ～ 50日龄的青年鸡和蛋雏鸡。腺胃呈增生性、出血性、坏死性炎症变化。腺胃肿大似圆球状，呈乳白色。仔细观察，在浆膜面可见灰白色花格样纹理。腺胃壁增厚、水肿，切面可挤出浆液。黏膜肿厚，腺乳头肿大、出血、坏死，有的乳头已融合，其界限不清。此外，肌胃、胸腺、脾、法氏囊等都呈萎缩变化，肠壁萎缩、菲薄（图10-67）。

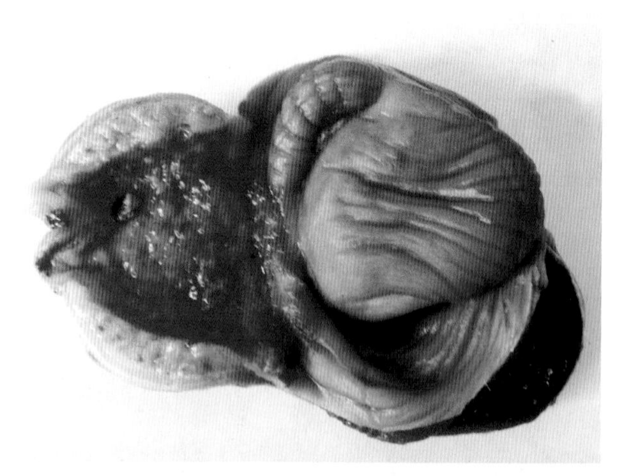

图10-67　传染性腺胃炎

疾病早期胃壁增厚，腺胃乳头肿大，呈半透明颗粒状，有的乳头出血。（王新华）

三十五、鸭瘟

主要为成年鸭的一种急性败血性传染病，表现全身各组织器官的充血、出血、水肿与坏死变化，而特征病理变化有以下几个方面。

头颈肿大　因其皮下发生胶样水肿并有浆液-出血性结膜炎和鼻炎（图10-68）。

出血－坏死性消化道炎　炎症以消化道的前段（口、咽、食管）和后段（泄殖腔和直肠）黏膜更为严重，在出血基础上有黄白色假膜或暗绿色痂块、溃疡形成（图10-69、图10-70）。

出血－坏死性肝炎　肝质脆、色黄，被膜下散布细小出血点和针尖至针头大的灰黄色坏死灶，有的坏死灶中央有一出血点，有的周围则有一出血环（图10-71）。镜检，明显瘀血、出血，肝索紊乱，肝细胞变性，小叶内有淡染的凝固性坏死灶。

出血－坏死性淋巴器官炎（脾炎、腔上囊炎、胸腺炎等）　这些器官均见出血点和帽针头大的灰黄色坏死灶。食管与腺胃交界处的淋巴组织常形成灰黄色坏死带，也可见出血。小肠四个部位的淋巴集结环状带（空肠前后各1个，回肠2个）肿胀、潮红，并可见坏死灶。镜检，上述器官的淋巴细胞坏死并形成凝固性坏死灶，间质充血、出血，有的血管有微血栓形成（图10-72）。脾红髓充血，含铁血黄素沉着。中央动脉内皮细胞肿胀，管壁发生纤维素样坏死或玻璃样变。

在变性的肝细胞、枯否氏细胞、脾血管内皮细胞、淋巴组织的网状细胞及变性的消化道黏膜上皮细胞中，均可见到核内包涵体。

图10-68　鼻孔流出带血的黏液

头部肿胀，鼻孔流出带血的黏液。（胡薛英）

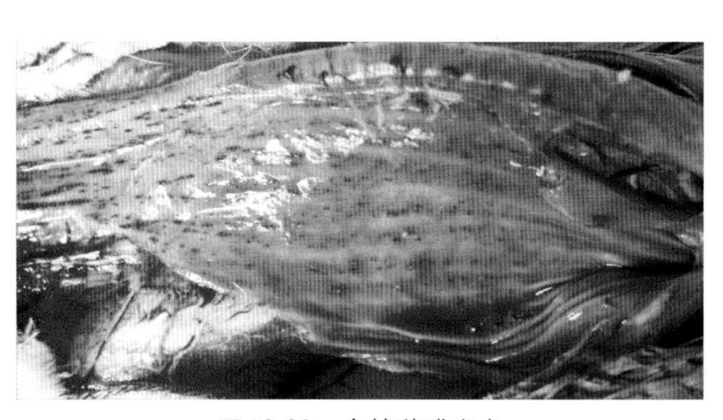

图10-69　食管黏膜出血

食管黏膜出血，出血点呈条纹状排列。（胡薛英）

图10-71　肝脏出血

肝脏见密发性出血点，并有少量坏死灶。（胡薛英）

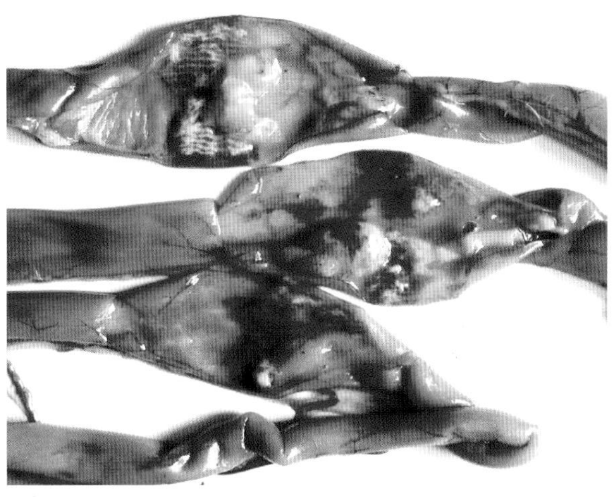

图10-70　出血-坏死性肠炎

肠黏膜出血，并有明显坏死。（胡薛英）

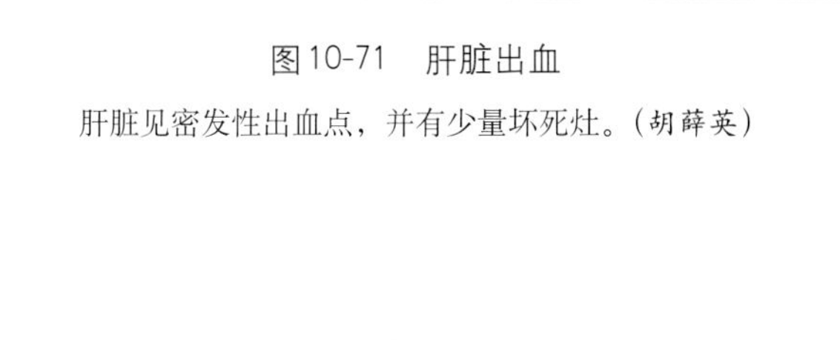

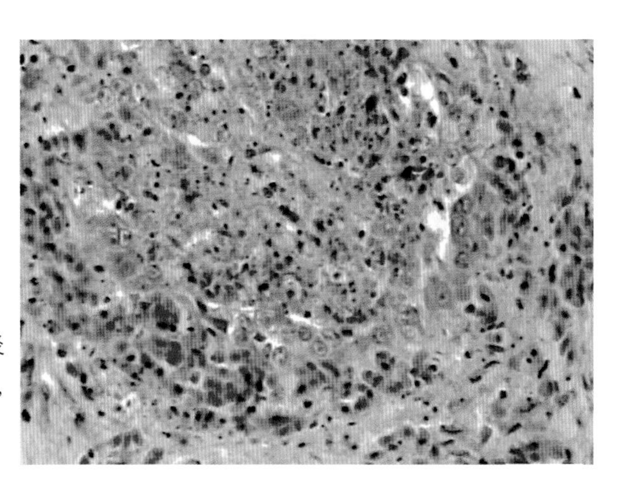

图10-72　出血-坏死性法氏囊炎

法氏囊淋巴滤泡皮质部出血及异嗜性粒细胞浸润，髓质部淋巴细胞坏死。HE×400（胡薛英）

三十六、鸭病毒性肝炎

主要为雏鸭的一种高度致死性传染病。病死鸭呈角弓反张状，喙端与爪尖呈暗紫色。特征病变为出血-坏死性肝炎（图10-73至图10-75）。

肝肿大，质软脆，色灰红，表面见大量出血斑点，也可见灰白色坏死灶。镜检，肝组织广泛出血，含铁血黄素沉着。肝细胞严重变性，并发生弥漫性与局灶性坏死。坏死灶附近和肝索之间有淋巴细胞浸润。变性的肝细胞和枯否氏细胞中可见核内包涵体。如病程延长，汇管区小胆管增生，淋巴细胞浸润，结缔组织也增生。电镜下，肝细胞中可见到病毒颗粒。

图10-73　角弓反张

病雏鸭死后，呈角弓反张姿势。（王新华　王方）

其他一些器官也有明显变化。脑呈非化脓性脑炎变化。脾瘀血、出血，表面有坏死灶，镜检见脾淋巴滤泡坏死，网状细胞增生，伴以明显瘀血、出血。法氏囊上皮变性、坏死、脱落，淋巴滤泡萎缩，滤泡髓质坏死并形成空腔，间质出血。胰组织也有坏死、出血变化。肾小管严重变性，也有坏死，间质血管充血，并见微血栓形成。

图10-74　肝出血

肝上有大量喷洒状出血斑点。（胡薛英）

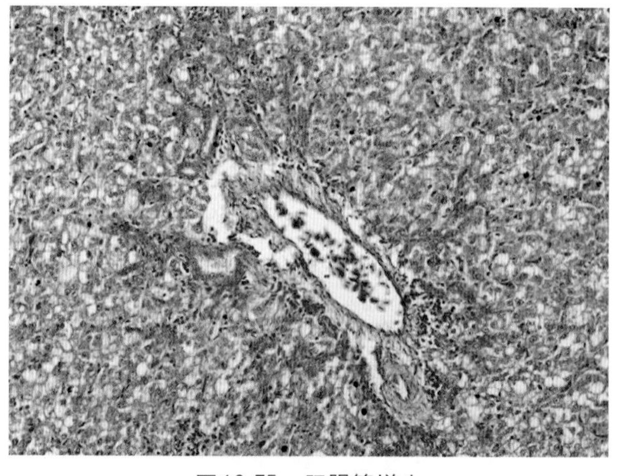

图10-75　肝胆管增生

肝脏胆管增生，炎性细胞浸润。HE×100（胡薛英）

三十七、鸭病毒性肿头出血症

特征病变为头肿大与全身广泛性出血。

眼观，病死鸭头肿大，眼睑肿胀。头部皮下有大量淡黄色透明的浆液性渗出物。全身皮肤、消化道、呼吸道、肝、脾、肺、肾、心外膜等均有出血斑点。镜检，心、肝、脾、肾等多器官除有出血外，尚有实质细胞的坏死变化（图10-76、图10-77）。

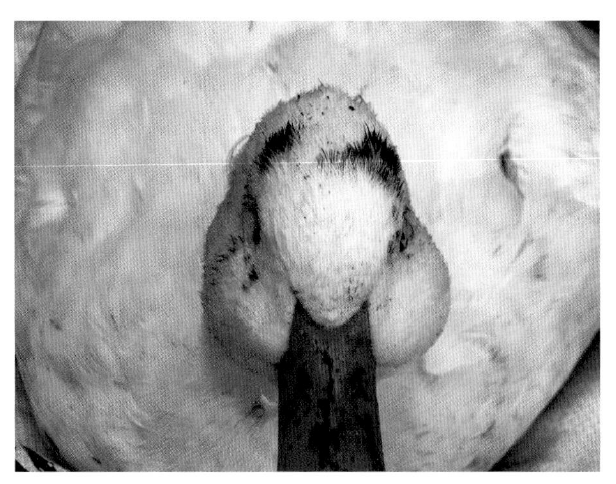

图10-76　头部肿大

病鸭头部明显肿大变形。(蒋文灿)

图10-77　食管出血

食管黏膜皱襞间有大量出血点。(蒋文灿)

三十八、雏番鸭细小病毒病

1 ~ 3周龄的雏番鸭患病。特征病变为骨髓萎缩、红骨髓被脂肪组织取代，故呈再生障碍性贫血，血液稀薄。其他重要病变为淋巴组织（胸腺、法氏囊等）萎缩；卡他性或纤维素性肠（尤其十二指肠）炎与肠凝栓形成；出血性腺胃炎，胰、肝灶状坏死，非化脓性脑炎等(图10-78)。

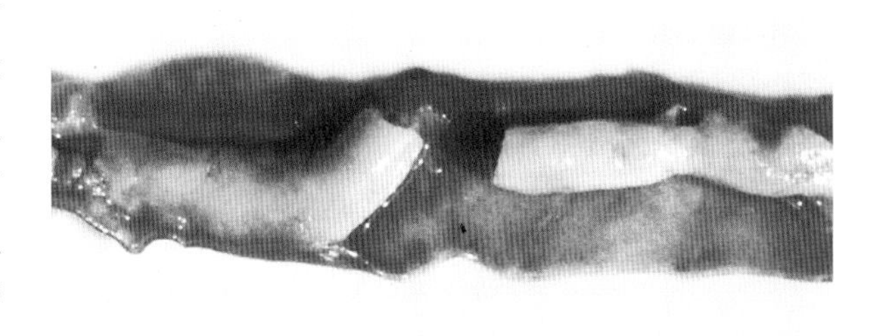

图10-78　纤维素性肠炎

肠内纤维素、脱落的肠黏膜和肠内容物一起形成的灰白色凝栓物，黏膜弥漫性出血。(张济培)

三十九、小鹅瘟

主要侵害4 ~ 20日龄的雏鹅。特征病变为纤维素-坏死性小肠炎。肠黏膜纤维素渗出与坏死，形成假膜或条状凝固物，严重时可形成凝栓物堵塞肠管，堵塞部肠段外形、硬度似香肠(图10-79)。

同时可见坏死性心肌炎、肝炎、脾炎、肾炎和非化脓性脑炎变化。

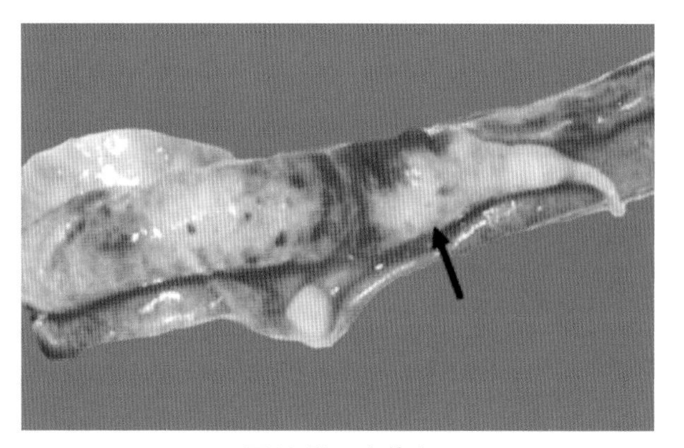

图10-79　小鹅瘟

小肠肠腔见大块纤维素性凝栓物。(吴斌)

四十、鸡球虫病

3月龄以内的雏鸡最易感染患病，特征病变为出血性或出血-坏死性肠炎。由于球虫种类和寄生部位不同，病变常有一定差异（图10-80至图10-82）。

盲肠炎　柔嫩艾美耳球虫（*Eimeria tenella*）主要寄生于盲肠黏膜，引起出血-坏死性盲肠炎。盲肠高度肿胀，肠壁色棕红或暗红，质地硬实，内容物为大量血液和血凝块，或为混血的干酪样坏死物，肠壁有大小不等的出血灶。镜检，盲肠黏膜上皮细胞广泛坏死脱落，黏膜下层出血、水肿，嗜酸性粒细胞、淋巴细胞、浆细胞和巨噬细胞浸润。黏膜上皮细胞质和肠内容物中见大量发育阶段不同的球虫和球虫卵囊。

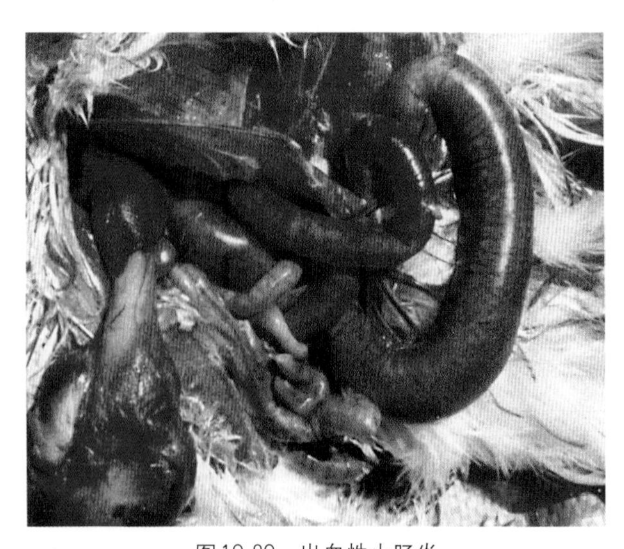

图10-80　出血性小肠炎

小肠壁出血呈暗红色，小肠肿胀，其中充满红色内容物。（陈怀涛）

小肠炎　毒害艾美耳球虫（*E.necatrix*）的毒力稍弱于柔嫩艾美耳球虫，主要侵害小肠中段，急性引起卡他-出血性炎症，慢性引起增生性肠炎。球虫在黏膜上皮细胞内发育，卵囊在黏膜上聚集形成白色斑点或条纹，严重时肠黏膜呈一片灰白色，在浆膜面即可看到。同时肠壁有粟粒大的出血点，肠内有血液或干酪样坏死物。巨型艾美耳球虫（*E.maxima*）致病力中等，引起小肠中段（十二指肠袢到卵黄蒂）的卡他-出血性肠炎。肠管扩张，内容物呈淡红色糊状。堆型艾美耳球虫（*E. acervulina*），多侵害十二指肠前段，没有毒害艾美耳球虫致病力强，卵囊在肠黏膜上聚集形成白色斑点或条纹，严重时呈一片灰白色。布氏艾美耳球虫（*E.brunetti*）引起小肠后段与直肠出血性炎症，黏膜有出血斑点，严重时肠腔形成干酪样凝塞物。早熟艾美耳球虫（*E.praecox*）与和缓艾美耳球虫（*E.mitis*）致病力很弱，病变轻微，一般仅在小肠绒毛上皮中寄生。

图10-81　出血性盲肠炎

盲肠增粗，肠浆膜有明显出血斑点，透过肠壁可见肠腔内的血液或暗红色血凝块。（王新华　王方）

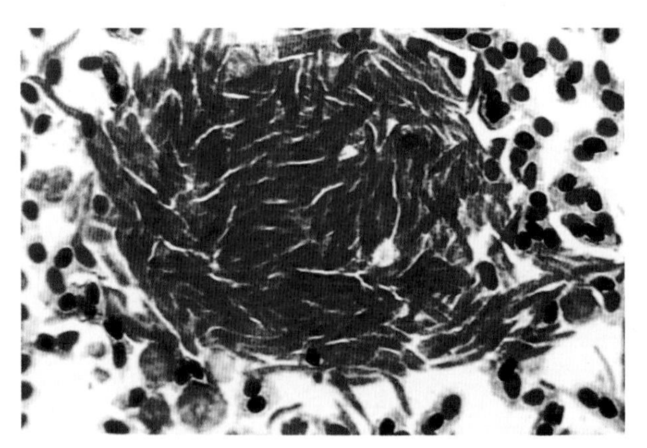

图10-82　球虫裂殖体

盲肠内容物中的裂殖体正在释放裂殖子。Giemsa × 330（刘宝岩）

四十一、鸭球虫病

3 ~ 6周龄的雏鸭易感染发病，急性的特征病变为出血性或出血-坏死性肠炎变化。本病常由下列两种球虫混合感染引起。

毁灭泰泽球虫（*Tyzzeria perniciosa*）致病力很强，可引起整个小肠（尤其卵黄蒂前后肠段）弥漫性出血性炎症或出血-坏死性炎症。肠壁增厚，黏膜密布出血斑点，表面覆盖一层糠麸状或干酪样物，或被覆淡红色胶冻状黏液。镜检，肠绒毛上皮细胞广泛坏死、脱落，上皮细胞几乎为裂殖体和配子体所取代，细胞核被挤向一端或消失。固有层充血、出血，淋巴细胞和嗜酸性粒细胞浸润。

菲莱氏温扬球虫（*Wenyonella philiplevinei*）常寄生于小肠后段、回肠、盲肠和直肠黏膜，致病力不强，多不引起明显病变，或仅引起回肠和直肠轻度充血，偶见散在性出血点。

四十二、禽组织滴虫病

2～4月龄的火鸡和2周～4月龄的鸡多发病。特征病变为头面部皮肤呈暗紫色或黑色及出血-坏死性盲肠炎与坏死性肝炎。

肝　肝表面有数个圆形或不规则的黄白色病灶，其中央稍凹陷，边缘隆起，外围常绕以红晕（图10-83）。有时散布许多小病灶，使肝表面呈斑驳状。镜检，较小坏死灶的中心肝细胞坏死崩解，周围有散在或聚集的滴虫。病灶扩大时，大片肝细胞崩解坏死，外围肝细胞排列紊乱，也有变性、坏死和崩解的细胞，其间见大量滴虫和巨噬细胞，也有一些淋巴细胞和异嗜性粒细胞。较多滴虫被巨噬细胞吞噬。有时见多核巨细胞，其胞质中有1～3个或更多的滴虫。一些散在的病灶中为巨噬细胞、细胞碎屑和滴虫。滴虫在HE切片上为圆形或椭圆形，大小不一，其中央为淡染伊红的核样结构，周围有一稍宽的透明带，最外是一层淡染伊红的薄膜。

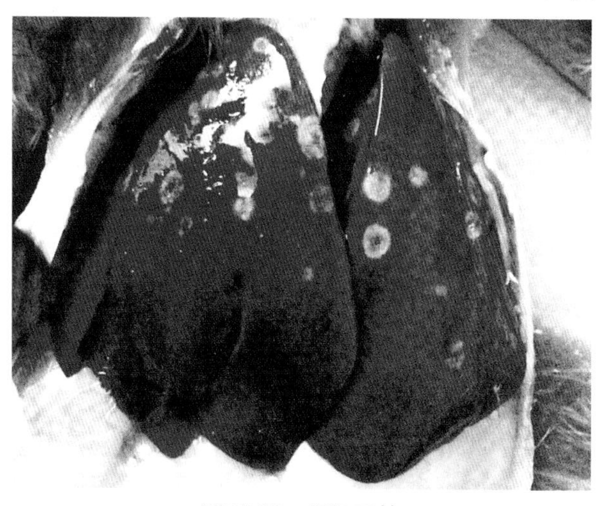

图10-83　肝坏死灶

肝脏中有数个坏死灶，形圆，中央凹陷，周边隆起。（王新华　王方）

盲肠　病变位于一侧或两侧。急性病例盲肠腔充满大量血液。典型病变表现为出血-坏死性盲肠炎的变化。盲肠肿大，质硬。肠腔被硬固的干酪样凝栓所堵塞。凝栓物横切面呈同心层状结构，中心是黑红色凝血块，外围是黄白色坏死物。肠黏膜出血、坏死，形成溃疡，溃疡面被覆干酪样坏死物（图10-84）。镜检，黏膜充血、出血、水肿，异嗜性粒细胞浸润，黏膜上皮细胞变性、坏死、脱落。固有层和黏膜肌层有大量淋巴细胞、巨噬细胞和异嗜性粒细胞浸润，同时可见寄生的滴虫。盲肠内容物中含有脱落的黏膜上皮、纤维素、红细胞和炎性细胞等。在严重病例中，炎症可波及黏膜下层、肌层甚至浆膜层。这些部位均可见上述变化，其中有滴虫寄生，有些虫体被巨噬细胞吞噬。经时较久，结缔组织增生（图10-85）。

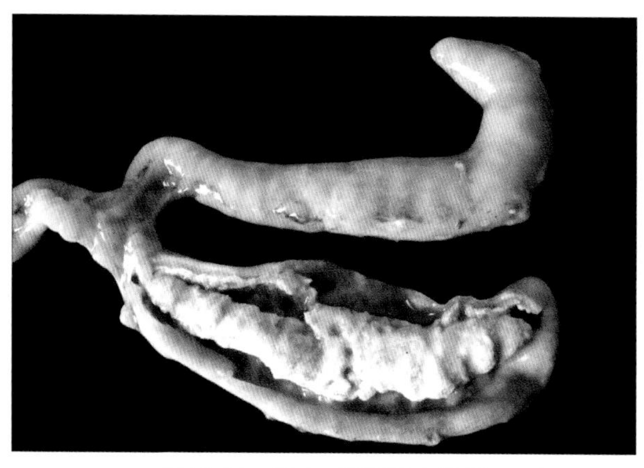

图10-84　出血-坏死性盲肠炎

盲肠粗硬、肠腔充满干酪样坏死物，肠黏膜出血、坏死。（王新华　王方）

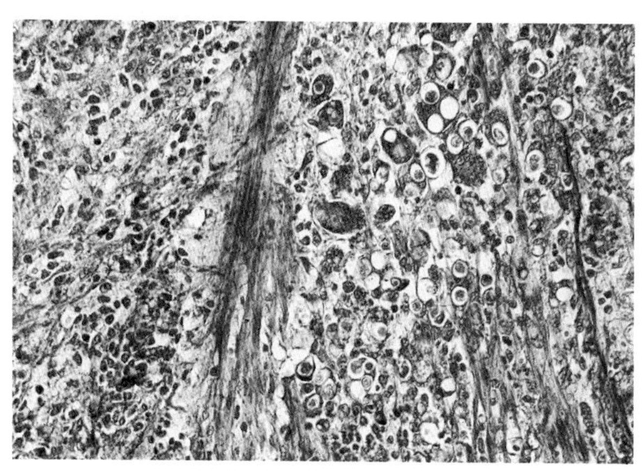

图10-85　坏死性盲肠炎

盲肠黏膜和固有层坏死，黏膜下层和肌层有大量炎性细胞浸润以及大量大小不等的圆形组织滴虫。HE×400（陈怀涛）

四十三、鸡住白细胞虫病

主要为4 ~ 6月龄雏鸡感染卡氏住白细胞虫（*Lucocytozoon caulleryi*）而呈急性暴发。特征病变为冠与肉髯苍白，多部位肌肉、脏器点状出血或灰白色小结节形成（图10-86）。

病死鸡口内有血凝块。冠和肉髯呈苍白或淡黄色。全身多处肌肉（尤其胸肌和腿部肌肉）和内脏器官（肾、肺、肝、心、脾、胰、胃肠黏膜、肠系膜、卵巢或睾丸等）均见出血斑点或帽针头大的灰白色结节。肾和肺的出血特别严重，常有大片血块覆盖。血液稀薄，凝固缓慢。骨髓几乎呈黄色。

镜检，肌肉、内脏组织中见大量红细胞积聚分布。血管内皮细胞肿胀、变性或坏死，血管中可见数量不等的裂殖子，血管周围淋巴细胞和异嗜性粒细胞浸润。眼观所见的灰白色结节，镜下为裂殖体聚集的部位。凡裂殖体聚集的部位，都伴有组织坏死、炎性细胞浸润和明显的出血。组织器官中出现的巨型裂殖体结节，有5种主要表现：I型——囊壁完好，呈均质粉红色，最外有1 ~ 2层扁平细胞核。囊腔内常充满紫蓝色裂殖子或粉红色丝网状物。II型——囊壁完整，其内为模糊不清的淡红色微小颗粒，囊壁外围有多核巨细胞。III型——囊壁不完整，腔内充满红细胞、粉红色丝网状物、裂殖子和上皮样细胞。IV型——囊腔完全瘪缩变形，囊壁断裂，甚至已无囊壁残迹，完全变为多核巨细胞和上皮样细胞结节。V型——囊壁变性坏死，腔内为少量裂殖子和异嗜性粒细胞，腔外有大量裂殖子和异嗜性粒细胞浸润。显然，上述类型是殖裂体囊壁变性、坏死、破裂过程中所引起的局部炎性反应（图10-87）。

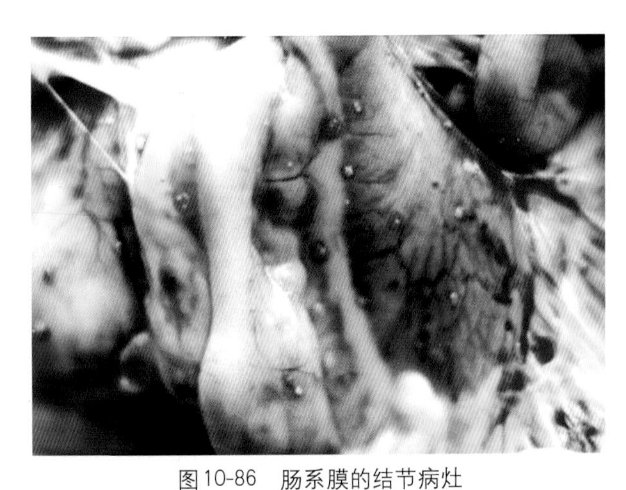

图10-86　肠系膜的结节病灶

肠浆膜和肠系膜有周边出血中心灰白色的结节状病灶（巨型裂殖体）。（王新华　王方）

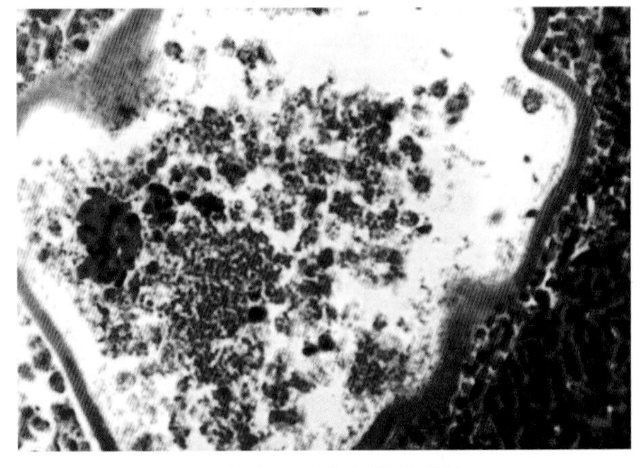

图10-87　肝脏中的裂殖体

肝脏切片可见裂殖体，内含大量深蓝色裂殖子。HE × 1 000（王新华　王方）

四十四、维生素A缺乏症

特征症状和病变为夜盲、干眼，皮肤与黏膜上皮角化，咽与食管黏膜出现灰黄色粟粒大的结节，生长发育迟缓（图10-88、图10-89）。

上皮化生与角化　结膜与泪腺上皮化生为复层鳞状上皮，引起干眼症，并继发结膜炎、角膜炎、角膜溃疡，最后发生全眼球炎。视网膜杆状细胞对弱光感受障碍而发生“夜盲症”。皮肤角化过度、增厚形成棘突，影响羽毛生长。咽部与食管黏膜黏液腺及其导管上皮发生鳞状上皮化生、增生、脱落，导致管腔堵塞、胀大，故在黏膜表面形成灰黄色粟粒大的结节。气管与支气管黏膜的假复层柱状纤毛上皮、子宫黏膜上皮以及肾盂、输尿管和膀胱的变移上皮都可化生为复层鳞状上皮，而影响器官的功能。

骨骼生长障碍　椎骨与长骨变形或畸形，致体形矮小和发育不良。骨骼的迟缓生长及中枢神经组织的继续生长，可致脑与脊髓组织被挤入椎间孔，造成神经变性与坏死，从而出现相关神经麻痹症状。

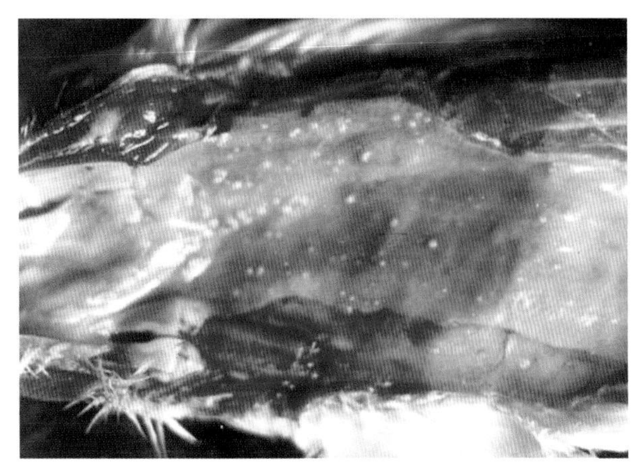

图10-88　食管黏膜的小结节

食管黏膜散在粟粒大的灰白色结节。（王新华）

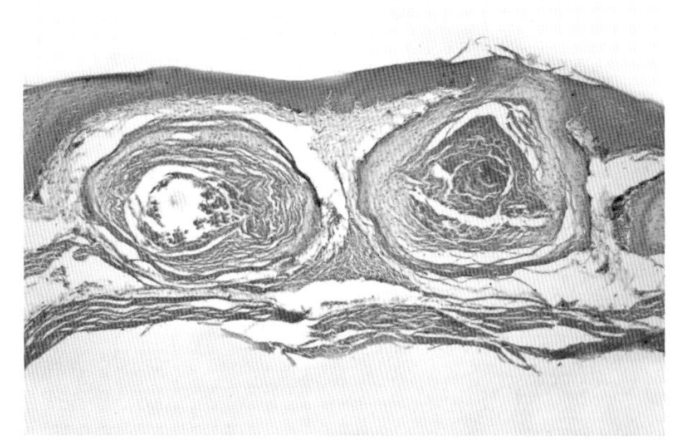

图10-89　食道腺鳞状上皮化生

食道腺鳞状上皮化生、角化，腺体中充塞大量角化的坏死物，因此眼观食道黏膜呈灰白色结节。HE × 100（陈怀涛）

四十五、维生素B_1缺乏症

维生素B_1又称为硫胺素，当禽缺乏时，主要临诊表现为“观星”姿势。特征病变为多发性外周神经炎，有明显的脱髓鞘现象。同时尚见肾上腺肿大（尤其雌性），而雄性则表现生殖器官明显萎缩。胃肠壁和心肌萎缩。胰腺腺泡上皮细胞发生空泡化，并有透明体形成（图10-90）。

四十六、维生素B_2缺乏症

维生素B_2又称为核黄素，当雏鸡缺乏时，主要临诊表现为“蜷趾”和腿麻痹。特征病变为两侧坐骨神经和臂神经对称性肿大、质软、色灰白。镜检，上述神经呈沃勒变性（Wallerian degeneration）的变化，同时还有水肿、白细胞浸润等炎性反应（图10-91、图10-92）。

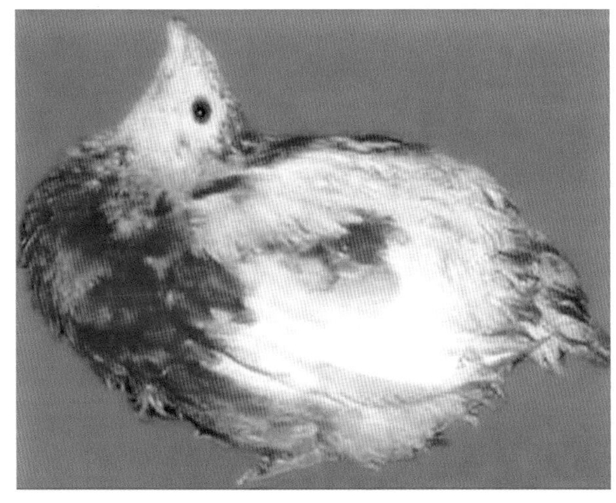

图10-90　角弓反张症状

病鸡出现角弓反张或“观星”症状。（崔恒敏）

图10-91　鸡维生素B_2缺乏

病鸡脚趾向内蜷曲。（崔恒敏）

四十七、维生素D-钙磷缺乏症

特征病变为雏禽骨组织变软，弯曲变形，肋骨出现佝偻病串珠。骺生长板增宽，类骨组织与纤维组织大量增生。同时甲状旁腺肿大或萎缩。成年禽产蛋量下降，蛋壳变薄、变软；骨骼变软、易折（图10-93至图10-95）。

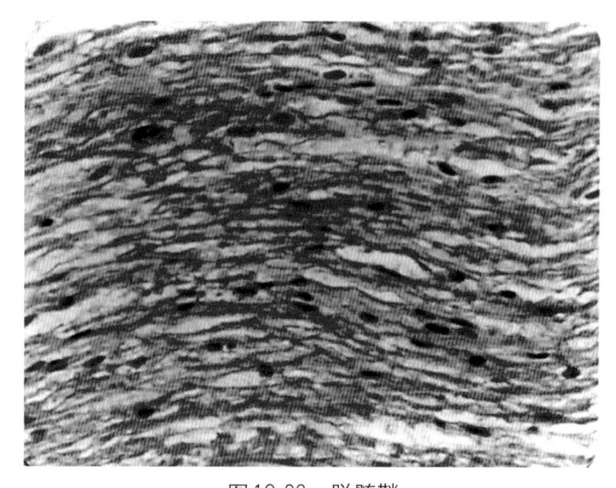

图10-92　脱髓鞘

外周神经施万氏细胞肿大，神经纤维脱髓鞘与轴突变性、崩解。HE×100（王雯慧）

图10-93　喙变软

病雏鸭变软的喙可以随意弯曲。（崔恒敏）

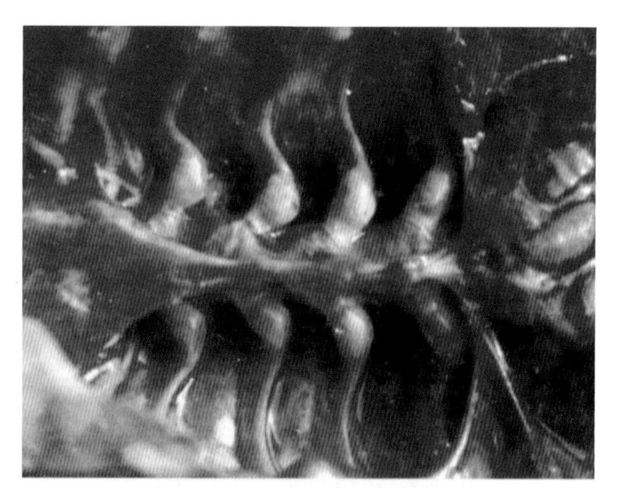

图10-94　肋骨头呈球状膨大

病雏肋骨弯曲，肋骨头呈球状膨大。（刘晨）

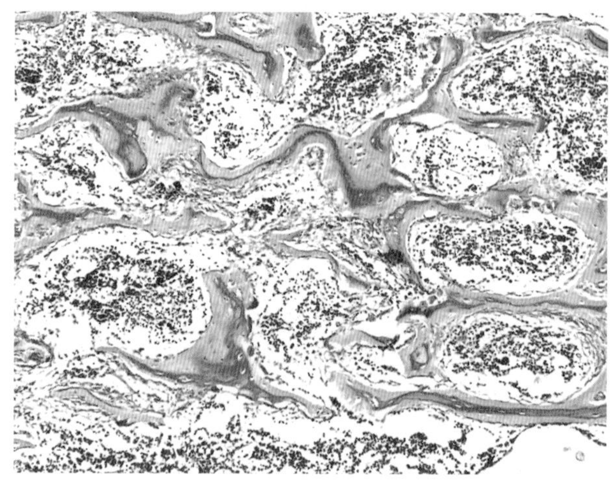

图10-95　海绵骨类骨组织增生

病鸡长骨骺端海绵骨的类骨组织大量增生并包绕骨小梁。HE×100（崔恒敏）

四十八、维生素E-硒缺乏症

特征病变为肌肉坏死、渗出性素质、脑软化与胰腺坏死萎缩（图10-96至图10-100）。

肌肉坏死　骨骼肌、心肌、平滑肌（鸭、火鸡肌胃）色淡、变白，可见坏死性斑点、条纹。

渗出性素质　皮下充血、出血，大量黄绿或蓝绿色胶样水肿液渗出。

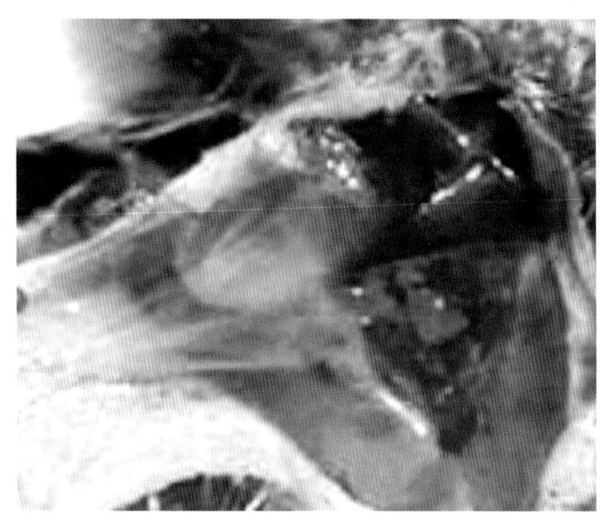

脑软化　雏鸡维生素E缺乏时，小脑软化，有坏死软化灶形成。

胰腺坏死萎缩　鸡硒缺乏症时，胰腺坏死萎缩、变细，后期发生纤维化。

图10-96　皮下出血性渗出

颈部皮下积有多量淡黄绿色胶样液体。（崔恒敏）

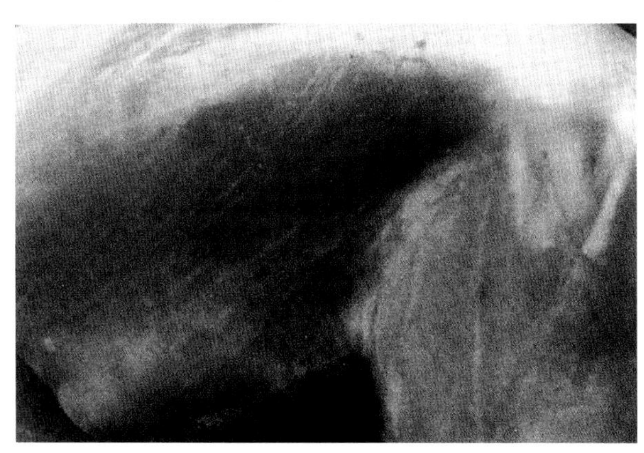

图10-97　肌肉坏死

雏鸡腿部肌肉出现灰白色条纹。（陈建红等）

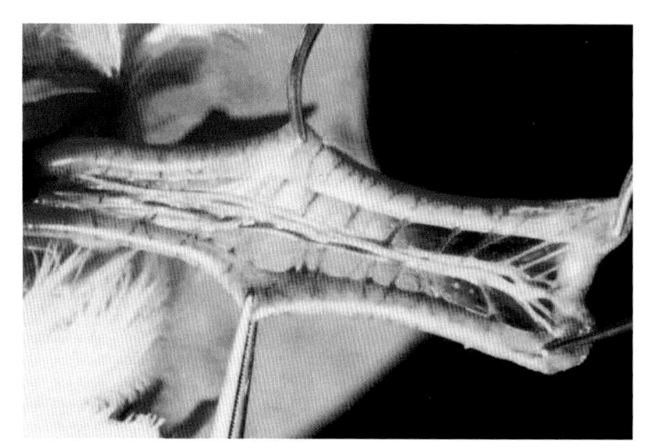

图10-98　胰腺萎缩

胰腺显著萎缩，呈细条状。（崔恒敏）

图10-99　骨骼肌纤维坏死

骨骼肌纤维肿胀、断裂，肌浆均质红染。HE × 100（崔恒敏）

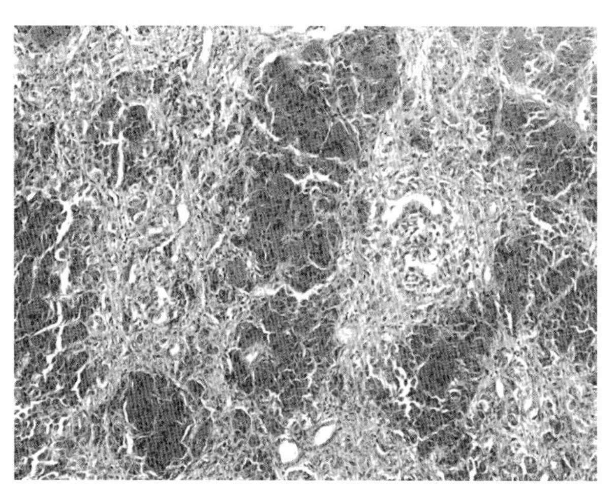

图10-100　胰腺坏死

胰腺腺泡发生凝固性坏死，间质中纤维组织增生。HE × 100（崔恒敏）

四十九、锰缺乏症

临诊表现为跛行、胫跖关节肿大、腿外翻或内收，严重时表现胫骨、跖骨短粗症和滑腱症，即胫跖关节异常肿大，胫骨远端和跖骨近端向外弯转，终致腓肠肌腱或跟腱滑脱，因而腿弯曲或扭曲，同时见胫骨和跖骨变短变粗（图10-101、图10-102）。

图10-101 肢体姿态异常

病鸡站立时一肢抬起向外翻转。（刘晨）

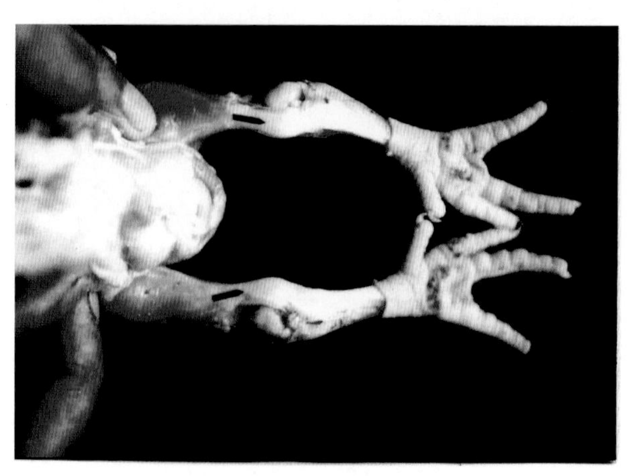

图10-102 腓肠肌腱滑脱

两侧腓肠肌腱均向内侧滑脱（↓）。（崔恒敏）

五十、痛风

特征病变为内脏或关节有石灰样尿酸盐沉着，并引起局部组织坏死、增生等炎性反应（图10-103至图10-106）。

内脏型 最多见，白色粉末状尿酸盐沉着于浆膜及内脏表面与实质。肾肿大，表面呈白色纹理，切面见白色小点、小条。输尿管管腔因白色尿酸盐沉积而扩张。镜检，肾、脾等脏器组织中形成尿酸盐肉芽肿（结节），中心为尿酸盐结晶（须纯酒精固定组织，尿酸盐染色）和坏死组织，外围是异物巨细胞和少量结缔组织与淋巴细胞。

关节型 趾和腿部关节因尿酸盐沉着、组织变性、坏死及炎性渗出而肿胀，后因结缔组织增生而变为硬结（痛风结节）。

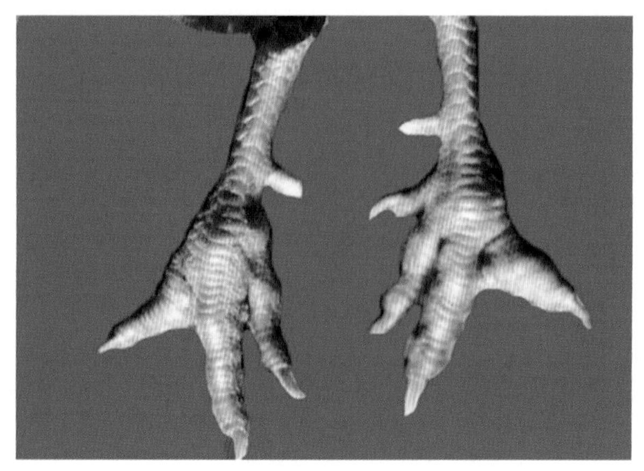

图10-103 趾关节肿大

患病趾关节明显肿大，呈结节状。（王新华）

图10-104 浆膜尿酸盐沉积

心包、心外膜、肝脏表面见白色石灰样尿酸盐沉积。（王新华）

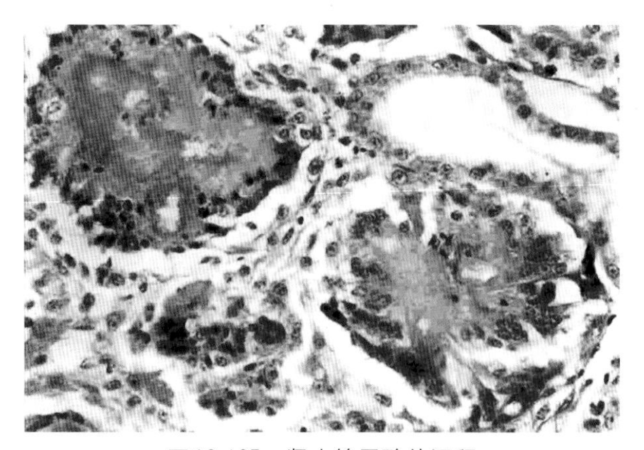

图10-105　肾小管尿酸盐沉积

肾小管内尿酸盐沉积形成的肉芽肿（痛风石），周围有许多异物巨细胞。HE × 400（崔恒敏）

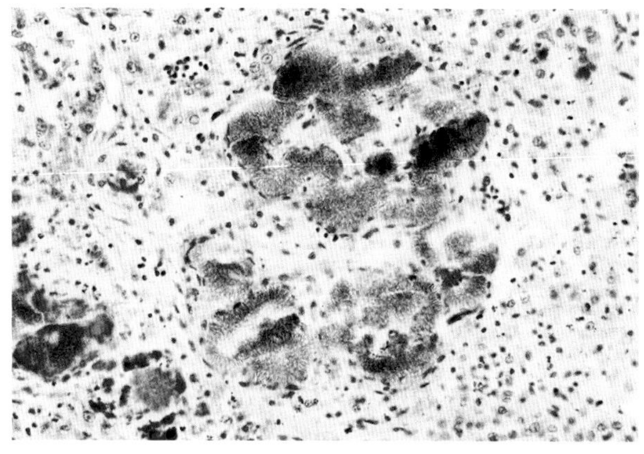

图10-106　尿酸盐结晶

肾小管中沉积的尿酸盐，呈黄褐色放射状结晶。尿酸盐染色 × 400（陈怀涛）

五十一、肉鸡腹水综合征

特征病变为腹部膨大，腹腔积聚大量混有纤维素凝块的淡黄色清亮液体（100 ~ 500mL）。心肌肥大，右心扩张，心包腔积液。镜检，心肌纤维增粗，肌浆蛋白颗粒增多或呈灶状溶解。肌间瘀血、出血及炎性细胞与富含蛋白的浆液渗出。肺大片坏死，肝带状坏死（图10-107）。

图10-107　腹腔积液

腹腔积满淡黄色澄清的液体和胶冻样物。（王新华　逯艳云）

五十二、高产蛋鸡脂肪肝综合征

特征病变为肝呈严重脂肪变性变化，表现肝肿大，色土黄，常有大小不等的出血斑点和血肿，肝表面可见破口和血块，腹腔也可见血凝块。腹腔浆膜下，肠系膜和皮下等处有大量脂肪沉积。镜检，肝细胞发生严重的弥漫性脂肪变性，除肝细胞质被脂肪滴充满外，细胞核也可见到脂肪滴（图10-108、图10-109）。

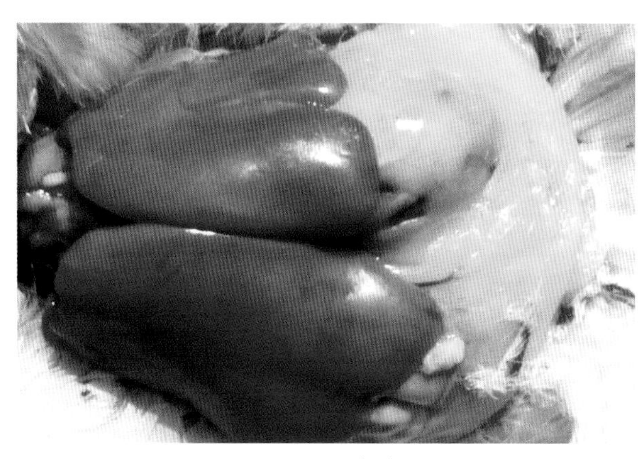

图10-108　脂肪肝

肝脏肿大、发黄，质脆，有油腻感，腹腔大量脂肪沉积并形成黄色脂肪垫。（王新华）

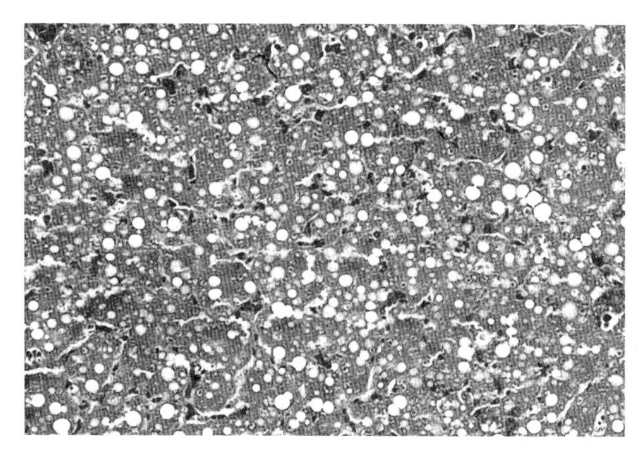

图10-109　肝脂肪变性

肝细胞肿大，胞质内充满大小不等的圆形脂肪滴。HE × 100（崔恒敏）

五十三、铜中毒

急性见出血性胃肠炎变化和体腔积贮淡红色液体，慢性见全身黄疸和溶血性贫血，血液呈巧克力色，肾呈古铜色，肠腔内含铜绿色内容物，黏膜肿胀、出血（详细病变参见牛羊疾病的铜中毒）（图10-110至图10-112）。

图10-110　肌胃角质层增厚

雏鸭肌胃角质层增厚、龟裂，呈淡绿色，右为正常对照。（崔恒敏）

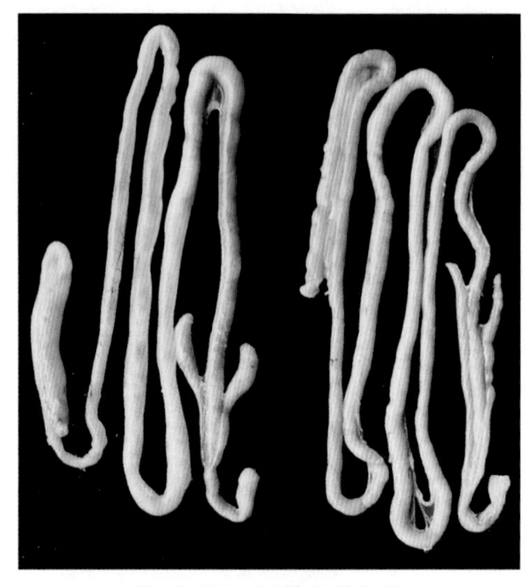

图10-111　肠管呈蓝绿色

肠道充满蓝绿色内容物，肠壁变薄半透明，右为正常对照。（崔恒敏）

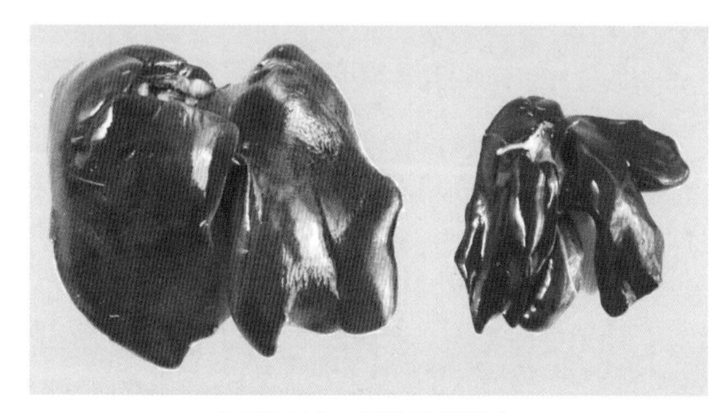

图10-112　肝脏呈铜褐色

肝脏体积缩小，呈铜褐色，胆囊胀大充满胆汁，左为正常对照。（崔恒敏）

五十四、鸭光过敏症

20 ～ 100日龄幼鸭多发病，特征病变为上喙背侧与脚蹼先后发生水疱、水疱破溃、结痂与脱落变化，随后上喙逐渐发生变形，即喙前端和两侧向上扭转、短缩。此外尚见结膜炎、鼻炎、舌尖炎、小肠炎和坏死性肝炎等变化（图10-113）。

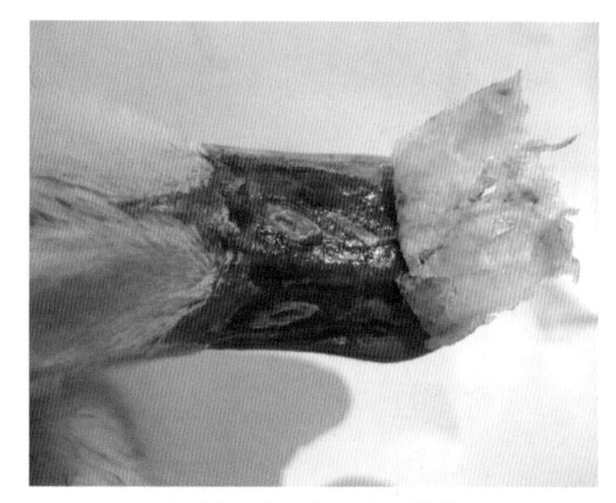

图10-113　喙部痂皮脱落

上喙角质层痂皮脱落，露出红色创面。（张济培）

五十五、鸡卵巢囊肿

病鸡腹部显著膨大、下垂，站立呈企鹅姿势；鸡冠肿大，颜色鲜红，常模仿公鸡鸣叫。特征病变为腹腔内有大小不等的与卵巢相连的囊肿，内含清亮液体（图10-114）。

五十六、热应激病

病鸡表现沉郁、昏迷、呼吸促迫与心力衰竭，严重时因休克而死亡。主要病变为脑部瘀血、出血，肺严重瘀血，心冠部脂肪呈灰红色出血性浸润，其他内脏器官也瘀血、出血。腺胃黏膜因胃腺消化酶的作用而自溶，胃壁变薄，从胃腺乳头中可挤出灰红色糊状物，也可见胃穿孔（图10-115）。

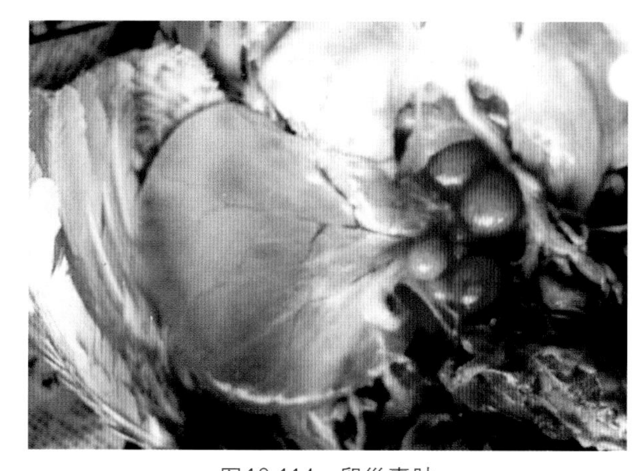

图10-114　卵巢囊肿

腹腔内有一个与卵巢相连的巨大囊肿，内含清亮液体。（王新华）

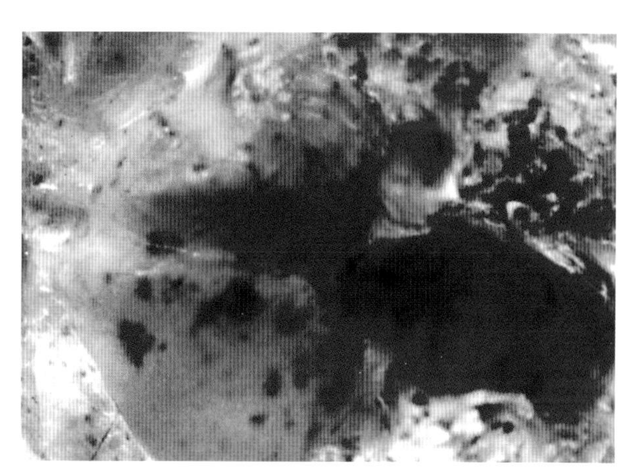

图10-115　脑膜出血

病死鸡大脑和小脑软膜有大小不等的出血斑点。（王新华）

五十七、肉鸡猝死综合征

本病一般认为是一种营养代谢病，其发生可能与多种因素有关，如日粮中低蛋白、维生素不足、高脂肪、高糖、颗粒饲料以及应激因素和年龄等因素都可促使疾病的发生。

公鸡比母鸡易发病，营养好、生长快的鸡多发病。发病最早为3日龄，1 ~ 2周龄发病率直线上升，3 ~ 5周龄为发病最高峰，死亡率为0.5% ~ 5%。发病突然，常无明显症状，仅见走路失去平衡，倒地，两翅扑动，肌肉痉挛，多发出尖叫。死亡时常背部着地，一肢或两肢向外伸展。

主要病理变化为嗉囊充满食物，心包腔积液，心房扩张，充塞凝血块，心室收缩，质硬，或心脏色淡、灰白。肺瘀血、水肿。肝肿大，质脆、色淡。肠系膜、脾、肾、胸腺、甲状腺均瘀血。镜检，内脏充血、出血、水肿。心脏变性、坏死，心、肝间质有淋巴细胞、异嗜性粒细胞浸润。

五十八、笼养蛋鸡疲劳症

本病是高产蛋鸡群的一种骨骼疾病。其主要发生原因是饲料中钙、磷不足或比例失调，维生素D缺乏，以及笼养的环境和高产的白来航鸡品种。由于骨代谢平衡失调，骨钙过度消耗，终致骨质疏松，骨骼变形。临诊上病鸡表现疲劳，站立不稳或不能站立。

特征病变为骨质疏松，脆性增加，易断裂或发生骨折。喙软易弯曲，龙骨弯曲变形，趾关节变形，蛋壳变薄、变软。甲状旁腺肿大，可达2 ~ 3粒芝麻大小。镜检，腺组织中可见以淡主细胞为主要成分的淡染区域。在此区域中，毛细血管交织成网，网眼中淡主细胞紧密排列成片状或条索状滤泡。淡主细胞的胞质透明侧紧靠毛细血管。

第十一章　兔的疾病

一、巴氏杆菌病

病型多是本病的特点。最重要的病理变化是眼、鼻、耳、肺、子宫的卡他-化脓性炎症或器官的脓肿形成。在急性死亡的病例中，主要呈败血性变化（图11-1至图11-4）。

图11-1　鼻　炎

鼻腔发炎，鼻孔流出大量黏脓性分泌物并结痂，故病兔呼吸困难。（任克良）

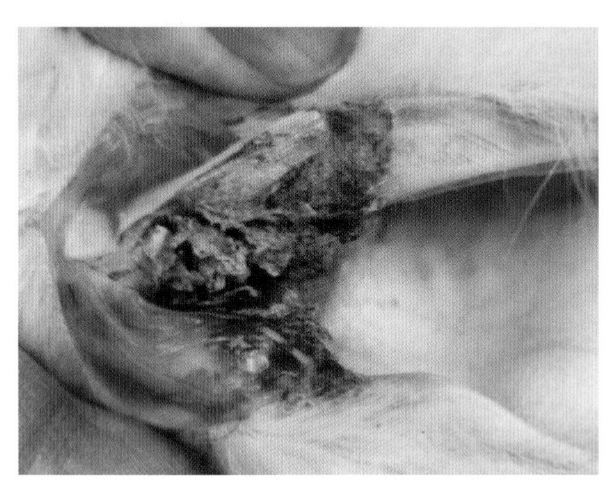

图11-2　中耳炎

中耳和外耳道充满干酪样物质。（陈怀涛）

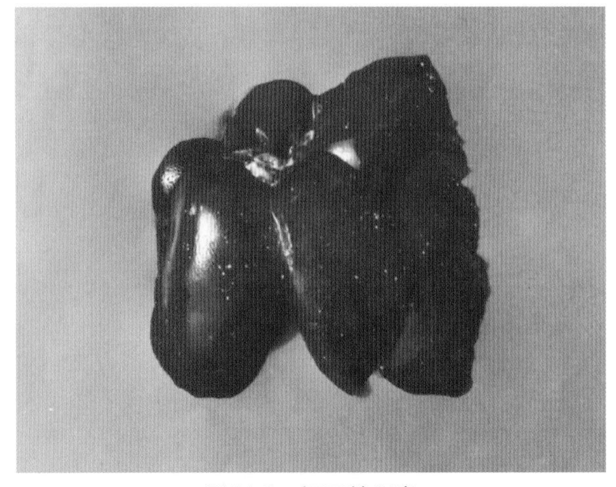

图11-3　坏死性肝炎

肝表面散在大量灰黄色坏死点。（陈怀涛）

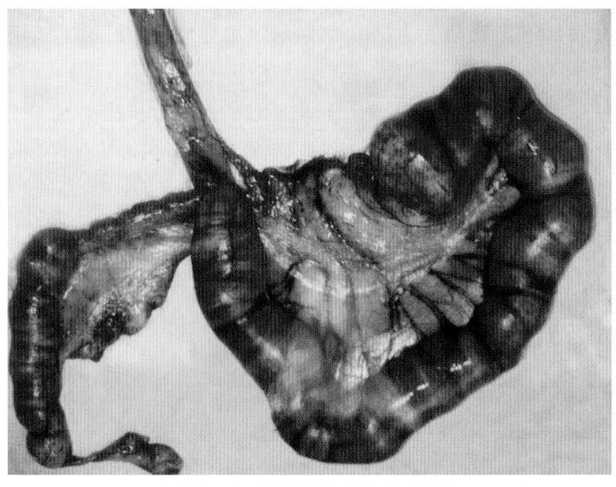

图11-4　化脓性子宫内膜炎

子宫腔积脓增粗。（任克良）

败血型　急性死亡，仅出现一些败血性变化。

鼻炎型　呈卡他性或卡他-化脓性鼻炎和副鼻窦炎变化，鼻孔周围有黏脓性分泌物或结痂。

肺炎型　常在肺前下部发生化脓性或纤维素-化脓性支气管肺炎病灶。

中耳炎型　一侧或两侧中耳的鼓室有脓性分泌物，如鼓膜发生破裂，从外耳道流出脓性分泌物或结痂堵塞外耳道。炎症也可波及内耳和脑膜，引起化脓性脑膜脑炎，此时生前出现神经症状。

结膜炎型　呈化脓性结膜炎变化。

生殖器管感染型　呈化脓性子宫内膜炎和子宫积脓变化。也可表现为化脓性睾丸炎、附睾炎变化。

脓肿型　在皮下或内脏形成大小不等的脓肿。

二、沙门氏菌病

幼兔　除一般败血性变化（内脏充血、出血，浆膜腔浆液、纤维素渗出，淋巴结充血、出血、水肿等）外，重要变化为卡他-出血性肠炎、肠浆膜下（尤其圆小囊和盲肠蚓突）出现灰白色颗粒状结节及肝针尖大灰白色坏死点（图11-5、图11-6）。

怀孕母兔　怀孕后期发生流产，母兔往往死亡。剖检见化脓性子宫内膜炎变化及肝针尖大的坏死点。流产胎儿多已发育完全。未流产的胎儿常发育不全、木乃伊化或液化。

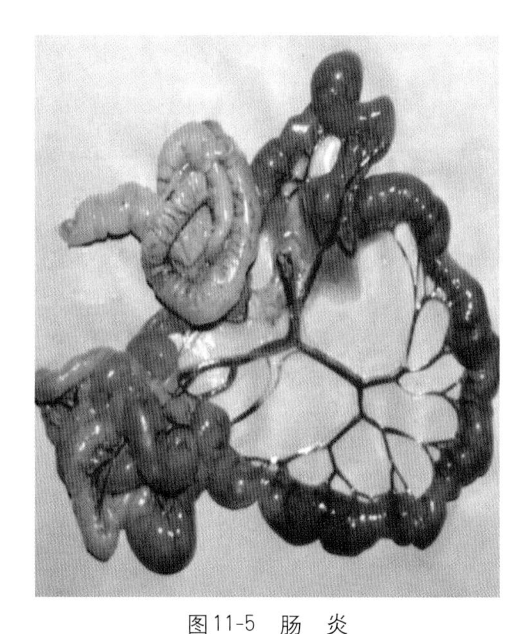

图11-5　肠　炎

肠壁瘀血暗红，肠系膜血管充血怒张，肠腔内充满含气泡的稀糊状内容物。（王永坤）

图11-6　盲肠淋巴组织增生

盲肠蚓突（图中部）淋巴组织增生，并见粟粒大灰黄色坏死结节。（陈怀涛）

三、大肠杆菌病

多发于1～4月龄仔兔。特征病变为黏液性肠炎，肠内容物呈胶冻样（图11-7、图11-8）。

败血型　内脏器官出血，肝灰黄色小点状坏死。

腹泻型　胃黏膜充血、出血，胃因充满大量液体和气体而膨大。十二指肠内有含胆汁的黏液。空肠、回肠、盲肠、结肠内有胶冻状黏液。粪球细长，两端尖，常呈枣核状，外附胶冻状黏液。肝、心常有灰黄色坏死

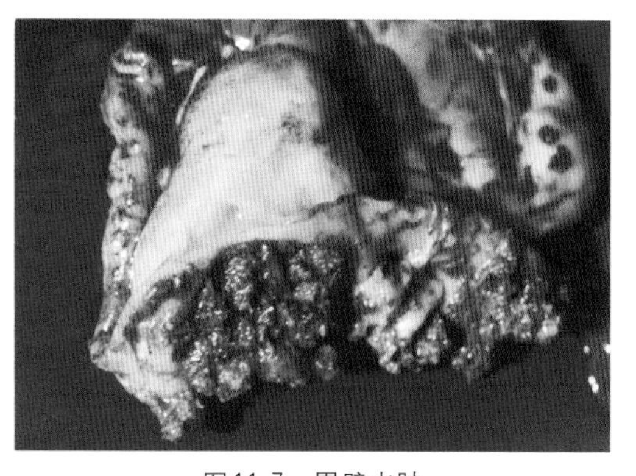

图11-7　胃壁水肿

胃壁水肿（↑），黏膜脱落。（陈怀涛）

点。镜检，小肠、大肠黏膜上皮杯状细胞均增多。

四、链球菌病

常呈败血性变化，其中较重要的有皮下组织浆液-出血性浸润，浆膜、黏膜出血，淋巴结与脾肿大、出血，肝、肾明显变性，出血性肠炎（图11-9）。

镜检，淋巴结充血、出血，微血栓形成，间质呈脓性溶解并有空洞形成，其中有浆液、细胞碎屑和少量淋巴细胞与脓细胞。淋巴管扩张，淋巴栓形成。结缔组织与平滑肌纤维变性、坏死与溶解。脾白髓均有坏死、化脓灶。多组织发生血管炎：血管内皮细胞肿胀、增生、脱落，管壁纤维素样坏死，血管内外异嗜性粒细胞、巨噬细胞与淋巴细胞浸润。肝细胞变性、坏死，汇管区与小叶间结缔组织水肿，异嗜性粒细胞浸润。

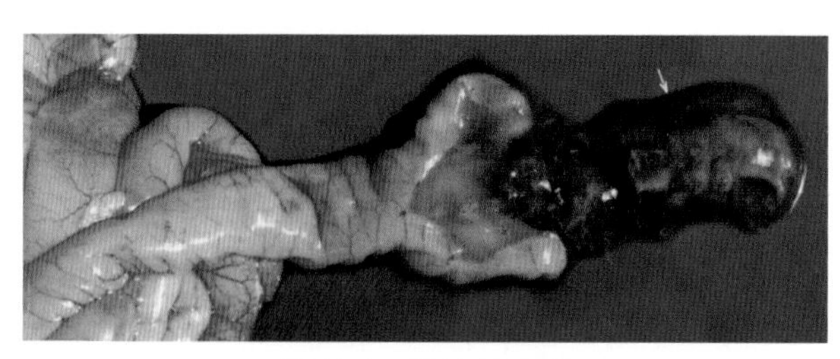

图11-8　黏液性肠炎

结肠剖开时有大量胶样物流出（↑），粪便被胶样物包裹。（陈怀涛）

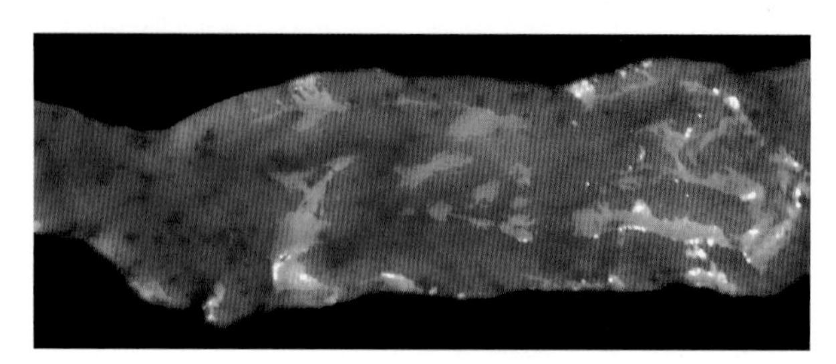

图11-9　出血性肠炎

肠黏膜充血、出血，并附有淡红色肠内容物。（陈怀涛）

五、坏死杆菌病

特征病变为皮肤（尤其口、唇部皮肤与黏膜）发生化脓坏死。肝、肺等脏器也可形成大小不等的化脓坏死灶。坏死组织有臭味（图11-10）。

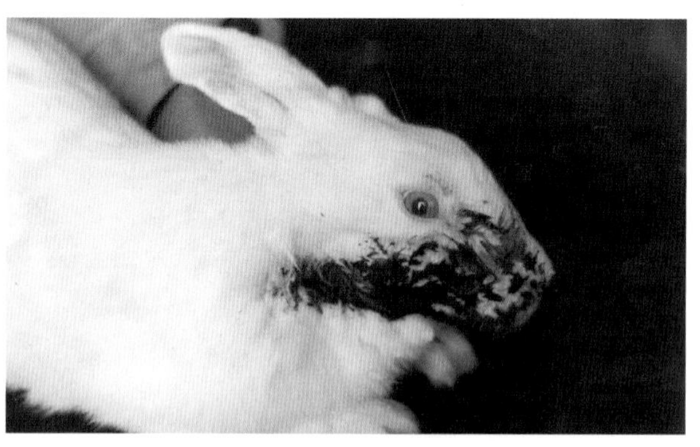

图11-10　坏死性皮炎

口周围、下颌与颈部皮肤坏死。（陈怀涛）

六、魏氏梭菌病

特征病变为出血-坏死性胃炎与急性中毒性肠炎（图11-11、图11-12）。

尸体脱水、消瘦。胃内积有食物和气体，胃底部黏膜脱落、出血，有大小不一的黑色或黑红色溃疡。肠壁弥慢性充血、出血，肠内充满气体和稀薄内容物。小肠壁薄而透明。盲、结肠有黑绿色水样粪便，有腥臭气味。心外膜血管充血，呈树枝状。

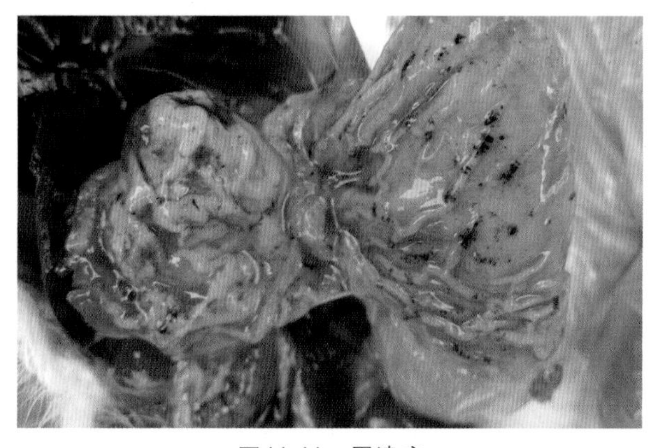

图11-11　胃溃疡

胃黏膜脱落，可见黑红色溃疡。（任克良）

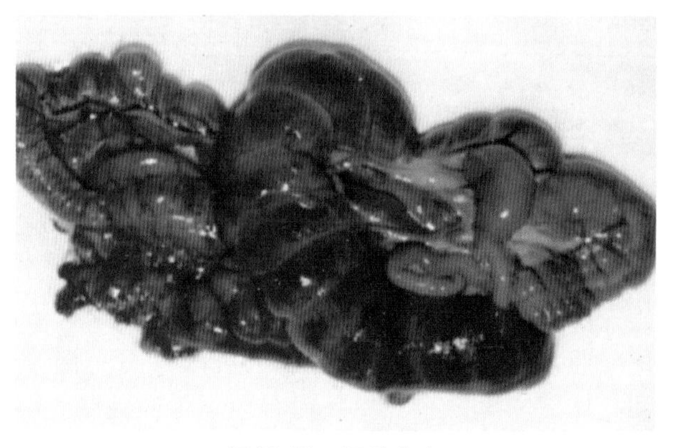

图11-12　肠壁充血

肠壁充血，肠腔充满含气泡的淡红色稀薄内容物。（王永坤）

七、李氏杆菌病

除败血性病变外，特征病变为：肝、心、肾、脾的针尖至粟粒大的坏死点（图11-13），化脓性子宫内膜炎，单核细胞性化脓性脑膜脑脊髓炎。

镜检，在中枢神经中，脑干、小脑基部和颈部脊髓有明显的炎症变化，表现为单核细胞和异嗜性粒细胞构成的“血管套”和炎症灶（微脓肿）（图11-14）。

图11-13　坏死性心肌炎

心脏外膜见多发性坏死点。（陈怀涛）

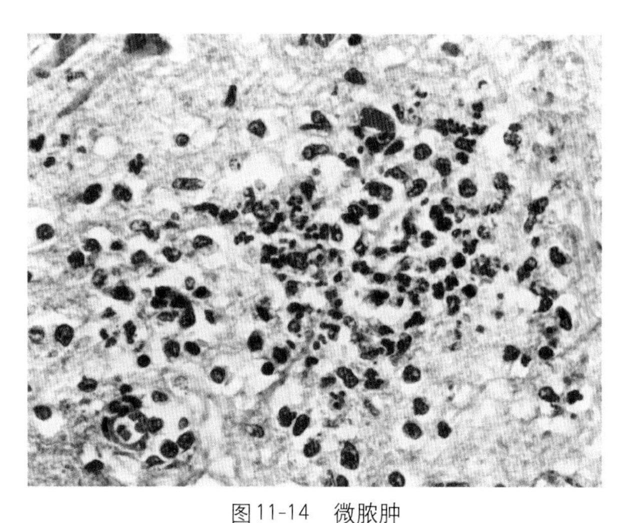

图11-14　微脓肿

脑组织中有单核细胞和异嗜性粒细胞组成的微脓肿。HEA×400（陈怀涛）

八、兔波氏杆菌病

主要病变为卡他性鼻炎、卡他性支气管炎、化脓性支气管肺炎和嗅脑的非化脓性脑膜脑炎变化。其中最具特征的是化脓性支气管肺炎，表现为肺脏散在粟粒至乒乓球大或更大的脓疱，严重时整个肺脏几乎被脓疱占据。脓疱中充满乳白色黏稠的脓汁。肝、肾等器官也可见脓疱形成（图11-15、图11-16）。

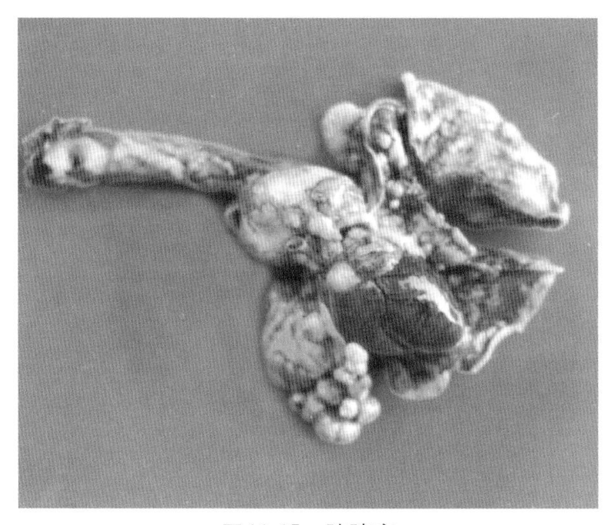

图11-15　肺脓疱

肺上见许多大小不等的脓疱。（王永坤）

图11-16　肝脓疱

肝上见密发性脓疱。（王永坤）

九、土拉杆菌病

急性 呈败血性病变，特异性不明显。

亚急性 病变明显，表现为机体高度衰竭消瘦，卡他性鼻炎，化脓-坏死性淋巴结炎，脾、肝坏死灶形成（图11-17）。

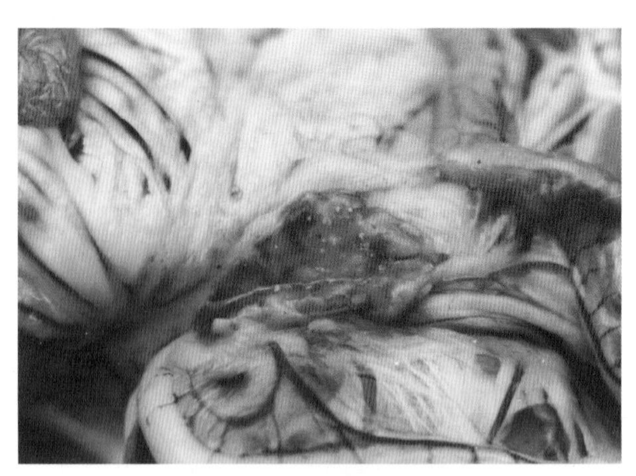

图11-17 坏死性淋巴结炎

淋巴结充血、出血、肿大，切面见帽针头大的灰黄色坏死灶。（陈怀涛）

十、结核病

肝、肺、胸膜、淋巴结等器官出现大小不等的结核结节（结核性肉芽肿）。结节中心为黄白色干酪样坏死物和钙化灶，外围有一层结缔组织包膜。镜检，结节（肉芽肿）中心为坏死物（也可发生钙化），外围是上皮样细胞和朗汉斯巨细胞，最外层是普通结缔组织（图11-18、图11-19）。

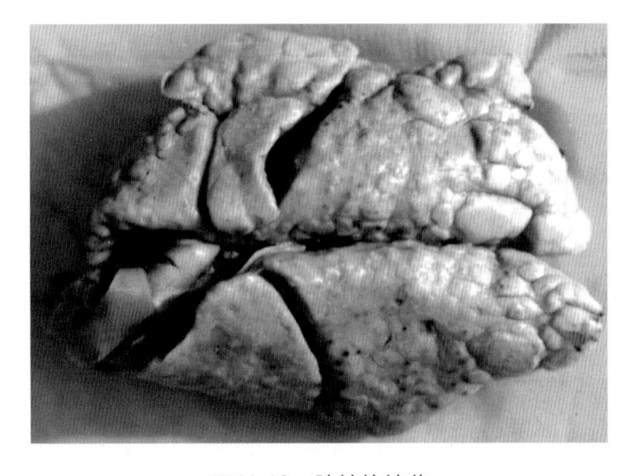

图11-18 肺结核结节

肺表面散在大量大小不等的结核结节，大结节中心部发生干酪样坏死。（陈怀涛）

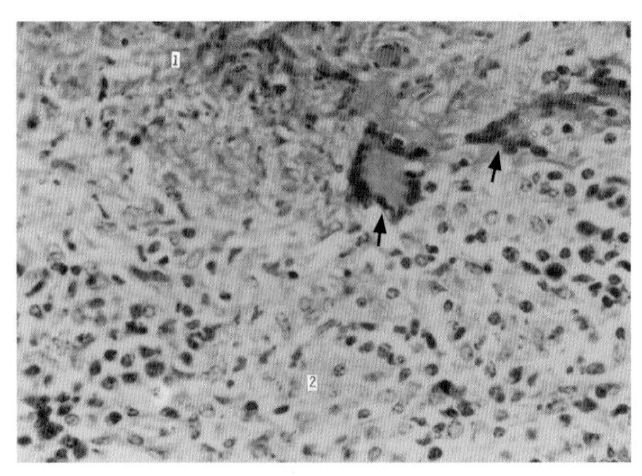

图11-19 结核结节（肉芽肿）的组织结构

结核结节中心为干酪样坏死区（1），外周有个别多核巨细胞（↑）和许多上皮样细胞（2）（此图仅显示结核结节的下半部）。HE×400（陈怀涛）

十一、伪结核病

特征病变为盲肠蚓突、圆小囊、肠系膜淋巴结、肠壁淋巴滤泡出现粟粒大灰白色颗粒状结节，结节中心为干酪样坏死物。肝、肾、肺、乳腺等部位也可见上述结节。镜检，上述结节为肉芽肿。初期肉芽肿由巨噬细胞、上皮样细胞和淋巴细胞组成，随后有异嗜性粒细胞浸润，并发生化脓、干酪化，偶见钙化。后期肉芽肿中心为干酪样坏死物，周围有大量巨噬细胞、上皮样细胞和淋巴细胞，偶见多核巨细胞，最外层为结缔组织包囊。与结核结节不同，多核巨细胞的细胞核排列不规则（图11-20、图11-21）。

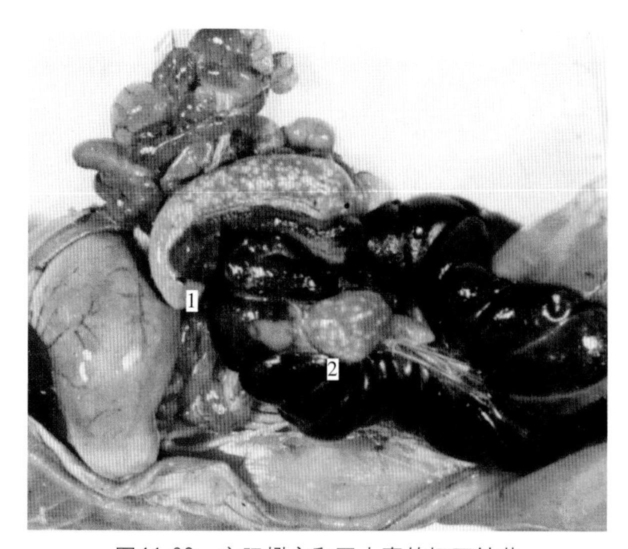

图11-20　盲肠蚓突和圆小囊的坏死结节

(1) 盲肠蚓突 (2) 圆小囊。(王永坤)

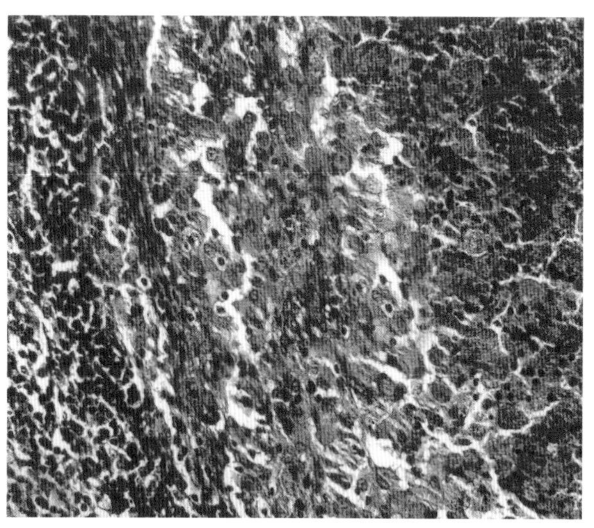

图11-21　肉芽肿

本图为圆小囊肉芽肿（结节）的一部分组织结构，右侧为肉芽肿中心的干酪样坏死区，染色深红，杂有浓缩与破碎的细胞核；图中部为上皮样细胞区，染色淡红，细胞较大，其界限不清；左侧为肉芽肿外围的少量结缔组织和淋巴细胞。HE × 400（陈怀涛）

十二、绿脓杆菌病

主要病变为出血性肠炎、肺炎，内脏脓肿及浆膜出血斑点。

眼观，胃肠内有血样液体，黏膜出血。胸腔、心包腔和腹腔积有红色液体，内脏浆膜有出血斑点。肺呈出血性炎症变化。脾肿大，呈粉红色。肝、肺等器官可见内含淡绿色或黄绿色黏稠脓汁的脓肿。此外尚见皮炎、角膜炎变化。镜检，肺、肠呈出血性、化脓性炎症变化。病变器官的小动脉、小静脉壁及其周围聚集大量绿脓杆菌，血管呈炎症变化，血管周围组织出血、水肿、炎性细胞浸润与坏死（图11-22、图11-23）。

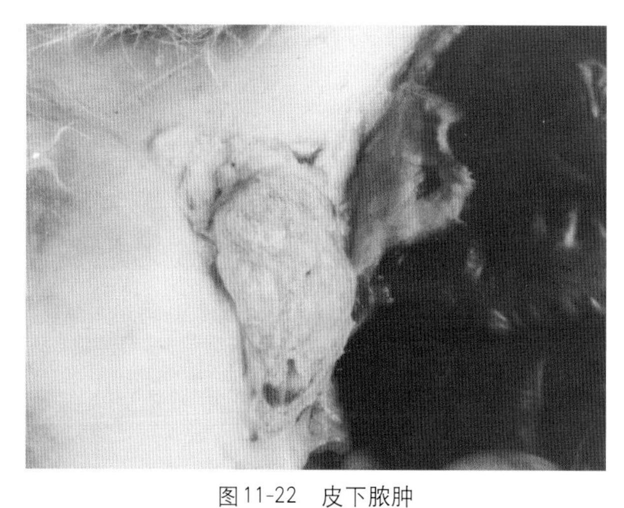

图11-22　皮下脓肿

皮下的一个脓肿：脓肿界限清楚，有包囊，脓液呈黄绿色。(陈怀涛)

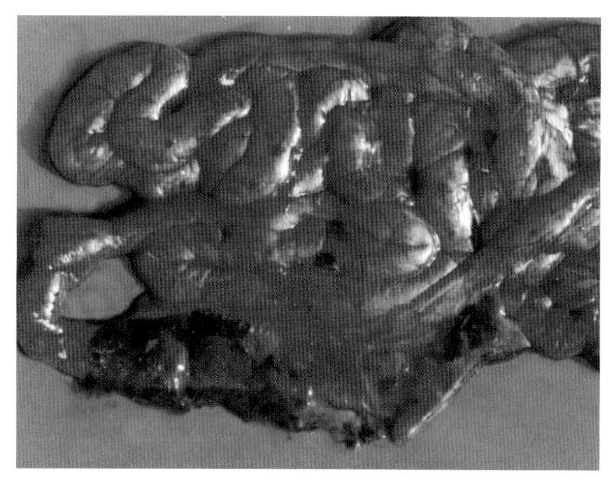

图11-23　出血性肠炎

肠壁潮红，肠腔内含红色糊状内容物。(陈怀涛)

十三、葡萄球菌病

特征病变为脓肿形成或化脓性炎症变化。脓肿发生于皮下和各内脏器官。脓汁呈乳白色糊状。初生仔兔常在皮肤形成许多粟粒大的黄白色脓疱，日龄大的仔兔其皮肤脓疱则较大。化脓性炎症表现为化脓性脚皮炎、乳房炎、仔兔急性肠炎（黄尿病）和鼻炎与肺炎。病兔多因脓毒败血症而死亡（图11-24、图11-25）。

图11-24　化脓性胸膜炎

胸腔和肺表面有大量灰黄色脓液。（陈怀涛）

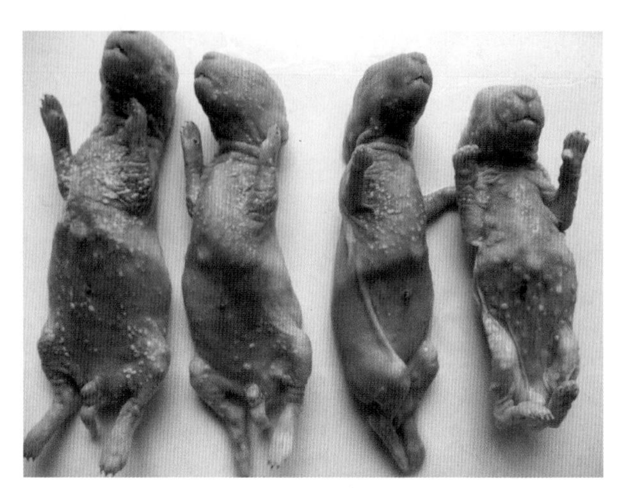

图11-25　脓毒败血症

胎儿全身皮肤布满粟粒大脓疱。（任克良）

十四、泰泽氏病

6～12周龄幼兔多发病，表现腹泻、脱水、消瘦，迅速死亡。特征病变为坏死性回-盲-结肠炎和坏死性肝炎与心肌炎。

坏死性回－盲－结肠炎　在急性病例，回肠后段、盲肠、结肠前段呈浆液-出血性肠炎变化（图11-26）：肠壁充血、出血，并因水肿而增厚，盲肠与结肠内积有红褐色内容物，黏膜粗糙呈颗粒状。病程较长时黏膜坏死并逐渐纤维化，故肠腔狭窄。镜检，黏膜充血、出血，固有层和黏膜下层明显水肿，异嗜性粒细胞和淋巴细胞浸润。随后黏膜上皮广泛坏死并片状脱落。坏死可达黏膜下层和肌层。用PAS、GMS或镀银染色，在存活的黏膜上皮细胞，偶在平滑肌细胞质中可发现成簇的毛样芽孢杆菌。

坏死性肝炎　肝肿大，色灰黄，表面与切面均散布灰白色细小病灶（图11-27）。病灶融合后，其中心为暗红色斑点。镜检，肝汇管区与小叶内可见大小不等的坏死灶，其中散布核碎屑和异嗜性粒细胞，在坏死灶周边的肝细胞和胆管黏膜上皮细胞的胞浆中，可发现成束成簇的病原菌。但病原菌在陈旧病灶周边的细胞中难以发现。

坏死性心肌炎　心肌中可见灰白色条纹和斑点。镜检，心肌纤维呈灶状坏死，其附近的肌纤维中可发现病原体。

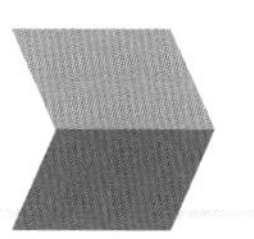

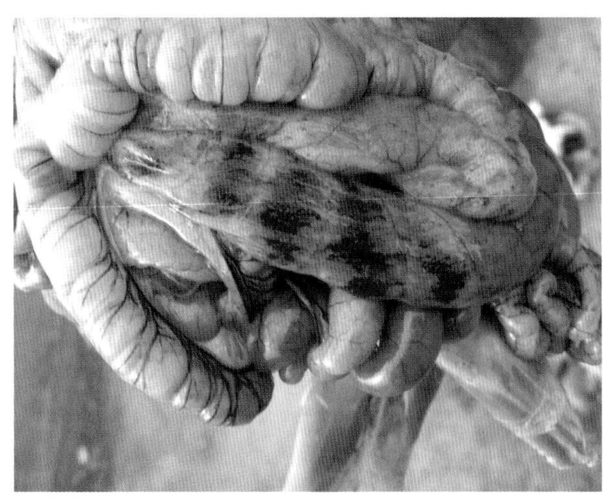

图11-26　结肠浆膜出血

结肠浆膜明显出血，呈横带状。(任克良)

图11-27　坏死性肝炎

肝有大量散在性坏死灶。(范国雄)

十五、兔密螺旋体病

成年兔、母兔多发，但几乎不致死亡。特征病变为外生殖器、面部皮肤与黏膜发生结节、水疱和溃疡等病变。病变局部的淋巴结（腹股沟淋巴结、腘淋巴结、下颌淋巴结等）肿大。组织切片和病部渗出液涂片，经镀银染色或暗视野显微镜检查，可发现螺旋体（图11-28）。

十六、皮肤霉菌病

特征病变为头部及其他部位皮肤的斑块状脱毛、痂皮及局部化脓性毛囊炎。镜检，局部表皮角化层增厚，棘细胞层增生；真皮充血，淋巴细胞浸润。毛囊感染时见化脓性毛囊炎和真皮炎变化。用PAS等染色可在病变处检出真菌菌丝和孢子（图11-29）。

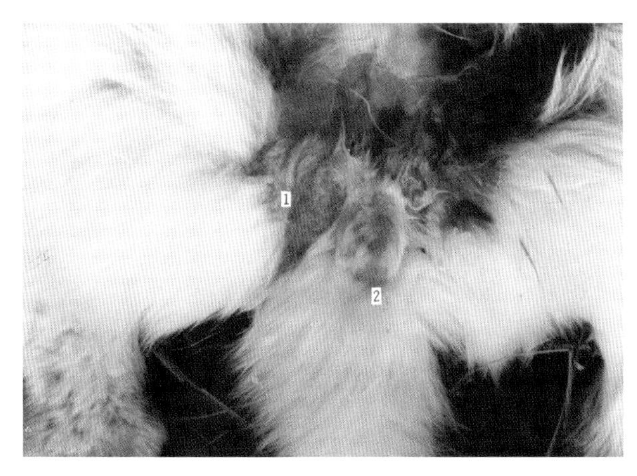

图11-28　阴囊炎与阴茎炎

阴囊（1）与阴茎（2）肿胀，其皮肤上有结节、坏死病变。(陈怀涛)

图11-29　皮　炎

眼周、鼻端、嘴部、前肢与腹部等多处有脱毛区，局部有痂皮。(任克良)

十七、曲霉菌病

曲霉菌性鼻炎 鼻黏膜散在大小不等的半球状结节，其中心为溃疡，结节表面长满有色的霉膜。

曲霉菌性肺炎 表现两种病变，一为肉芽肿结节，豌豆至榛子大，色灰白或淡黄，其中心为淡绿、烟灰或黄褐色坏死物。结节周围充血、出血。一为大片肺炎实变区，其切面中心支气管扩张，管腔内含着色霉菌颗粒的黏液（图11-30）。镜检，肉芽肿结节中心为干酪样坏死，杂有菌丝和孢子，外围是上皮样细胞和多核巨细胞，最外是结缔组织，其中有较多异嗜性粒细胞、淋巴细胞、少量浆细胞和巨噬细胞浸润。结节外围肺组织充血、出血。肺炎实变区呈卡他性或纤维素性肺炎变化，肺泡和支气管中有黏液、纤维素、核碎屑、炎性细胞和菌丝等（图11-31）。

其他器官（肝、脾、肾、淋巴结等）也偶见曲霉菌性肉芽肿结节。

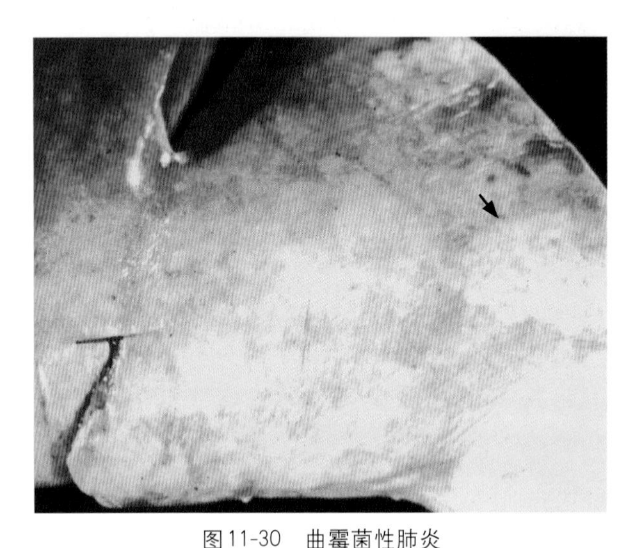

图11-30 曲霉菌性肺炎

肺表面见大小不等的灰黄色病变区（↑），其边缘不整齐，附近肺组织充血色红。（余锐萍）

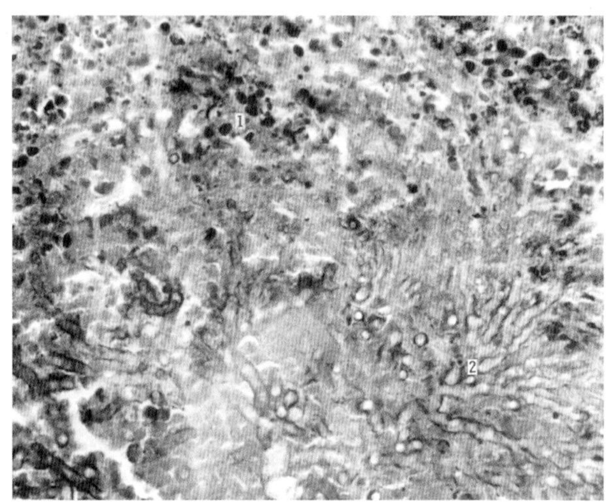

图11-31 坏死性肺炎

肺病变部的组织变化：病变局部组织细胞坏死（1），有许多真菌菌丝和孢子（2）。HEA×400（陈怀涛）

十八、兔病毒性出血症

特征病变为明显的全身败血性变化，表现为各组织器官充血、出血、水肿，实质器官变性、坏死。微循环严重障碍，表现为多器官组织微血管瘀血、红细胞黏滞、透明血栓形成、出血和间质水肿。淋巴组织（脾、淋巴结等）的淋巴细胞坏死与减少（图11-32至图11-35）。

呼吸系统 上呼吸道黏膜明显瘀血、出血。肺瘀血、出血、水肿。肺泡隔毛细血管有微血栓形成。

肝 瘀血、变性、肿大，多呈槟榔肝景象，偶见灰白色小灶。镜检，血管瘀血，微血栓形成。肝细胞变性，并见单个细胞凝固性坏死，形成圆形、椭圆形嗜酸性小体。也可见从小叶边缘向中心发展的大小不等的坏死灶。变性的肝细胞中可见嗜酸性核内包涵体，有时因核膜溶解使包涵体位于胞质中。

肾 肿大，色暗红，被膜下隐约见小点出血。镜检，肾小球肿大，毛细血管充血，并有微血栓形成，微血栓常位于肾小球血管入口处。血管内皮细胞肿胀，基底膜增厚。球囊脏层与壁层上皮细胞肿胀、增生。曲小管上皮细胞变性、坏死、脱落。间质血管瘀血、出血，微血栓形成。

脾 肿大、质软，色暗红。切面白髓不清。镜检，白髓萎缩，生发中心消失，淋巴细胞坏死，其数量减少。红髓瘀血，含铁血黄素沉着。网状细胞与淋巴细胞散在性坏死，网状纤维发生纤维素样坏死，呈碎屑状。

心　左右心室均扩张，充积凝固不良的血块。心室壁变薄，松软。心内、外膜点状出血。镜检，肌纤维变性、坏死，小血管偶见微血栓。

脾与脊髓　充血、水肿，血管内见微血栓。神经细胞肿胀，胞质淡染。

电镜发现，病毒颗粒密集分布于病兔的肝、脾、肾、肺、气管、心脏等器官的实质细胞及血管内皮细胞的核内。荧光抗体染色发现，在受害细胞的胞质和胞核中均有病毒存在。

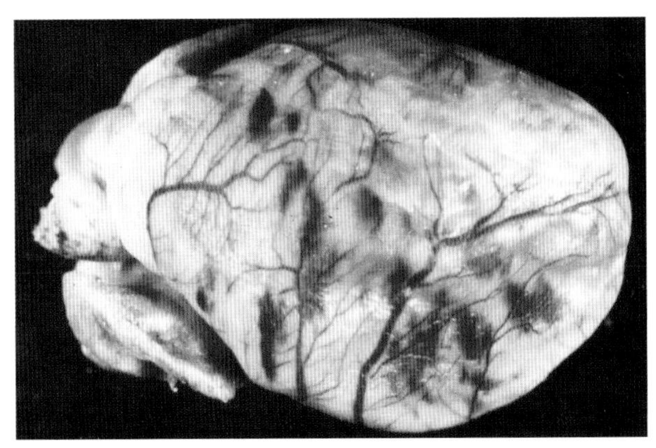

图11-32　心外膜出血

心外膜有明显的出血斑点，血管充血怒张呈树枝状。（冯泽光）

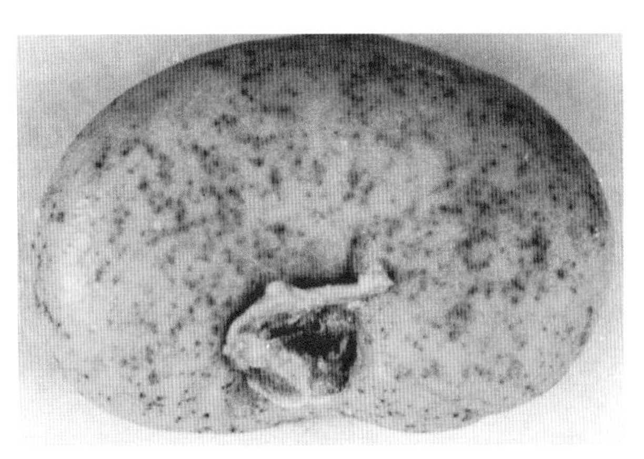

图11-33　肾出血

肾表面密布细小的出血点。（王永坤）

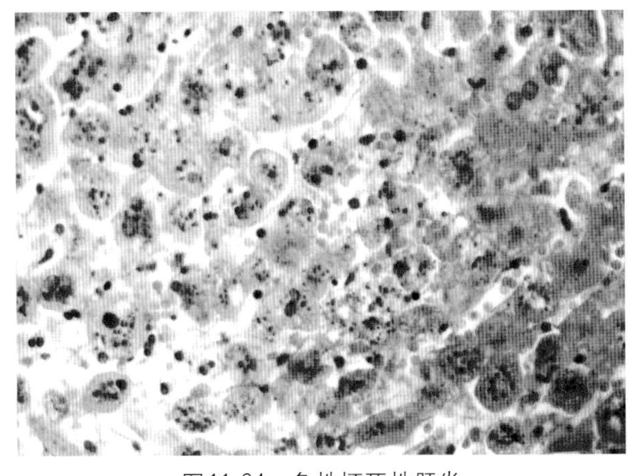

图11-34　急性坏死性肝炎

肝细胞严重变性肿大，许多细胞发生坏死，细胞界限不清，着色不均，核破碎、浓缩或溶解，肝窦有一些红细胞、淋巴细胞和异嗜性粒细胞。HE×400（许益民）

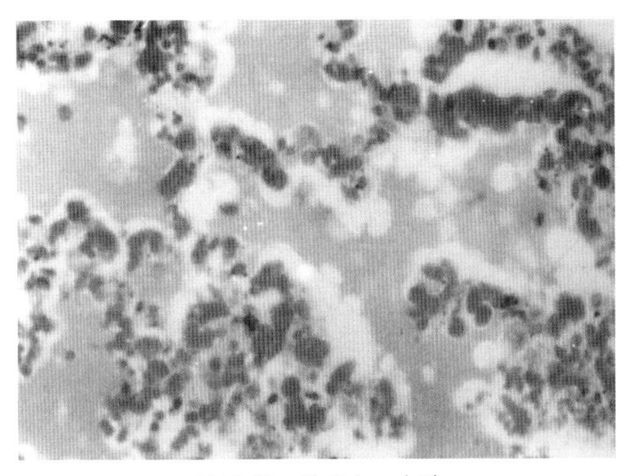

图11-35　肺淤血、水肿

肺瘀血、水肿，有弥漫性微血栓形成。HE×400（徐福南）

十九、兔痘

特征病变为皮肤（耳、口、腹、背、阴囊部等）出现痘疹（红斑→丘疹→结痂），鼻腔、口腔黏膜也可发生红斑和丘疹。同时可见腹股沟与腘淋巴结肿大、化脓性结膜炎、公兔睾丸炎和阴囊水肿等变化。肝、脾、肺等脏器也可见结节或坏死灶（图11-36）。

二十、兔传染性水疱口炎

1 ～ 3月龄仔兔常大量流涎，口腔黏膜出现丘疹→水疱→糜烂等病变。水疱病变也见于乳头和足部皮肤（图11-37）。

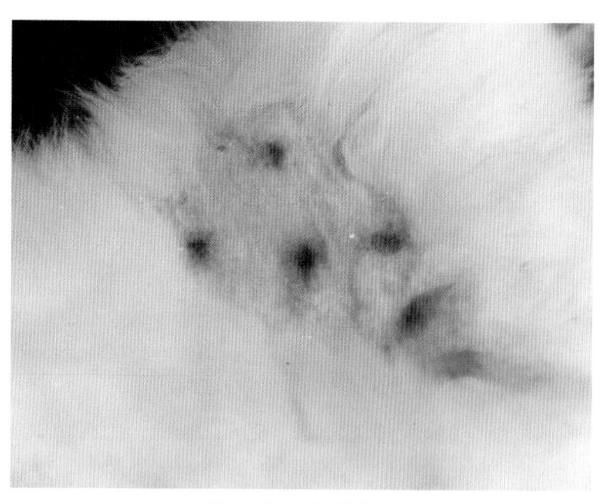

图11-36　皮肤痘疹

皮肤有多发性痘疹，有些已干燥结痂。（陈怀涛）

图11-37　水疱口炎

齿龈和唇黏膜充血，有结节和水疱形成。（陈怀涛）

二十一、兔黏液瘤病

这是国外数十个国家和地区流行的一种高度致死性传染病。其病原为兔黏液瘤病毒（Rabbit myxoma virus，RMV），属兔痘病毒属（*Leporipoxvirus*）。特征病变为全身皮肤（尤其颜面与耳部皮肤）和皮下组织呈肿瘤性肿胀，并在局部形成硬块状肿瘤。切开时瘤组织呈黄色胶冻样。镜检，肿瘤实质由低分化的星形、多角形与梭形黏液瘤细胞组成，肿瘤基质为均质的黏蛋白。核分裂象较明显。瘤细胞与病变皮肤的上皮细胞中可见胞质包涵体（图11-38、图11-39）。

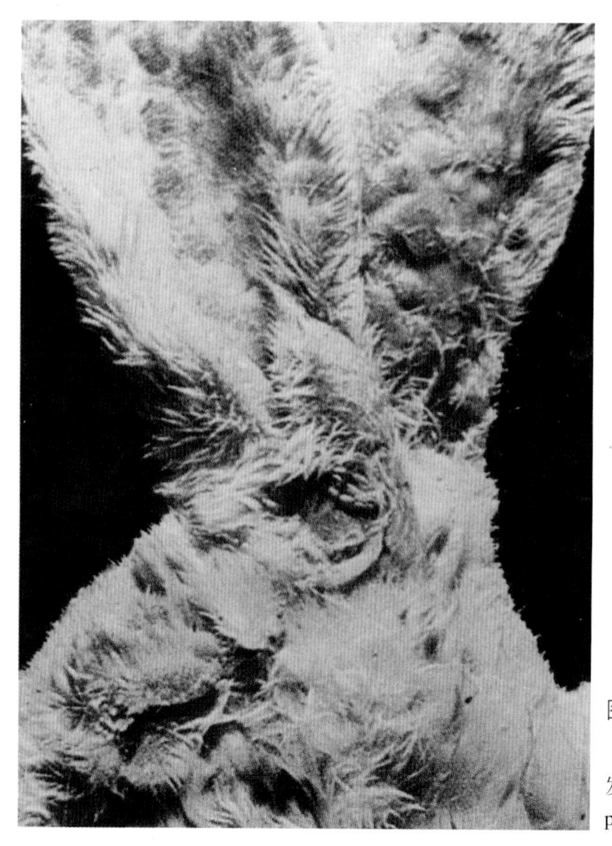

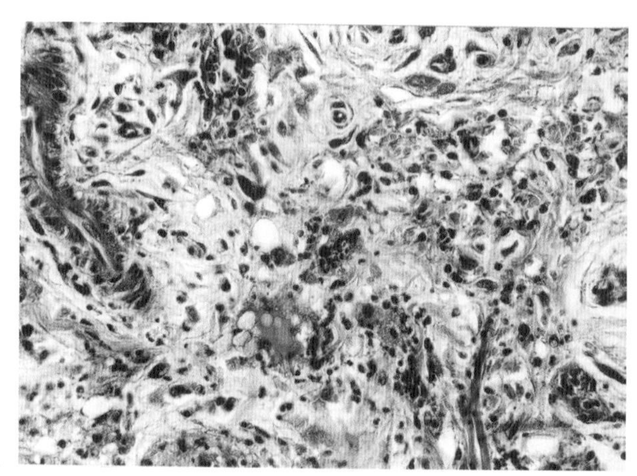

图11-39　兔黏液瘤病

瘤细胞呈多角形或梭形，大小不等，其间为淡染的无定形基质和个别异嗜性粒细胞，胶原纤维稀疏，红细胞散在，血管内皮与外膜细胞增生。HEA×400（罗马尼亚布加勒斯特农学院兽医病理室）

图11-38　兔黏液瘤病

耳肿胀，耳部和头部皮肤有不少黏液瘤结节形成，同时尚有继发性结膜炎。（Mouwen JMVM，et al. A colour atlas of veterinary pathology.1982）

二十二、兔传染性纤维瘤病

病原为兔纤维瘤病毒（Rabbit fibroma virus）。特征病变为四肢皮下出现多发性圆形肿瘤结节，其直径多为1 ~ 2cm，最大可达7cm，质地坚硬，切面呈淡灰红色。镜检，肿瘤细胞为胞质丰富的星形和纺锤形细胞，似成纤维细胞。有的瘤细胞可见嗜酸性胞质包涵体。核分裂象很少。肿瘤被覆的表皮增厚。表皮呈网钉状向瘤组织中伸入。被感染的表皮细胞也可见嗜酸性胞质包涵体。

二十三、兔皮肤乳头（状）瘤病

病原为棉尾兔乳头（状）瘤病毒（Cottontail rabbit papilloma virus）和兔乳头（状）瘤病毒（Rabbit papilloma virus）。特征病变为体表多处皮肤（常位于头部皮肤）发生乳头（状）瘤。眼观，肿瘤呈黑色或灰色的角质疣状物，直径0.5 ~ 1.0cm，高1.0 ~ 1.5cm。初期，肿瘤为多少不等的小结节，以后形成干硬的肿块，角质层明显。严重病例可形成大量肿瘤结节。肿瘤可逐渐自行消退，但也可发生恶变。镜检，肿瘤突起由结缔组织轴心和外围的肿瘤性鳞状上皮构成，上皮角质层很厚，甚至形成角质疣状物（图11-40）。

图11-40　兔皮肤乳头状瘤病

口周围皮肤有多发性乳头（状）瘤生长，有的表面出血、发炎。（甘肃农业大学兽医病理室）

二十四、兔口腔乳头（状）瘤病

病原为兔口腔乳头（状）瘤病毒（Rabbit oral papilloma virus）。特征病变为口腔黏膜（多位于舌腹面、齿龈和口腔底部）发生许多灰白色表面较光滑的小结节状肿瘤，大小一般仅5mm左右，偶见5cm大的肿瘤，形似花椰菜。镜检，肿瘤的组织结构与一般乳头（状）瘤相似，每一突起的结缔组织轴心外是排列整齐的大量肿瘤细胞。瘤细胞较大，胞质略嗜碱性，核染色质丰富。在肿瘤上皮细胞中可见嗜碱性胞质包涵体。

二十五、兔球虫病

1.5 ~ 4月龄幼兔最易感染发病，表现腹泻、消瘦、消化不良、腹胀、黄疸等。特征病变为卡他-出血性、坏死性肠炎，或坏死-增生性胆管炎。

肠炎　肠黏膜呈卡他-出血性炎症变化，肠腔充满气体与褐色糊状或水样内容物。慢性病例，肠黏膜（尤其盲肠蚓突部）见灰白色小结节。镜检，肠黏膜上皮内见球虫寄生，上皮大量坏死、脱落。肠腔中有大量球虫卵囊和坏死物。

胆管炎　肝表面见灰白色结节状病变；肝切面见胆管壁增厚，管腔中有淡黄色浓稠的液体，也可见坚硬的矿物质。胆囊胀大，胆汁浓稠。腹腔积液。镜检，肝内胆管上皮增生，多呈突起或腺样结构，有些上皮内有球虫寄生；胆管上皮大量脱落、坏死，管腔中充满脱落的上皮、细胞碎屑和球虫卵囊。胆管壁结缔组织增生，淋巴细胞浸润（图11-41、图11-42）。

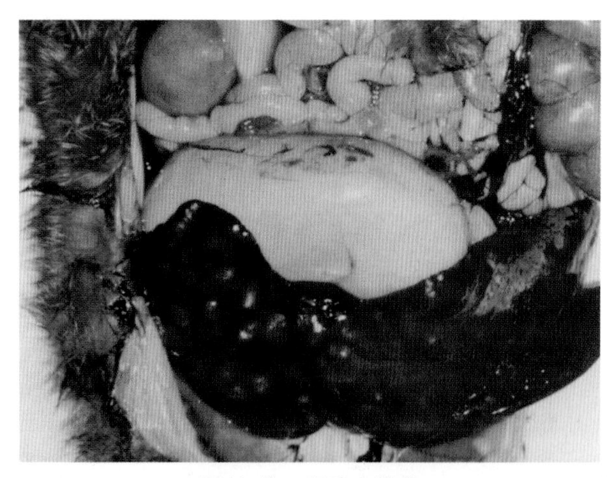

图11-41　肝球虫结节

肝表面有不少淡黄白色圆形球虫结节。(任克良)

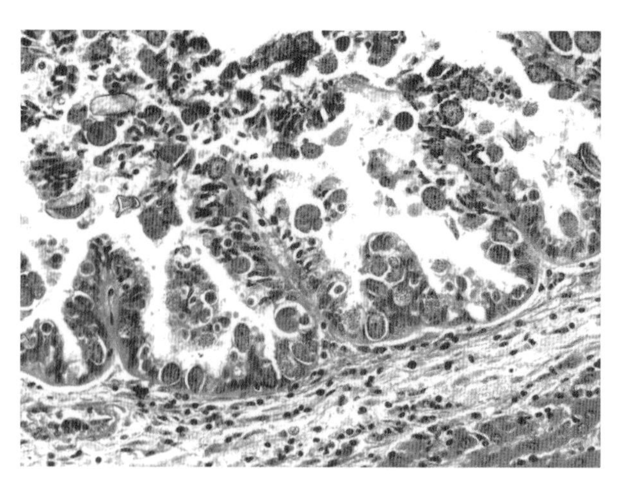

图11-42　坏死性胆管炎

肝胆管上皮增生，有一些上皮内有球虫寄生，上皮大量脱落、坏死；胆管壁结缔组织轻度增生，有少量淋巴细胞浸润，胆管周围附近的肝细胞受压萎缩。HE×400（陈怀涛）

二十六、弓形虫病

仔兔常呈急性经过，临诊无特异症状，主要表现一般性全身症状，如体温升高，精神沉郁，呼吸加快等，但死后剖检可见特征病变：淋巴结、心、脾、肝、肺、圆小囊均有针尖至粟粒大的灰白或黄白色坏死灶。镜检，除细胞坏死外，多器官网状内皮细胞增生，甚至形成结节，并见小动脉壁玻璃样变、小血管内微血栓形成及非化脓性脑炎变化。在上述病变中，常可发现网状内皮细胞甚至实质细胞有弓形虫滋养体或假包囊(图11-43)。

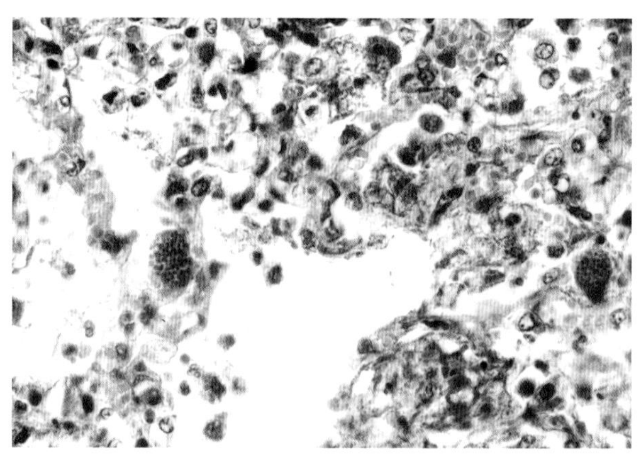

图11-43　间质性肺炎

肺泡隔增宽，其中细胞增生，肺泡腔中见多少不一的炎症细胞和脱落的肺泡上皮细胞，有的巨噬细胞中含有许多虫体。HEA×400（陈怀涛）

二十七、脑炎原虫病

多为隐性感染，常无临诊症状。但有时感染兔出现斜颈、惊厥等神经症状（图11-44），尿检可发现蛋白尿。特征病变位于脑和肾，表现为肉芽肿形成、非化脓性脑炎和间质性肾炎（图11-45）。

脑　病变多见于大脑和海马回，其次为中脑和丘脑，而小脑和脊髓少见。大脑皮质切面可见小坏死灶。镜检，病变表现为非化脓性脑炎变化，如胶质细胞结节和血管周淋巴细胞“管套”。最典型的是脑炎原虫性肉芽肿：中心为坏死的细胞碎屑或淡染伊红的成片坏死组织，周围环绕厚层上皮样细胞，偶见多核巨细胞，最外层是淋巴细胞和浆细胞浸润。用Goodpasture石炭酸复红、PAS、Weil-Weigert染色，在肉芽肿中心的坏死区、周围的上皮样细胞或巨噬细胞胞质中，可显示两端钝圆的卵圆形原虫。前两种染色原虫呈红色，后种染色呈蓝色。在肉芽肿附近的胶质结节中，神经细胞和血管内皮细胞胞质中也可发现原虫。有时许多原虫密集成团，似假囊，但无囊壁（图11-46）。

肾　表面散布许多灰白色细小病灶或大小不等的凹陷，晚期呈皱缩肾外观。镜检，呈间质性肾炎变化，有时肾髓质可见肉芽肿。在病变严重时，结缔组织大量增生，局部肾单位萎缩、消失，周围肾小管扩张。急性病例的髓质肾小管上皮细胞和管腔中可发现原虫，慢性则很少（图11-47）。

严重病例也可见间质性心肌炎、间质性肺炎等变化。

图11-44　神经症状

病兔运动障碍，转圈运动，头颈歪斜。（潘耀谦）

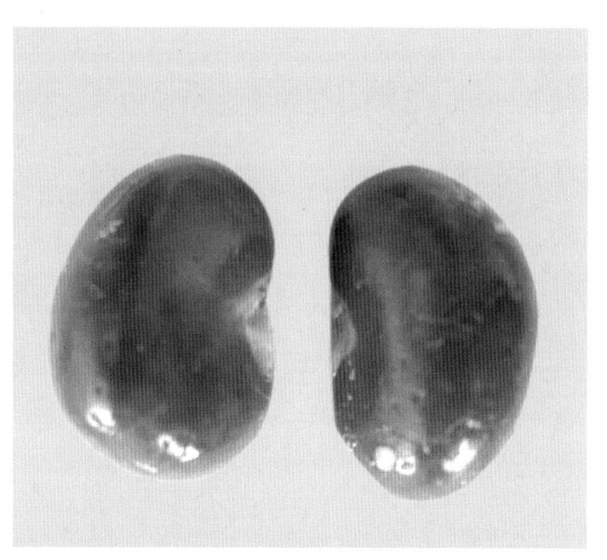

图11-45　局灶性间质性肾炎

肾表面可见多发性小凹陷状灰白色病灶。（潘耀谦）

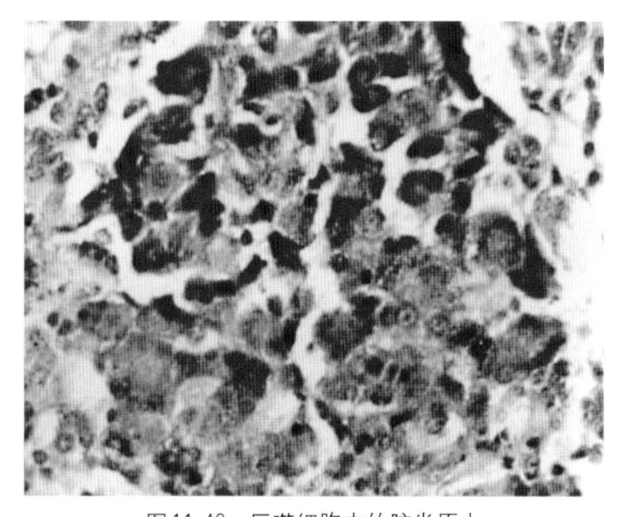

图11-46　巨噬细胞中的脑炎原虫

脑炎灶的巨噬细胞中可见呈红色的脑炎原虫，有的细胞中可发现虫体假囊，假囊与虫体也见于细胞外。PAS×400（刘宝岩）

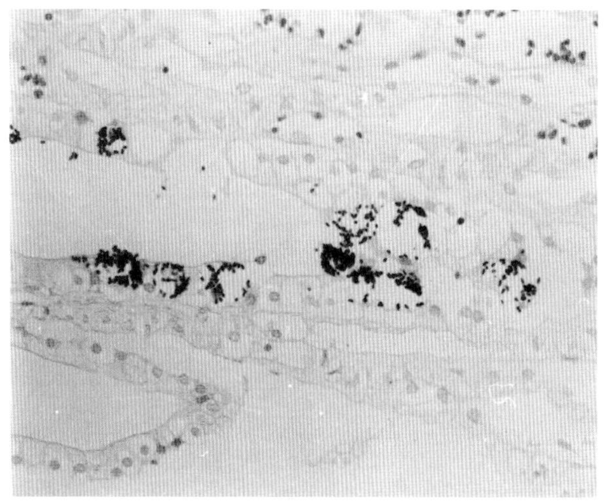

图11-47　肾上皮细胞中的脑炎原虫

有的上皮细胞中可见蓝色脑炎原虫，上皮细胞变性，有的坏死。Gram×100（潘耀谦）

二十八、豆状囊尾蚴病

本病是由肉食动物（犬、猫）小肠中豆状带绦虫的幼虫豆状囊尾蚴寄生于兔体内所引起的一种疾病。一般无明显症状。严重侵害时可出现营养不良、生长迟缓甚至腹泻等症状。特征病变为肝表面、肠系膜、网膜和腹膜有多少不等的绿豆至黄豆大的半透明灰白色囊泡状囊尾蚴寄生。有时囊尾蚴可多达数百条，呈葡萄串状。由于其六钩蚴在肝中移行，可在肝表面与切面形成红色、黑红色、黄白色、中央红外围黄白及白色条纹、斑点状病灶，最终可致肝硬变。镜检，肝实质有圆形或条状出血区、坏死区和不同切面的幼虫。出血区与坏死区外围有多量嗜酸性粒细胞、异嗜性粒细胞、巨噬细胞、淋巴细胞和上皮样细胞，也可见异物巨细胞。后期，在这种肉芽肿区外围有大量结缔组织增生，终致局部纤维化（图11-48、图11-49）。

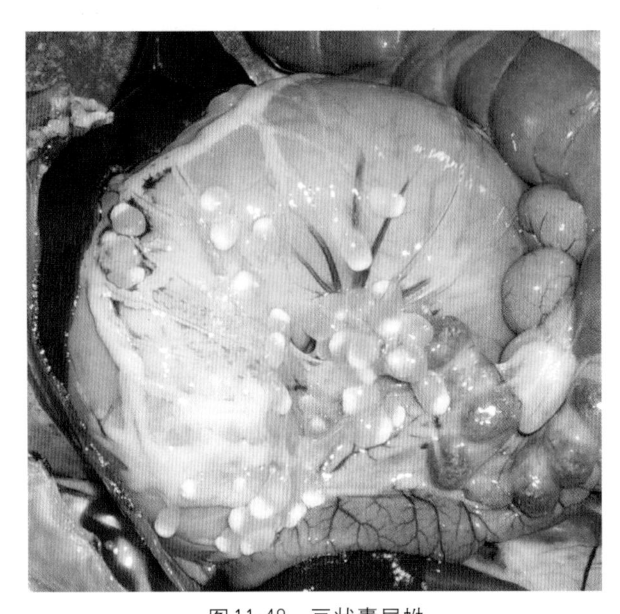

图11-48　豆状囊尾蚴

大网膜有许多豆状囊尾蚴寄生，囊尾蚴呈泡状，色白。（孙晓林　陈怀涛）

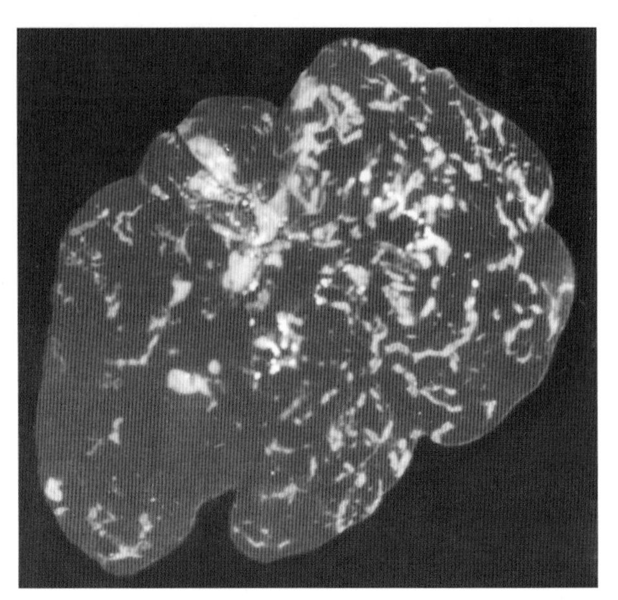

图11-49　慢性肝炎

肝表面有许多灰白色弯曲的小条纹——六钩蚴穿行所致的慢性炎症。（王永坤）

二十九、片形吸虫病

特征病变为幼虫在肝内移行引起的出血性肝炎和成虫在胆管寄生引起的慢性增生性胆管炎和胆管周围炎。胆管增粗，管壁增厚，较大的胆管中有片形吸虫寄生（图11-50、图11-51）。

图11-50　肝片吸虫性结节

肝表面有灰白色肝片吸虫性结节，其切面见胆管壁增厚。（甘肃农业大学兽医病理室）

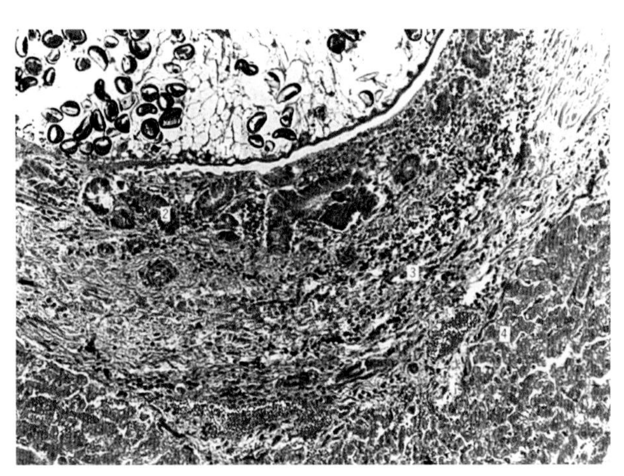

图11-51　慢性胆管炎

（1）胆管中的肝片吸虫（一部分）；（2）胆管黏膜腺体增生；（3）胆管壁及其周围结缔组织增生，淋巴细胞、嗜酸性粒细胞浸润；（4）胆管周围肝组织受压萎缩。HE×100（陈怀涛）

三十、兔螨病

兔痒螨病　兔痒螨引起耳部炎症，甚至外耳道形成纸卷样痂皮。炎症偶波及中耳、内耳甚至脑部。兔足螨常引起头部、外耳道和脚掌下面皮肤的炎症。局部发生脱毛、结痂、增厚等变化。

兔疥螨病　兔疥螨和兔背肛螨一般是引起头部（如嘴唇、鼻孔及眼周围）和脚爪部无毛或短毛部位皮肤的炎症，然后再蔓延到其他部位，表现疱疹、结痂、脱毛、皮肤增厚与龟裂等变化。镜检，皮肤上皮因螨虫寄生而不均匀地增生并突出，表皮角化明显。

见图11-52至图11-54。

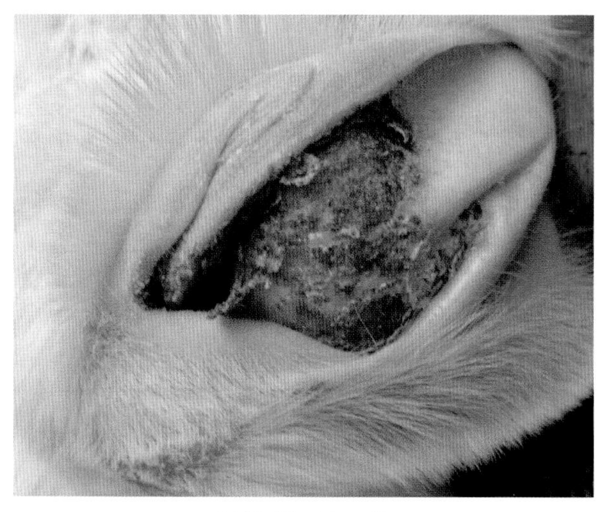

图11-52　皮　炎

耳壳内皮肤结痂，有许多干燥的淡黄色分泌物。（任克良）

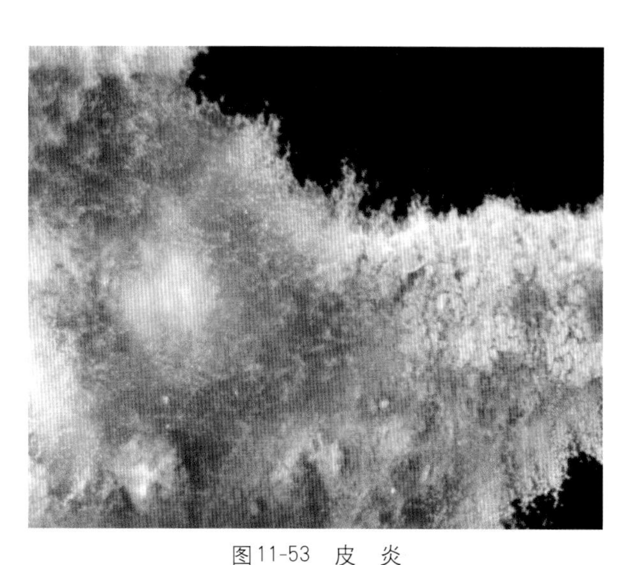

图11-53　皮　炎

肢体皮肤增生，粗糙不平，有痂皮，病部被毛稀少。（兰州兽医研究所寄生虫病室）

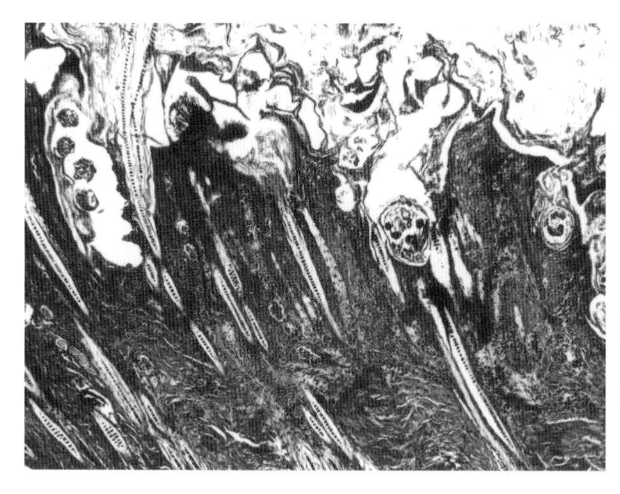

图11-54　增生性皮炎

病部皮肤上皮明显增生、角化，上皮层中可见寄生的螨虫。HE×100（陈怀涛）

三十一、肾母细胞瘤

特征病变为肾脏部位可见结节状或团块状异常新生物，切面色灰白，质地均匀。镜检，肿瘤主要由胚胎性上皮样细胞和肉瘤样细胞及过渡性细胞组成。胚胎性上皮样细胞较小而圆或呈多边形，胞质少，嗜碱性。瘤细胞排列成片块状、菊花状或条索状，并有分化程度不同的肾小球和肾小管样结构。胚胎性肉瘤样细胞多呈梭形，偶呈星形，核染色质丰富，深染，瘤细胞呈平行或漩涡状排列，可分化为较成熟的平滑肌、纤维组织、黏液组织、脂肪、软骨和骨组织（图11-55、图11-56）。

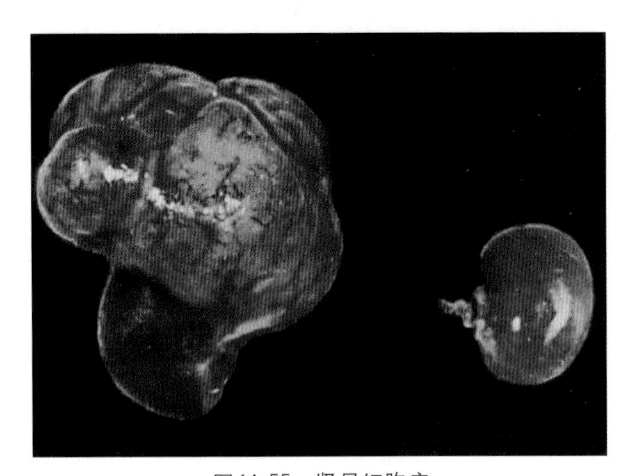

图11-55　肾母细胞瘤

兔肾脏前端有一较大肿瘤形成，右侧为大小正常的对照肾脏。（丁良骐）

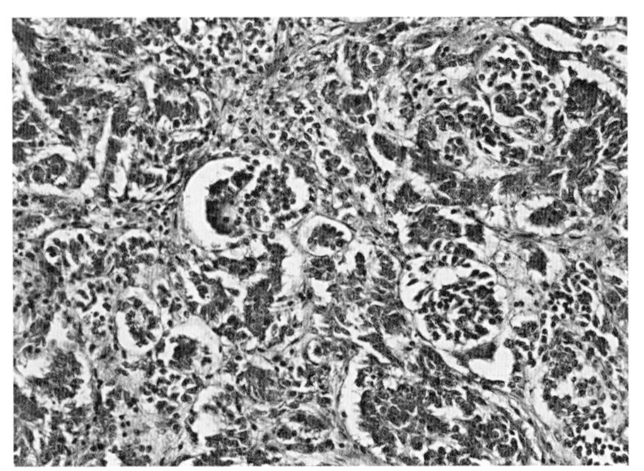

图11-56　肾母细胞瘤

瘤组织主要由肾小球和肾小管样结构的低分化瘤细胞构成，瘤细胞间 为不多的纤维瘤样组织。HE×400（陈怀涛）

三十二、维生素D缺乏症

特征病变为全身钙磷代谢障碍和骨形态、结构改变。

佝偻病　幼龄兔异嗜，步态僵硬。长骨弯曲，骨端膨大，骨质变软，肋骨与肋软骨交界处出现“佝偻珠”。出牙不整齐，排列错乱，容易磨损。镜检，未骨化的类骨组织过多，软骨骨化障碍，骨骼中钙盐减少（图11-57）。

骨软症　成年兔异嗜，跛行，易发生骨折。骨干部的骨质不规则变厚、变软、变形，扁骨变厚、变形，牙齿松动，容易脱落。常以纤维性骨营养不良为特征。镜检，骨质因进行性脱钙而呈现骨质疏松和类骨质增多，即出现过多未钙化的骨基质。

临诊检查，以上两种疾病均出现血浆碱性磷酸酶明显升高，血清磷水平则低于正常。饲料中维生素D、钙、磷均缺乏。

图11-57　佝偻珠形成

肋骨与肋软骨结合处形成结节（佝偻珠）。（任克良）

三十三、有机磷农药中毒

中毒兔表现流涎、腹泻和肌肉痉挛。血液、脑组织胆碱酯酶活性降低。

主要病变为胃和小肠黏膜充血、肿胀、散在出血点，有时见糜烂。毒物经食入中毒时，从胃内容物可嗅到某些有机磷农药的特殊气味，例如，马拉硫磷、甲基对硫磷、内吸磷具有蒜臭味，对硫磷有韭菜味，八甲磷有椒味。镜检，神经毒的病变主要为脊髓和坐骨神经的轴突变性和脱髓鞘。腰部脊髓白质显示轴突肿胀、空泡形成和胶质细胞增多。也见神经细胞变性肿大。

第十二章　犬、猫的疾病

一、钩端螺旋体病

病原为犬型和黄疸出血型细螺旋体。黄疸出血型主要侵害肝，引起黄疸和多器官组织出血；犬型侵害肾，引起急、慢性间质性肾炎。

临诊病理变化为急性发热、黄疸、呕吐、脱水、出血性腹泻、出血性素质、血沉加快、血红蛋白尿、毒血症、严重虚弱和最终死亡。

急性期　动物多因出血性素质及急性肾、肝功能衰竭而死亡。眼观，全身黄疸、多器官组织广泛出血。肾肿大，表面有多发性出血斑点。肝肿大。淋巴结与脾肿大、出血。镜检，肝细胞散在，形圆，胞质内有嗜酸性粗颗粒。核浓缩、深染。偶见再生的肝细胞，即形成巨大、双核或有核分裂象的肝细胞。枯否氏细胞肿大、增生，有含铁血黄素沉着。许多胆管栓塞。银染法显示，在肝窦和肝细胞中存在钩端螺旋体。肾曲小管上皮明显变性、坏死、脱落，间质水肿，淋巴细胞与浆细胞浸润。肾小管上皮细胞与管腔内可发现成丛的钩端螺旋体。淋巴窦与脾窦内巨噬细胞增多，而淋巴细胞减少。

亚急性期　急性期耐过后转为此期，动物多因肾功能衰竭所致的尿毒症而死亡。眼观，尸体脱水、消瘦，有尿毒症表现（如胃出血、胃黏膜和大动脉壁钙化）。肾肿大，色淡，有出血点和灰白色病变区。镜检，上述眼观灰白色病变区为肾小管上皮细胞变性、坏死后被大量密集的细胞群所包围或被取代的区域，细胞群中包括淋巴细胞、浆细胞和巨噬细胞，偶见少量中性粒细胞和红细胞。肾小球常无明显变化。肾小管上皮细胞和管腔中有散在或成丛的钩端螺旋体。

二、艾立希氏体病

犬艾立希氏体（*Ehrichieae caris*）侵入体内后在单核巨噬系统的细胞和淋巴细胞中繁殖。其始体较小（1～2μm），呈圆球形，进一步发育为大体，如桑椹体。后者由许多次单位组成。桑椹体可分裂成小颗粒，称初级小体。

临诊病理变化为回归热、浆液-出血性鼻炎、呕吐、羞明、脾肿大、神经症状、肢体水肿、各类血细胞均减少与血浆丙球蛋白水平升高。

主要病理变化为尸体消瘦，上呼吸道、胃肠道与泌尿生殖道黏膜呈卡他-出血性炎症变化。脾肿大。肾出血。淋巴结水肿、出血、色暗红。肢体皮下水肿。镜检，多组织器官的血管周围可见淋巴网状细胞和浆细胞积聚，以脑膜、肾、肝、脾、淋巴结最为明显。肝小叶中央的肝细胞变性、坏死。骨髓组织萎缩。

病原体可用末梢血液涂片或组织压片染色检查，也可通过电镜检查（图12-1）。

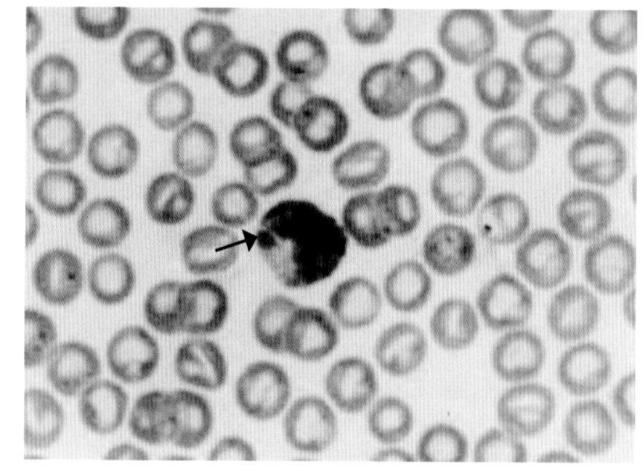

图12-1　单核细胞内的病原包涵体

细胞内可见一个卵圆形包涵体（↑）。Wright×400（马玉海）

三、附红细胞体病

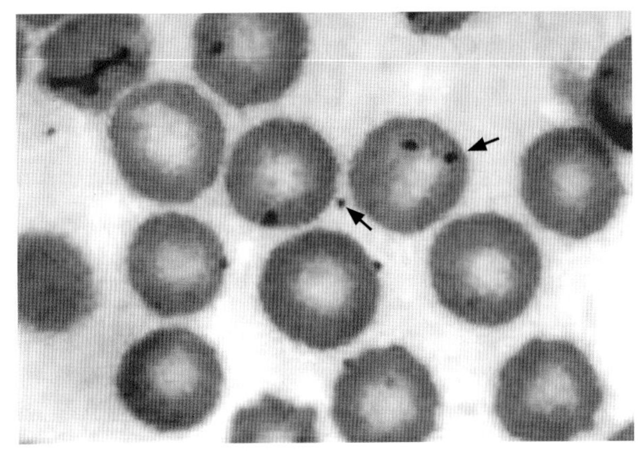

图12-2　附红细胞体

附红细胞体多附着于红细胞表面，少数游离于血液中，呈圆形或椭圆形（↑）。Wright×400（张浩吉）

临诊病理变化为发热、贫血与黄疸。红细胞数量减少，而白细胞增多，血红蛋白含量降低，红细胞压积下降。血涂片镜检可发现附红细胞体（图12-2）。

特征病变为黄疸，皮肤、黏膜苍白，血液稀薄、色淡、不易凝固。皮肤上见紫红色斑块。皮下组织水肿，体腔积液。心外膜出血。肝、肾肿大，见黄白色小点。软脑膜充血，脑质有小点出血。镜检，肝、肾见实质细胞变性坏死，甚至形成坏死灶。脑血管内皮细胞肿胀，血管周隙增宽，有浆液、纤维素渗出；软脑膜充血、出血，有大量白细胞积聚，以小脑更为明显。

四、犬瘟热

临诊病理变化为复相热型，黏脓性结膜炎与鼻炎，咳嗽、呕吐、腹泻，水疱-脓疱-结痂性皮炎、神经症状与“硬脚掌病”。

特征病变包括：卡他-化脓性鼻炎与喉炎，卡他-化脓性支气管肺炎或间质性肺炎，非化脓性脑膜脑脊髓炎，视神经与视网膜炎，卡他性胃肠炎，坏死性表皮炎，角化性脚掌表皮炎。镜检，皮肤与多器官黏膜上皮细胞、单核巨噬系统的细胞有胞质或胞核包涵体形成，以胞质包涵体多见。如鼻黏膜上皮、皮肤表皮、皮脂腺上皮、支气管黏膜上皮、膀胱黏膜上皮、胃肠道黏膜上皮、胆管上皮、肺巨噬细胞、视网膜与视神经的胶质细胞等均可发现包涵体。

中枢神经的病变具有特征性。非化脓性脑膜脑脊髓炎主要位于小脑、脑干、大脑半球和脊髓的白质，其中小脑脚、第四脑室顶部和视束等部位病变最明显。病变特征为，在脑白质形成大小不等的空泡，似海绵状。白质海绵状坏死灶的周围有时见泡沫细胞即格子细胞积聚。同时可见淋巴细胞性“血管套”形成和小胶质细胞、星形胶质细胞增生。此外，也常见淋巴细胞性软脑膜炎。视网膜充血、水肿，神经节细胞变性和胶质细胞增生。同时尚见以脱髓鞘和胶质细胞增生为特征的视神经炎（图12-3至图12-10）。

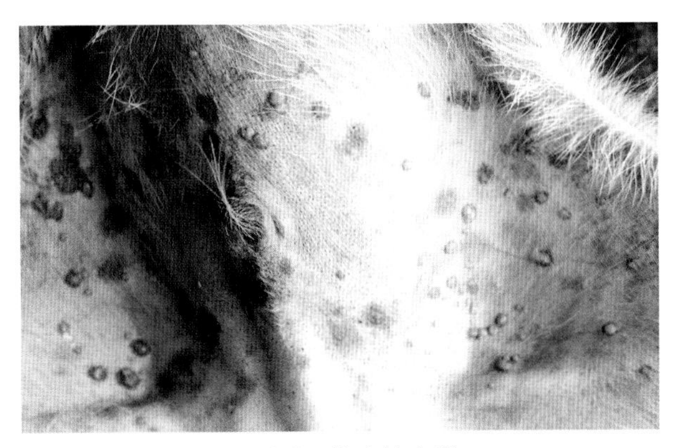

图12-3　脓疱性皮炎

发病早期的患犬腹下皮肤常有大量脓疱形成。（王新华）

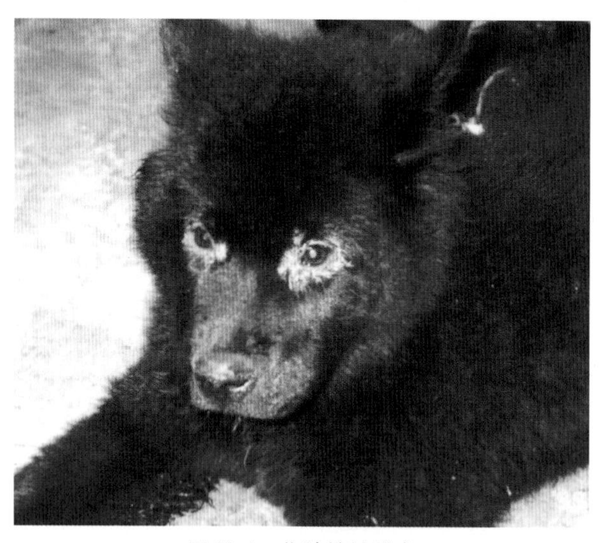

图12-4　化脓性结膜炎

发病中期的患犬常表现典型的化脓性结膜炎，上下眼睑黏附脓性分泌物。(周庆国)

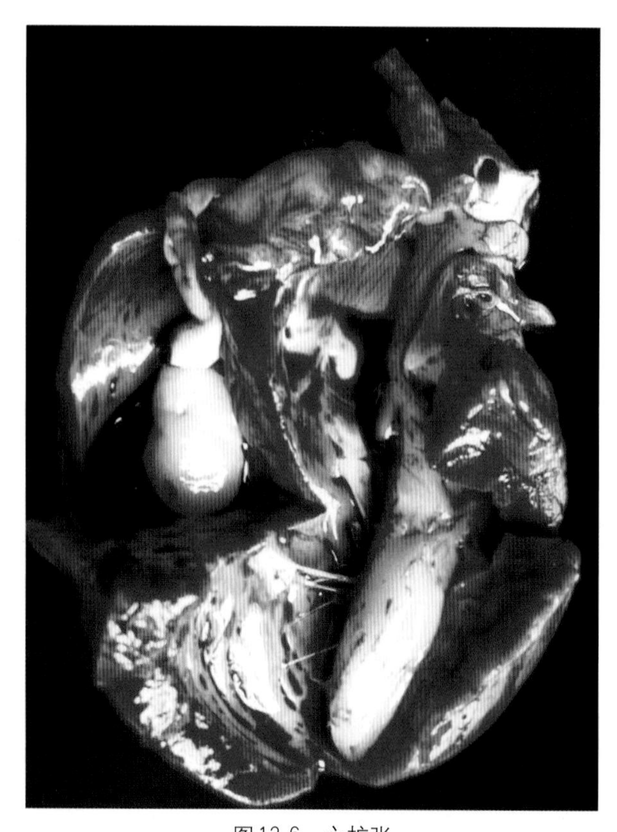

图12-6　心扩张

心脏扩张，心壁变薄，左右心室均充满鸡脂样血凝块。(陈怀涛)

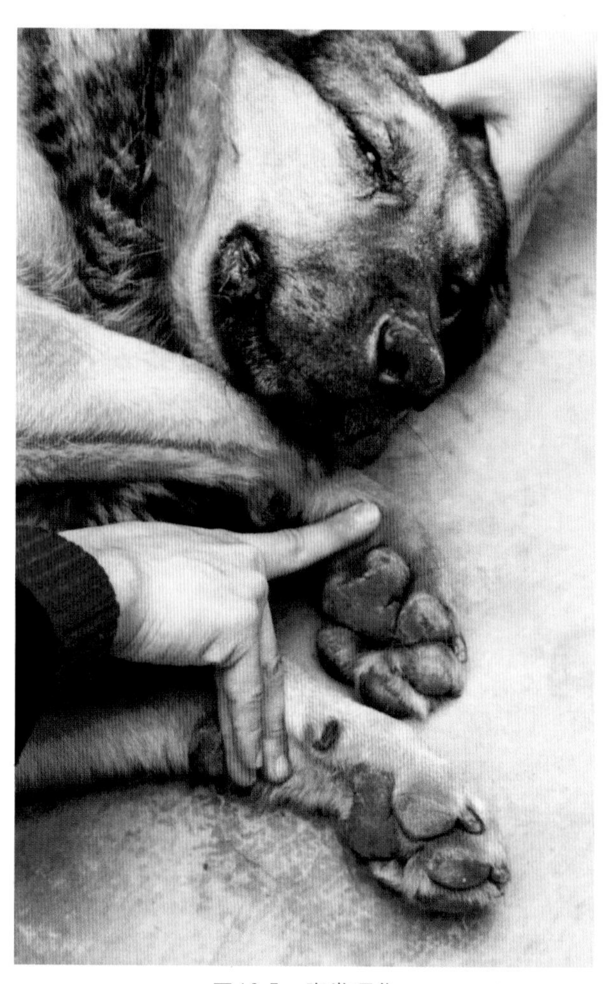

图12-5　脚掌硬化

鼻端与指（趾）垫硬化，即“硬脚掌病”（Hard-pad disease）。(周庆国)

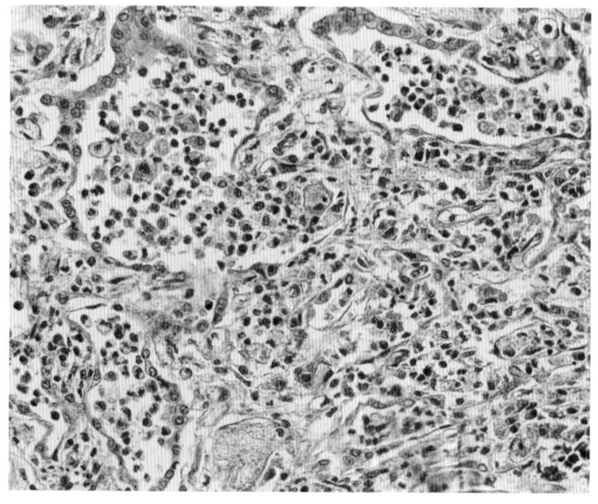

图12-7　间质性肺炎

肺泡上皮细胞增生，甚至形成长条状，肺泡腔有大量巨噬细胞、淋巴细胞和脱落的上皮细胞，肺泡隔细胞也增多。HE × 400 (陈怀涛)

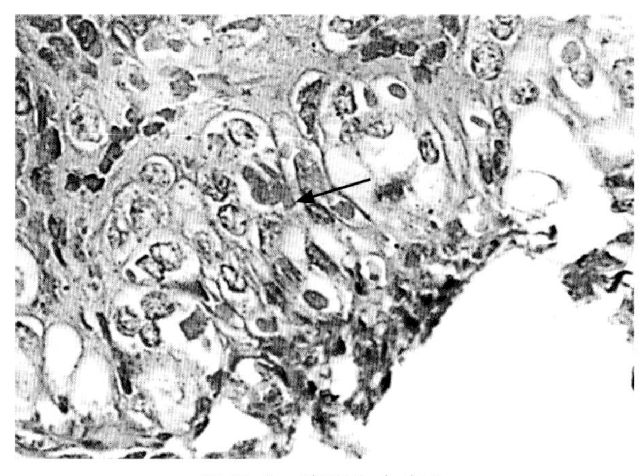

图12-8　膀胱上皮病变

膀胱黏膜变移上皮轻度增生，在上皮细胞胞质中有圆形或卵圆形嗜酸性包涵体（↑）。HE×400（刘宝岩）

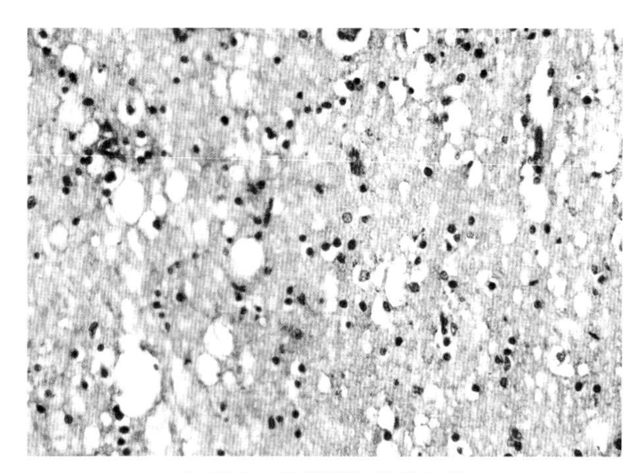

图12-9　脑髓质海绵样变性

脑髓质形成大小不等的空泡，似海绵状。HE×400（陈怀涛）

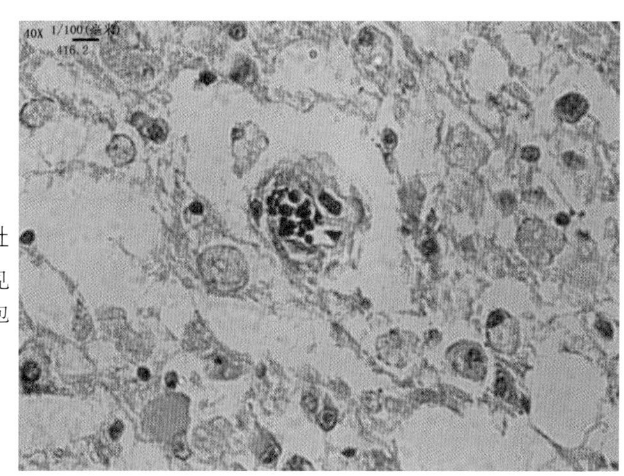

图12-10　小脑白质软化灶

白质结构已破坏，除中心存留一血管外，到处可见散在的“泡沫细胞”；下部三个胶质细胞中，有核内包涵体形式。HE×400（陈怀涛）

五、狂犬病

病犬表现狂躁，有攻击行为，恐水和意识障碍。

特征病变为非化脓性脑脊髓炎，在神经细胞中有胞质包涵体（内基氏小体，Negri bodies）形成。

眼观，无特征病理变化。尸体消瘦，胃内常见异物。因尖锐物刺激，口腔、食管与胃黏膜可发生充血、出血或破损。软脑膜血管充血或出血、水肿，脑实质也可见出血。

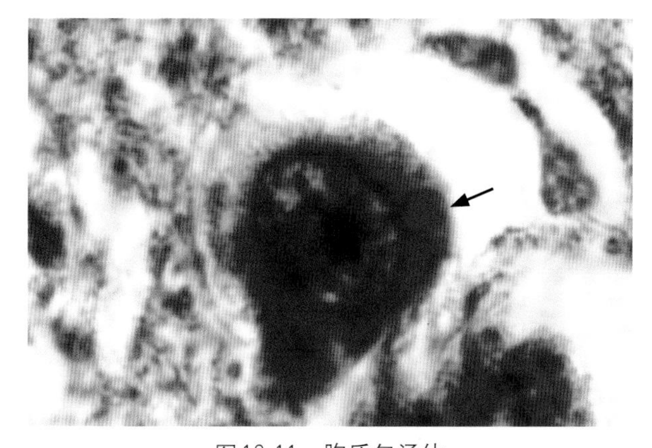

图12-11　胞质包涵体

神经元的嗜酸性胞质包涵体（↑）。HE×1 000（陈怀涛）

镜检，脑呈现非化脓性脑炎变化，即神经细胞变性、坏死，胶质细胞弥漫增生或灶状增生形成胶质细胞结节（称狂犬病结节或巴贝斯结节），小血管淋巴细胞“管套”形成，也见“噬神经细胞现象”。最具诊断意义的是在神经细胞的胞质中出现包涵体。包涵体呈嗜酸性染色，形圆或椭圆，大小差异很大，一个细胞中可见到1个到数个。包涵体最多见的部位是大脑海马回的大神经细胞，也见于小脑浦金野氏细胞以及脊神经节和交感神经节的神经细胞中（图12-11、图12-12）。

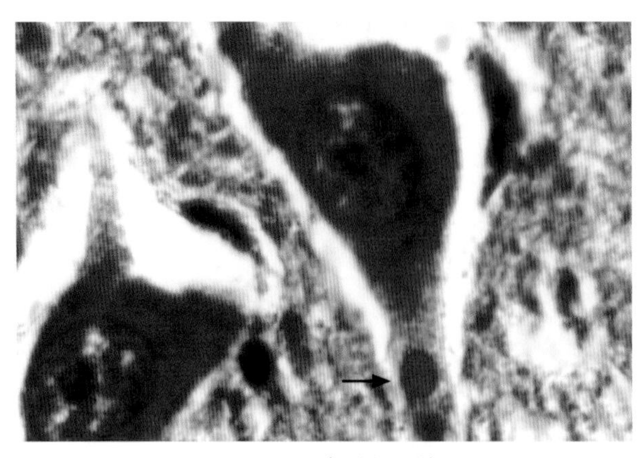

图12-12　胞质包涵体

神经元突起中的嗜酸性胞质包涵体（↑）。HE×1 000（陈怀涛）

六、犬细小病毒病（犬传染性胃肠炎）

临诊症状及病理变化为发热、呕吐、血样腹泻、血细胞减少（肠炎型）与心力衰竭（心肌炎型）。特征病变为出血性肠炎与坏死性心肌炎变化。

肠炎型　呈出血性肠炎变化。整个胃肠道黏膜均呈充血、肿胀、出血及内容物混有血液。以空肠与回肠病变严重。肠管增粗，肠壁增厚，肠内容物呈血红色，黏膜肿胀、充血、出血，有厚皱襞形成。淋巴集结肿胀。镜检，肠绒毛萎缩、变形，黏膜上皮大多脱落，隐窝上皮增生。有时上皮细胞可见核内包涵体（图12-13至图12-17）。

心肌炎型　左心室扩张，心室壁变薄。心外膜（尤其左心外膜）与心尖部有黄白或灰白色条纹斑点。镜检，心肌纤维变性，有多发性小坏死灶，局部有少量中性粒细胞浸润，淋巴细胞与浆细胞呈小灶状集聚。有些肿大的心肌纤维中可见嗜碱性或嗜酸性核内包涵体。包涵体富尔根（Feulgen）反应呈阳性。同时也见浆液性肺炎变化。

图12-13　腹　泻

病犬虚弱无力，排出大量血便。（周庆国）

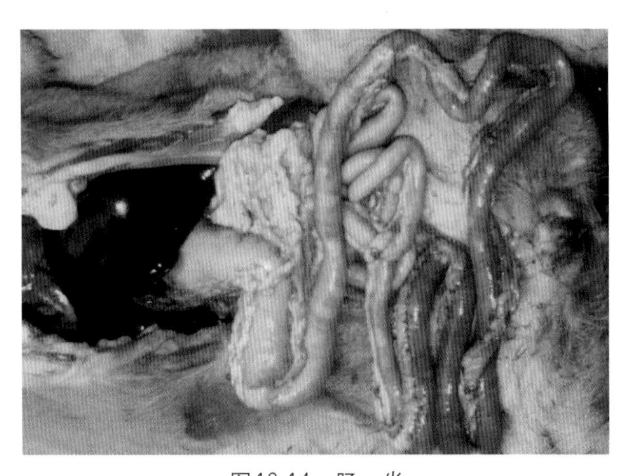

图12-14　肠　炎

空肠、回肠明显充血出血。（周庆国）

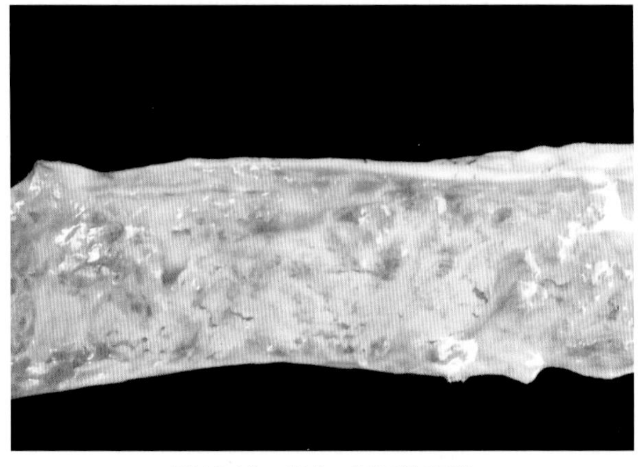

图12-15　出血-坏死性肠炎

结肠黏膜坏死，表面粗糙不平，覆以红黄色黏糊状物。（陈怀涛）

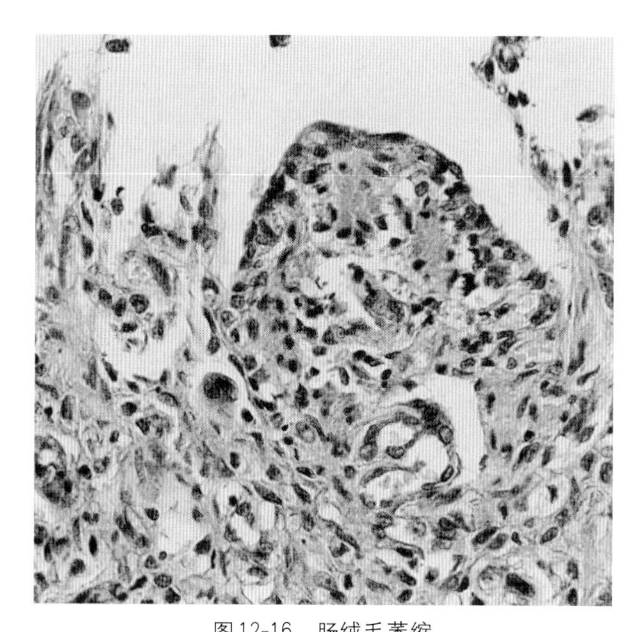

图12-16　肠绒毛萎缩

十二指肠绒毛萎缩变短，其表面覆以扁平上皮，肠腺萎缩，形状不规则。HE×400（陈怀涛）

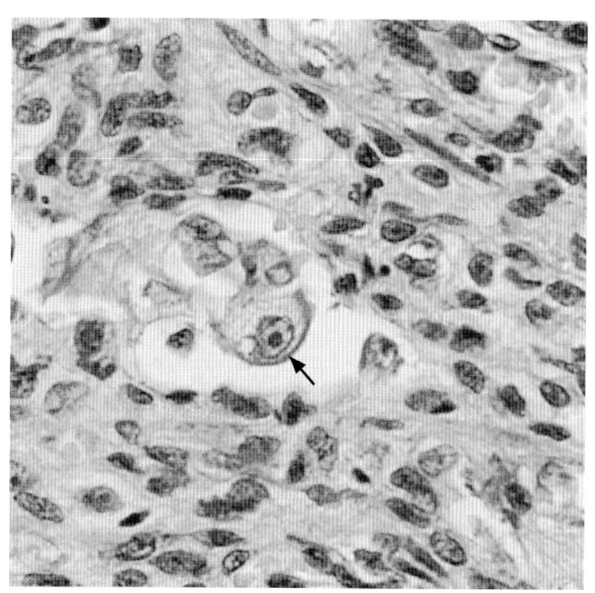

图12-17　核内包涵体

十二指肠一个肠腺的上皮细胞发生变性，其中有一个核内包涵体形成（↑）。HE×400（陈怀涛）

七、犬传染性肝炎

临诊分为犬肝炎型、犬呼吸型和狐脑炎型，其中以犬肝炎型最为多见。犬肝炎型的临诊病理变化为体温先升高后降低，沉郁、烦渴、呕吐、腹泻、齿龈出血、扁桃体肿大，在体温升高期白细胞数下降、血凝时间延长。在疾病恢复期出现“蓝眼病”（角膜混浊）（图12-18）。

犬肝炎型的特征病变为坏死性肝炎，在肝细胞、肝窦内皮细胞和枯否氏细胞有核内包涵体形成。包涵体也见于脑毛细血管内皮细胞，脾、淋巴结与扁桃体网状细胞及血管内皮细胞，肾小球毛细血管内皮等细胞的核中。在一些急性坏死的肝细胞质中，可见嗜酸性小体形成。

肝肿大，质脆，色黄红或紫褐，表面常呈斑驳状，可见细小的淡黄色病灶（图12-19）。镜检，中央静脉与肝窦扩张、充血。许多肝细胞发生水泡变性或脂肪变性。肝小叶内见许多嗜伊红的凝固性坏死灶。在一些变性、坏死的肝细胞质中，可见强嗜伊红性圆形小体（嗜酸性小体）。坏死灶附近的变性肝细胞中见核内包涵体（图12-20、图12-21）。肝窦内皮细胞和枯否氏细胞肿胀、变性，也有核内包涵体。包涵体有两种表现形式：均质状与颗粒状。均质状包涵体较多见，呈均匀一致，形圆，轮廓明显，边缘平整，嗜染伊红，几乎占据整个细胞核，包涵体与核膜之间常有一明显的轮状透明环；颗粒状包涵体即由许多散在或聚集的细颗粒组成，其周边较粗糙，与核膜间也有一透明环。肝组织中常有中性粒细胞、淋巴细胞和巨噬细胞浸润。电镜下，见核内包涵体由病毒粒子和核基质构成。病毒粒子可通过溶解的核膜或由于核崩解而进入胞质，也可由于细胞崩解而释放于细胞外。在有嗜酸性小体的肝细胞质中也可见到病毒粒子。嗜酸性小体是肝细胞受到病毒致病作用时整个细胞器发生退行性变化而形成的。嗜酸性小体和核内包涵体都是诊断本病的特异性病变。

胆囊胀大，胆汁黏稠。胆囊壁水肿呈胶冻状。胆囊壁和黏膜可有出血。严重病例黏膜大片坏死。

中枢神经系统的丘脑、中脑、脑桥和延脑有明显的对称性病变，主要表现为毛细血管内皮细胞肿大、增生，并有核内包涵体形成。毛细血管周围淋巴隙出血。脑组织可因血管损害而发生渐进性坏死和神经纤维脱髓鞘，偶见胶质细胞增生积聚。

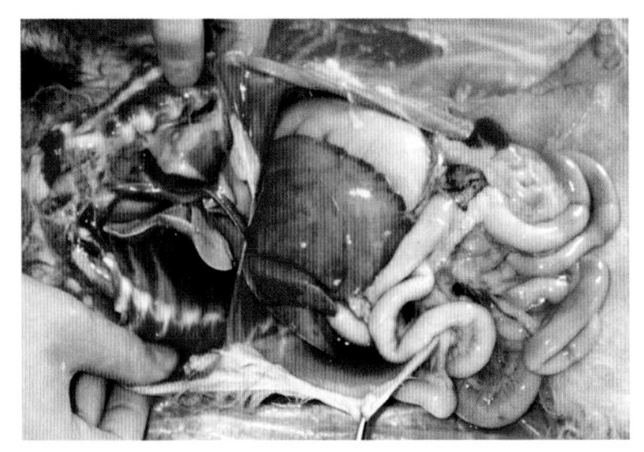

图12-19　肝肿大

肝脏肿大、色黄、质脆，小肠浆膜出血，胸腹腔积聚多量淡红色液体。(周庆国)

图12-18　"蓝眼"

传染性肝炎患犬疾病恢复期的"蓝眼"症状。(周庆国)

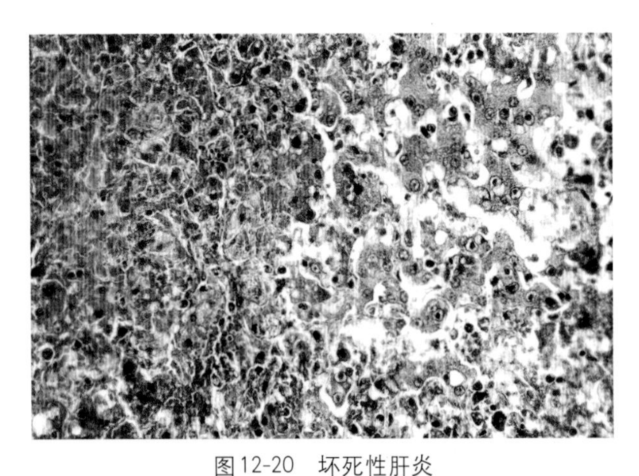

图12-20　坏死性肝炎

左侧为肝细胞坏死区，右侧为坏死区附近变性的肝细胞，有的细胞内见核内包涵体。HE×100（陈怀涛）

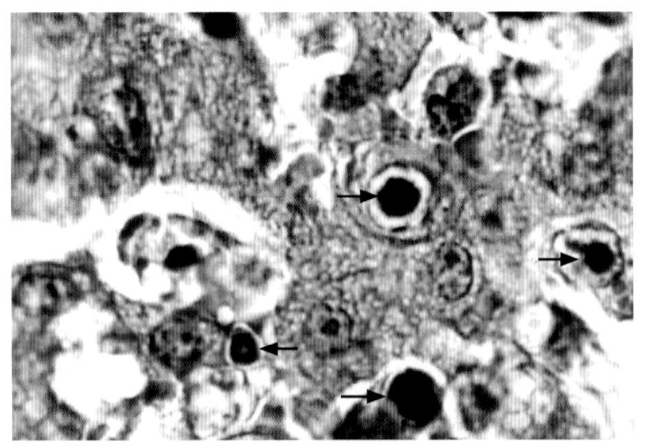

图12-21　肝细胞核内包涵体

在有些变性肿大的肝细胞核内可见圆形团块状包涵体形成（↑）。HE×400（陈怀涛）

八、犬疱疹病毒感染

2周龄以内的仔犬多发病，临诊表现沉郁，不主动吮乳，呼吸困难，流浆液性鼻液，腹痛，弓背，排黄绿色稀便。母犬出现繁殖障碍，公犬发生阴茎炎和包皮炎。

特征病变为肝、脾、肾、肺、脑等器官出现灰白色小坏死点和出血点，以及出血性肠炎，细胞有核内包涵体形成。

眼观，肝、脾、肾、肺、脑均见灰白色小坏死点和出血点，肺水肿和肾皮质明显瘀血、出血。肠腔和腹腔多有混血的液体。镜检，多器官可见局灶性坏死和坏死灶附近的细胞核内包涵体。坏死变化在肾和肺更为严重。大脑与小脑皮质、基底神经节与脊髓灰柱有弥漫性非化脓性脑炎变化，并伴以局灶性软化。成年犬感染后一般无组织变化，偶见卡他性气管炎与支气管炎，其黏膜上皮可发现核内包涵体。但需注意，欲观察包涵体，应以Zenker固定液固定组织块，否则很难发现。

九、口腔乳头（状）瘤病

特征病变为口、咽等部黏膜出现乳头（状）瘤。

乳头（状）瘤发生于唇、颊内侧、舌、腭、咽、会厌及食管黏膜，但一般不侵犯齿龈。肿瘤初呈扁平的丘疹状，以后呈灰白色花椰菜状肿块，有蒂，表面常有微绒毛样小突起（图12-22）。镜检，其组织结构和其他动物的乳头（状）瘤相似。用HE或姬姆萨染色，在肿瘤上皮细胞中能观察到嗜碱性病毒包涵体。

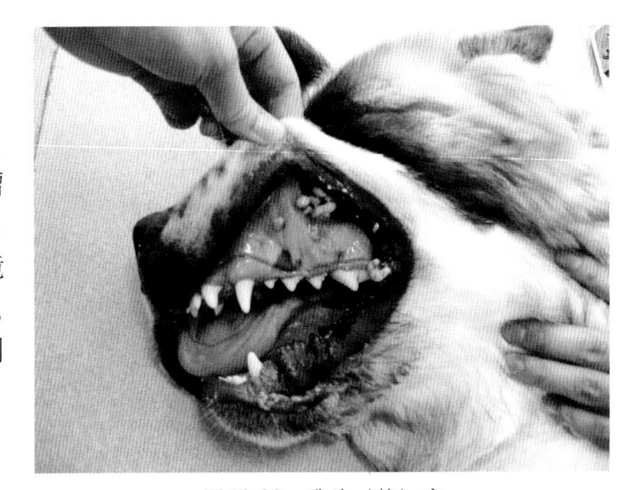

图12-22 乳头（状）瘤

口腔黏膜上有绿豆至蚕豆大的瘤块，瘤体表面不平，似花椰菜状。（周庆国）

十、猫泛白细胞减少症（猫传染性肠炎）

临诊病理变化为双相热型、血样腹泻、呕吐与白细胞减少。

特征病变为出血-坏死性小肠炎，肠残存上皮细胞核内包涵体形成。

尸体脱水、消瘦。图12-23为病猫外观。胃和小肠尤其空肠与回肠呈出血-坏死性炎症变化。肠壁因充血、出血、水肿而增厚，肠腔内有纤维素-坏死性假膜或纤维素条索。肠系膜淋巴结肿大、出血。长骨骨髓呈淡黄色胶冻样，红骨髓缺如。镜检，小肠黏膜严重坏死、脱落，绒毛裸露、萎缩。固有层充血、出血，炎性细胞浸润（图12-24）。隐窝扩张，内含黏液和细胞碎屑，周围上皮不规则增生。在残存的小肠黏膜上皮细胞中，可见嗜酸性核内包涵体。肠系膜淋巴结初期呈浆液性炎症变化，网状细胞增生，有巨噬细胞吞噬红细胞现象，有的巨噬细胞可见核内包涵体。以后网状细胞与淋巴滤泡增生、坏死。骨髓造血组织逐渐被脂肪组织取代。

图12-23 病猫面部痛苦

病猫被毛粗乱，瞬膜外露，眼睛无神，外观痛苦。（周庆国）

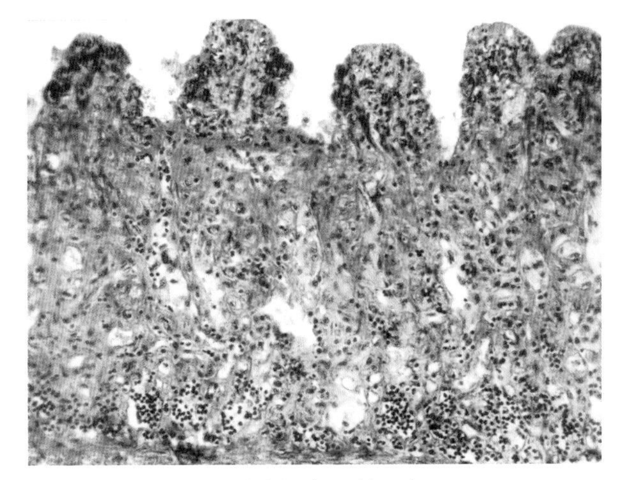

图12-24 坏死性肠炎

小肠黏膜坏死脱落，绒毛裸露、萎缩，固有层充血、出血，有大量炎性细胞浸润。HE×100（陈怀涛）

十一、猫病毒性鼻气管炎

临诊表现为打喷嚏，眼、鼻有黏脓性分泌物，咳嗽、流涎、失声。

特征病变为上呼吸道（鼻腔、鼻甲骨、喉头、气管）呈明显炎症与坏死变化，坏死区黏膜上皮细胞中可见大量嗜酸性核内包涵体。全身感染的仔猫，血管周围局部坏死区的细胞也可见嗜酸性核内包涵体，对于有下呼吸道症状的病猫，可见间质性肺炎和支气管与细支气管炎的周围组织坏死（图12-25、图12-26）。

图12-25　结膜炎与鼻炎

病猫眼、鼻分泌物增多，鼻端糜烂。（周庆国）

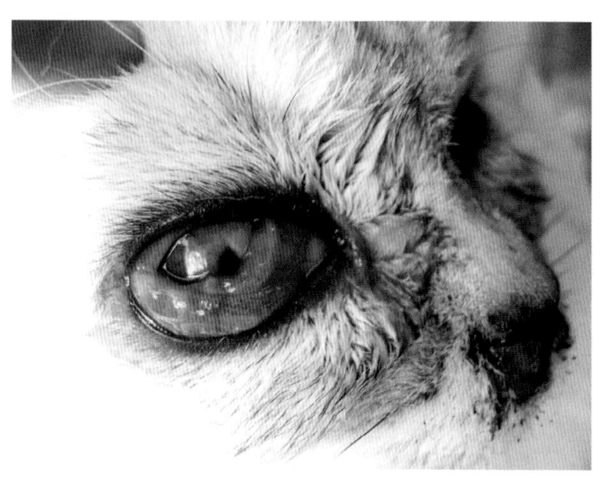

图12-26　结膜炎

眼结膜充血、水肿。（周庆国）

十二、猫白血病－肉瘤复征

这是由猫白血病病毒和猫肉瘤病毒引起的猫肿瘤性与非肿瘤性疾病的总称。因此特征病变包括3种肿瘤（淋巴肉瘤、骨髓组织增生病、纤维肉瘤）和两种非肿瘤性疾病（贫血、免疫性疾病）。

1.淋巴肉瘤　是猫最常见的肿瘤之一，约占所有猫肿瘤的30%。

根据肿瘤发生部位，将淋巴肉瘤分为4种：

①多中心型　见于各种淋巴与非淋巴组织（如淋巴结、肝、脾），多数瘤细胞是T淋巴细胞。

②胸腺型　见于胸腺（颈下部至胸内），小猫多发，瘤细胞为T淋巴细胞。

③消化道型　肿瘤源于胃肠壁和肠系膜淋巴结，年龄较大的猫多发，瘤细胞主要为B淋巴细胞。

④未分化型　少见，肿瘤出现于非淋巴组织，如皮肤、眼和中枢神经系统。

2.骨髓组织增生病　某骨髓细胞系的细胞感染病毒所致。有4种：

①红髓细胞增生病：红细胞系的成员感染病毒引起。

②粒细胞性白血病：粒性白细胞系的成员受害。

③红白血病：红细胞系和粒性白细胞系的成员均感染受害。

④骨髓纤维化：因成纤维细胞大量增生所致。

3.纤维肉瘤　为猫肉瘤病毒引起，占所有猫肿瘤的6%～12%。在大龄猫中，肿瘤多单发；但在猫白血病病毒感染的青年猫中，猫肉瘤病毒引起的皮下纤维肉瘤偶呈多发。

4.贫血和免疫性疾病　不管有无淋巴肉瘤，只要有猫白血病病毒感染，就有可能出现贫血。成红细胞的感染可出现成红细胞增生病、成红细胞减少症或泛血细胞减少症。这些变化均与贫血有关。贫血可能是溶血性贫血。

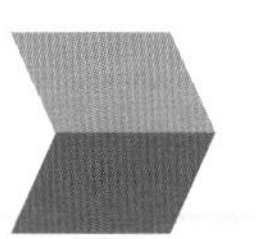

免疫性疾病包括免疫复合物病和免疫缺陷病。如感染猫白血病病毒时，肾小球肾炎的发病率很高。有时病毒感染可导致免疫抑制，表现为胸腺萎缩、T细胞减少，对某些病原的易感性增强，故常出现慢性口膜炎和齿龈炎、皮肤损伤难愈合、皮下脓肿、慢性呼吸道感染等。

十三、猫传染性腹膜炎

临诊表现为波浪热型、厌食、喜卧、呕吐、腹泻、脱水、消瘦和贫血。特征病变为两种类型：①渗出型：浆液-纤维素性腹膜炎与肝坏死灶；②非渗出型：肝、脾、肾、眼、中枢神经系统和肺的化脓性肉芽肿性炎症和坏死性血管炎。

十四、蛔虫病

犬蛔虫病主要是由犬弓首蛔虫（*Toxocara canis*）及狮弓蛔虫（*Toxascaris leonina*）寄生于幼犬的小肠和胃内引起的慢性疾病。猫蛔虫病的病原体为猫弓首蛔虫。特征病变为成虫引起的卡他性或卡他－出血性小肠炎和幼虫移行引起的出血-坏死性或间质性肝炎与肺炎（图12-27）。

十五、钩虫病

特征病变为出血性小肠炎，同时有大量钩虫（仰口线虫）游离于肠腔或附着于肠黏膜。幼虫可在肺中移行引起损伤。生前仅出现幼虫入侵时引起的皮炎和贫血等变化，检查粪便中的钩虫卵可做出诊断（图12-28）。

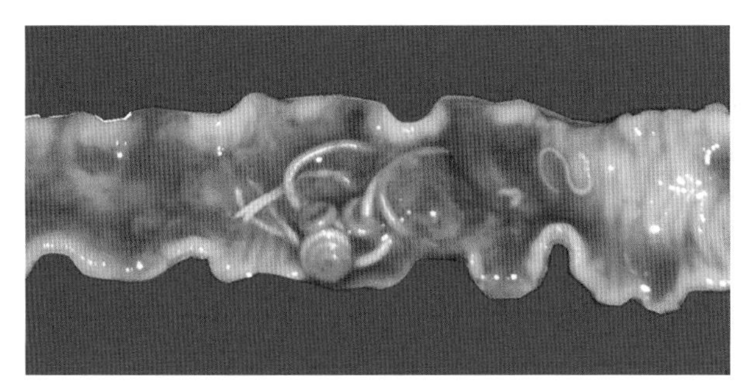

图12-27 卡他性肠炎

盘踞在犬小肠中的蛔虫引起小肠黏膜充血、出血，肠内容物色淡红，呈稀糊状。（胡俊杰）

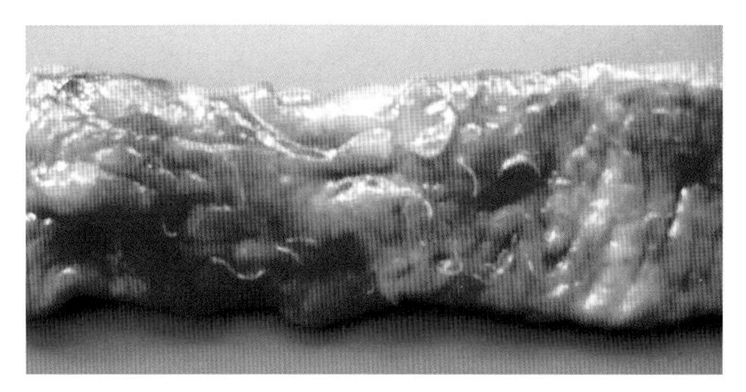

图12-28 出血性肠炎

犬小肠内寄生的钩虫所致的出血性肠炎。（周庆国）

十六、犬毛尾线虫病

由狐毛尾线虫（*Trichuris vulpis*）（俗称鞭虫）主要寄生于幼犬的盲肠和结肠引起的疾病。特征病变为卡他-出血性或出血-坏死性盲-结肠炎，有时尚见化脓性结节病变。生前检查粪便虫卵可做出诊断（图12-29）。

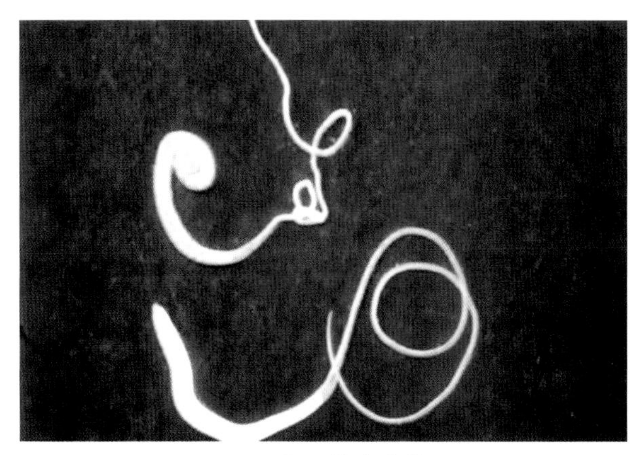

图12-29 鞭虫虫体

虫体似鞭状，前部细如毛发，尾部如鞭杆（李祥瑞.动物寄生虫病彩色图谱.北京：中国农业出版社，2004）

十七、复孔绦虫病

由犬复孔绦虫（*Dipylidium caninum*）的成虫寄生于犬、猫的小肠引起的疾病。成虫呈乳白色带状，长10 ~ 15cm，约200个节片。特征病变为卡他-出血性或出血-坏死性小肠炎，同时可见绦虫成虫。动物生前主要表现消化不良和肛门瘙痒。生前诊断可检查粪便虫卵或孕节（图12-30）。

图12-30　犬复孔绦虫

寄生于犬小肠内的复孔绦虫，其孕卵节片呈黄瓜籽状或大米粒状，长7.0mm，宽2.0 ~ 3.0mm。（周庆国）

十八、肝吸虫病

犬本病的病理变化基本同羊、牛的片形吸虫病和双腔吸虫病。由于成虫寄生于胆管，故可引起增生性胆管炎和胆管周围炎及间质性肝炎。幼虫的移行可造成出血-坏死性肝炎。病原体见图12-31、图12-32。

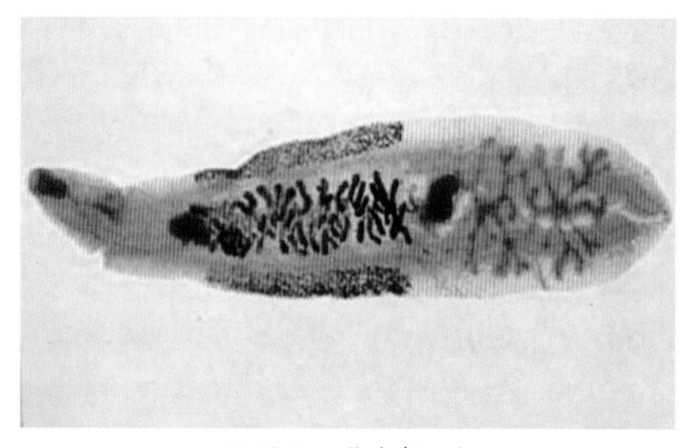

图12-31　华支睾吸虫

虫体狭长，背腹扁平，似叶状，前部较细，后端钝圆，活虫色橙红，死后色灰白，大小为（10.0 ~ 25.0）mm ×（3.0 ~ 5.0）mm。（张浩吉）

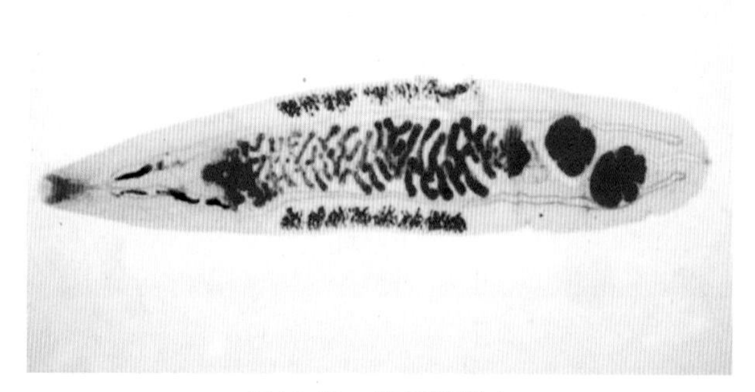

图12-32　猫后睾吸虫

成虫形态似华支睾吸虫，体长7.0 ~ 12.0mm，宽2.0 ~ 3.0mm。（张浩吉）

十九、并殖吸虫病

猫、犬等动物是并殖吸虫的贮存宿主。我国主要有两种并殖吸虫病。

卫氏并殖吸虫病　卫氏并殖吸虫（*Paragonimus westermani*）（图12-33）简称肺吸虫，寄生于犬、猫、猪等动物和人的肺脏。童虫和成虫移行并寄居于脏器（主要为肺，也见于皮肤或脑）引起囊肿性病变。根据病变的发展，初期为脓肿，以后为囊肿，最后愈合形成瘢痕。

斯氏并殖吸虫病　斯氏并殖吸虫（*P. skrjabini*）寄生于果子狸、猫、犬等动物及人体，主要引起胸、腹壁皮下的结节或包块状病变。结节或包块常为多发性，大小不等，直径1.0 ~ 10.0cm，切开后有时可见未成熟的虫体。肝尚可见嗜酸性粒细胞性肉芽肿形成。

生前进行痰液或粪便虫卵检查，皮下包块虫卵、虫体检查及病理学检查，均可诊断本病。

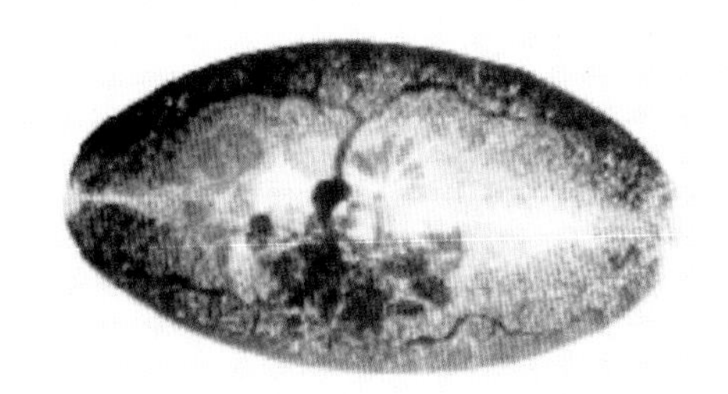

图12-33　卫氏并殖吸虫

虫体呈卵圆形，背面隆起，腹面扁平，色红褐，似半粒红豆，大小为（7.6 ~ 16.0）mm×（4.0 ~ 8.0）mm，厚为3.5 ~ 5.0mm。（张浩吉）

二十、弓形虫病

临诊表现为发热、呼吸困难和麻痹等。特征病变为心、脾、肝、肺、淋巴结等器官的广泛性坏死与网状内皮细胞增生，网状内皮细胞和实质细胞中可发现弓形虫滋养体或假囊（详细病变参见猪弓形虫病）（图12-34至图12-36）。

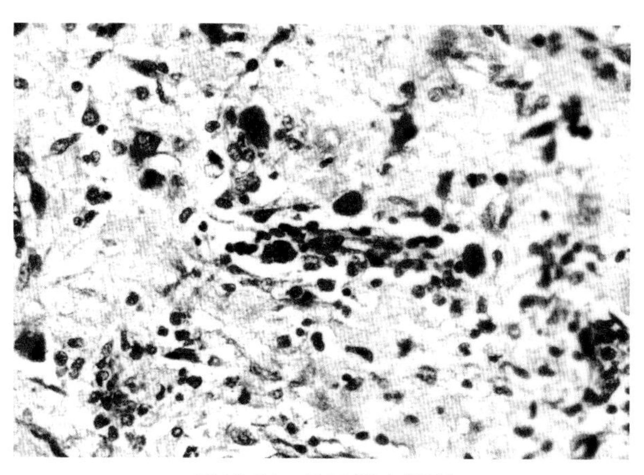

图12-34　肺弓形虫假囊

肺组织见数个内含弓形虫的巨噬细胞（假囊），肺泡上皮增生。HE×400（陈怀涛）

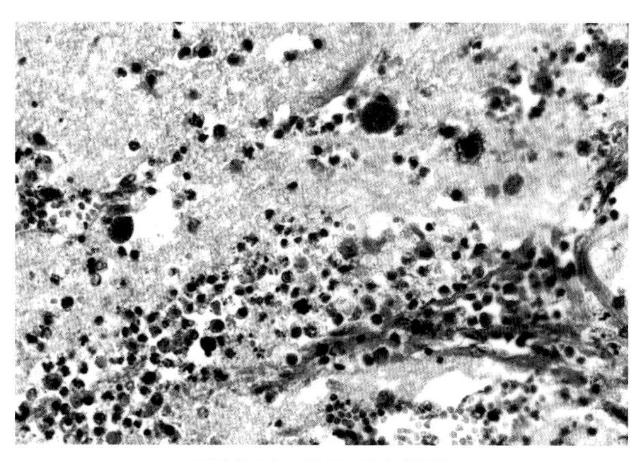

图12-35　脑弓形虫假囊

脑血管附近见几个弓形虫假囊，胶质细胞增生。HE×400（陈怀涛）

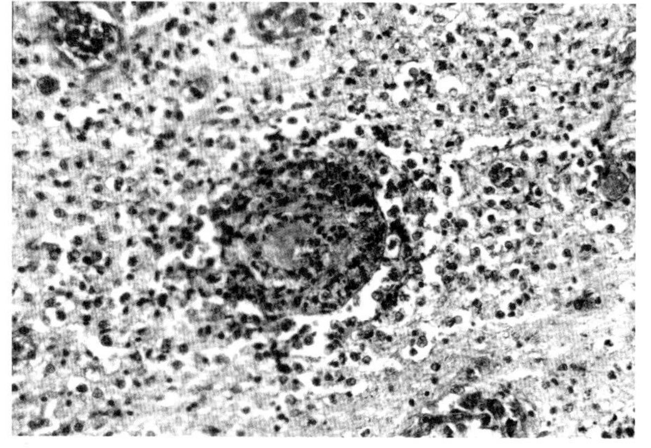

图12-36　脑胶质细胞结节

脑血管内皮与外膜细胞增生，管腔内有大量中性粒细胞，以血管为中心有大量胶质细胞增生，形成结节。HE×400（陈怀涛）

二十一、犬巴贝斯虫病

临诊病理变化为间歇热型、贫血与血红蛋白尿。

特征病变为肝、脾、肾肿大，红细胞中有大量巴贝斯虫寄生（图12-37、图12-38）。

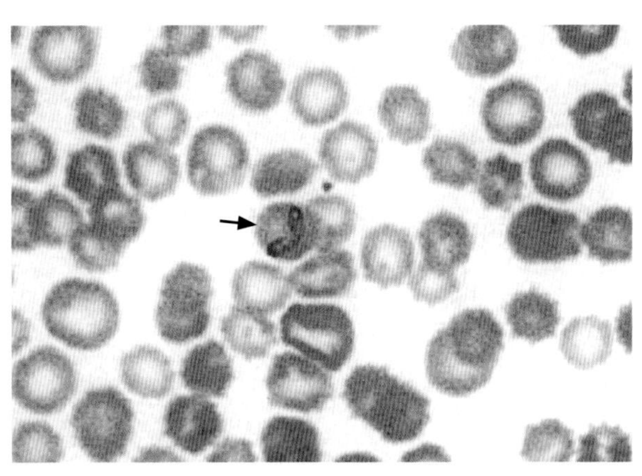

图12-37　犬巴贝斯虫

虫体在红细胞内常呈典型的成对梨籽形，尖端以锐角相连。（张浩吉）

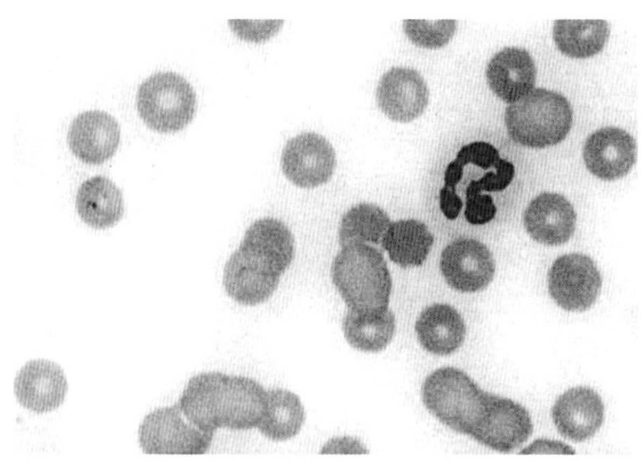

图12-38　吉氏巴贝斯虫

这是一种小型虫体，在红细胞内呈多形性，以圆点状、指环形及小杆形多见。（张浩吉）

二十二、犬锥虫病

临诊病理变化为体温升高，贫血，黏膜黄染，血红蛋白减少，血沉加快，体躯下部与四肢皮下水肿。

特征病变包括：皮下胶样水肿，血液稀薄、凝固不良，体腔积液，浆膜、黏膜、内脏器官多发性出血，脾肿大、脾髓呈铁锈色，全身淋巴结呈髓样肿胀，卡他-出血性胃肠炎、支气管肺炎。镜检，心肌、脑等多器官组织充血、出血、水肿。肝、脾、淋巴结有大量含铁血黄素沉着（图12-40、图12-41）。

由于病原伊氏锥虫寄生于造血器官、血浆和淋巴液中，因此可取血液、骨髓液、脊髓液涂片、染色检查虫体，或采血混于2倍生理盐水中置于玻片上，观察有无活动的虫体（图12-39）。

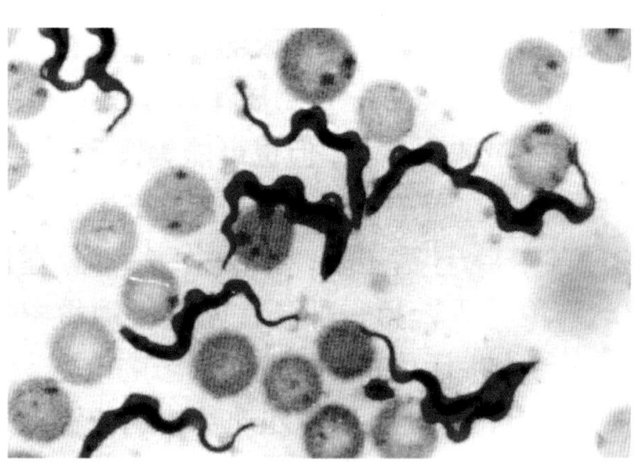

图12-39　伊氏锥虫的形态

虫体呈柳叶状，中央有椭圆形的核，虫体后端有动基体，呈点状或杆状。（李祥瑞. 动物寄生虫病彩色图谱. 北京：中国农业出版社，2004）

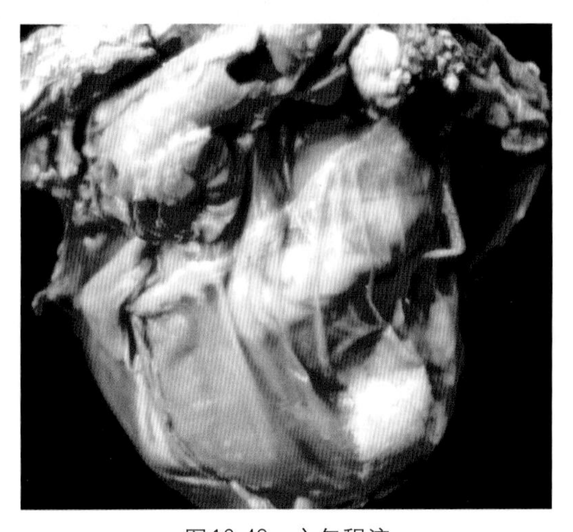

图12-40　心包积液

心包腔积液、扩张。（甘肃农业大学兽医病理室）

图12-41　肺　炎

肺瘀血肿大，并见灰白、灰红色肺炎灶。（甘肃农业大学兽医病理室）

二十三、犬心丝虫病

病原体为犬恶丝虫（*Dirofilaria immitis*），主要寄生于犬的右心室和肺动脉。成虫所产微丝蚴随血流可到达全身。当虫体数量多时，病犬表现易疲劳，脉搏细微，有心杂音，并伴以腹水和呼吸困难，后期出现贫血和消瘦。

特征病变为右心室和肺动脉中可见大量犬恶丝虫寄生。右心室肥大、扩张，心腱索常有虫体缠绕。心内膜增生、肥厚。腔静脉与静脉系统严重瘀血。肺动脉及其分支也可见虫体引起的内膜增生甚至管腔堵塞等变化。肺常发生萎陷、贫血和炎症。严重病例丝虫可侵入腔静脉，引起腔静脉和肝静脉硬化。此外，也可见结节性皮肤病、间质性肾炎等病变。

二十四、疥螨病

主要发生于幼犬，由犬疥螨（*Sarcoptes scabiei canis*）寄生于皮肤引起。病变先发生在头部，后扩展至全身皮肤，表现局部剧痒、红斑、渗出、脱屑、增厚与脱毛。此外，犬还可感染耳疥螨（背肛螨），所致病变主要位于鼻梁、耳部和眼周围皮肤。如耳疥螨与耳痒螨混合寄生时，统称为犬耳螨病（图12-42至图12-44）。

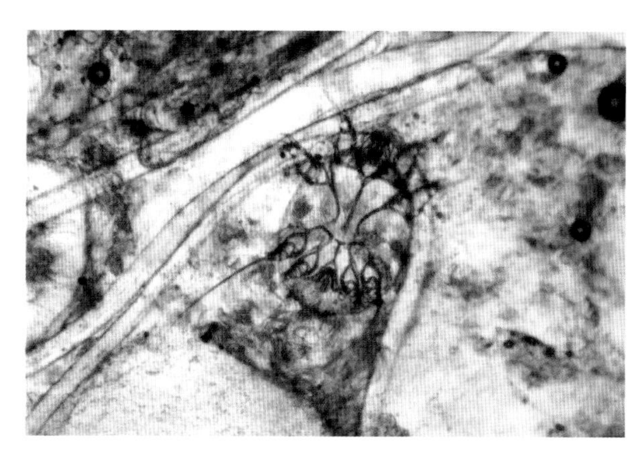

图12-42　犬皮肤刮取物中的疥螨

刮取物经10% KOH溶液透明，镜下可见疥螨呈圆形，微黄白色，大小不超过0.5mm，有肢4对。HE×500（范开　董军）

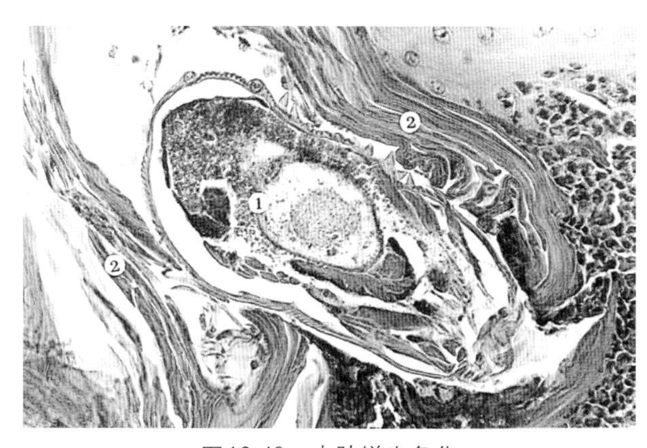

图12-43　皮肤增生角化

1. 表皮内螨的切面　2. 过度增生角化的皮肤　HE×400（刘宝岩）

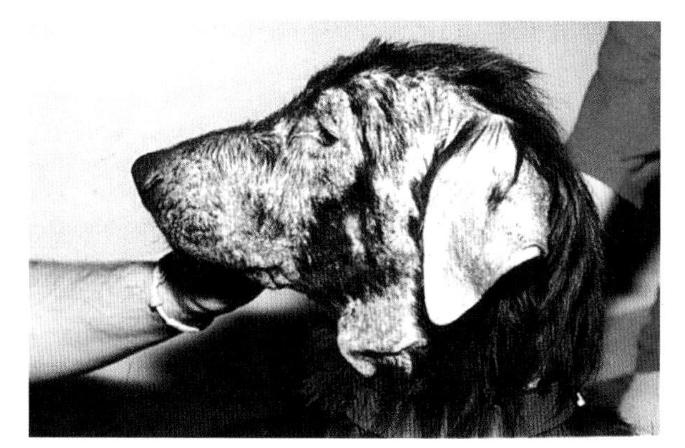

图12-44　增生性皮炎

犬头部皮肤的泛发性结节、痂皮及脱毛。（齐长明译．小动物皮肤病彩色图谱与治疗指南．北京：中国农业大学出版社，2006）

二十五、耳痒螨病

病原为犬耳痒螨（*Ocdectes canis*），引起外耳道的损伤和炎症，患病犬、猫耳部瘙痒、摇头、抓耳与摩擦。特征病变为耳部肿胀、破损，外耳道有渗出物、出血，甚至形成棕黑色厚痂皮（图12-45、图12-46）。

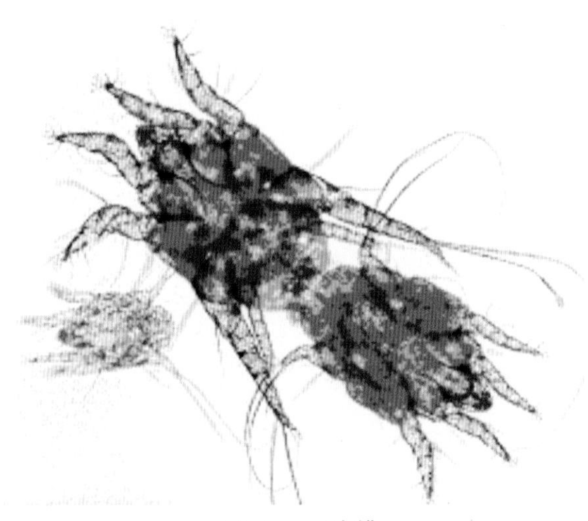

图12-45　耳痒螨

犬皮肤刮取物中的耳痒螨。雄虫体长0.35 ～ 0.38mm，第三对足的末端有4根细长毛；雌虫体长0.45 ～ 0.53mm。（张浩吉）

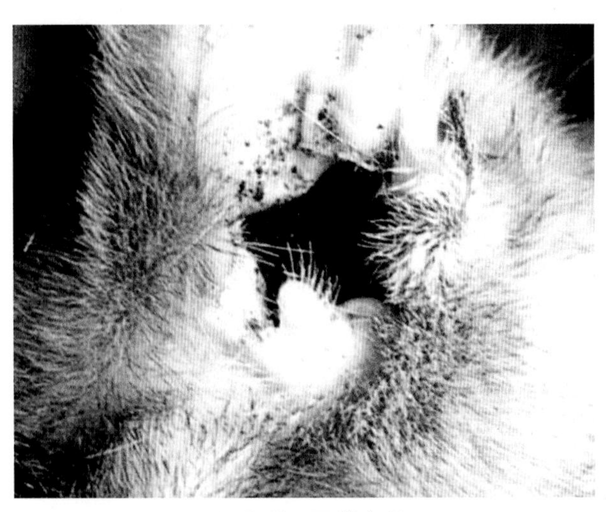

图12-46　耳道皮炎

猫典型的外耳道皮炎：外耳道内有大量黑褐色痂皮样渗出物积聚。（齐长明译. 小动物皮肤病彩色图谱与治疗指南. 北京：中国农业大学出版社，2006）

二十六、蠕形螨病

病原为犬蠕形螨（*Demdex canis*），寄生部位为犬的皮脂腺和毛囊。5 ～ 6月龄的幼犬多发，病变主要见于面部，表现病部脱毛、皮脂溢出，呈银白色，具黏性，散发臭味。毛囊先呈红色结节，继之发展为脓疱，甚至形成脓肿（图12-47、图12-48）。镜检，毛囊和皮脂腺明显扩张，内含大量脓细胞和坏死的组织碎屑，其中也可发现蠕形螨（图12-49、图12-50）。病原体的检查方法：切开皮肤结节或脓疱，挤出脓汁，加少量水稀释，镜检，以发现虫体和虫卵。

图12-47　幼犬皮炎

鼻、面部脱毛，四肢下部脱毛、浮肿。（周庆国）

图12-48　成犬皮炎

全身大范围脱毛并附有大量皮屑。（周庆国）

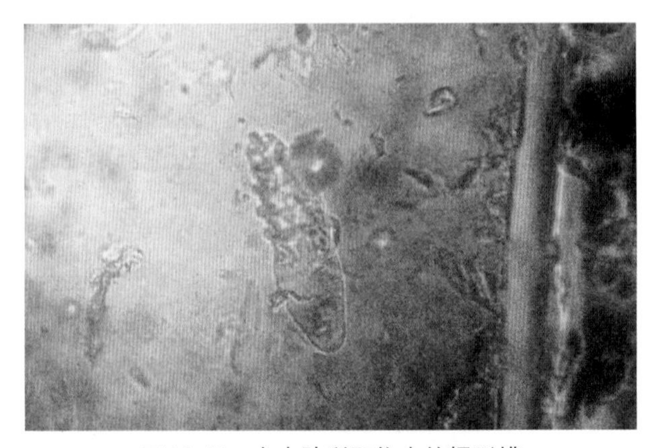

图12-49　犬皮肤刮取物中的蠕形螨

蠕形螨呈蠕虫状，一般体长250 ～ 300μm，外形分为颚体、足体和后体三部分。（郭宝发）

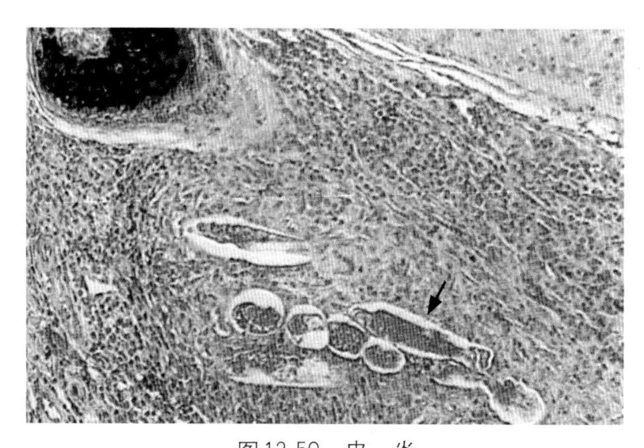

图12-50　皮　炎

病犬毛囊内寄生的蠕形螨（↑），毛囊上皮增生并有嗜酸性粒细胞浸润。HE×200（刘宝岩等）

二十七、旋毛虫病

这是由旋毛形线虫（*Trichinella spiralis*）的成虫和幼虫引起人兽共患的一种寄生虫病。犬、猫也易感染。猪、犬、猫可成为动物间传播本病的重要宿主。成虫寄生于肠管，引起卡他性肠炎；幼虫寄生于横纹肌，尤其活动较强的肌肉（如膈肌、咬肌、舌肌、喉肌等），特别是肌肉组织过渡到肌腱和腱膜的部位。偶见于其他组织器官，如肌肉表面的脂肪、脑、脊髓等处。临诊病理变化为发热、呕吐、腹泻、肌肉疼痛等。幼虫细小，肉眼很难看到，常用放大镜或显微镜检查。被侵肌肉可发生变性、横纹消失甚至均质化。幼虫入侵肌肉时呈直杆状位于肌细胞之间，9d左右贴附于肌细胞壁上，12d后侵入肌细胞内，但仍为直杆状，随后逐渐卷曲。感染后约18d，虫体充分卷曲，位于膨大的梭形肌腔中，但未形成包囊。这种幼虫具有感染人和动物的能力。感染后第45 ~ 50天，虫体周围形成包囊。如虫体死亡，则发生钙化、机化等变化。肌旋毛虫的形态可参见猪旋毛虫病。

二十八、犬、猫肝簇虫病

病原为原虫，即犬肝簇虫（*Hepatozoon canis*）和猫肝簇虫（*Hepatozoon felis*）。寄生部位为肠道。患病动物表现发热、贫血、血痢、渐进性消瘦和后躯麻痹。特征病变为卡他性或卡他-出血性肠炎，肝、脾、肺、淋巴结、心肌有散在性变性、坏死灶，肝、脾、骨髓等血管内皮细胞内有裂殖体。血液涂片可检出寄生于白细胞内的配子体。

二十九、中线绦虫病

中线绦虫（*Mesocestoides lineatus*）寄生于犬、猫的小肠。虫体长30 ~ 250cm，呈乳白色，头节无顶突和小钩，有4个圆形吸盘。孕节含有成熟虫卵。本病常无明显症状或仅表现消化不良。特征病变为卡他性小肠炎和腹膜炎，小肠内可见中线绦虫虫体。

三十、尿石病

患病动物表现尿频、排尿困难、尿痛、尿血甚至继发尿毒症。特征病变为公犬、公猫外生殖器附近和下腹部皮下充血、出血、水肿。肾盂、膀胱、尿道中可发现大小、数量不等的结石，局部黏膜充血、出血或发生坏死、溃疡。公犬的尿石易梗阻于骨性阴茎近端，而公猫的尿石则可出现于尿道的任何部位。因此剖检时应特别注意检查这些部位（图12-51）。

图12-51　肾盂结石

在一只病犬肾盂中有一大块结石和较多细粒状结石。（周方军）

三十一、佝偻病

主要为幼犬发病，由于维生素D缺乏、钙与磷缺乏或其比例失调所引起。临诊病理变化为骨骼软化、变形，异食癖，血浆碱性磷酸酶明显升高，血清磷水平低于正常，血钙变化不明显，仅在病的后期有所降低。特征病变为长骨弯曲，骨端膨大，骨质变软，肋软骨与肋骨连接处膨大呈串珠状（佝偻珠）。出牙不整齐，排列错乱，容易磨损（图12-52）。镜检，未钙化的类骨组织增多，软骨内骨化障碍，成骨组织中钙盐减少。

图12-52　关节变形

前肢腕关节呈内弧形屈曲。（周庆国）

三十二、有机磷农药中毒

临诊病理变化为流涎、出汗、呕吐、腹痛、腹泻、瞳孔缩小、肌肉震颤、呼吸急促；血浆、血液和有些组织（脑、肝、肾、心）中胆碱酯酶活性降低。在乳、尿和中毒死亡的动物胃内容物中可检测到有机磷。毒物经食入中毒死亡者，其特征病变为胃内容物可嗅到某些有机磷农药的特殊气味，如马拉硫磷、甲基对硫磷、内吸磷具有蒜臭味，对硫磷为韭菜味，八甲磷有椒味。胃与小肠黏膜充血、肿胀、出血，也可见糜烂。肺瘀血、水肿、出血、气肿，细支气管平滑肌增厚，管腔狭窄，其黏膜呈皱褶状向管腔突出，形成花边状外观。右心扩张，心腔积血，心肌变性，肌束间充血、水肿。镜检，胃肠黏膜上皮细胞变性、坏死、脱落，固有层与黏膜下层充血、出血、水肿、中性粒细胞浸润。肠壁肌层尤其小肠纵行肌层明显收缩。肝、肾充血、水肿，上皮细胞严重变性。神经毒损害的特征为运动神经（脊神经与坐骨神经）呈轴突变性和脱髓鞘变化（图12-53）。

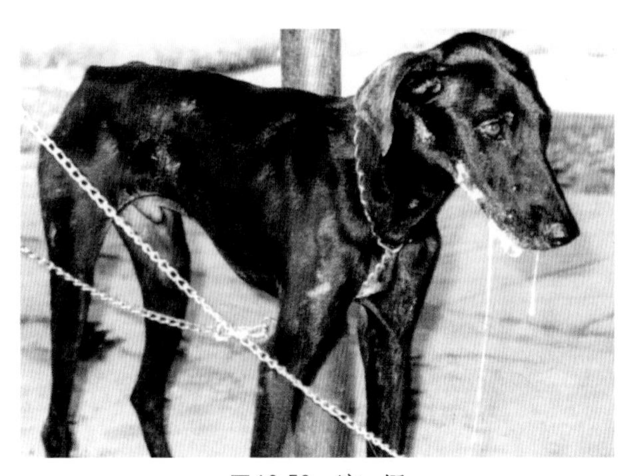

图12-53　流　涎

轻度中毒时病犬见大量流涎，其他症状不严重。（王春璈）

三十三、氟中毒

急性中毒　流涎、呕吐、腹痛、腹泻、呼吸困难、抽搐和胃肠炎变化（图12-54）。
慢性中毒　氟斑牙，门、臼齿过度磨损，骨质疏松。详细资料可参见牛羊氟中毒。

三十四、阴道增生

见于某些品种年轻母犬的发情前期和发情期，因雌激素分泌过多致使阴道底壁黏膜水肿、过度增生并向后脱垂。

特征病变为阴唇肿胀、充血，阴道内见圆球状粉红色增生物，表面光滑或有皱襞，增生物大时可脱出阴门外。增生物背侧有数条纵形皱襞，皱襞向前延伸至阴道底壁，或与阴道皱襞相接。增生物腹侧终止于尿道乳头前方（图12-55）。镜检，增生物黏膜表面为大量角化细胞和复层鳞状细胞，与正常发情时阴道黏膜的增生、脱落变化相似。动物患病时表现努责，坐立不安，排尿呈下蹲姿势，从阴道流出淡红色液体。

图12-54　四肢痉挛

病猫持续尖叫，四肢阵发性痉挛，尾巴竖起，口鼻出血。（周庆国）

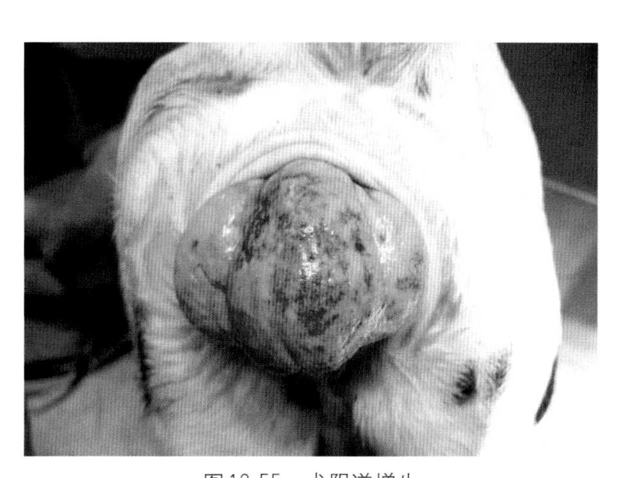

图12-55　犬阴道增生

脱出于阴门外的阴道增生物有明显出血和水肿。（周庆国）

三十五、子宫积脓

2岁以上的成年母犬多发，表现为精神沉郁、体温升高、腹痛、阴道流出脓性分泌物。眼观，子宫体积增大，触摸有波动感，其中有淡黄、黄绿或褐红色脓液。脓液稀薄或浓稠。黏膜粗糙、污秽，有脓性坏死物，常见糜烂、溃疡。脓液大量积聚时子宫壁变薄，反之则肥厚。镜检，呈化脓性子宫内膜炎变化（图12-56）。

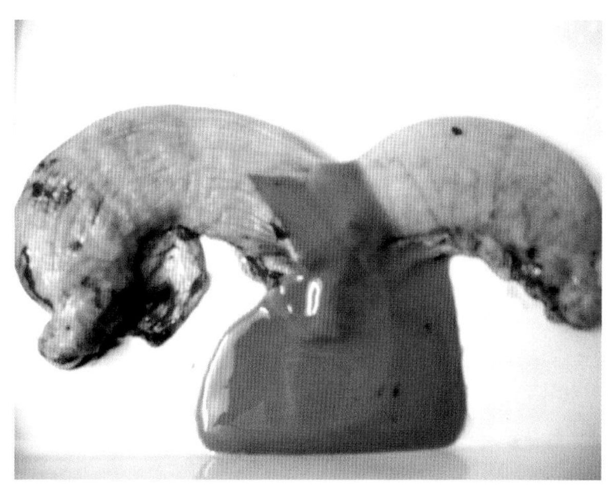

图12-56　子宫积脓

积脓子宫切开后，见内容物灰红，呈稀糊状。（周庆国）

第十三章　马属动物的疾病

一、炭疽

当怀疑病畜死于炭疽时，严禁剖检。生前可采血涂片染色，检查炭疽杆菌。

本病多呈急性经过，临诊表现发热，可视黏膜发绀，腹痛，也可见血尿、血便。

特征病变为：败血型——尸僵不全或缺如，天然孔出血，血液浓稠、凝固不良，呈煤焦油样。出血性素质。浆膜腔有淡红色渗出液。皮下及多处结缔组织呈出血性胶样浸润。败血脾。痈型——炭疽痈多见于肠（尤其小肠）、皮肤，偶见于肺，局部呈浆液-出血性或出血-坏死性炎症变化（图13-1）。

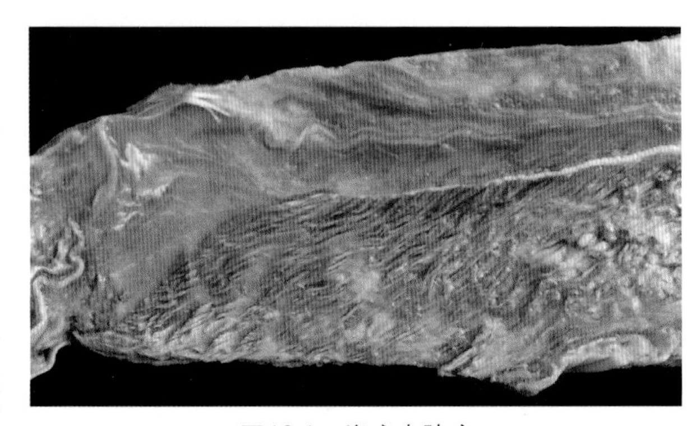

图13-1　炭疽皮肤痈

皮下组织呈出血性胶样浸润。（甘肃农业大学兽医病理室）

二、鼻疽

驴对本病易感，常呈急性经过；骡次之；马多呈慢性经过。病变常位于肺、鼻腔和皮肤。

特征病变为肺的鼻疽结节和鼻疽性支气管肺炎，皮肤与鼻黏膜的鼻疽结节、溃疡和瘢痕形成。

肺鼻疽

鼻疽结节：渗出性结节——粟粒至黄豆大，其中心为灰黄色脓样坏死物，周围有一透亮的红晕。镜检，结节中心为坏死的组织和大量变性坏死的中性粒细胞，周围为浆液-纤维素性炎症。增生性结节——针头至粟粒大，中心为灰黄色干酪样坏死物，偶见钙化，外围是一层灰白色包囊。镜检，结节中心为一堆深染苏木精的中性粒细胞核碎片，其周围是大量上皮样细胞和散在的个别多核巨细胞，最外是结缔组织包囊，其中有淋巴细胞浸润（图13-5、图13-7、图13-9）。

鼻疽性支气管肺炎：为鼻疽的严重阶段，肺炎有明显的渗出和化脓、坏死倾向。眼观肺炎组织中可见针尖至黄豆大的黄白色化脓-坏死灶（图13-8）。

鼻腔鼻疽　病变包括鼻腔黏膜的鼻疽结节、溃疡和瘢痕形成。结节为渗出性，和肺的渗出性鼻疽结节变化相似，但表面的黏膜可发生坏死、破溃化脓，形成糜烂或火山口状溃疡。溃疡可使鼻中隔穿孔。在黏膜糜烂、溃疡的外周，肉芽组织向中心增生、愈合，最后结缔组织收缩，形成星芒状、放射状或冰花样的特异瘢痕（图13-2至图13-4）。

皮肤鼻疽　病变表现为结节和结节破溃后形成的溃疡。皮肤创伤直接感染时病变位于鼻、唇部。病菌血源性播散时发生四肢和胸、腹下皮肤的病变。结节常沿淋巴管分布或呈串珠状，淋巴管也发炎增粗。结节大小不等，大者可达榛子大，当其化脓破溃后，则形成火山口状溃疡。溃疡可发展为蜂窝织炎，动物终因败血症而死亡。但机体抵抗力增强时，广泛的皮下水肿可引起结缔组织增生，使皮肤增厚，患肢变粗，形成“象皮病”。

鼻疽病变也可见于肝、脾等脏器（图13-6）。

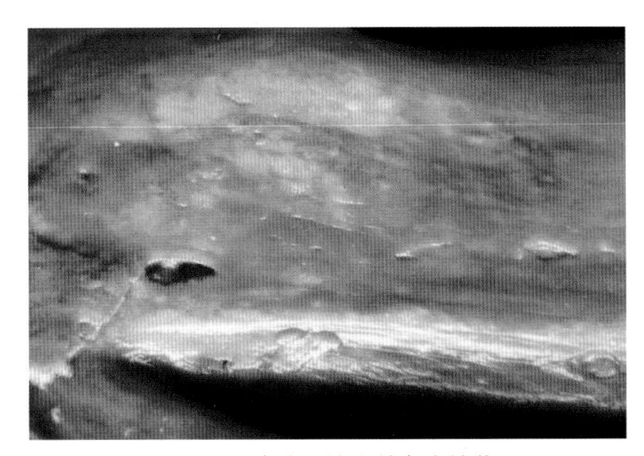

图13-2　鼻中隔渗出性鼻疽结节

鼻中隔上散在粟粒大、灰白色、微突起的渗出性鼻疽结节。其周围常有红晕。（甘肃农业大学兽医病理室）

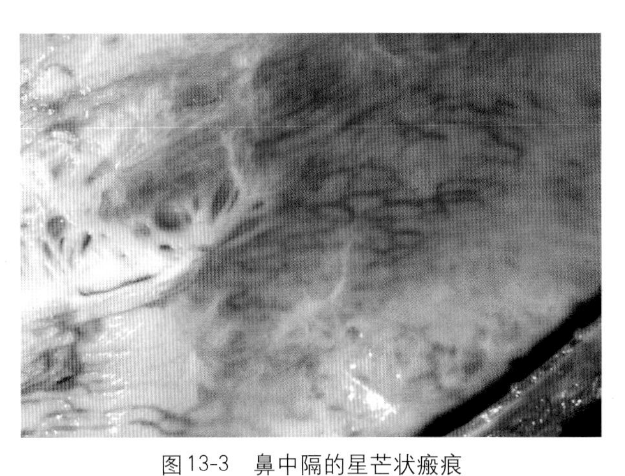

图13-3　鼻中隔的星芒状瘢痕

鼻中隔上的糜烂和溃疡被修复后，形成大小不等的星芒状瘢痕。（甘肃农业大学兽医病理室）

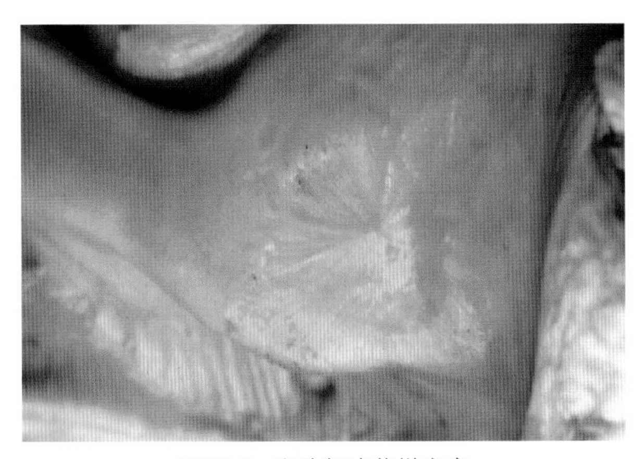

图13-4　喉头部冰花样瘢痕

喉头部糜烂和溃疡修复后，形成的放射状冰花样瘢痕。（甘肃农业大学兽医病理室）

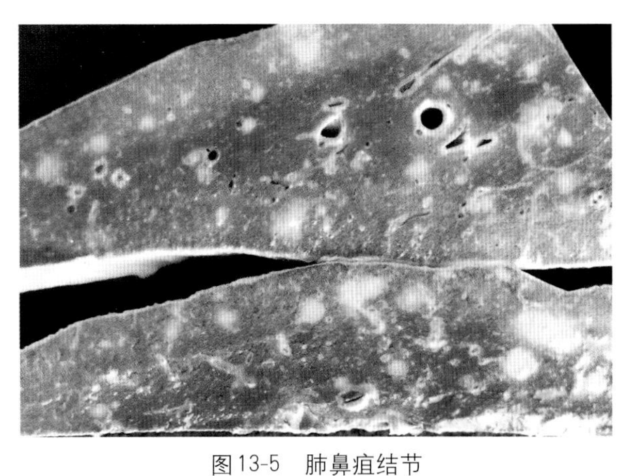

图13-5　肺鼻疽结节

肺脏渗出性鼻疽结节和鼻疽性肺炎：炎症区呈暗红色，质地硬实，其中散在针头、粟粒乃至豌豆大的黄白色鼻疽结节。（甘肃农业大学兽医病理室）

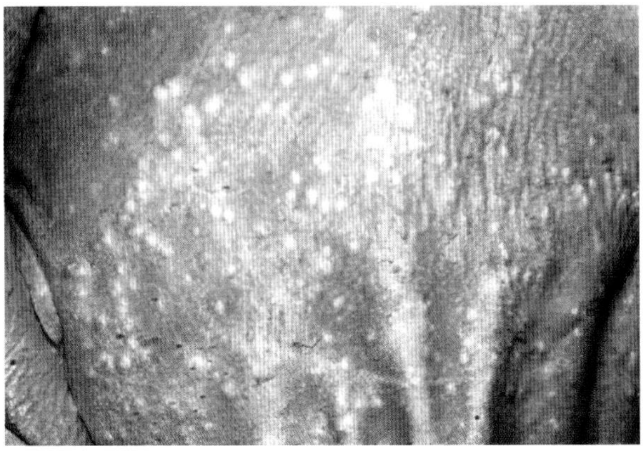

图13-6　肝增生性鼻疽结节

马肝脏被膜上散布灰白色增生性鼻疽结节。（甘肃农业大学兽医病理室）

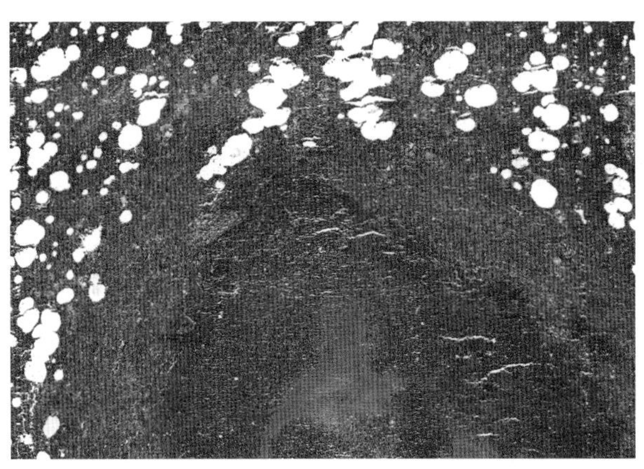

图13-7　肺渗出性鼻疽结节的组织结构

结节的中央部肺组织坏死崩解，局部积聚大量崩解的中性粒细胞核碎片，坏死灶外围可见肺组织充血和炎性水肿。本图仅显示结节的上半部。HE × 100（陈怀涛）

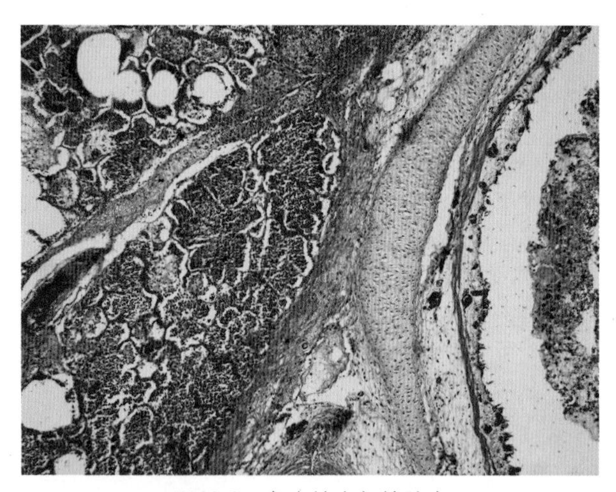

图13-8　鼻疽性支气管肺炎

支气管黏膜变性坏死，管腔中有许多炎性细胞和脱落的上皮细胞，小叶间水肿增宽，肺泡中有大量中性粒细胞，其中有些已发生坏死。HE×100（陈怀涛）

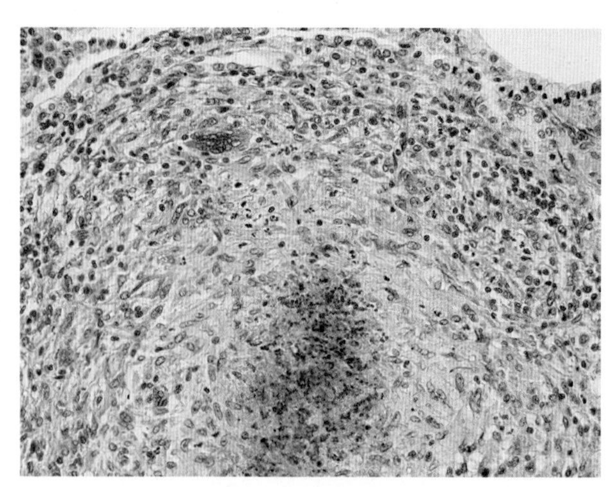

图13-9　肺增生性鼻疽结节的组织结构

增生性结节中央为坏死灶，有大量核碎片，坏死灶外围是大量上皮样细胞和多核巨细胞构成的特异性肉芽组织，最外围是结缔组织，其中有淋巴细胞浸润。HEA×400（罗马尼亚布加勒斯特农学院兽医病理室）

三、流行性淋巴管炎

特征病变为四肢、头部与胸侧部的皮肤出现大小不等的灰白色圆形结节，其表面扁平，质地硬实。镜检，结节是由多种细胞构成的肉芽肿，包括成纤维细胞、巨噬细胞、上皮样细胞、多核巨细胞、淋巴细胞和浆细胞等。在吞噬细胞的胞质中和细胞间隙可发现椭圆形病原菌伪皮疽组织胞浆菌（*Histoplasma farciminosus*）（图13-10）。随病变发展，结节化脓，形成脓肿，随后破溃形成溃疡。病菌入侵、蔓延途径上的淋巴管发生淋巴管炎和淋巴管周围炎，故淋巴管变得粗硬如绳索状，切面有脓样物流出。镜检，淋巴管内皮细胞肿胀、变性、坏死、脱落，管腔扩张，腔内有变性、坏死的中性粒细胞、淋巴细胞、巨噬细胞和病原菌等。淋巴管外周结缔组织增生。下颌、颈浅、髂下、腹股沟浅等淋巴结肿大，切面见灰黄色坏死化脓灶。镜检，在淋巴组织的坏死化脓灶中，可见大量病原菌和脓细胞。病灶周围见较多巨噬细胞、淋巴细胞和浆细胞。口腔、上呼吸道、生殖道黏膜也可见化脓性结节。

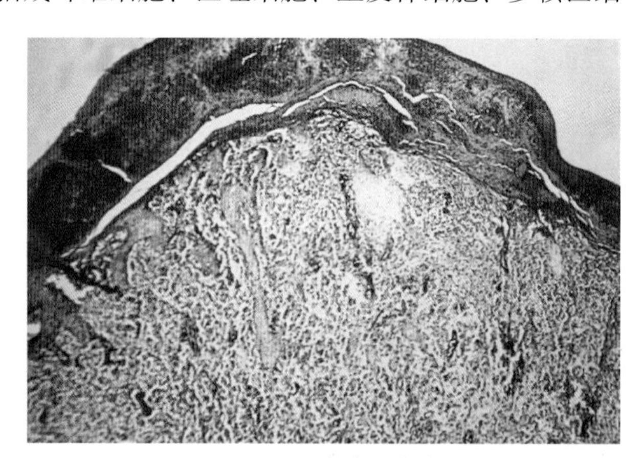

图13-10　皮肤肉芽肿

马流行性淋巴管炎皮肤肉芽肿，表层因增生而变厚，肉芽肿中除结缔组织外，还夹杂有巨噬细胞、中性粒细胞和嗜酸性粒细胞等，在巨噬细胞内及结缔组织中可见病原体。HE×100（高丰）

四、溃疡性淋巴管炎

特征病变为后肢球节部沿淋巴管的皮肤形成结节状、条索状及溃疡性病变。结节化脓破溃形成溃疡。脓汁浓稠呈干酪样。溃疡边缘不整齐，以后也可形成结节状瘢痕。镜检，小结节主要由中性粒细胞和巨噬细胞构成。采取未破溃的脓肿脓汁涂片镜检，可发现革兰氏阳性绵羊棒状杆菌（假结核棒状杆菌）。

五、马腺疫

病马表现体温升高，流黏脓性鼻液，下颌淋巴结或咽后淋巴结化脓肿大或破溃流脓。特征病变为卡他-化脓性鼻炎与急性化脓性淋巴结炎。取脓汁或鼻液涂片，经骆氏美蓝液或稀释复红液染色，可发现长链状排列的马腺疫链球菌。

六、葡萄球菌病

特征病变为皮下、去势后的精索断端与内脏器官出现纤维瘤样肉芽肿结节，其中有化脓性软化灶或脓肿和瘘管。脓液中含有砂粒样颗粒，其组织结构为中心是葡萄球菌团块，周围是中性粒细胞，最外是结缔组织构成的脓膜。脓液细菌检查可确定金黄色葡萄球菌。

七、沙门氏菌病

妊娠母马常于怀孕第4 ～ 8个月发生流产。流产的死亡胎儿呈败血症变化。幼驹表现为四肢关节炎、肠炎和肺炎。公马表现为化脓性睾丸炎和鬐甲脓肿。从流产母马阴道分泌物、流产胎儿、病马病变部位的渗出物取材进行细菌检查，病原为马流产沙门氏菌（*Salmonella abortus equi*）。也可检查母马血清凝集素。

八、幼驹大肠杆菌病

主要为2 ～ 3日龄的新生幼驹发病，表现为发热、剧烈腹泻、排出含多量黏液的灰白色液状粪便。慢性者见关节肿大和跛行。特征病变为卡他-出血性胃肠炎和败血症。

九、坏死杆菌病

特征病变为系部坏死性皮炎和蹄部蜂窝织炎（腐蹄病）。如局部病变发展而致病畜死亡时，在肺甚至肝，可见黄褐色圆块状坏死灶，其周围有红色炎性反应带。

十、马接触传染性子宫炎

病母马表现发情异常，发情期缩短，不孕，流产，从阴道流出黏稠的灰白色分泌物。特征病变为化脓-黏液性子宫内膜炎、子宫颈炎和阴道炎。由于黏膜上皮细胞发生严重黏液变性、坏死与脱落，固有层充血、水肿与炎性细胞（中性粒细胞、巨噬细胞与浆细胞）浸润，故子宫、子宫颈、阴道黏膜暗红、肿胀，子宫内膜呈玻璃样外观，子宫腺开口处常有大小不等的溃疡灶。子宫与阴道内积有大量黏稠、灰白色分泌物。

本病病变典型，可作为诊断重要依据。同时可分离病原菌确诊。本病病原马生殖道泰勒氏菌（*Taylorella eguigenitalis*）为有荚膜的革兰氏阴性球杆菌。

十一、结核病

马对结核病抵抗力较强，发病较少，多表现为增生性结核结节。由于生前常无明显症状，故只在屠宰后检查发现结节病变时才引起对本病的怀疑。镜检，结节主要由上皮样细胞和巨细胞组成（图13-11）。

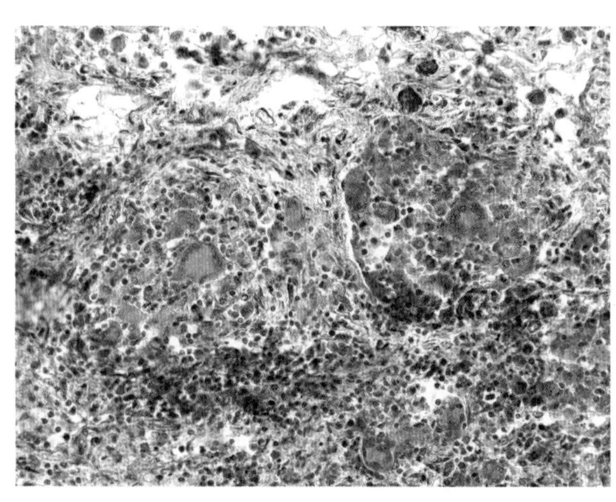

图13-11 增生性结核结节

马肺的增生性结核结节，由大量上皮样细胞和朗汉斯巨细胞构成。HEA×400（罗马尼亚布加勒斯特农学院兽医病理室）

十二、布鲁氏菌病

特征病变为头后的颈部脓肿和“鬐甲瘘”，有的病例伴发关节炎和腱鞘炎。

十三、钩端螺旋体病

出血黄疸型时，病畜表现高热、贫血、黄疸、血红蛋白尿等。特征病变为皮肤出现片状脱毛区，皮下水肿，体腔积液，实质器官肿大、出血。

波莫纳型时，尚见周期性眼炎、瞳孔变形、失明等变化。

确诊须做病原体检查（见猪、犬钩端螺旋体病）。

十四、鼻孢子菌病

病原为希伯氏鼻孢子菌（*Rhinosporidium seeber*）。特征病变为鼻黏膜的慢性乳头瘤样或息肉样肉芽肿性病变。

这种增生性病变常为一侧性，单发或多发，呈乳头状或花椰菜状，质软，色淡红，易出血。增生物的表面和切面，均见许多小白点（孢子囊）。镜检，增生物被覆上皮完整，其中主要由纤维或纤维黏液样组织构成，基质中有大小不等和发育阶段不同的孢子囊和孢子，附近一般无炎症反应。但孢子脱离孢子囊进入组织中时，多引起中性粒细胞浸润、局部组织坏死及脓肿形成。但最常见的是以淋巴细胞和浆细胞浸润为主的慢性炎症反应。在孢子囊外壳周围可出现上皮样细胞和多核巨细胞反应，或见肉芽组织增生和瘢痕形成。当组织切片中只见内孢子，而未见孢子囊时，易误认为是球孢子菌病，注意鉴别。方法是用黏蛋白卡红染色，能使鼻孢子菌孢壁染成红色，而球孢子菌则不能。

十五、孢子丝菌病

由申克孢子丝菌（*Sporotrichum schenckii*）在损伤皮肤或附近淋巴管引起的一种慢性肉芽肿性真菌病。其特征病变为，在四肢或胸腹部皮肤与皮下形成圆形结节，以后结节化脓、破溃，形成难以愈合的溃疡。镜检，皮肤表皮坏死，真皮见由少量中性粒细胞、上皮样细胞和多核巨细胞组成的肉芽肿。而皮下的结节（肉芽肿），其中心为崩解的中性粒细胞和坏死组织，有时可见星状体，外周为上皮样细胞和多核巨细胞，最外层为成纤维细胞、淋巴细胞和浆细胞。用PAS染色，在上皮样细胞和巨细胞内、外，可见红色的梭形、圆形和雪茄烟形孢子。

本菌为一种双相性真菌，在室温培养时为菌丝型，在组织中呈酵母型。病变组织（坏死组织、脓汁、肉芽肿）中的酵母型呈圆形、梭形和雪茄烟形，大小为（3 ~ 7）μm×（1 ~ 2）μm，芽生繁殖，革兰氏阳性。有时可见星状体。星状体的中央呈球形，直径5 ～ 10μm（偶见单芽或3 ～ 4个排列成串状的酵母细胞），周围有长短不一的突起状嗜酸性物质。这种物质为糖蛋白，认为是抗原抗体复合物沉着在酵母细胞表面所形成的，能引起慢性炎症。这种复合物的一部分从星状体脱落下来，进入淋巴或血液而堵塞肺泡隔和肾小球毛细血管，即可引起急性免疫复合物疾病。

十六、马传染性贫血

急性　病畜呈稽留热型，贫血，黄疸，败血症（出血性素质，皮下水肿与体腔积液，实质器官变性、坏死等），淋巴、造血系统与单核巨噬系统的细胞坏死，铁代谢障碍（图13-12至图13-15）。

慢性　病畜呈间歇热型或不规则发热，消瘦，贫血，淋巴、造血系统与单核巨噬系统的细胞有程度不等的增生，铁代谢障碍，实质器官细胞坏死变化减轻，但有较多淋巴细胞浸润（图13-16、图13-17）。

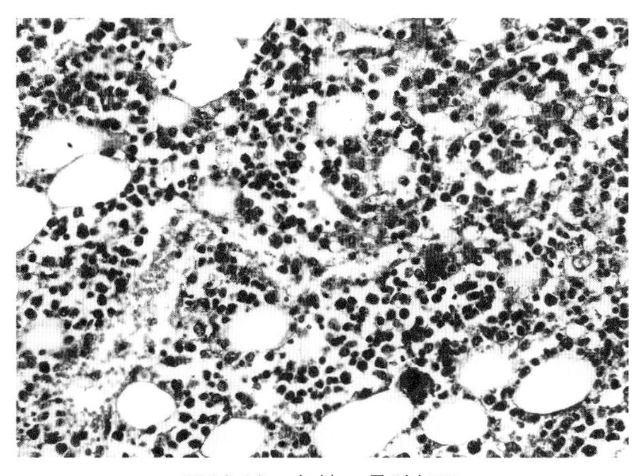

图13-12　急性：骨髓坏死

急性马传贫时见骨髓细胞发生核浓缩或破碎溶解，骨髓组织中也见单核细胞增生。HE×400（甘肃农业大学兽医病理室）

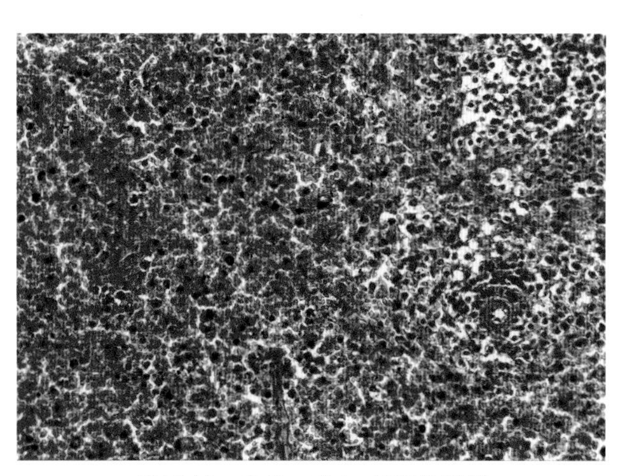

图13-13　急性：出血-坏死性脾炎

脾红髓中有大量红细胞，仅残留少量淋巴细胞、网状细胞和巨噬细胞，吞铁细胞明显减少。白髓变小，仅在中央动脉附近有少量淋巴细胞。HE×400（陈怀涛）

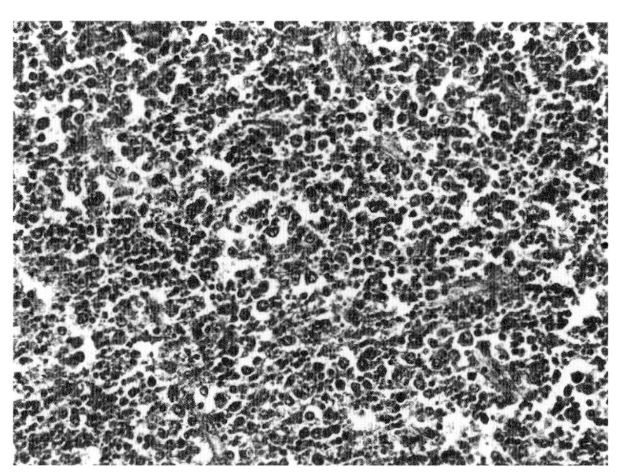

图13-14　急性：坏死性淋巴结炎

淋巴小结的生发中心及周边均发生坏死，淋巴细胞表现核浓缩、核破碎和溶解，并有出血和水肿。淋巴结中可见原淋巴细胞增生，巨噬细胞增多并吞噬变性坏死的淋巴细胞。HE×400（陈怀涛）

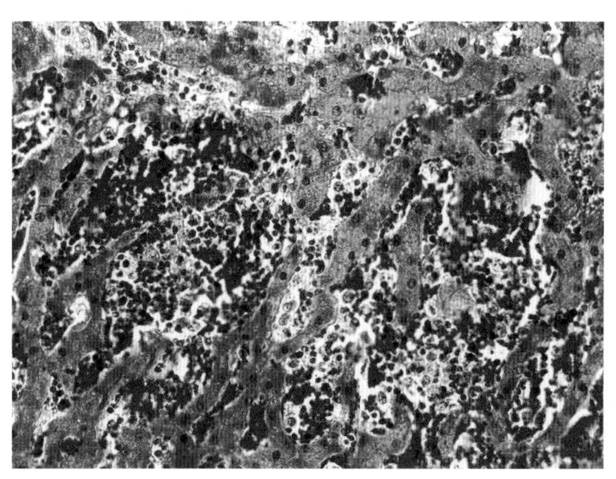

图13-15　急性：肝瘀血、变性

肝小叶中央静脉及附近的肝窦高度扩张、瘀血，肝细胞颗粒变性，枯否氏细胞出现程度不同的活化、增生，有的脱落于肝窦中，在汇管区和肝窦中有不少淋巴细胞和巨噬细胞浸润。HE×400（陈怀涛）

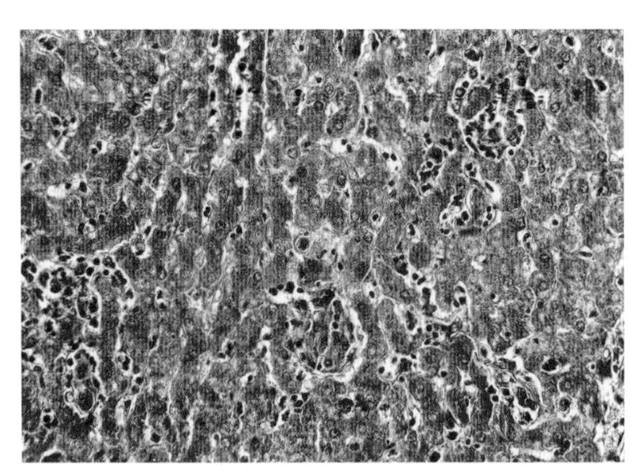

图13-16　慢性：肝窦内皮细胞增生

慢性重症型时，见肝细胞颗粒变性，肝窦内皮细胞活化、增生，中央静脉和肝窦中有较多淋巴细胞呈灶状积聚。HE×400（陈怀涛）

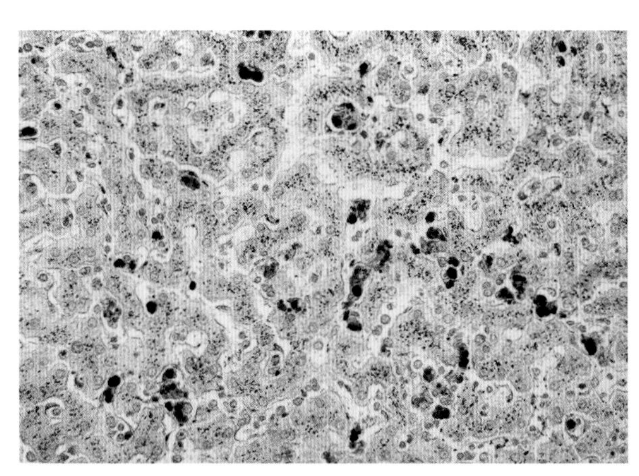

图13-17　慢性：吞铁细胞

慢性重症型时，见肝细胞变性、肿大，肝窦内皮细胞活化、增生，并见细胞质内有含铁血黄素颗粒（呈蓝色）的巨噬细胞，即吞铁细胞（铁反应阳性）。普鲁士蓝×400（陈怀涛）

十七、非洲马瘟

发热型　中度发热，呼吸、心律加快，可很快康复。无特征病变。

肺型　高热，呼吸困难，鼻孔有泡沫液体流出，大汗，终因窒息而死亡。特征病变为肺水肿，间质增宽。支气管黏膜充血、出血、肿胀，管腔充满白色泡沫状液体。胸腔积液。纵隔水肿（图13-19）。

心型　体温升高。特征病变为全身水肿（口唇、眼睑、颊、舌、眶上窝等头部与颈部水肿明显），水肿部切面呈黄白色胶冻样。心肌见弥漫性坏死灶。心包积液。心内外膜、肠系膜、腹膜、肌肉等组织有明显出血（图13-18、图13-20）。

混合型　少见。表现肺型与心型的混合性病变。

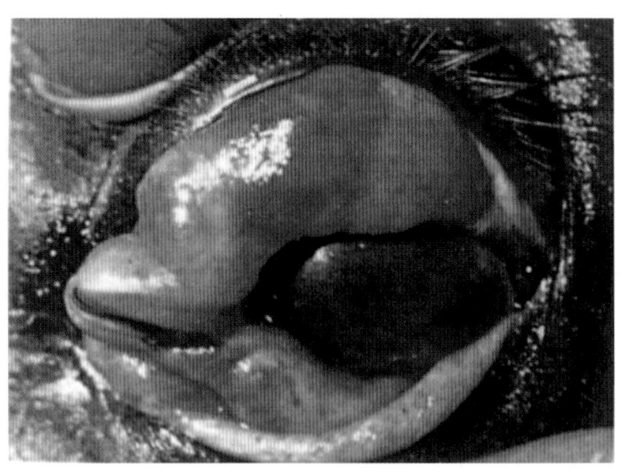

图13-18　眼睑水肿

病马眼睑、眼结膜严重水肿。（郑明球，蔡宝祥等. 动物传染病诊治彩色图谱. 北京：中国农业出版社，2002）

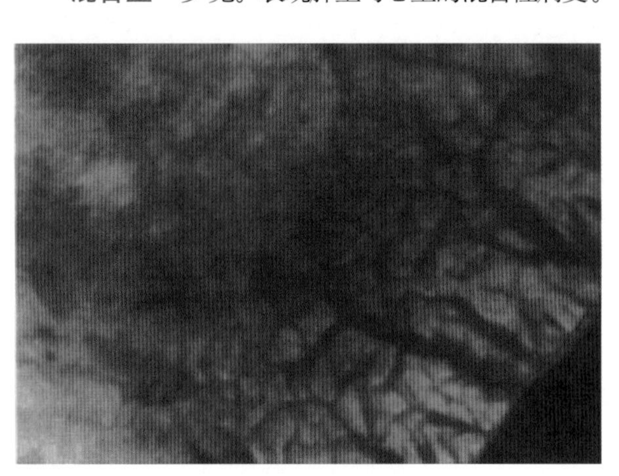

图13-19　肺水肿

肺小叶间质明显增宽，呈胶样水肿。（郑明球，蔡宝祥等. 动物传染病诊治彩色图谱. 北京：中国农业出版社，2002）

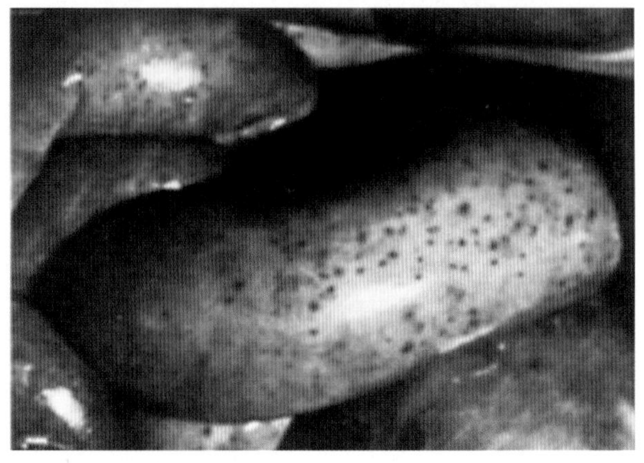

图13-20　结肠出血

结肠浆膜面散在大量小点出血。（郑明球，蔡宝祥等. 动物传染病诊治彩色图谱. 北京：中国农业出版社，2002）

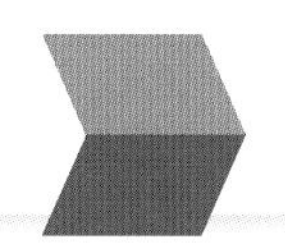

十八、马流行性感冒

发病急，传播快，发病率高，死亡率低。病畜表现发热、干咳、流浆液性鼻液。主要病变为浆液-卡他性上呼吸道炎，卡他性支气管肺炎以及卡他性胃肠炎。包涵体检查：从上呼吸道黏膜取材制备压印片，甲醇固定，水洗，按曼氏染色法（1%甲基蓝3.5mL，1%伊红3.5mL，蒸馏水10mL，分别保存于冰箱内，用前配制）着染5 ～ 10min，镜检可见柱状细胞质内有红色包涵体。

十九、马病毒性鼻肺炎

幼龄马患病很少死亡，仅出现上呼吸道卡他和肺炎、体温升高、白细胞减少等病理变化，小支气管上皮有核内包涵体形成。

妊娠母马患病时出现大批流产，特征病变为肝、肺、脾、淋巴结有坏死灶，坏死灶附近的肝细胞、网状细胞等可见核内包涵体形成。肝细胞的核内包涵体大小不一，大的直径可达2.7 ～ 4.5μm，小的约核仁大。一个细胞内一般只有一个包涵体，少数可达2 ～ 3个。

二十、马病毒性动脉炎

病畜表现发热、白细胞减少、结膜炎、呼吸困难，怀孕母马发生流产。

特征病变为全身浆膜、黏膜及多器官组织水肿与出血。如肢体上部与会阴部皮下充血、水肿与出血；胸腔、腹腔、心包腔积液；前肠肠系膜充血、水肿、出血；小肠节段性水肿；盲肠尖部明显水肿；胃黏膜水肿、出血；流产母马子宫黏膜充血、水肿、出血。镜检，小动脉中膜发生纤维素样坏死与炎症。表现为小动脉中膜平滑肌坏死，呈纤维素样物质，动脉管壁与外膜水肿，淋巴细胞等炎性细胞浸润。血管内皮与内膜多完整。但血管壁病变严重时，内皮甚至内膜也可受到损害，此时常有血栓形成。血栓形成引起的梗死常发生于盲肠、结肠、脾、淋巴结和肾上腺。肺呈程度不等的间质性肺炎变化：肺泡隔巨噬细胞、淋巴细胞、中性粒细胞浸润，肺泡透明膜形成及肺泡腔液体积聚，肺泡上皮肿大、增生。

二十一、马传染性胸膜肺炎

病畜表现稽留热型、呼吸困难、咳嗽和流黏脓性鼻液。特征病变为纤维素性肺炎和浆液-纤维素性胸膜炎。肺炎具有一般纤维素性肺炎的特征，但因常继发化脓菌与腐败菌感染而引起化脓性与坏疽性肺炎。胸膜呈浆液-纤维素性炎症变化，胸膜腔积聚大量混浊并混有纤维素絮片的渗出物(图13-21)。

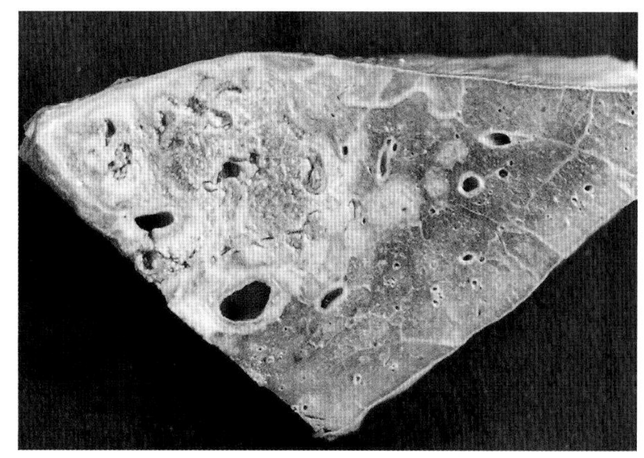

图13-21　纤维素-化脓性肺炎

在纤维素肺炎的基础上，有大小不等的化脓灶形成。(甘肃农业大学兽医病理室)

二十二、马梨形虫病

又称巴贝斯虫病，是由寄生于红细胞内的驽巴贝斯虫（*Babesia cabalii*）（旧名马焦虫）和马巴贝斯虫（*B.equi*）（旧名纳氏焦虫）引起的血液原虫病。临诊主要表现高热、贫血、黄疸、消瘦、皮下水肿。剖检尚见出血、实质器官变性、体腔积液、脾含铁血黄素沉着等一般病理变化。确诊应检查血液中红细胞内的原虫，同时红细胞数量减少，后期见大量异形红细胞。驽巴贝斯虫虫体较大，单个虫体的长度大于红细胞半径，主要形态为双梨子形，尖端相连成锐角，也有单梨子形、圆环形等。马巴贝斯虫虫体较小，其长度不超过红细胞半径，呈单梨子形、圆环形、椭圆形等。典型虫体为4个单梨子形虫体，以尖端相连的十字架形。

二十三、伊氏锥虫病

又称苏拉病，临诊主要表现消瘦、贫血、黄疸、体躯下部皮下胶样水肿。镜检，脾、肝、淋巴结、骨髓等有明显的含铁血黄素沉着。血液、组织涂片染色，观察虫体；或以抗凝血离心沉淀，取沉淀物检查虫体，以对本病作出诊断。

伊氏锥虫（*Trypanosoma evansi*）寄生于血液、淋巴液和造血器官中，为细长、扁平呈卷曲的柳叶状。虫体前端尖锐，后端稍钝，中央有一个椭圆形的核，后端有小点状动基体，动基体近前方有一点状生毛体，由此长出鞭毛。鞭毛以波动波与虫体相连，最后形成游离鞭毛。经姬姆萨染色的虫体，其核和动基体呈深紫红色，鞭毛呈红色，原生质呈淡蓝色（图13-22）。

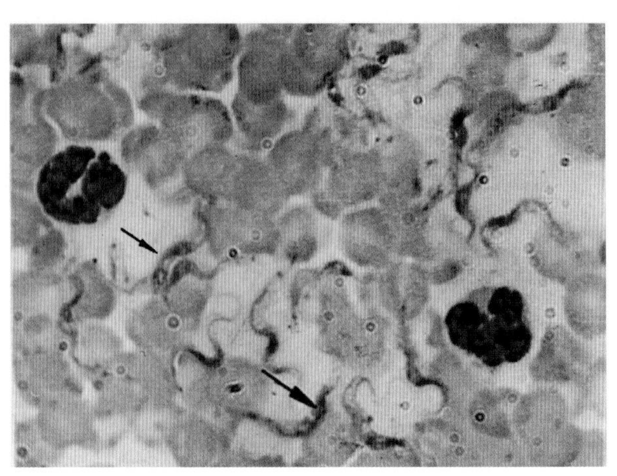

图13-22　马伊氏锥虫的形态

血片中伊氏锥虫为单形型锥虫，长18 ～ 34μm，宽1.5 ～ 2.5μm，呈蜷曲的柳叶状，前端比后端尖，虫体中央有椭圆形核，后端有小点状的动基体，有鞭毛，能运动。×400（陈怀涛）

二十四、马媾疫

由马媾疫锥虫（*Trypanosoma equiperdum*）寄生于马属动物生殖器官微血管中引起的一种慢性传染病。疾病常于交配后不久发生，特征病变：首先外生殖器出现水肿、水疱、溃疡和无色素瘢痕；以后他处皮肤发生圆形扁平丘疹（银圆疹）；后期出现后躯运动障碍。如欲确诊可做病原体检查。马媾疫锥虫的形态与伊氏锥虫相似，但生物学特性差异显著。

二十五、马圆线虫病

病原体为三种致病力较强的圆线虫，即普通圆线虫（*Strongylus vulgaris*）、马圆线虫（*S.equinus*）和无齿圆线虫（*S.edentatus*）。特征病变为成虫寄生于盲肠和大结肠，引起慢性卡他性肠炎；幼虫寄生于动脉和肝，引起局部慢性增生性动脉炎（“动脉瘤”）和肝圆虫结节（砂粒肝）。

圆线虫性动脉炎　由普通圆线虫幼虫引起，主要见于肠系膜前动脉根和回盲结肠动脉，其次见于结肠动脉、盲肠动脉和腹腔动脉，再次为小肠动脉、肾动脉和肠系膜后动脉。幼虫及其毒素的作用引起血管内皮细胞变性、坏死，血栓形成，血管中膜平滑肌变性、坏死，嗜酸性及中性粒细胞浸润，以及随后的血栓被机化与血管壁结缔组织增生，故血管局部增粗，外观似肿瘤（故常称“动脉瘤”）。其切面见血管壁坚硬增厚，内面粗糙不平，附有血栓，在管壁上和血栓中常可见淡红色普通圆线虫幼虫（图13-23、图13-25）。

圆线虫性结节　圆线虫幼虫可在移行和寄生部位引起结节。结节较多见于肝，其次是空肠、回肠浆膜、大肠壁和肺，有时也见于心内膜、支气管与纵隔淋巴结等部位。肝结节常散在分布，初期色灰黄，切面似干酪样坏死，以后发生钙化，色灰白，坚硬，由薄层结缔组织包裹。严重时砂粒样的钙化结节密布肝脏，称砂粒肝。肠壁上的结节较少，约粟粒至黄豆大，坚实。肺的结节多分布于尖叶和隔叶前下部，形似肝结节。镜检，早期结节由幼虫残骸和周围大量嗜酸性粒细胞构成。中期结节的中心为崩解的嗜酸性粒细胞和坏死物，外围为结缔组织包囊和大量淋巴细胞。后期结节中心的坏死物发

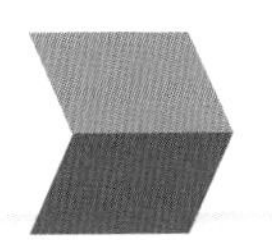

图13-23　马动脉瘤

圆线虫性动脉炎，肠系膜前动脉壁局部增生肿大，内膜粗糙，有血栓，并见虫体附着。（甘肃农业大学兽医病理室）

生钙化或被结缔组织取代，因此形成钙化性结节或纤维性结节（图13-24）。

慢性卡他性肠炎　盲肠和大结肠黏膜肿胀、潮红，散在出血点，有时见糜烂和溃疡。在肠黏膜上或肠内容物中常可见大量圆线虫成虫。镜检，肠黏膜上皮变性、坏死、脱落，固有层大量嗜酸性粒细胞、淋巴细胞浸润，肠腺萎缩，结缔组织广泛增生。

图13-24　马砂粒肝

肝脏上密布粟粒大的结节，结节形圆、色灰白、坚硬，刀切时有沙砾感，外周有薄层结缔组织包裹，境界分明。（西北农林科技大学兽医病理室）

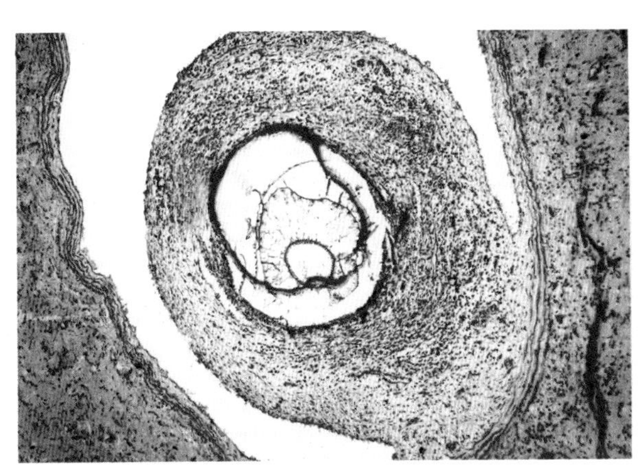

图13-25　动脉血栓

肠系膜前动脉管壁增厚，管腔内形成血栓，在血栓块内包埋有幼虫虫体。HE×100（陈怀涛）

二十六、丝虫病

（一）盘尾丝虫病

颈盘尾丝虫（*Onchocerca cervicalis*）成虫寄生于项韧带和鬐甲部。初期，局部出现肿块，皮下有炎性渗出。以后肿胀消退，结缔组织增生，并遗留钙化灶。镜检，虫体盘曲在结缔组织包囊中形成“虫巢”，虫体周围有大量嗜酸性粒细胞和巨噬细胞、浆细胞、淋巴细胞等（图13-26）。以后局部组织发生变性、坏死和钙化。

网状盘尾丝虫（*O. reticulata*）寄生于马、骡前肢下部的屈肌腱和球节悬韧带上，微丝蚴分散于成虫寄生处周围的皮下淋巴管中。因此成虫寄

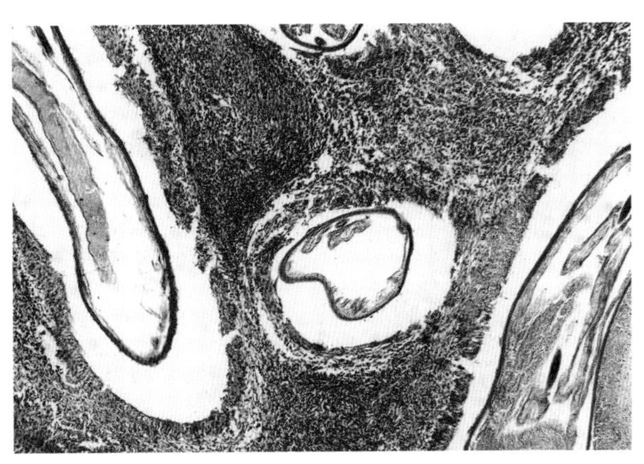

图13-26　慢性皮下组织炎

颈盘尾丝虫盘曲在皮下结缔组织内，虫体外有包膜，虫体周围有大量炎性细胞浸润，其中以嗜酸性粒细胞为主，并有较多淋巴细胞和浆细胞。HE×100（陈怀涛）

生部位形成许多含虫体的结节。结节大小不等。如结节继发感染，则局部形成长条脓肿。此时病畜出现跛行。如病变时久，虫体死亡，并发生钙化，病部屈肌腱和韧带则增生变得粗硬。

（二）浑睛虫病

由几种丝虫寄生于马眼前房引起的眼疾病。故病马畏光、流泪，角膜和眼房液轻度混浊，瞳孔放大，视力减弱，眼睑肿胀，结膜和巩膜充血。病马不时摇晃头部，或在马槽、桩柱上摩擦患眼。严重时可导致失明。对光观察马（或牛）的患眼时，常可见眼前房中有虫体游动，时隐时现。有时虫体可从眼内钻出。一个眼内常寄生1 ～ 3条，虫体长1 ～ 5cm（图13-27、图13-28）。

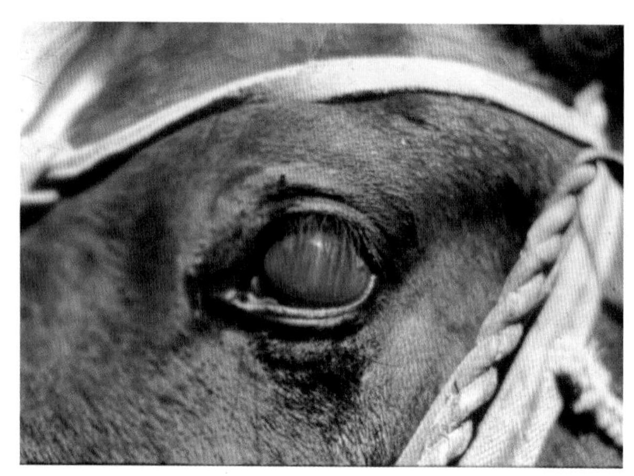

图13-27　浑睛虫病

病马角膜和眼前房液有些混浊，视力减退。（周庆国）

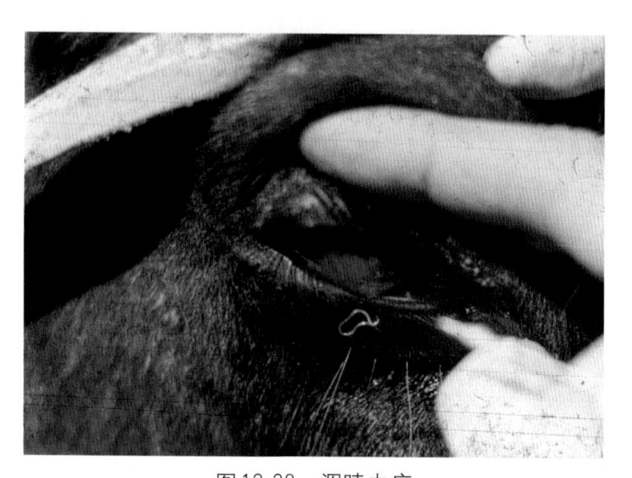

图13-28　浑睛虫病

下眼睑处可见一条经角膜穿刺术取出的浑睛虫虫体，长约4cm。（周庆国）

二十七、马胃蝇蛆病

病原体为胃蝇（第三期）幼虫（蛆），主要寄生于马属动物的胃、十二指肠黏膜。由于幼虫口钩刺入黏膜，夺取机体的营养，故病畜出现食欲减退、消化不良、消瘦、贫血等变化。剖检可见胃、十二指肠等处黏膜有幼虫寄生，局部呈卡他-出血性炎症变化和火山口状溃疡，严重时可造成胃或十二指肠肠壁穿孔（图13-29）。

图13-29　马胃蝇幼虫

胃壁上的第三期马胃蝇幼虫：体型粗大，长13 ～ 20mm，虫体由11节构成，有口前钩深刺入胃黏膜，并固着在胃黏膜上寄生，幼虫脱落后留下深的火山口状溃疡。（甘肃农业大学兽医病理室）

二十八、疯草中毒

由豆科植物中棘豆属和黄芪属的一些植物（俗称疯草）所引起的多种家畜的中毒病，主要表现为共济失调、精神沉郁、后肢麻痹等神经症状，还可导致母马不孕、孕马流产、死胎和胎儿畸形以及公马性机能障碍。特征病变为脑组织的神经元（如小脑浦金野氏细胞、大脑神经元）和胶质细胞，肾、肝的上皮细胞，脾、淋巴结的网状细胞等多种组织器官的细胞发生小泡状空泡变性（图13-30）。

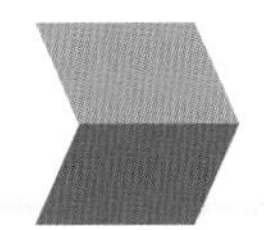

图13-30　马疯草中毒

马棘豆中毒，消瘦，精神沉郁。（曹光荣等）

二十九、纤维性骨营养不良

病畜表现骨骼变软、变形、易骨折，异嗜，跛行，负重时疼痛。头颅明显肿大、变形（图13-31）。血钙、血磷升高，血清碱性磷酸酶水平也升高。但严重病例血钙下降。镜检，特征病变为骨钙被大量吸收，骨质被纤维结缔组织取代（图13-32）。

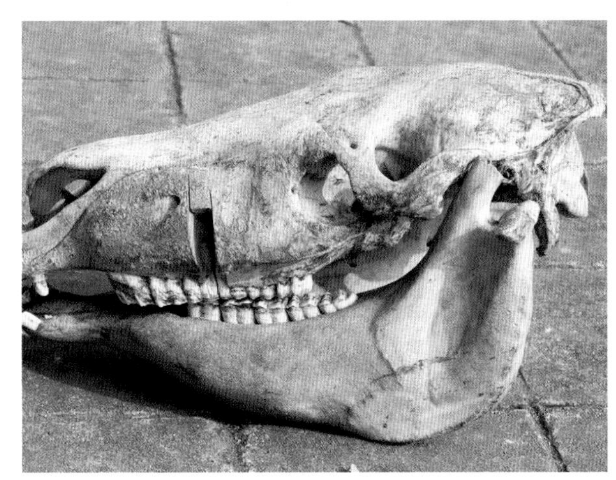

图13-31　头骨肿大

面骨、鼻骨和下颌骨肿大。（崔恒敏）

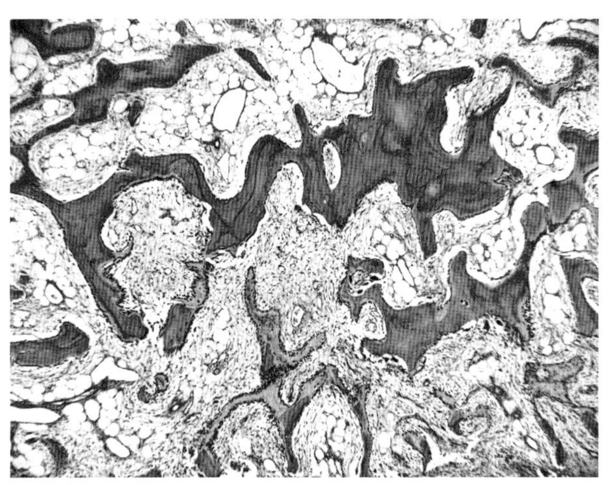

图13-32　骨髓腔结缔组织增生

松质骨骨小梁脱钙，骨髓腔见结缔组织增生。HE×180（崔恒敏）

第十四章　鱼的疾病

一、细菌性烂鳃病

草鱼、青鱼易受害。病理特征为鱼体发黑，黏液增多，鳃盖骨内表面充血。严重时其中间内表面常腐蚀成不规则圆形透明小区，俗称“开天窗”。鳃丝肿胀，其末端腐烂缺损，软骨外露。镜检，鳃丝和鳃小片发炎，鳃小片上皮变性，血管充血、渗出。严重时呼吸上皮坏死，黏液细胞大量增生，鳃小片坏死、脱落，仅留毛细血管痕迹，鳃丝软骨裸露（图14-1、图14-2）。取鳃丝或黏液作鱼害黏球菌检查，如见大量细长的滑行杆菌即可确诊。

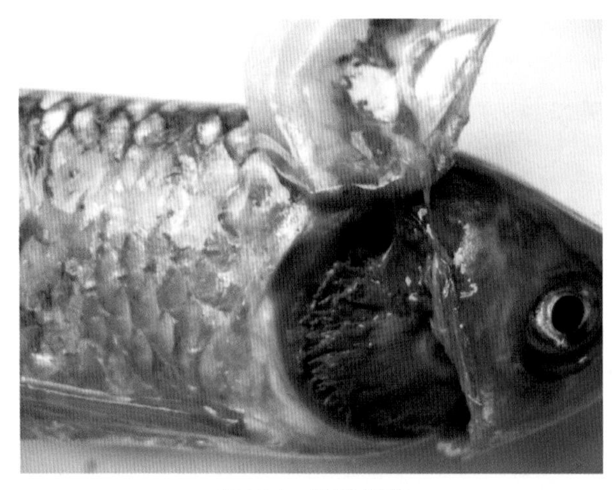

图14-1　鳃盖坏死

草鱼患细菌性烂鳃病时，鳃盖骨中间部分内表皮常腐蚀成圆形不规则透明小区，俗称“开天窗”。（周诗其）

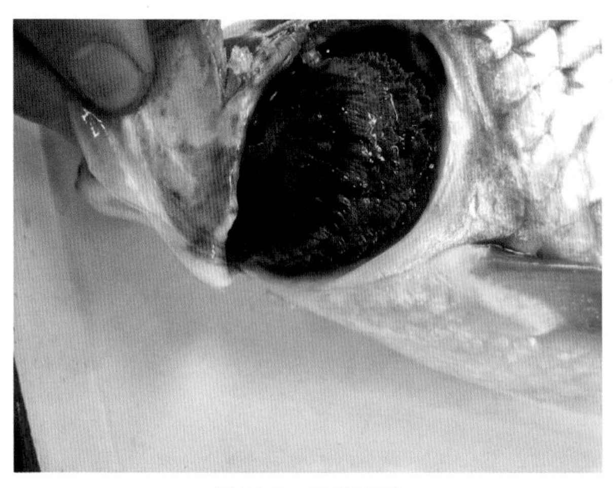

图14-2　鳃丝腐烂

鳃丝末端病变严重，鳃丝腐烂，鳃瓣边缘出现斑点状白色腐烂鳃丝，逐渐扩大蔓延。（周诗其）

二、赤皮病

鱼体表局部或大部出血、发炎，鳞片脱落，以两侧和腹部明显（图14-3）。鳍充血，末端腐烂，致鳍条呈扫帚状，形成“蛀鳍”（图14-4）。上下颌及鳃盖部分充血呈块状红斑。肠充血发炎。必要时做病原（荧光假单胞菌）检查。

图14-3　出血性皮炎

草鱼皮肤充血、出血，鳞片脱落。（周诗其）

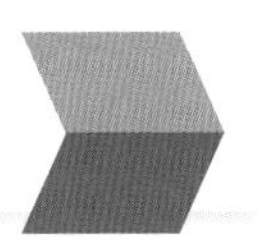

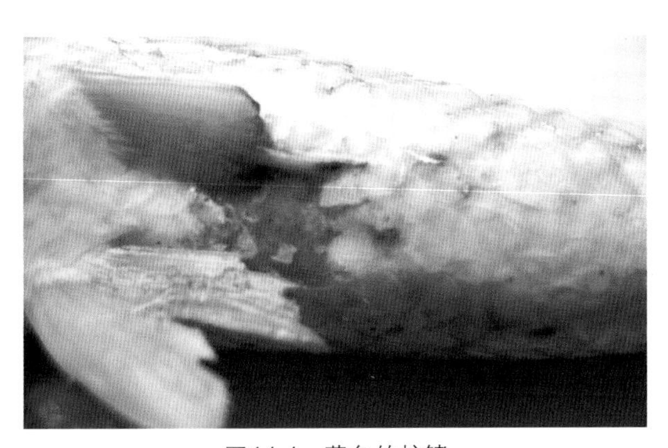

图14-4　草鱼的蛀鳍

草鱼鳍充血，末端腐烂，鳍条间的组织也被破坏，使鳍条呈扫帚状，或呈破烂的纸扇状，形成"蛀鳍"。(周诗其)

三、斑点叉尾鮰肠型败血病

主要症状为离群独游，头上尾下悬垂于水中，或呈痉挛式螺旋状游动。

病理特征为急性见腹部膨大，鳍条基部、体侧与腹部、颌部与鳃盖上有细小充血、出血斑点，深色皮肤区出现淡黄白色斑点（图14-5）。体腔积液，肝肿大，有出血点和灰白色坏死斑点。肠道扩张、充血发炎（图14-6）。慢性见皮肤溃烂，颅骨前有空洞形成。镜检见肠炎、肝炎、肌炎、间质性肾炎和脑膜脑炎。必要时急性取肾脏、血液，慢性取脑组织，检查鮰爱德华氏菌。此菌为革兰氏阴性短杆菌。用病鱼肾组织等涂片，通过荧光抗体技术检查或ELISA可作快速诊断。

图14-5　头部白色斑点

头部皮肤上见淡黄白色斑点。(周诗其)

图14-6　肠　炎

急性时，肠道扩张，充血发炎。(周诗其)

四、细菌性败血症

病理特征为体表充血、出血，眼球突出，肛门红肿，腹部膨大。鳞片竖起，鳃丝末端腐烂。腹水多而混浊。肝、脾、肾肿大。肠胀气。镜检，红细胞肿胀，血管内皮细胞肿胀、坏死。肝、脾、胰、肾等均有较多血源性色素沉着，肝、脾网状内皮细胞变性坏死。肾脏也有坏死。取病鱼腹水或内脏检出病原（嗜水气单胞菌）可以确诊（图14-7）。

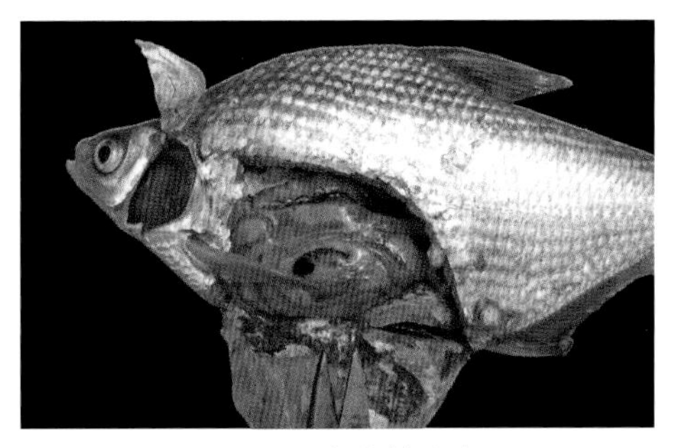

图14-7　多发性出血

鱼的体表、鳍条、头部、肌肉、内脏器官均有出血。(周诗其)

五、鳗烂尾病

病理特征为鳍的外缘和体表局部有黄色或黄白色黏性物质，患部上皮坏死，组织充血。尾鳍的鳍条混乱、脱落，甚至尾柄部肌肉坏死、脱落，致骨骼裸露（图14-8）。取病部黏性物质检查病原柱状粒球黏菌可以确诊。

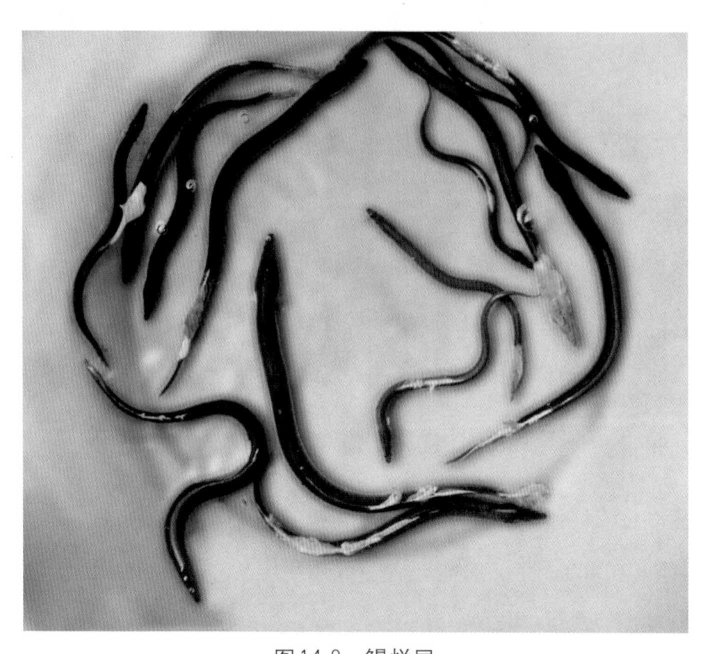

图14-8　鳗烂尾

鳗的鳍外缘、体表及尾部有黄白色黏性物质，尾部呈毛笔状。（姚金水）

附 录

附录一 载玻片与盖玻片的洗涤方法

（一）新玻片的洗涤方法

新载玻片 先用充足的洗涤液或稀硝酸液浸泡载玻片2 ～ 3h，也可用洗衣粉水溶液煮沸10 ～ 20min。浸泡或沸水冷却后，用自来水充分流洗，使玻片十分干净。注意玻片在浸泡、流洗过程中，必须都要分开，不能紧贴一起。洗涤后的玻片，浸泡于95%乙醇中，塞好瓶盖。临用时取出，让其自然干燥，或用干净细布擦干，置于盒中备用。

新盖玻片 洗涤方法基本同载玻片，但应单独在小的容器中洗涤，不要和载玻片混在一起。在洗涤液的浸泡时间可适当缩短，2h即可。浸泡盖玻片的乙醇瓶应口大低矮，便于夹取。

（二）废旧切片的洗涤方法

对于无保留价值的废旧切片（载玻片和盖玻片），可进行洗涤，回收利用。洗涤方法是，先将旧切片置于1%～ 2%洗衣粉水溶液中煮沸数分钟，待封固剂变软或溶解时，将载玻片与盖玻片慢慢分开，分别放置在容器中。

载玻片用文火继续煮沸数十分钟，然后在温洗衣粉水中擦洗去封固剂和污物，流水冲洗后，在洗涤液中浸泡数小时，再用自来水流洗数小时，最后置于95%乙醇中备用。

盖玻片与载玻片分离后，放入洗衣粉水中文火煮沸1 ～ 2min，待水温稍下降后，文火再煮沸1 ～ 2min，这样反复3次即可。然后温水过洗降温，再用自来水充分流洗，最后浸于95%乙醇中备用。必须注意，盖玻片很薄，加之多次高温处理，极易破碎，所以在整个洗涤过程中都应仔细小心。

附录二 哺乳动物平均寿命和最长寿命参考值*

动物种类	平均寿命（年）	最长寿命（年）	动物种类	平均寿命（年）	最长寿命（年）
马、驴	25	50	家兔	8	15
猪	16	27	豚鼠	5	7
山羊	9	18	小鼠	2	3
犬	10	20	大鼠	4	5
猫	12	30	猴	10	30

* 资料来源：国外军事医学资料2（17），1972。

附录三 犬与人的年龄对应参考值*

犬的年龄（年）	1	2	3	4	5	6	7	8	9	10	11	12	13	14	15	16
人的年龄（年）	15	24	28	34	36	40	44	48	52	56	60	64	68	72	76	80

* 资料来源：国外军事医学资料2（31 ~ 34），1974。

附录四 人与主要家畜最长寿命和寿命校正系数

动物种类	记录的最长寿命（RML）*	校正系数（RML/100）
人	100**	1
马	46	0.46
牛	30	0.30
猪	27	0.27
绵羊	20	0.2
犬	20	0.2
猫	28	0.28

* 除人外，均引自Biology Date Book,1972。

** 暂定的。

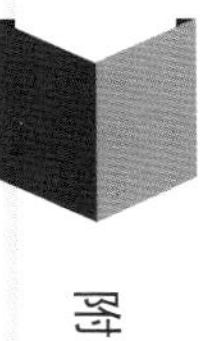

附录五　动物白细胞总数及其分类计数

动物种类	白细胞总数		白细胞分类计数									
	10^9/L*	千/mm^3	中性粒细胞		嗜酸性粒细胞		嗜碱性粒细胞		淋巴细胞		单核细胞	
			数量	%	数量	%	数量	%	数量	%	数量	%
牛		9.2（6 ~ 12）	2.9（1.9 ~ 3.7）	31.9（20 ~ 40）	0.7（0.3 ~ 1.3）	7.7（3 ~ 15）	0.06（0 ~ 0.09）	0.62（0 ~ 1）	5.1（4.1 ~ 5.9）	55.4（45 ~ 65）	0.48（0.27 ~ 1.4）	52（3 ~ 15）
	5 ~ 13			15 ~ 47*		15 ~ 20*		0 ~ 2*		45 ~ 75*		2 ~ 7*
马		（5 ~ 11）	（3 ~ 6.9）		（0.05 ~ 0.6）		（0 ~ 0.1）		（1.2 ~ 4.8）		（0.1 ~ 1.45）	
	5 ~ 15			30 ~ 75*		1 ~ 10*		0 ~ 3*		25 ~ 40*		1 ~ 8*
猪		（7 ~ 20）	（2.4 ~ 10）		（0.05 ~ 2）		（0 ~ 0.8）		（3.2 ~ 12）		（0.05 ~ 2）	
	7 ~ 20			20 ~ 74*		0 ~ 15*		0 ~ 3*		35 ~ 75*		0 ~ 7*
绵羊		7.8（5 ~ 10）	2.8（1.6 ~ 3.5）	35.7（20 ~ 45）	0.19（0.08 ~ 0.5）	2.5（1 ~ 7）	0.03（0 ~ 0.15）	0.4（0 ~ 2）	4.4（3.9 ~ 5.5）	56.9（50 ~ 70）	0.47（0.08 ~ 0.67）	6（1 ~ 8）
	5 ~ 13（羊）			10 ~ 50*		0 ~ 3*		0 ~ 10*		40 ~ 75*		0 ~ 6*
山羊		（5 ~ 14）	（2.1 ~ 3.35）		（0 ~ 1.1）		（0 ~ 0.6）		（2.1 ~ 11.25）		（0.05 ~ 0.6）	
				30 ~ 48*		1 ~ 8*		0 ~ 1*		50 ~ 70*		0 ~ 4*
鸡		32.6（9.1 ~ 56）	9.1（3 ~ 18.2）	27.8（9.1 ~ 56）	0.05（0 ~ 0.23）	1.5（0 ~ 3）	0.9（0 ~ 2.6）	2.7（0 ~ 8）	17.6（7.8 ~ 27.3）	54（24 ~ 84）	4.4（0 ~ 9.7）	13.7（9 ~ 30）
	9 ~ 56			13 ~ 26*		1 ~ 3*		2.4*		64 ~ 76*		5.7*
兔		9（6 ~ 13）	4.1（2.5 ~ 6）	46（36 ~ 52）	0.18（0 ~ 0.4）	2（0.5 ~ 3.5）	0.45（0.15 ~ 0.75）	5（2 ~ 7）	3.5（2 ~ 5.6）	39（30 ~ 52）	0.725（0.3 ~ 1.3）	8（4 ~ 12）
	6 ~ 13			36 ~ 52*		0.5 ~ 3.5*		2 ~ 7*		30 ~ 52*		4 ~ 12*
犬		14.79 ± 3.48	8.2（6 ~ 12.5）	68（62 ~ 80）	0.6（0.2 ~ 2）	5.1（2 ~ 14）	0.085（0 ~ 0.3）	0.7（0 ~ 2）	2.5（0.9 ~ 4.5）	21（10 ~ 28）	0.65（0.3 ~ 1.5）	5.2（3 ~ 9）
	8 ~ 18											

（续）

动物种类	白细胞总数		白细胞分类计数									
	10^9/L*	千/mm^3	中性粒细胞		嗜酸性粒细胞		嗜碱性粒细胞		淋巴细胞		单核细胞	
			数量	%	数量	%	数量	%	数量	%	数量	%
猫		16（9～24）	9.5（5.5～16.5）	59.5（44～82）	0.85（0.2～2.5）	5.4（2～11）	0.02(0～0.1)	0.1（0～0.5）	5（2～9）	31（15～44）	0.65（0.05～1.4）	4（0.5～7）
	8～25			44～82*		2～11*		0～0.5*		15～44*		0.5～7.0*
豚鼠		10（7～19）	4.2（2～7）	42（22～50）	0.4（0.2～1.3）	4（2～12）	0.07(0～0.3)	0.7（0～2）	4.9（3～9）	49（37～64）	0.43（0.25～2）	4.3（3～13）
	7～22											
小鼠		8（4～12）	2（0.7～4）	25.5（12～44）	0.15(0～0.5)	2（0～5）	0.05(0～0.1)	0.5（0～1）	5.5（3～8.5）	68（54～85）	0.3（0～1.3）	4（0～15）
	4～12			12～44*		0～5.0*		0～1.0*		54～85*		0～15*
大鼠		14（5～25）	3.1（1.1～6）	22（9～34）	0.3（0～0.7）	2.2（0～6）	0.1（0～0.2）	0.5（0～1.5）	10.2(7～16)	73（65～84）	0.3(0～0.65)	2.3（0～5）
	5～25											

*资料来自陈焕春等主编《兽医手册》，2013。其他资料均来自施新猷主编《医学动物实验方法》，1983。

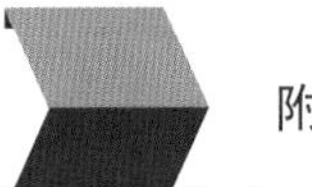

附录六　家畜主要脏器重量、大小、长度、容量参考值

脑

动物种类	绝对重（g）	脑占体重百分比（%）	脊髓与脑之比重
马	507	0.1 ~ 0.2	1 ： 2.3
牛	410 ~ 550	0.1 ~ 0.14	1 ： 2.3
绵羊	120	0.17	1 ： 2.2
山羊	130	0.26	1 ： 2.6
猪	96 ~ 160	0.1 ~ 0.3	1 ： 2.6
犬	54 ~ 180	0.3 ~ 1.0	1 ： 5.1
猫	21 ~ 35	0.7 ~ 1.1	1 ： 3.8

肺

动物种类	重量（kg）（未放血）	重量之比					气管口径（cm）	气管软骨环数目（个）
		右肺与左肺	肺与体重（%）	肺与宰后体重	右肺与体重（%）	左肺与体重（%）		
马	6.00 4.00（放血）	4 ： 3	1.45	—	0.77	0.67	4 ~ 7	48 ~ 60
公牛	3.93	7:5	0.55	1 ： 105	—	—	4 ~ 5	48 ~ 60
母牛	2.99	7:5	0.66	1 ： 75	—	—	4 ~ 5	48 ~ 60
公犊	0.68	7:5	—	—	—	—	—	—
母犊	0.65	7:5	0.66	1 ： 91	—	—	—	—
绵羊与山羊	0.39（绵羊） 0.22（山羊）	—	0.66	—	—	—	—	—
猪	—	—	—		—	—	—	32 ~ 36
犬	—	—	—	—	—	—	—	42 ~ 46
猫	0.03	—	—	—	—	—	—	38 ~ 43

牛　羊　心

动物种类与性别	年龄	重量（kg）		比重（%）		长（cm）	周长（冠沟处）（cm）
		体重（中）	心绝对重	与体重之比	与宰后体重之比		
公牛	成年	716	3.01	0.42	0.72	—	—
去势公牛	成年	中等	2.59	0.43	0.83	—	—
母牛	3 ~ 8岁	440	2.23	0.52	1.00	18.6	48
公犊	1 ~ 2月龄	106	0.76	0.7	—	9.0	31
母犊	—	380	1.8（1.2 ~ 2.4）	0.47	0.86	—	—

（续）

动物种类与性别	年龄	重量（kg）		比重（%）		长（cm）	周长（冠沟处）（cm）
		体重（中）	心绝对重	与体重之比	与宰后体重之比		
公绵羊	成年	48	0.24	0.50	—	10 ~ 11	—
母绵羊	成年	47	0.23	0.49	—	—	—
羔	—	—	0.22	0.45	—	—	—

动物种类与性别	心室壁厚（cm）		室中隔厚（cm）		心室高（cm）		大动脉直径（cm）	
	左	右	心室	心房	左	右	肺动脉	主动脉口
公牛	—	—	—	—	—	—	—	—
去势公牛	—	—	—	—	—	—	—	—
母牛	1.3 ~ 4.0	1.0 ~ 1.5	1.2 ~ 3.8	1.0	16.3	13.3	3.0	3.1
公犊	1.0 ~ 2.3	0.7 ~ 1.2	2.3	0.5	9.9	9.0	1.7	1.8
母犊	—	—	—	—	—	—	—	—
公绵羊	1.6（1.2 ~ 2.0）	0.85（0.6 ~ 1.2）	—	—	—	—	—	—
母绵羊	—	—	—	—	—	—	—	—
羔	—	—	—	—	—	—	—	—

马　　心

项目	驹	成年马（体重）		
		231kg（小）	716kg（大）	412kg（中）
心绝对重（kg）	—	1.68	4.8	3.45
心占体重百分比（%）	—	0.72	0.93	0.84
高（cm）	7.8	18.7	24.0	21.3
周长（冠沟）（cm）	22.5	44.7	68.0	59.0
左心室壁厚（冠沟下）（cm）	1.0	3.8	5.9	4.7
右心室壁厚（cm）	0.9	1.1	2.2	1.7
室中隔厚（cm）	1.7	4.2	6.2	5.0
心房壁厚（cm）	0.25	0.5	1.2	0.8
左心室高（cm）	—	16.5	21.1	18.5
右心室高（cm）	—	13.2	20.4	16.5
主动脉口径（离开心脏处）（cm）	—	4.4	5.9	5.1
肺动脉口径（cm）	—	4.3	5.8	5.0
左房室孔口径（cm）	—	6.5	8.0	7.2
右房室孔口径（cm）	—	7.5	9.0	8.4

猪　心

年龄	体重（kg）	心绝对重（g）	比重（%）		大小（cm）		
			与体重之比	与宰后体重之比	心高	心室壁厚	
						左	右
成年	98	294	0.3	0.38	7.8	1.5 ~ 2.0	0.5 ~ 0.9
6月龄	—	200	—	—	—	—	—
1岁	—	270	—	—	—	—	—
2岁	—	450	—	—	—	—	—
2岁以上	—	500	—	—	—	—	—

肉食动物心

种类与大小	体重（kg）	心绝对重（g）	心占体重百分比（%）	心周长（cm）	冠沟至心尖长（cm）	心室周长（cm）		心室壁厚（cm）		室中隔厚（cm）
						右	左	右	左	
法国牧羊犬	15.75	148.5	1.01	18.4	7.6	10.5	7.3	0.65	1.65	1.30
杜波曼狸犬	12.75	125.0	1.19	17.0	6.5	9.0	6.6	0.55	1.30	1.05
小猎犬	6.50	76.0	1.02	14.6	5.4	7.9	6.0	0.45	1.10	0.95
小玩犬	5.25	52.5	1.04	13.8	4.8	7.5	5.2	0.60	1.15	1.001
公猫	2.68	14.4	0.54	8.5	3.9	—	—	0.25	0.90	0.70
母猫	2.29	11.5	0.50	7.7	—	—	—	0.24	0.92	0.65

肝

动物种类	年龄	大小（cm）			绝对重（kg）	肝占体重百分比（%）
		右叶长	右叶厚	左叶厚		
马	年轻	—	—	—	5.0	—
	年老	—	—	—	2.5 ~ 3.2	1.17
牛	大	45 ~ 55	3.0	7.7	5.0 ~ 6.0	1.34
	小	40 ~ 49	—	—	3.0 ~ 4.5	1.10
犊	1 ~ 8d	22.3	2.5	4.4	0.67	1.90
	3 ~ 4周	27.4	2.9	5.3	1.15 ~ 1.30	1.93
	3月龄	42.0	2.7	7.0	1.70	1.27
年轻公牛与母牛	12月龄	42.0	3.0	7.7	3.0	1.27
	1.5 ~ 2岁	45.5	3.0	7.7	4.0	1.27
绵羊		27.2 ~ 30.2	2.6 ~ 2.9	2.8 ~ 3.4	0.63 ~ 0.95	1.44
羔	8 ~ 12月龄	25.4	2.0	3.0	0.52	1.73
猪	大猪	—	—	—	1.0 ~ 2.4	2.50
	仔猪	—	—	—	0.170 ~ 0.350	3.30

（续）

动物种类	年龄	大小（cm）			绝对重（kg）	肝占体重百分比（%）
		右叶长	右叶厚	左叶厚		
犬	中	—	—	—	0.508	2.80
	大	—	—	—	0.880	2.40

肾

动物种类	年龄	二肾重（g）		平均每肾绝对重（g）	二肾与宰后体重之比	大小（cm）		
		绝对重	占体重百分比（%）			长	宽	厚
马	成年	900 ~ 1 500	0.2	450 ~ 480 （425 ~ 780）	—	12 ~ 18 （15 ~ 20）	13 ~ 15 （11 ~ 15）	4.5 ~ 7.5 （4.5 ~ 7.5）
牛 公	—	1 500 （1 060 ~ 1 940）	0.2	750	1 ∶ 290	24.4	9.3	5.2
牛 母	—	1 200 （720 ~ 1 560）	0.25	600	1 ∶ 223	21.5	9.3	4.9
年轻犊牛	—	980 （760 ~ 1 180）	0.25	490	1 ∶ 250	16.7	8.2	5.0
犊	1 ~ 8d	100 ~ 160	—	65	—	7.5 ~ 11	—	—
	3月龄	360 ~ 420	—	195	—	11 ~ 15	—	—
	6月龄	500 ~ 600	—	275	—	15 ~ 18	—	—
绵羊		50 ~ 80	—	65	—	5.5	4	3
猪		420	0.55	210	—	12	5 ~ 6	2 ~ 3
犬		—	0.47	—	—	6 ~ 11	3 ~ 5	3 ~ 3.5
猫		10	0.34	5	—	3.5 ~ 4	2.5 ~ 3	0.5 ~ 1.2

脾

动物种类	绝对重（g）	占体重百分比（%）	大小（cm）		
			长	宽	厚
马	500 ~ 1 500	0.2 ~ 0.3	45 ~ 55	17 ~ 25	2 ~ 3
牛	500 ~ 1 000	0.3	45 ~ 50	10 ~ 14	2 ~ 3
羊	120 ~ 160	0.2	6 ~ 13	4 ~ 8	1 ~ 1.5
猪	150	—	22	4	2
大犬	70	0.2	—	—	—
中犬	35	0.2	10 ~ 20	3 ~ 6	0.5 ~ 1.5
小犬	20	0.2	—	—	—
猫	4.5	0.2	—	—	—

子　宫

动物种类	长度（cm）			子宫体、子宫颈与阴道及其前庭长度之比	重量（g）		胎盘子叶数
	子宫体	子宫颈	子宫角		未怀孕子宫	怀孕子宫	
马	20	6.5	18 ~ 25	3 ∶ 4	250 ~ 500	750 ~ 1 250	—
牛	2 ~ 5	7 ~ 11	35 ~ 45	1 ∶ 2	—	—	80 ~ 120
羊	2	5	21	1 ∶ 1	40	约150	绵羊88 ~ 96 山羊160
猪	5	15 ~ 20	184	3 ∶ 4	500 ~ 1 000	约2 200	—

卵　巢

动物种类	绝对重（g）	长（cm）
马	35 ~ 75（二卵巢）	5 ~ 8.5
牛	20（二卵巢）	2.5 ~ 5.2
猪	16（二卵巢）	3 ~ 5

睾　丸

动物种类	绝对重（g）	大小（cm）		
		长	高	厚
马	150	10 ~ 12	6 ~ 7	3 ~ 4
牛	250 ~ 300		14 ~ 18	7 ~ 9
猪	200 ~ 300		10	6

内分泌腺

动物种类	腺体名称	绝对重（g）	大小（cm）			占体重百分比（%）
			长	宽	厚	
马	脑垂体	2.4（1.1 ~ 3.6）	2.1 ~ 2.4	0.65 ~ 0.80	—	—
	甲状腺	27（20 ~ 35）				—
	（右）	—	4.5	3	1.5	—
	（左）	—	5.0	3.2	1.5	—
	甲状旁腺	0.29 ~ 0.31	1.0 ~ 1.3	—	—	—
	胸腺	小或无（2 ~ 2.5岁）	—	—	—	—
	肾上腺	20 ~ 45	6.0 ~ 9.0	2.0 ~ 4.0	0.7 ~ 1.6	—
	胰	200 ~ 350	—	—	—	—
牛	脑垂体	2.0 ~ 3.4	2.0 ~ 2.6	1.5 ~ 1.7	1.5 ~ 1.6	
	甲状腺	20 ~ 30	6.0 ~ 7.0	5.0 ~ 6.0	0.75 ~ 1.5	—
	甲状旁腺	0.05 ~ 0.30	1.2	0.5	—	—

（续）

动物种类	腺体名称	绝对重（g）	大小（cm）			占体重百分比（%）
			长	宽	厚	
牛	胸腺	250（5月龄）	—	—	—	0.54
	肾上腺	25 ~ 35	4.0 ~ 6.0	2.0 ~ 3.5	1.2 ~ 2.2	—
	胰	420	—	—	—	—
绵羊	脑垂体	0.45 ~ 0.6	1.0 ~ 1.4	0.5 ~ 0.6	0.6 ~ 0.8	—
	甲状腺	4 ~ 7	3 ~ 4	1.2 ~ 1.5	0.5 ~ 0.7	—
	甲状旁腺	0.20 ~ 0.23	0.4 ~ 0.8	—	—	—
	胸腺	42.3（7周龄）	—	—	—	0.55
	肾上腺	2.6	2 ~ 2.3	1.2 ~ 1.3	0.8	—
山羊	脑垂体	0.5 ~ 1.2	0.7 ~ 1.3	0.6 ~ 0.7	0.6 ~ 1.0	—
	甲状腺	8 ~ 11	3.5 ~ 5.0	1.0 ~ 1.5	0.5 ~ 0.8	—
	甲状旁腺	0.20 ~ 0.23	0.4 ~ 0.8	—	—	—
	胸腺	42.3（7周龄）	—	—	—	—
	肾上腺	1.7	1.9 ~ 2.4	1.1 ~ 1.2	0.5 ~ 0.6	—
猪	脑垂体	0.3 ~ 0.5	0.8 ~ 1.0	0.7 ~ 0.8	0.6 ~ 0.7	—
	甲状腺	12 ~ 30	4.8 ~ 5.0	2.0 ~ 4.0	1.5 ~ 2.0	—
	甲状旁腺	0.08 ~ 0.1	0.14	—	—	—
	胸腺	91（9月龄）	—	—	—	0.1
	肾上腺	6.4	0.5 ~ 0.8	1.3 ~ 2.0	0.5 ~ 0.6	—
犬	脑垂体	0.06 ~ 0.07	0.5 ~ 0.8	0.3 ~ 0.4	—	0.000 7 ~ 0.000 8
	甲状腺	10 ~ 15				0.24
	（右）		1.1 ~ 5.2	0.4 ~ 2.6	0.2 ~ 1.5	
	（左）		1.1 ~ 5.2	0.35 ~ 2.3	0.2 ~ 1.6	
	甲状旁腺	—	0.7	0.3	0.2	—
	胸腺	—	—	—	—	0.58（14日龄）
	肾上腺	2.2 ~ 2.3	1.0 ~ 1.1	0.4	0.2	—
猫	脑垂体	0.010 ~ 0.015	—	0.4	0.2 ~ 0.3	—
	甲状腺	0.5 ~ 0.8	—	—	—	0.24
	甲状旁腺	—	0.2	0.1	0.1	—
	肾上腺	0.3	1.0 ~ 1.1	0.7 ~ 0.75	0.3	—

（引自 Baba AI）

胸　腺

动物种类	年龄	绝对重（g）	占体重百分比（%）
马	2 ~ 2.5 岁	很小或无	
	6 岁	变为脂肪组织	

（续）

动物种类	年龄	绝对重（g）	占体重百分比（%）
犊	2 ~ 3周龄	100 ~ 200	
	4 ~ 6周龄	400 ~ 600	
	7 ~ 8周龄	1 050（最大）	
牛	5月龄	250	0.54
	6月龄		0.26
	1岁		0.16
	11岁		0.02
绵羊与山羊	7周龄	42（最重）	0.55
	2岁	完全退化	—
猪	5月龄	79	—
	9月龄	91	—
	14月龄	79	0.10
	17月龄	70	—
	2.5岁	完全萎缩	—
犬	14d		0.58（1/170）
	2 ~ 3月龄		0.08 ~ 0.06（1/1 200）

注：家畜主要脏器大小、重量参考值均引自Baba AI：《家畜剖检技术》，1977。

胃　肠　道

马

1. 胃　容量：6 ~ 25L，平均18L。胃底部黏膜厚度：5岁4mm，28岁1.5mm（老年性萎缩）。内容物重量：5 ~ 25kg；内容物含水量：燕麦性内容物60% ~ 70%，干草性内容物70% ~ 80%。

2. 空肠与回肠　总长：18 ~ 30m，平均24m。容量：3 ~ 9L。内容物色黄，混浊，液状，含水量96% ~ 99%，主要位于肠后段。内容物在空肠前1/3呈酸性反应，以后则呈碱性。食物在空肠中存留6 ~ 12h。除幽门后1m肠管外，肠壁有淋巴集结分布，其数目为50 ~ 260个。在回肠，可见到大淋巴集结（长20cm，宽3 ~ 4cm）。

3. 盲肠　长：80 ~ 130cm。黏膜层和黏膜下层厚1mm，其中黏膜下层厚0.45mm。容量：8 ~ 10L。内容物色淡绿，含水多，捏粉质地。食物在盲肠中存留24h。

4. 大结肠　长：3 ~ 4m。容量：16 ~ 25L（极限量7 ~ 44L）。后部内容物呈酸性反应。食物在大结肠中消化时间为24h。

5. 小结肠　长：2.5 ~ 3.5m。容量：4 ~ 6L。小结肠无消化作用，仅能吸收水分。内容物呈酸性反应，在慢性卡他时呈强酸性，但在急性卡他、肠阻塞和炎症时则呈碱性。

食物在胃肠道的总消化时间为90 ~ 100h。

牛和羊

1. 胃　瘤胃与网胃、皱胃之比容：犊，3周龄——1 ∶ 2，6周龄——2 ∶ 3，8周龄——3 ∶ 2；4月龄公犊与母犊——（4 ~ 6）∶ 1（瓣胃/皱胃）。

瘤胃容量：犊　3日龄——1L

4周龄——4L
6周龄——4 ~ 6L
3月龄——10.5 ~ 15.75L
公犊与母犊　6月龄——37L
1岁——68L
母牛　大——120 ~ 150L
中——100 ~ 130L
小——100 ~ 120L
羊　4月龄——4L
6月龄——4.6L
1岁——10L
4岁——21.2L

皱胃容量：成年牛——8 ~ 20L（约为瘤胃容量的1/10）
大牛——15.5L
小牛——10L
羊——3.3L

瓣胃容量：成年牛——7 ~ 10L
大牛——14.5L
小牛——9.0L
羊——0.9L

2.十二指肠　长：90 ~ 180cm（羊95 ~ 110cm）。

3.空肠与回肠　长：大牛40 ~ 49m（包括十二指肠），小牛27 ~ 36m。内容物富含水，色淡黄绿，呈糊状，前部内容物呈酸性，中部呈中性，后部（回肠）呈碱性。淋巴集结为带状，共18 ~ 40个。羊的肠管长25m。

4.盲肠与结肠　长：6.4 ~ 10m。内容物较稠，含水82%~ 86%，色淡绿褐，呈弱碱性反应。羊肠长：4 ~ 6m。内容物稠厚或形成粪团、粪球，色暗绿或黑绿，含水较少（56%~ 75%）。

猪

1.胃　容量：中等大小的猪为7.5L。内容物重500 ~ 2 000g，含水60%~ 70%，以马铃薯为食时，则含水80%~ 87%。

2.空肠与回肠　长：16 ~ 20.6m。内容物重200 ~ 500g，起始段肠内容物色黄，黏稠，含水80%~ 85%，呈酸性反应；后段（回肠）呈碱性。淋巴集结16 ~ 38个。

3.盲肠　长：20 ~ 40cm。内容物含水85%~ 90%，以燕麦为食时呈碱性反应，而食物富含淀粉时，因发酵而呈酸性。

4.结肠　长：3 ~ 5.8m。前部内容物含水较多，呈碱性反应；后部含水较少，呈中性或酸性。

5.直肠　内容物有臭味，饲喂大麦、豌豆、玉米时，每日排粪量为0.5 ~ 1.5kg，饲喂酒糟和加水的牛奶时，每日排粪量为2.0 ~ 2.6kg。粪便常成形，或呈稠糊状。粪便颜色因饲料不同而异，如饲喂燕麦，粪便呈淡黄色，喂酒糟和骨粉呈灰色，喂马铃薯则呈灰白色。

犬

1.胃　最大容量：大犬为600g，中等犬为250g，小犬为160g（占体重19%）。

2.空肠与回肠　长：2.1 ~ 7.3m。淋巴集结5 ~ 32个（包括十二指肠）。

3.盲肠与结肠　长：约1.4m。进食后6 ~ 11h排出粪便。

附录七 动物肠道及其各段的长度

动物种类	体长与肠道长之比	长度（m）（兔、鸡、豚鼠、小鼠、大鼠为cm）				
		全肠	小肠	大肠	盲肠	结肠
马	（1 ： 10）	23.5 ~ 37.0（25 ~ 39）（平均29.9）	19 ~ 30(19 ~ 30)（平均24.3）	3.5 ~ 5.5（6.0 ~ 9.3）	1.0 ~ 1.5（0.8 ~ 1.3）（平均1.0）	（5.2 ~ 8.0）
牛	（1 ： 20）	—	—	—	—	—
牛（大）	—	37.8 ~ 60.0（39 ~ 63）	27 ~ 49(33 ~ 49)（约全肠82%）	10(6.4 ~ 11.0)	0.8（0.5 ~ 0.6）	（6.0 ~ 10.3）
牛（小）	—	（33 ~ 43）	（27 ~ 36）	—	—	（1.8 ~ 3.6）犊
绵羊与山羊	（1 ： 25）	22.5 ~ 39.5(19.6 ~ 42)（平均33）	18.35（15.2 ~ 34.0）	4 ~ 5（4.0 ~ 8.0）	0.3（0.25 ~ 0.30）	（3.5 ~ 7.9）
猪	（1 ： 25）	18.2 ~ 25.0（19 ~ 26）（平均24）	15 ~ 21（16.8 ~ 20.6）	3.0 ~ 3.5 (4.0)	0.2 ~ 0.4（0.2 ~ 0.4）	（3.0 ~ 5.8）
犬	—	2.2 ~ 5.0（2.3 ~ 7.3）（平均4.8）	2.0 ~ 4.8（2.0 ~ 6.3）	0.6 ~ 0.8	0.12 ~ 0.15	（0.3 ~ 1.4）
猫	—	1.2 ~ 1.7（1.6 ~ 2.3）（平均2.1）	0.9 ~ 1.2（0.8 ~ 1.95）	0.3 ~ 0.45	—	（0.1 ~ 0.5）
兔		98.2 ~ 101.8	60.1 ~ 61.7	27.3 ~ 28.7	10.8 ~ 11.4	
鸡		204 ~ 216	180	12	12 ~ 25	
豚鼠		98.5 ~ 102.7	58.4 ~ 59.6	35.8 ~ 37.2	4.3 ~ 4.9	
小鼠		99.3 ~ 100.7	76.5 ~ 77.3	19.4 ~ 19.8	3.4 ~ 3.6	
大鼠		99.4 ~ 100.8	80.5 ~ 81.1	16.2 ~ 16.8	2.7 ~ 2.9	

注：括号内的数字引自Baba AI《家畜剖检技术》，1977。其他数据引自陈焕春等《兽医手册》，2013。

附录八　家兔主要器官的重量参考值*

器官名称		雄		雌	
		平均重（g）	占体重百分比（%）	平均重（g）	占体重百分比（%）
脑		10.25	0.52	9.80	0.53
心		4.90	0.24	6.23	0.32
肝		74.25	3.69	70.86	3.81
脾		1.25	0.063	2.33	0.125
肾		7.95	0.40	7.18	0.39
肺	右	5.05	0.25	5.60	0.30
	左	3.45	0.17	3.77	0.20
脑垂体		0.037 5	0.001 9	0.030	0.001 6
甲状腺		0.565	0.028	0.327	0.017 6
肾上腺		0.133	0.006 6	0.108	0.005 8

* 动物年龄：4个月，体重：雄性2 010g，雌性1 860g（平均体重）。

注：资料来自施新猷主编《医学动物实验方法》，1983。

附录九　大鼠主要器官的重量及其占体重百分比

器官		体重（g）								
		75	150	250	350	450	550	650	750	850
心	重量	0.39	0.77	1.07	1.31	1.58	1.98	2.22	2.22	2.61
	%	0.51	0.43	0.40	0.37	0.34	0.35	0.35	0.30	0.31
肝	重量	3.68	6.86	11.82	16.18	19.25	23.86	28.07	29.74	31.67
	%	4.80	4.55	4.76	4.48	4.39	4.36	4.32	4.01	3.72
脾	重量	0.11	0.27	0.45	0.56	0.72	0.78	0.95	0.99	0.93
	%	0.14	0.18	0.18	0.15	0.17	0.14	0.15	0.13	0.11
肺	重量	1.09	1.42	1.94	2.40	3.04	3.55	4.84	5.04	5.39
	%	1.14	0.79	0.74	0.67	0.65	0.64	0.75	0.69	0.63
肾	重量	0.98	0.63	2.65	3.09	3.63	4.25	4.56	5.02	5.77
	%	1.02	1.13	1.05	0.86	0.83	0.78	0.70	0.68	0.68

注：资料来自施新猷主编《医学动物实验方法》，1983。

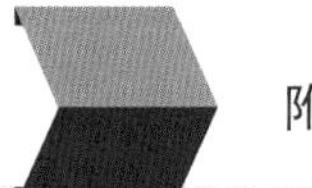

附录十　主要家畜内脏模式图

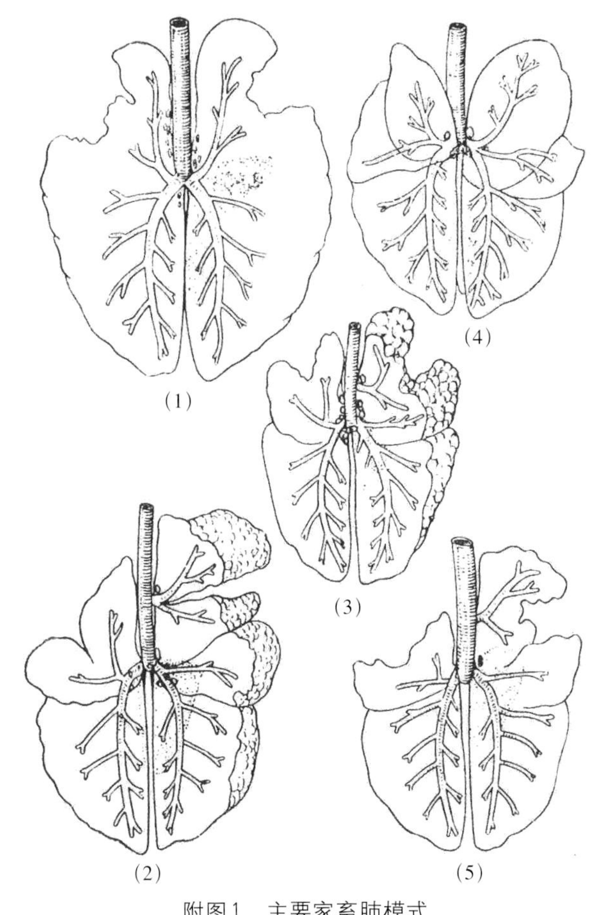

附图1　主要家畜肺模式

(1) 马　(2) 牛　(3) 猪　(4) 犬　(5) 羊

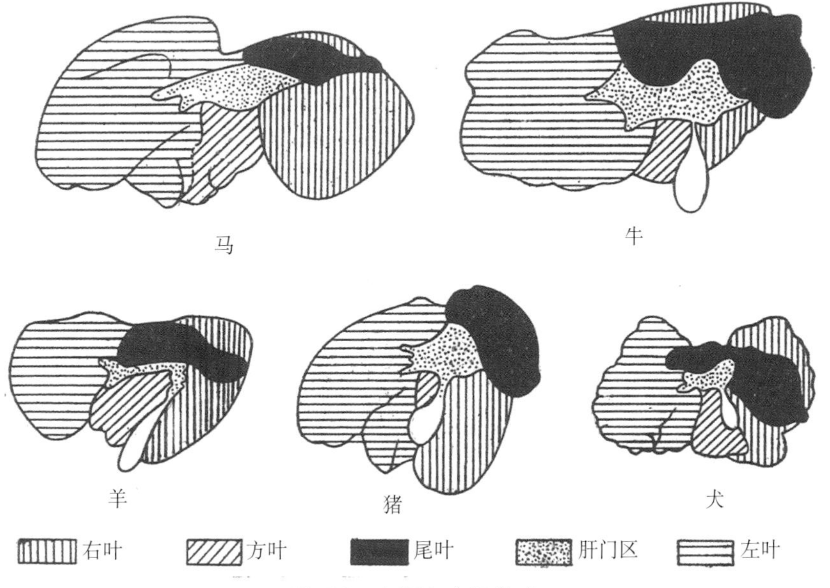

附图2　主要家畜肝模式

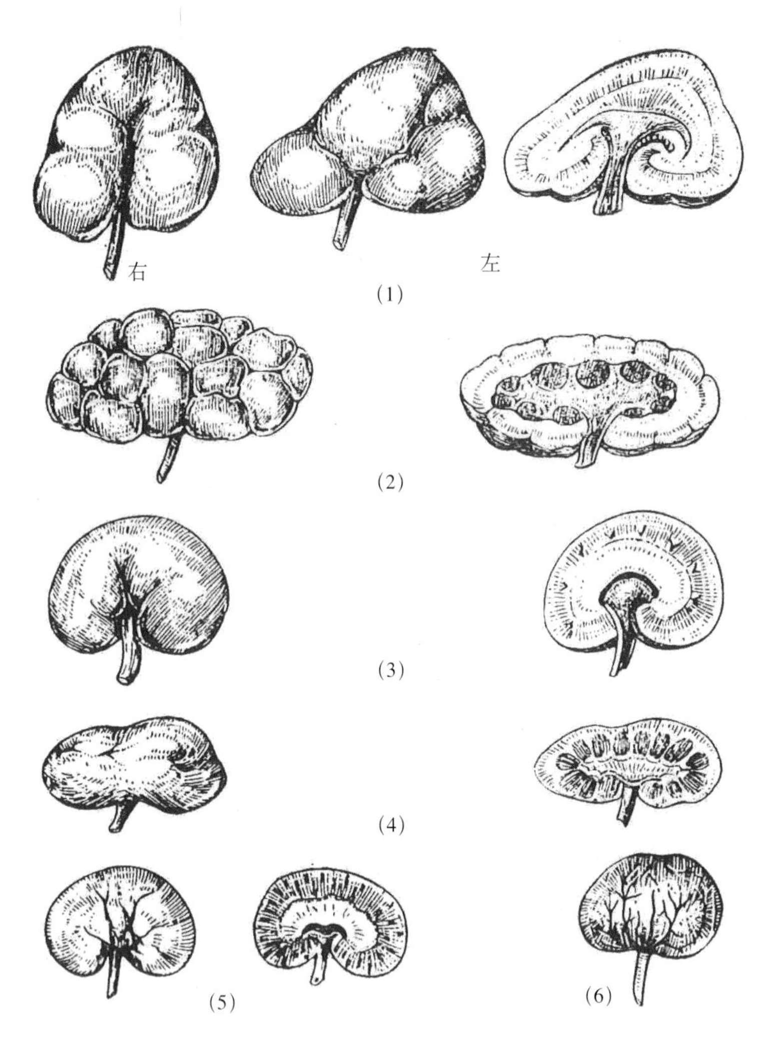

附图3　主要家畜肾的外观和切面模式

(1) 马 (2) 牛 (3) 羊 (4) 猪 (5) 犬 (6) 猫

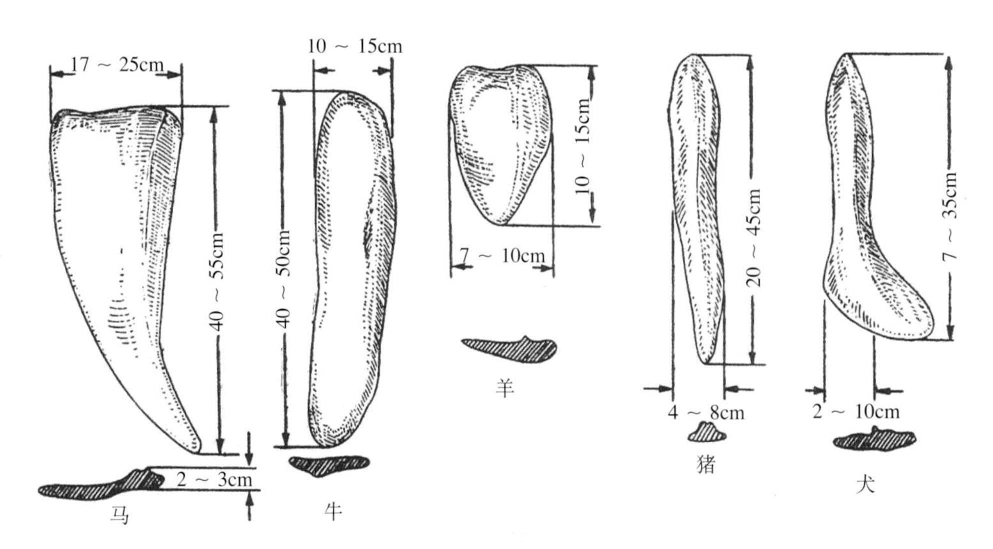

附图4　主要家畜脾模式

参考文献

陈怀涛，1989. 动物尸体剖检技术[M]. 兰州：甘肃科学技术出版社.

陈怀涛，2012. 动物疾病诊断病理学[M]. 2版. 北京：中国农业出版社.

施新猷，1983. 医学动物实验方法[M]. 北京：人民卫生出版社.

郑若玄，1980. 实用细胞学技术[M]. 北京：科学出版社.

刘介眉，严庆汉，路英杰，等，1983. 病理组织染色的理论方法和应用[M]. 北京：人民卫生出版社.

上海第一医学院病理解剖教研室，1978. 病理检验技术[M]. 上海：上海科学技术出版社.

李学农，刘杰，2003. 现代病理与实验诊断技术[M]. 北京：人民军医出版社.

麦兆煌，1962. 病理组织标本制作技术[M]. 北京：人民卫生出版社.

王伯沄，李卫松，2001. 病理学技术[M]. 北京：人民卫生出版社.

陈焕春，文心田，董常生，等，2013. 兽医手册[M]. 北京：中国农业出版社.

周庚寅，2006. 组织病理学技术[M]. 北京：北京大学医学出版社.

郑国锠，1978. 生物显微技术[M]. 北京：人民教育出版社.

BABA AL, 1977. Tehnica necropsiei animalelor domestice [M]. Bucureşti: Editura ceres.

图书在版编目（CIP）数据

兽医病理剖检技术与疾病诊断彩色图谱 / 陈怀涛主编. —北京：中国农业出版社，2021.6
（现代兽医基础研究经典著作）
国家出版基金项目
ISBN 978-7-109-23852-7

Ⅰ. ①兽… Ⅱ. ①陈… Ⅲ. ①动物－尸体解剖－图谱②动物－尸体检验－图谱③兽医学－病理学－诊断－图谱
Ⅳ. ①S851.4-64②S852.3-64

中国版本图书馆CIP数据核字（2018）第009754号

中国农业出版社出版
地址：北京市朝阳区麦子店街18号楼
邮编：100125
责任编辑：张艳晶　神翠翠
版式设计：王　晨　　责任校对：刘丽香　　责任印制：王　宏
印刷：北京通州皇家印刷厂
版次：2021年6月第1版
印次：2021年6月北京第1次印刷
发行：新华书店北京发行所
开本：880mm × 1230mm　1/16
印张：18.25
字数：510千字
定价：228.00元